HISTOIRE

DE LA

MÉDECINE ARABE

HISTOIRE

DE LA

MÉDECINE ARABE

PAR

LE DR LUCIEN LECLERC

EXPOSÉ COMPLET

DES TRADUCTIONS DU GREC

LES SCIENCES EN ORIENT

LEUR TRANSMISSION A L'OCCIDENT

PAR LES TRADUCTIONS LATINES

TOME SECOND

PARIS

ERNEST LEROUX, ÉDITEUR

LIBRAIRE DES SOCIÉTÉS ASIATIQUES DE PARIS, DE CALCUTTA
DE NEW-HAVEN (ÉTATS-UNIS), DE SHANGHAI (CHINE)
DE L'ÉCOLE DES LANGUES ORIENTALES VIVANTES, ETC., ETC.
28, RUE BONAPARTE, 28

1876

LIVRE V

—

XIIᵉ SIÈCLE

REVUE SOMMAIRE DU DOUZIÈME SIÈCLE

—

I. — PERSE.

II. — IRAK.

III. — SYRIE.

REVUE SOMMAIRE DU XIIᵉ SIÈCLE

Le XIIᵉ siècle s'ouvrit avec les croisades.

Ces guerres malheureuses, que Michaud appelle un *pieux délire*, apportèrent le trouble et le ravage en Orient. Elles eurent nécessairement sur le mouvement scientifique une influence fâcheuse. Historien des sciences en Orient, c'est-à-dire de l'activité humaine dans ce qu'elle a de plus noble et de plus élevé, nous devons naturellement, dans ce conflit de la barbarie et de la civilisation, réserver à celle-ci toutes nos sympathies.

Les guerres de religion sont de toutes les guerres les plus acharnées et les plus impitoyables. Nous verrons combien la culture intellectuelle apporte de modération dans la lutte et se refuse aux excès du fanatisme.

Nous avons parlé maintes fois de la tolérance des Arabes en matière de religion, et nous en avons donné la raison : leur éducation scientifique s'était faite par des chrétiens. Les Arabes leur conservèrent une reconnaissance inaltérable, et la confiance mutuelle ne se démentit pas, même à l'époque des croisades. Sur quinze médecins de Saladin, dont les noms nous sont connus, les deux tiers étaient juifs ou chrétiens. A cette même époque, un chrétien de Bagdad était nommé médecin en chef, et à ce titre avait la police de la profession et faisait subir des examens aux candidats.

L'intolérance de l'Orient fut cependant le prétexte des

croisades. Si l'on examine les faits, on voit qu'ils ne sont qu'un accident qui n'infirme en rien ce que nous avons dit. Les pèlerins de la terre sainte eurent à subir des sévices. Les plus graves et sont le fait d'un insensé, le Khalife d'Égypte El Hakem, ne sauraient être portés au compte des musulmans. Les autres sont à la charge d'une race étrangère, les Turcs, maîtres un instant de la Palestine, démembrée de l'empire de Malek Chah. C'est encore un fait privé. Du reste une troupe de sept cents pèlerins avait à cette époque été protégée par les autorités musulmanes: on lui avait permis d'entrer solennellement dans Jérusalem.

On voit que l'islamisme n'est pas formellement en cause, mais seulement les maîtres actuels de la Palestine, dont les destinées flottantes se mouvaient alors dans un orbite particulier. On ne fit pas moins peser la responsabilité de ces faits sur l'islamisme tout entier, et la guerre se fit essentiellement au nom de la religion.

Les Arabes étaient alors en pleine culture intellectuelle. Cette race intelligente, dont la poésie avait bercé la jeunesse, était arrivée à l'âge viril. Le dépôt des sciences qu'elle avait reçu de la Grèce n'avait cessé de prospérer, alors même que le pouvoir échappé de ses mains était tombé en des mains étrangères. La culture des sciences, non moins que celle des lettres, avait entretenu chez les Arabes l'esprit de tolérance et les instincts généreux qui sont l'apanage de la civilisation.

Il en était autrement en Europe où depuis des siècles régnaient l'ignorance, le fanatisme et la force brutale. C'était l'époque des siècles de fer.

On sait comment débutèrent les croisades, par l'incohérence et les excès. Une horde de plusieurs centaines de mille aventuriers ravagea l'Europe avant d'aller se fondre en Asie. Le corps de Godefroy de Bouillon, après des excès commis à Antioche, en commit de plus grands lors de la prise de Jérusalem. Soixante-dix mille juifs ou musulmans furent massacrés. Les chevaux marchaient dans le sang jusqu'à la bride, racontent froidement les chroniqueurs.

Quatre-vingts ans plus tard Jérusalem était reprise par Saladin. Le vainqueur fit grâce aux vaincus malgré son serment, après le refus d'une première capitulation. Il en mit en liberté le plus grand nombre, et son frère Malek el Adel payait la rançon de deux mille prisonniers. Tels sont les fruits de la civilisation. Nous avons vu ceux de la barbarie.

On a parlé des conséquences des croisades. Il en est une que l'on n'a pas assez relevée. Les Francs perdirent de leur sauvagerie au contact des Arabes: les dernières croisades n'eurent plus la férocité des premières. Malheureusement, le naturel revint bientôt sur un autre théâtre. On se croisa contre des hérétiques et on alluma des bûchers. Comme toutes les religions, l'islamisme fut aussi jaloux de conserver son dogme intact, mais il ne brûla que des livres. Un fait de ce genre se produisait alors à Bagdad.

Coïncidence étrange! Alors même que les Francs, ignorants et barbares, portaient le ravage en Orient, les Arabes versaient à pleines mains sur l'Occident les trésors de leur science. Une croisade d'une tout autre nature, qui dura plus d'un siècle, s'était dirigée vers l'Espagne. L'archevêque de Tolède, Raimond, né français, en fut le premier apôtre. Adélard de Bath, Gérard de Crémone, Michel Scot, etc., s'en allèrent demander aux musulmans d'Espagne la science qui manquait aux chrétiens. Gérard passa près d'un demi-siècle à Tolède, exploitant les épaves scientifiques des Arabes. Nous connaissons plus de soixante-dix de ses traductions d'ouvrages de philosophie, de mathématiques, d'astronomie et de médecine, parmi lesquelles compte celle du volumineux Canon d'Avicenne. C'était alors aussi que Pierre le vénérable s'en venait faire traduire à Tolède le Coran, afin de pouvoir le réfuter en connaissance de cause. Ce qui n'avait été qu'ébauché par Constantin se complétait par Gérard et ses successeurs.

Non-seulement l'Europe entrait en jouissance de la science arabe, mais elle prenait une connaissance plus large et plus intime de la science des anciens. Les Arabes payaient ainsi aux chrétiens d'Occident les services qu'ils avaient reçus jadis des chrétiens [d'Orient.

Le mouvement scientifique se ralentit légèrement en

Orient pendant le XIIe siècle, du moins en ce sens que nous ne rencontrons aucun homme supérieur, à moins que Fakhr eddin Errazy. Par compensation, l'Espagne produisit un riche faisceau de savants éminents : le XIIe siècle est le grand siècle scientifique de l'Espagne musulmane. C'est ainsi que l'équilibre se rétablit dans l'école arabe, au point que le XIIe siècle compte peut-être plus de grands noms que les siècles précédents. Il faut aussi porter à son actif des institutions qui ne se firent qu'à son déclin, et qui ne portèrent de fruits que dans le siècle suivant. Nous voulons parler des écoles et des hôpitaux fondés à Damas et au Caire par Nour eddin et par Saladin.

Nous allons passer en revue les différentes contrées musulmanes, ainsi que nous l'avons fait pour les siècles précédents.

La Perse compte un éminent philosophe, Fakhr eddin Errazy, qui fut aussi un médecin. Fécond écrivain, Fakhr eddin Errazy eut un succès prodigieux comme professeur, et laissa de nombreux élèves que nous retrouverons au siècle suivant. A côté de lui on peut citer avec éloge le médecin Djordjany et le mathématicien Samuel ben Iahya.

A Bagdad, les Khalifes subalternisés par les Seldjoucides ne s'émancipèrent que dans la seconde moitié du siècle. Deux d'entre eux, Monstandjeb et Nasser, firent revivre les anciennes traditions et créèrent des mosquées, des écoles, des bibliothèques et des hôpitaux. Cependant, parmi une vingtaine de médecins, nous ne pouvons citer que deux noms éminents, et ce sont ceux d'un chrétien et d'un juif. Le premier, Amin Eddouia ebn Ettelmid, en faveur auprès des Khalifes, fut nommé médecin en chef et renouvela les examens des candidats que nous avons déjà vus à une époque antérieure. L'autre est Aboul Barakat, homme distingué, mais ambitieux et remuant, qui embrassa l'islamisme. Entre autres ouvrages, Amin Eddoula écrivit un formulaire qui devint classique. Nous devons en signaler un second. Amin Eddoula, tout chrétien qu'il était, ne dédaigna pas de commenter les traditions du prophète relatives à la médecine. En même temps il enseignait.

Damas dut aux croisades une importance dont la médecine et les sciences firent leur profit. Nour eddin et Saladin encouragèrent les savants, et les médecins affluèrent à Damas. Nour eddin fit construire un grand hôpital, qui, de son nom, fut appelé *Ennoury*. Il y plaça des médecins distingués et y affecta une riche bibliothèque. Un des premiers médecins fut Aboul Medjed, qui tous les jours, après son service, consacrait trois heures à l'enseignement. Parmi les autres médecins qui professaient, nous citerons encore Ebn Ennaqqach et Ebn el Mathran. Ce dernier, le plus éminent de son époque, vivait dans l'intimité de Saladin. C'était un homme hautain, dont les allures ne purent troubler la généreuse sérénité du sultan.

En même temps que la médecine, les sciences et particulièrement les mathématiques étaient cultivées avec succès, et Damas se préparait au rôle prépondérant qu'elle joua dans le siècle suivant, où elle éclipsa Bagdad et le Caire.

La protection que les Khalifes égyptiens avaient accordée aux sciences leur fut continuée par Saladin. Il fit construire au Caire un hôpital qui, de l'un de ses surnoms, fut appelé *Ennacery*. Nous remarquons cependant encore en Égypte la même défaillance que dans l'Irak. Presque tous les médecins sont des juifs, soit que la guerre ait ralenti les études, soit que cette race, persécutée en Occident, se soit plus particulièrement réfugiée au Caire. C'est, du reste, le cas du plus illustre d'entre eux Maimonide, l'homme le plus éminent de sa race après le législateur. Son activité, ses vastes connaissances lui donnèrent une haute position, tant à la cour que parmi ses coreligionnaires et parmi les savants. On sait le bruit que fit son principal ouvrage, le *More nebouchim*, guide des égarés, où il tend à concilier la raison avec la foi.

Comme médecin, c'est plutôt un érudit qu'un praticien, cependant ses ouvrages, compilation méthodique des Grecs, contribuèrent aux progrès de l'art.

Un autre médecin distingué, juif aussi, était Ebn Eddjami, qui composa plusieurs traités originaux et savants sur l'histoire naturelle médicale. (1) Parmi les musulmans nous ne pouvons citer que le Cheikh Sedid, qui fut nommé chef des médecins.

Le Magreb produisit un homme qui s'est fait un grand nom dans la géographie, mais qui est aussi revendiqué par la médecine, le Chérif el Édrissy.

Il composa un traité des simples, riche d'observations personnelles, qui est cité plus de deux cents fois dans le grand ouvrage d'Ebn el Beithar.

On sait l'accueil qu'Édrissy reçut à la cour de Sicile. On sait aussi que les princes normands, au milieu du fanatisme universel, pratiquèrent seuls une habile tolérance et surent se concilier l'affection de leurs sujets musulmans.

Si nous avons observé de l'affaissement en Orient, il en était tout autrement en Espagne. Le XIIe siècle fut le grand siècle de l'Espagne musulmane, et cependant elle n'était pas moins agitée. Soumise par les Almoravides, qui s'étaient d'abord donnés comme libérateurs, elle ne parvint à s'en défaire que pour retomber sous le joug des Almohades, qui ne lui procurèrent que peu d'années de répit. La guerre était plus vive que jamais avec leurs voisins chrétiens, et les limites changeaient incessamment au gré du flux et du reflux des invasions réciproques.

A la veille d'être bientôt réduite au petit royaume de Grenade, l'Espagne musulmane couronnait cinq siècles d'une civilisation brillante et alors sans égale par un riche épanouissement de philosophes et de médecins. Déchue de sa grandeur politique, elle allait par eux régner longtemps encore dans le domaine de la pensée. A peine s'était-elle retirée de Tolède que les savants chrétiens venaient s'enrichir de ses dépouilles.

Les Almohades favorisèrent aussi les sciences, mais leur intolérance de néophytes retirait d'une main ce qu'elle donnait de l'autre. Le grand Averroès, soupçonné dans ses croyances, dut subir des humiliations. Les Juifs, qui com-

____

(1) Le traité du Limon, publié sous le nom d'Ebn el Beithar, est emprunté à Ebn el Djami.

mençaient à prendre une large part dans le mouvement scientifique, durent émigrer, les uns dans le Languedoc, les autres en Égypte avec Maimonide.

Jamais, cependant, en dépit de ces entraves, la pensée ne prit un aussi libre essor et n'eut de pareilles audaces, témoins Ebn Tophaïl, Ebn Badja et surtout Averroès, le plus grand philosophe de l'Espagne et l'un des plus grands noms de l'Islamisme. Par ses travaux philosophiques et ses commentaires sur Aristote, il exerça la plus haute influence sur la marche des idées au moyen âge et devint aux yeux de la théologie scolastique la personnification de la libre pensée. Eben Tophaïl et Eben Badja, vulgairement dit *Avempace*, furent aussi connus des scolastiques, le dernier surtout. Nous rappellerons du premier le *Hay ben Iakdan*, traduit par Pococke sous le titre de *Philosophus autodidactus,* où il présente les évolutions successives de la pensée d'un homme isolé dès sa naissance et arrivant par l'observation et le raisonnement aux plus hautes vérités philosophiques et religieuses. Le *Régime du solitaire* du second est conçu dans le même sens.

La médecine qui les revendique aussi bien qu'Averroès, compta d'illustres représentants dans la famille des Avenzoar, qui fournit des médecins pendant trois siècles. Abou Merouan ben Abd el Malek, le plus grand de la famille, est l'auteur du *Teissir*, un des meilleurs ouvrages sortis de l'école arabe, où l'on voit se produire une expérience riche et indépendante des traditions antiques. Avenzoar est tenu par certains historiens comme le plus grand praticien qu'aient produit les Arabes.

A côté de ces noms, il faut citer ceux d'Errafequy et d'Aboussalt Ommeya, qui publièrent des travaux d'histoire naturelle médicale, et d'Ebn el Aouam auteur de l'Agriculture, récemment traduite en français par M. Clément Mullet, ouvrage remarquable par une vaste érudition non moins que par la pratique, et dont la médecine peut encore faire son profit.

Il faut remonter aux temps de la première ferveur pour rencontrer autant de noms éminents dans un aussi étroit espace.

Rappelons enfin que l'Espagne tient une large place dans l'histoire des sciences par les traductions qui s'y firent alors des ouvrages arabes, traductions qui élargirent le champ des études chez les chrétiens.

Si nous sortons du domaine de la médecine, nous verrons que sans jeter partout un vif éclat, les sciences ne furent pas moins cultivées dans la société musulmane si profondément agitée tant en Orient qu'en Occident.

Malgré les troubles politiques et religieux, malgré les difficultés qui en étaient la conséquence inévitable, la géographie n'en continua pas moins ses progrès. En même temps qu'apparaît un traité général d'un mérite supérieur à ce qui avait paru jusqu'alors, celui d'Édrissy, des voyages lointains s'accomplissent, dont les relations nous ont été conservées.

Ce fut aussi l'Occident, que nous avons déjà vu au premier rang sur le terrain de la médecine, qui mérita le plus de la géographie. Plusieurs Andalous quittèrent leur pays et voyagèrent à travers l'Orient.

Abou Hamid, qui mourut à Damas en 1170, après avoir voyagé depuis l'intérieur de l'Afrique jusqu'aux embouchures de l'Oxus, publiait une relation qui fut mise à contribution par Kazouiny.

Un autre espagnol, Ebn Djobaïr, publiait aussi la relation d'un voyage en Orient, avec passage, à son retour, à travers la Sicile.

L'œuvre la plus importante du siècle et jusqu'alors de la géographie arabe fut le livre d'Édrissy vulgairement et vicieusement connu sous le nom de *Géographie nubienne*, œuvre riche d'observations ayant trait particulièrement à l'histoire naturelle et qui ne fut surpassée que par Aboulféda.

Zamakhchary, savant polygraphe, qui avait étudié à Boukhara, nous a laissé une sorte de dictionnaire géographique.

C'est à l'Espagne aussi que nous devons le traité d'agriculture d'Ebn el Aouam, qui n'a pas d'égal dans la littérature arabe, vaste répertoire où l'on voit à côté de connaissances pratiques une riche érudition, qui nous a conservé de précieux documents des littératures antérieures.

La culture des mathématiques et de l'astronomie était toujours vivace en Espagne. C'était l'époque de deux hommes dont les noms sont connus des savants européens. L'un d'eux est Albitroudji, vulgairement Alpetragius, dont on a traduit les traités de la sphère et de l'optique. L'autre, qui eut aussi les honneurs de la traduction latine, est Djaber ben Aflah, que l'on a confondu avec le célèbre alchimiste Géber.

Averroès composa aussi plusieurs écrits sur l'astronomie, et Maimonide corrigea un traité de Djaber ben Aflah.

C'était encore un espagnol que Samuel ben Iehouda, qui s'en alla mourir en Orient, à Méraga, ville d'observations astronomiques, et qui déjà, dans son pays natal, avait mérité le surnom d'*Astronome*.

Dans l'Irak, Hibat Allah, versé dans les mathématiques, appliquait ses connaissances à la confection d'instruments astronomiques d'une perfection qn'on ne sut plus égaler.

A Bagdad, Mobacher ben Ahmed, mathématicien et astronome, était chargé par le Khalife du choix des livres destinés à la Bibliothèque de la Medersa Nidhamya et à celle du palais.

En Perse, El Madany écrivait sur les mathématiques et l'astronomie.

La philosophie peut citer, au XIIe siècle, des noms glorieux.

En Orient, nous ne relèverons que celui de Fakhr eddin Errazy; mais en Espagne nous pouvons citer ceux d'Eben Tophaïl, d'Eben Badja, de Maimonide, car c'est là qu'il se fit, enfin le plus grand de tous, Averroès.

En somme, le XIIe siècle ne fut inférieur à aucun de ceux qui l'avaient précédé, et c'est à l'Espagne qu'il doit cet équilibre. Si l'Orient fléchit, il faut porter à son actif des encouragements et des institutions fondées par Nour eddin et Salah eddin (Saladin) qui ne portèrent leurs fruits qu'au siècle suivant.

I. — PERSE.

Le sceptre de la médecine tomba cette fois des mains de la Perse. Elle vit en compensation le sceptre de la philosophie, du moins en Orient, passer entre les mains de Fahkr eddin Errazy, qui consacra aussi quelques moments à la médecine.

Mais si les études philosophiques jetèrent un grand éclat à l'école de Fakhr eddin, les études médicales déclinèrent et c'est à peine si nous pouvons enregistrer les noms de quelques médecins de second ordre.

Un fait cependant à signaler, c'est l'extension des lumières dans le nord de l'Asie. Les sultans Khouarezmiens se plaisaient dans la société des lettrés et des savants. Le médecin Djordjany occupait à leur cour une haute position et leur dédiait tous ses ouvrages.

Les études florissaient à Boukhara et à Samarcande.

SAMUEL BEN IAHYA. (1)

Jusqu'à présent ce curieux personnage n'a pas été suffisamment étudié. Plus d'un écrivain moderne s'en est occupé, mais aucun, que nous sachions, n'a groupé tous les éléments de son histoire. C'est là ce qui justifiera les détails

(1) Rigoureusement il faudrait *Samuel ben Iehouda*. Nous lisons à ce propos dans Munk, vie de Joseph ben Iehouda : Ceux qui s'appellent en hébreu *Iehouda* portent ordinairement en arabe le nom de *Yahya*. Du reste Iehouda se lit dans le Kitab el hokama.

dans lesquels nous allons entrer. Ces détails sont disséminés dans le Kitab el hokama, dans Aboulfarage, dans Ebn Abi Ossaïbiah, dans Hadji Khalfa, dans les monuments hébreux. Enfin jusqu'à présent nous n'avons rencontré aucune mention du plus original de ses ouvrages, qui existe cependant dans nos Bibliothèques.

On lit dans le Kitab el hokama, après l'épithète de *Mogrebin : Je crois qu'il est espagnol.* Casiri s'est empressé, suivant sa coutume, de supprimer la qualification de Mogrebin et d'adopter cellé d'Espagnol, pour grossir la liste des hommes marquants de la Péninsule. Munk nous apprend, d'après un Ms. de la Bibliothèque nationale, que son père, le *docteur* Iehouda ben Abouna était de Fez, et qu'il était connu chez les Arabes sous le nom d'Aboulbaka Yahya ben Abbas el Magreby (1).

Nous ignorons à quelle époque naquit Samuel. C'était probablement dans le commencement du XIIe siècle. Poussés peut-être par les persécutions religieuses, le père et le fils émigrèrent et vinrent habiter l'Orient. Samuel s'arrêta d'abord à Bagdad, puis habita le Diarbékir et l'Aderbaïdjan, et se fixa définitivement à Méraga. Esprit intelligent, il étudia l'ensemble des connaissances humaines, mais particulièrement les sciences mathématiques, où il s'éleva, dit-on, au-dessus de ses contemporains, ce qui lui valut les titres d'arithméticien, de géomètre et d'astronome. Nous verrons que la médecine entrait aussi dans le cercle de ses études.

Samuel était en faveur auprès des grands, et particulièrement auprès des princes de l'Aderbaïdjan. Conseillé peut-être par l'ambition ou l'amour-propre blessé, ainsi qu'il advenait alors à un de ses coreligionnaires, Aboul Barakat, il embrassa la religion musulmane.

La nouvelle de cet événement attrista son père, qui habitait Alep. Il partit aussitôt pour rejoindre Samuel, qui se trouvait alors aux environs de Mossoul, mais arrivé à Mossoul il fut enlevé par une maladie aiguë. Munk place la conversion de Samuel en l'année 1163.

(1) On lit dans Ebn Abi Ossaïbiah *Fars*, la Perse, au lieu de *Fas*, Fez : mais nous ne voyons là qu'une faute de copiste.

Nous ignorons la date de sa mort. Djemal eddin, et naturellement aussi Aboulfarage, la placent vers l'année 570 de l'hégire. Hadji Khalfa donne l'année 576. D'autre part nous lisons dans Ebn Abi Ossaïbiah que Samuel achevait un ouvrage de géométrie en cette même année 576, qui répond à l'année 1180 de notre ère.

Nous avons dit que Samuel s'était occupé de médecine. Nous trouvons en effet, dans Ebn Abi Ossaïbiah, un traité de médecine mentionné sous le titre *Kitab el Moufid,* écrit en 564, à Bagdad, et dédié au vizir Mouyd eddin ben Ismaïl. Il ne saurait être confondu avec un autre ouvrage dont nous allons parler, que l'on peut à la rigueur rattacher à la médecine, que nous connaissons pertinemment, attendu qu'il est arrivé jusqu'à nous, et dont le titre d'ailleurs est différent.

Hadji Khalfa lui seul, à notre connaissance, nous donne le titre de ce livre, qui existe dans les Bibliothèques de l'Escurial, de Paris et de Constantinople. Tel est ce titre : *Nozhat el ashab fi machourat el Ahbab,* autrement en français : Récréation des camarades et conversation des amis. (Hadji Khalfa, 13,365).

Disons tout d'abord de quoi il traite, ce qui nous expliquera peut-être le silence de Casiri, car il ne figure pas dans son catalogue, mais seulement dans le nouveau, sous le n° 830.

Cet écrit est tout simplement le code des voluptueux ou même des libertins de bon ton et de haut goût. C'est quelque chose, mais autre chose encore, comme le traité de l'Amour conjugal, car ici le champ est plus vaste que le lit conjugal. On comprend que la médecine apporte aussi son contingent.

Une page de garde du Manuscrit de l'Escurial porte une annotation, qui est peut être de Casiri. En tout cas cette note est au moins contemporaine du catalogue imprimé. Casiri dut évidemment avoir connaissance de ce Manuscrit, et il est probable qu'il l'a laissé de côté, soit à cause de son contenu, soit à cause de cette annotation, si elle lui est antérieure (1).

(1) Sur un grand nombre de Mss. de l'Escurial, l'invocation à Mahomet est biffée.

Ce que nous avons dit précédemment expliquera les colères de l'annotateur. Telle est cette note :

« Tractatus anonymus, mutilus, sine principio, medico-anatomicus de mulieribus, ubi scelestissimus ac impudentissimus author agit de mulierum conversatione, de earum venustate, de mediis illas lucrandi eisque placendi, de requisitis illarum, quæ sunt appetendae, reprobandaeve, de earum ornatu, vestitu, de modo componendi fucos, de medicamentis, cibo, potu ad venerem ciendam, de modo impediendi conceptionem procurandive abortum, atque de aliis impudentissimis rebus ad coïtum pertinentibus, quas ego ob verecundiam prœtermitto. »

Le manuscrit de l'Escurial est en effet anonyme, par la raison qu'il est acéphale. On voit qu'il a été bien lu (1).

La Bibliothèque de Paris en possède deux exemplaires. Le 1er est le n° 1092 de l'ancien fonds. Il est complet, et porte le titre donné par Hadji Khalfa. C'est lui que mentionne Wüstenfeld, page 161, parmi les *incertae sedis* : *Musa ben Yahya ben Ali el Magrebi, tractatus medico physicus,* d'après le Catalogue de Paris. Le nom de l'auteur est altéré. Au lieu de Musa, nous avons lu parfaitement *Chamoul,* Samuel.

Le 2e existe sous le n° 1064 du supplément, où il figure dans un recueil d'ouvrages érotiques, mais il porte le titre de *Tohfat el ashab,* Présent aux camarades, titre qu'il porte aussi dans le catalogue des Bibliothèques de Constantinople donné par Flugel, Hadji Khalfa, VII. Nous n'avons pas rencontré le nom de l'auteur, ce que peut-être on a cru inutile, mais l'identité n'en est pas moins positive.

L'ouvrage est dédié à l'émir Aboulfatch Mohammed ben Cara Arslan ben Daoud ben Chakman ben Ortok.

---

(1) Le ton de cette note exclurait peut-être la paternité de Casiri. Avec sa connaissance de l'Orient il semblerait qu'il aurait parlé plus froidement de cet écrit. Les Orientaux envisagent autrement que nous les aphrodisiaques. Leur usage est en quelque sorte un devoir pour eux. Il existe sur la matière toute une littérature de second ordre : mais les grands médecins ne la négligent pas. Le Père Ange, dans sa Pharmacopée persane, a lui-même donné quelques formules aphrodisiaques.

Il se divise en deux parties, subdivisées elles-mêmes en douze sommes chacune.

La deuxième partie a un cachet exclusivement médical. Nous dirons cependant quelques mots de la première qui a aussi ses côtés intéressants, et qui du reste nous initie aux mœurs intimes de l'Orient.

Ire partie. La 1re somme traite des avantages du coït et de ses inconvénients.

La 3e pourquoi on le désire.

La 4e des causes d'affaiblissement.

La 5e discute pourquoi certains hommes d'esprit recherchent les garçons de préférence aux filles et quels sont les avantages et les inconvénients de l'une et de l'autre habitude. L'auteur croit la première moins énervante parce qu'elle implique une aptitude actuelle qui ne s'acquiert souvent dans la seconde que par de longs et pénibles efforts. Il justifie sa préférence par d'autres raisons que nous nous abstiendrons de reproduire. S'il faut en croire Razès, dans le Continent, Rufus aurait déjà traité ces questions.

La même somme s'occupe aussi des relations entre femmes.

La 6e recherche pourquoi beaucoup d'individus s'écartent de la méthode naturelle.

La 9e est en quelque sorte le code des relations entre les sexes.

Il est d'abord question des convenances à observer dans la conversation, dans le boire et le manger, etc.; enfin le 7e chapitre expose en détail les règles que l'hygiène et le bon goût exigent dans les relations les plus intimes.

La 10° somme est très intéressante. Il s'agit des caractères physiques et moraux des femmes des diverses contrées.

Les sommes suivantes s'occupent du choix de l'objet aimé et du mariage.

IIe partie. Elle relève exclusivement de la médecine.

Les 6 premières sommes traitent des divers états d'affaiblissement viril et des divers agents aphrodisiaques.

La 7e traite de la conception, de la stérilité et de l'avortement. Les médicaments qui empêchent la conception et les abortifs peuvent être employés dans certains cas où les dimensions des parties font craindre tant pour la femme que pour l'embryon.

La 8ᵉ traite du cas où le sphincter anal se relâche dans le coït, infirmité dont parlent fréquemment les Arabes.

La IXᵉ traite des divers états de la matrice, des règles, des écoulements, des ulcères, des gerçures, etc.

La Xᵉ traite des causes de faiblesse venant du fait de la femme.

La XIᵉ et la XIIᵉ traitent des substances réfrigérantes tant simples que composées.

Tel est cet écrit, sur lequel nous nous sommes quelque peu étendu, parce qu'il nous a paru le type le plus complet et le plus raffiné d'un genre d'ouvrages très répandus chez les Arabes.

Nous avons dit que Samuel excellait dans les mathématiques et l'astronomie. Le Kitab el hokama lui attribue un traité du triangle rectangle et un traité de la mesure des corps composés de substances diverses.

Un traité des erreurs des astronomes existe à la Bodléienne.

Ebn Abi Ossaïbiah mentionne trois autres ouvrages dont un de géométrie et deux autres d'algèbre. Le premier est dédié à Nedjem eddin Aboulfatch chah Gazy Melek chah ben Togrul Bek, et il l'achevait en l'année 576 de l'hégire. Les deux autres sont adressés à des contemporains (1).

Enfin, comme tant d'autres Juifs convertis, Samuel paya sa bienvenue chez les musulmans en écrivant un livre contre ses anciens coreligionnaires, toujours accusés d'avoir altéré les Écritures. Aussi Djemal eddin, en parlant de sa conversion, ajoute, comme il le fait plusieurs fois : *et sa conversion fut bonne,* ce qui prouve que beaucoup de conversions n'étaient pas solides. Il existe à Paris un fragment de cet écrit, qui a été consulté par Munk.

(1) Parmi les notices des mathématiciens données par Casiri, d'après le Kitab el hokama, figure celle de Samuel ben Iehuda, qualifié par Casiri *Hispanus,* 1,440.

DJORDJANY.

Aboul Fedhaïl Ismaïl ben el Hossein Zeyn eddin Eddjordja-
ny, ou du Djordjan, ainsi que l'indique son surnom, naquit
probablement au commencement du XIIe siècle. C'était un
médecin éminent, et qui fut en faveur auprès des souverains
du Khouarezm, auxquels il dédia la plupart de ses écrits.
Les renseignements ne manquent pas précisément sur son
compte, mais ils sont quelque peu confus et contradictoires.
Hadji Khalfa le fait mourir en 535 de l'hégire, 1140 de notre
ère, ce qui ne concorde pas avec certaines dédicaces de ses
écrits, qui le reporteraient à la fin du XIIe siècle. Il écrivait
en persan.

Hadji Khalfa nous donne les titres de trois de ses ouvrages, la *Dekhira*, n° 5594, le *Khafy*, n° 4738, et l'*Arrad
Etthobbya*, n° 987.

La *Dekhira Khouarezmchahy*, ou trésor Khouarezmien,
paraît être son ouvrage le plus considérable, attendu qu'il
ne contenait pas moins de dix volumes. Il aurait été dédié,
suivant d'Herbelot, au sultan Ala eddin Takach, le cinquième
de la Dynastie des Khouarezmiens, qui régnait de 1186 à
1197. Takach est le seul de la dynastie qui ait porté le surnom d'Ala eddin, à notre connaissance. Or, comme la qualification d'Alay se rencontre dans plusieurs titres des ouvrages
de Djordjany, il est naturel de croire que les dédicaces ont
eu lieu sous le règne de ce prince, plutôt qu'avant son avénement au trône.

La *Dekhira* se trouve au fonds persan de la Bibliothèque
nationale, sous les n°s 546, 547, 548 et 549.

Elle existe aussi en traduction hébraïque, mais incomplète,
sous le n° 1169 du fonds hébreu. Le catalogue fait cette observation que c'est jusqu'à présent le seul ouvrage persan
connu, traduit du persan en hébreu.

D'après d'Herbelot, Djordjany aurait détaché de cette
grande composition deux volumes sous le titre de *Agrad
atthaibat*. Ce titre est inexact. Tel est-il au complet: *El*

arr'ad etthobbyat الطبيه *El mebahit el alaiya*, Questions de médecine et discussions alayennes. Ce dernier mot implique
une dédicace à Ala eddin Tacach. Au lieu de *détaché* comme
dit d'Herbelot, nous verrions plutôt là un *abrégé* de la
Dekhira, et nous supposons que cet abrégé est représenté,
en traduction arabe, par le n° 1019 de l'ancien fonds arabe
de Paris.

Le traducteur nous dit que parmi d'autres ouvrages il a
remarqué le *Moktasser alaïy*, de Djordjany, et qu'en raison
de son mérite il l'a traduit du persan en arabe. Cet écrit se
divise en deux parties, dont la première comprend les généralités de la médecine et la seconde la pratique, y compris
la chirurgie, la cosmétique et la toxicologie.

Nous avons vu déjà le titre d'un autre ouvrage qui rappelle
aussi le nom d'Ala eddin, le *Khafy Alaïy*, ou le secret
Alayen, se composant de deux volumes. Nous ne pouvons
affirmer, en l'absence de documents, qu'il diffère du *Mokhtas-
ser*, qui se compose du même nombre de volumes.

D'après le catalogue du fonds persan, Djordjany aurait
composé un ouvrage pour Atziz, le 2° prince de la dynastie
Khouarezmienne, et un autre plus considérable pour le vizir
Medjed eddin Abou Mohammed, divisé en 26 livres. Cet ouvrage aurait été en grand crédit chez les Orientaux, mais on
a dit à tort que c'était là que le frère Ange de St-Joseph
aurait tiré sa pharmacopée persane.

Le même catalogue cite encore sous le nom de Compendium de médecine, n° 549, un autre ouvrage de Djordjany.

Nous regrettons que notre ignorance du persan ne nous
ait pas permis de recourir à ces manuscrits pour résoudre les
questions obscures de la bibliographie de Djordjany.

Voici maintenant ce qu'on lit dans certaines copies d'Ebn
Abi Ossaïbiah.

CHERF EDDIN ISMAEL.

Le Chérif Cherf eddin Ismael était un médecin éminent,
attaché à la personne d'Ala eddin Khouaresm chah, qui le
tenait en grande considération et lui faisait des appointe-

ments de 1,000 dinars par mois. Il ne survécut pas à son protecteur. On le citait pour ses succès dans la pratique médicale. Il écrivit plusieurs ouvrages.

Un traité de médecine intitulé le Trésor, *Eddakhira* en 12 volumes, dédié à Khouaresm chah.

Des accidents en médecine.

Présent offert aux médecins.

Tous ces ouvrages étaient écrits en persan.

Evidemment ces deux personnages n'en font qu'un; mais nous manquons de renseignements pour concilier les dires contradictoires.

FAKHR EDDIN ERRAZY.

Abou Abd Allah ben Omar ben el Khathib Fakhr eddin Errazy naquit à Rey, en 1149. Son père, qui était un homme distingué, s'était fait une réputation comme orateur et prédicateur éloquent, d'où le surnom d'Ebn el Khatib. Comme son illustre homonyme il tirait le surnom d'Errazy de Rey sa ville natale.

Fakhr eddin Errazy est le dernier grand philosophe qu'aient produit les Arabes. Bien qu'il ne tienne à la médecine que par son côté le plus faible, nous devons cependant mettre en lumière cette grande personnalité, par la raison qu'il eut une haute influence sur la diffusion et la permanence des sciences dans la haute Asie, tant par ses écrits que par ses nombreux élèves.

L'existence de Fakhr eddin Errazy est la plus excentrique de toutes celles que nous avons rencontrées jusqu'à présent. Nous le voyons en effet courir de la Perse au Maouarennahr et de Bokhara à Hérat.

C'est ainsi que la science grecque faisait la conquête de l'extrême Orient, après celle d'Alexandre.

Fakhr eddin Errazy profita sans doute des leçons de son père, mais nous lui connaissons un professeur de philosophie à Méraga, dans la personne d'Ali Medjed eddin Eddjily ou du Ghylan.

Il devint bientôt professeur à son tour. On accourait de

tous les côtés à Rey pour l'entendre, et quand il marchait dans les rues il lui arrivait parfois d'être suivi d'une troupe de trois cents disciples. Il avait aussi des élèves particuliers parmi lesquels Kotob el Misry était en quelque sorte son lieutenant. Il les faisait souvent discuter ensemble et intervenait à propos dans leurs discussions.

Son voyage dans le Maouar ennahr ne paraît pas avoir été à son avantage. Il en fut dédommagé à son passage à Saraks, où il reçut une généreuse hospitalité chez un homme capable de l'apprécier, le médecin et philosophe Essarakhsy.

Il fut dignement accueilli par Khouaresm chah prince de Hérat, et il se fixa dans cette ville où il resta jusqu'à la fin de sa carrière arrivée en 606 (1209). (1)

A Hérat, Fakhr eddin compta parfois plusieurs souverains parmi ses auditeurs.

Il avait un frère du nom de Rokn eddin qui apporta quelque légère amertume dans son existence. Ce frère le suivit partout et s'attachait à le contrecarrer, jusqu'à ce qu'enfin Khouaresm chah le fit interner.

Fakr eddin eut deux fils, Dhya eddin et Chems eddin qui furent dignes de lui. Il disait du second : S'il vit son âge, il me dépassera. Quand Gengiskhan eut défait Khouaresm chah, le vizir Ala el Malek alla le trouver et en obtint un sauf-conduit pour la famille de Fakhr eddin. Lors du sac de Hérat, la foule s'était portée dans sa maison, mais on massacra tout le monde, hormis les enfants de Fakhr eddin, qui furent adressés à Gengiskhan et accueillis avec les plus grands égards.

Aboulfarage nous raconte que Fakhr eddin se fit enterrer dans sa propriété dans la crainte que la foule ne profanât sa tombe, par la raison qu'il passait pour un croyant équivoque. D'autre part Ebn Abi Ossaïbiah nous rapporte qu'il dicta son testament à ses élèves, à son lit de mort, et que ses pensées étaient toutes en Dieu.

Nous ne pouvons entrer dans le détail de tous les écrits

(1) Comblé de présents, Fakhr eddin laissa en héritage, outre de nombreuses propriétés, 80,000 écus d'or.

de Fakhr eddin, dont bien peu appartiennent à la médecine. Wüstenfeld en enregistre 76, dont un grand nombre nous ont été conservés et se rencontrent dans nos bibliothèques.

Nous nous bornerons à dire que les ouvrages étrangers à la médecine portent sur le Coran, les dogmes musulmans, la religion, la morale, la philosophie, les doctrines d'Avicenne et de Gazzaly, la physique, la dialectique, sur une sorte d'encyclopédie des sciences, sur les mathématiques, sur Euclide, et même sur la grammaire et sur la divination. Il cultiva aussi l'alchimie, pour laquelle il dépensa beaucoup.

Tels sont les ouvrages relatifs à la médecine.

Un grand traité de médecine, incomplet, dit El Maleky.

Un traité sur le pouls.

Un commentaire sur les généralités du Canon, inachevé.

Un traité des boissons.

Un recueil de questions de médecine.

Quelques-uns de ses ouvrages furent écrits en persan.

ESSARAKHSY.

Abderrahman ben Abderrahim reçut le surnom de Sarakhsy, de sa ville natale, dont il était le plus éminent médecin. Tout ce que nous savons sur son compte se réduit à peu près à sa rencontre avec Fahhr eddin Errazy en 580, auquel il offrit une généreuse hospitalité pendant tout le temps de son séjour à Sarakhs.

Pour lui témoigner sa gratitude, Fakhr eddin composa à son intention un commentaire sur les généralités du Canon, le lui dédia, et le fit précéder d'une préface où il faisait l'éloge d'Essarakhsy.

Ce commentaire, méconnu par l'auteur du Catalogue du supplément arabe, M. Reinaud, existe évidemment sous le n° 1015, 1re partie. Le Ms. est tronqué, mais la dédicace est restée : *Je l'ai placé sous le nom* (suivent des appellations élogieuses) *d'Abderrahman ben Abd el Kerim Essarakhsy.*

II. — L'IRAK.

La première moitié de ce siècle fut remplie de troubles et
les Khalifes de Bagdad furent effacés par les Sedjoucides,
qui n'y remplacèrent pas également les Bouïdes, comme
protecteurs des sciences.

Les Khalifes prirent enfin le dessus. Deux d'entre eux,
Mostandjeb et Nasser, firent revivre les anciennes traditions
et créèrent des mosquées, des écoles, des bibliothèques et
des hôpitaux.

Cependant les musulmans ne fournirent que des médecins
d'un ordre inférieur. Les quelques hommes éminents qui
parurent à Bagdad étaient des chrétiens et un juif converti,
et parmi les noms qui nous ont été conservés, la moitié sont
des noms chrétiens. Le plus illustre d'entre eux, Amin Eddoula
ebn Ettalmid, nonobstant sa qualité de chrétien, fut attaché
à la cour, en grande faveur auprès des Khalifes Moctafi et
Mostandjeb, attaché à l'hôpital el Adhedy et élevé à la
dignité de chef des médecins. Il semble que ce ne fut pas
pour lui une sinécure, car il eut à passer à l'instar de Sinan
ben Tsabet, des examens où se renouvela la même aventure
d'un médecin payant de mine et pauvre de science. Un
autre médecin chrétien, éminent et respecté, fut Abou Nasr
el Messihy.

A côté de ces noms il n'en est plus qu'un à placer, celui
d'Aboul Barakat Aouhad Ezzeman, qui de juif se fit musulman, homme d'une grande intelligence, mais caractère ambitieux et jaloux, ennemi d'Amin Eddoula.

A quelque distance nous placerons encore un éminent médecin musulman Fakhr eddin el Mardiny.

Parmi les événements du siècle nous devons signaler une bourrasque de réaction religieuse, où l'on vit des œuvres de philosophie et même d'astronomie brûlées en place publique, sous l'inspection d'un médecin, Ebn el Marestanya, et au grand étonnement de l'Israélite Yousef Essebty.

Nous voyons cependant, outre les médecins chrétiens déjà nommés, Abou R'aleb ben Safya et Ebn el Mouammìl attachés à la personne des Khalifes.

ABOU R'ALEB BEN SAFYA.

C'était un médecin chrétien, qui n'est connu que pour avoir trempé dans la mort du Khalife Abbasside Mostandjed, en l'année 1170. Il était son secrétaire en même temps que son médecin. Le fait est raconté diversement. Voici la version d'Aboulfarage.

Le Khalife l'avait chargé d'écrire à son vizir de faire exécuter le Préfet du Palais et Cothob eddin Kaïmaz. Ebn Safya montra la lettre aux deux intéressés, qui le prièrent de retourner auprès du Khalife et de l'assurer que son ordre était exécuté. Mostandjed était malade et prenait un bain. Les deux coupables l'y surprirent et lui donnèrent la mort.

Ebn Abi Ossaïbiah prétend qu'Ebn Safya avait ordonné le bain, et il ajoute que le successeur du Khalife lui ayant demandé un poison pour se défaire d'un ennemi, Ebn Safya le lui donna. Mais ce Khalife exigea qu'il en fît lui-même l'épreuve, et Ebn Safya fut obligé de s'exécuter.

Après ce récit l'historien arabe se borne à dire que les médecins ne doivent pas se mêler des affaires des princes, et qu'ils ne doivent pas dépasser l'eau d'orge.

AMIN EDDOULA EBN ETTALMID.

Aboul Hassan Hibat Allah Saad ben Ibrahim, dit aussi Mouaffeq eddin, plus connu sous le nom d'Amin Eddoula ebn Ettelmid el Bagdady, naquit en 1073, d'un père qui était aussi un médecin distingué. Il était chrétien et même il devint prêtre et chef de ses coreligionnaires.

On ne nous mentionne parmi les maîtres sous lesquels il étudia que Saïd ben Hibat Allah ; mais ses écrits sont une preuve qu'il s'était formé par la lecture des grands médecins grecs et arabes.

Il voyagea d'abord en Perse avant de se fixer à Bagdad. Ce fut sans doute à ses voyages qu'il dut de connaître non-seulement l'arabe, mais aussi le syriaque et le persan.

Les honneurs, les dignités et la fortune devaient être la récompense d'une noble et longue existence. L'auteur du Kitab el hokama, Djemal eddin, fait les plus grands éloges de son intelligence et de son caractère, éloges répétés par Abdellatif, Ebn Abi Ossaïbiah et Aboulfarage. Il passa pour le plus éminent médecin de son temps.

Nous le voyons d'abord attaché au célèbre hôpital fondé par Adhad Eddoula.

Il fit aussi du service à la cour de Bagdad et jouit de la plus grande considération auprès des Khalifes Moctafy et Mostandjeb. Celui-ci lui faisait rendre une propriété qu'avait confisquée son vizir et l'agrandissait ; celui-là le faisait asseoir en sa présence, par respect pour son caractère et son âge.

Amin Eddoula cependant se prêtait difficilement au service des grands. Il fut un jour indiqué à un prince des environs comme le seul homme auquel il pût se confier dans sa maladie, mais sur l'observation qu'on lui fit qu'Amin Eddoula se refusait au déplacement, il vint lui-même se constituer son hôte. Amin Eddoula le soigna et le guérit. Le prince, de retour dans sa province, lui envoya 4,000 dinars, des esclaves et des chevaux. Amin Eddoula les refusa, prétextant qu'il avait fait serment de ne rien recevoir.

Il avait à la cour un ennemi dans Aboul Barakat le juif converti à l'Islamisme. Celui-ci écrivit au Khalife contre Amin Eddoula, mais ses machinations tournèrent contre lui-même. Aboul Barakat, dit l'historien de la médecine, était plus versé dans la philosophie, mais Amin Eddoula était un meilleur praticien.

Amin Eddoula fut nommé chef des médecins de Bagdad, et nous pouvons constater une seconde fois que cette dignité n'était pas une sinécure, mais qu'elle comportait un contrôle de la profession.

Les historiens rapportent une anecdote, qui rappelle celle de Tsabet ben Sinan, qui le premier procéda à l'examen des médecins de Bagdad. Un jour que des médecins s'étaient rendus chez Amin Eddoula, pour être examinés par lui, dans le nombre se trouva un vieillard d'un extérieur recommandable. Il fut reçu avec certains égards. Amin Eddoula lui demanda sous quels maîtres il avait étudié. — Il y a longtemps qu'ils sont morts, lui répondit le médecin. Amin Eddoula reprit : Ce que je te demande, j'ai coutume de le demander à tous. — A notre âge, monseigneur, répondit le vieillard, on devrait plutôt demander quels écrits as-tu composés.

Puis prenant à part Amin Eddoula il lui avoua qu'il avait très peu de connaissances pratiques, mais qu'il avait une famille à nourrir, et qu'il espérait qu'on y aurait égard. — A une condition, répondit Amin Eddoula, c'est que tu t'abstiendras toujours dans les maladies que tu ne connais pas.

On nous a conservé un fait de la pratique d'Amin Eddoula. Un homme lui vint un jour en été, suant le sang. Il le présenta à ses élèves, qui étaient au nombre d'une cinquantaine, et aucun d'eux ne sut que dire. Amin Eddoula le nourrit pendant quelques jours avec du pain d'orge et de l'aubergine et le malade guérit. Cet homme, dit-il à ses élèves, avait le sang atténué et les pores dilatés ; je lui ai donné des aliments qui ont rendu le sang plus épais et les pores plus serrés.

On lui prête aussi ce propos, qui nous prouve qu'il n'était pas chirurgien : je ne voudrais pas retirer une épine implantée dans le ventre et à moitié saillante, dans la crainte de la rompre. Ce propos nous est donné comme une preuve de sa circonspection.

Amin Eddoula cultivait aussi la poésie, mais ne se lançait jamais dans les grandes compositions, et son historien ne connaît pas une *cassida* de lui. Il mourut presque centenaire, en 1164, le plus savant de ses contemporains, et l'honneur de son siècle, dit Aboulfarage.

Il laissa un fils, qui ne marcha pas sur ses traces et embrassa l'Islamisme. Un jour on le trouva étranglé dans sa maison. La bibliothèque de son père fut enlevée et fit la matière de douze transports.

Tels sont les écrits d'Amin Eddoula.

Deux formulaires des hôpitaux, l'un en treize et l'autre en vingt chapitres.

L'*Aminya*, traité des médicaments officinaux.

Un traité sur la saignée.

Divers extraits des commentaires de Galien sur les Aphorismes d'Hippocrate, sur les Pronostics.

Des commentaires sur les Questions de Honein.

Un complément des recueils des Alexandrins sur le livre de l'art de guérir.

Un commentaire des Hadits relatifs à la médecine.

Des observations sur le Canon d'Avicenne.

Un extrait du continent de Razès.

Un extrait du livre de Meskouih sur les boissons.

Notes sur le Maïa d'El Messihy.

Notes sur le Menhadj.

Un recueil de lettres.

Le formulaire d'Amin Eddoula détrôna celui de Sahl ben Sabour, qui avait jusque-là régné dans les hôpitaux. Aboulkheir et Mohammed ben Abderrahman Abdessalem el Mardiny furent ses élèves.

ABOULFARADJ IAHYA BEN ETTALMID.

Tout ce que nous en savons c'est qu'il était un médecin distingué de Bagdad, versé dans la philosophie. C'était l'oncle d'Amin Eddoula ebn Ettalmid. Cette famille, dit Ebn Abi Ossaïbiah, compta beaucoup d'hommes éminents.

FAKHR EDDIN EL MARDINY.

Abou Abdallah Mohammed ben Abdessalam ben Abderrahman ben Abdessater el Ansary naquit en 512 à Mardin, où son père était juge, mais sa famille était originaire de Jérusalem, d'où le surnom de Mocadessy, qui lui fut aussi donné. C'était, dit Ebn Abi Ossaïbiah, un savant qui n'avait pas son pareil pour la connaissance de la philosophie et de la médecine. En même temps c'était un homme de bien.

Il étudia la médecine à Bagdad, sous Amin Eddoula, prenant le Canon d'Avicenne pour base de ses études. En même temps il donnait à son maître des leçons de dialectique. Il enseigna aussi la philosophie à Sohraouardy.

En 587 de l'hégire il était à Damas, enseignant le Canon au Cheikh Mohaddeb eddin ben el Hadjib. Celui-ci voulut le retenir, lui offrant trois cents drachmes par mois. El Mardiny refusa, disant que la science n'avait pas de prix. Cependant comme il se rendait à Mardin il passa par Alep et y fut retenu deux ans par le sultan Malek Eddaher qui le combla d'honneurs et de présents. En quittant Alep il s'arrêta dans la ville d'Amide, où il mourut en 594 (1197) âgé de 82 ans. Il légua par testament sa bibliothèque à la ville de Mardin.

Tout savant qu'il était, dit Aboulfarage, il n'écrivit pas, et ne laissa qu'un commentaire sur un poème d'Avicenne.

LES ATHREDY.

Nous trouvons sous ce nom un groupe de trois médecins, d'un renom modeste, il est vrai, mais qui ne méritent pas moins d'être réunis comme un exemple ajouté à tant d'autres de la science perpétuée dans les familles.

ALI BEN ATHREDY.

Aboul Hassan Ali ben Hibat Allah ben Athredy était un médecin en renom, savant et habile praticien, d'un pronostic sûr. Il écrivit la Défense des médecins, à l'adresse d'Aboul Ola ben Mahfoud ben el Messihy, médecin lui-même.

SAÏD BEN ALI BEN ATHREDY.

Aboul Kanaïm Saïd ben Ali, fils du précédent, était un des bons médecins de Bagdad, et fut attaché comme médecin en

chef au célèbre hôpital fondé par Adhad Eddoula. Il vivait
du temps de Moctafy, c'est-à-dire dans le milieu du XIIe
siècle.

ALI BEN SAÏD BEN ATHREDY.

Djemal eddin Aboul Hassan Ali ben Saïd, fils du précédent, passait pour un excellent médecin, consommé dans la
science et dans la pratique de son art.

IAHYA BEN SAÏD BEN MARY.

C'était un médecin chrétien, mentionné par Djemal eddin
et par Aboulfarage. Le premier nous apprend qu'il exerçait
la médecine à Bassora. C'était aussi un homme connaissant
parfaitement la langue arabe et les écrits des anciens. Il
cultivait aussi la poésie, et l'on en trouve un échantillon
dans Aboulfarage. Il mourut en 589 (1193) ayant écrit un
traité en soixante séances.

ABOUL BARAKAT AOUHAD EZZEMAN.

Aboul Barakat Hibat Allah ben Ali ben Melka Aouhad Ezzeman, natif d'une localité du nom de Baled, d'où il est dit
El Baledy, vint habiter Bagdad. Les surnoms d'Aboul Barakat, le père des bénédictions, et d'Aouhad Ezzeman, l'unique
de son temps, attestent la renommée dont il jouit.

Nous ne savons au juste l'époque où il naquit, mais, comme
on va le voir, ce dut être dans la seconde moitié du
XIe siècle. Il était juif, et, en cette qualité, il se vit refuser
l'école de Saïd ben Hibat Allah, qui ne voulait pas recevoir
de Juifs. Aboul Barakat corrompit le concierge, et obtint
une place dans le corridor, d'où il pouvait entendre le professeur. Or, il advint, au bout d'un an, que celui-ci proposa
une question à ses élèves, dont aucun ne put la résoudre.
Là-dessus, Aboul Barakat s'avança, et saluant Saïd, lui dit :
« Maître, me permets-tu de parler ? — Parle, lui répondit

Saïd, et réponds-moi par les paroles de Galien. » Aboul Barakat répondit parfaitement, et, dès lors, Saïd ben Hibat Allah l'admit dans son école, dont il devint un des meilleurs élèves.

Aboul Barakat était une grande intelligence. Il connaissait la philososophie tout autant que la médecine, mais c'était un homme orgueilleux, remuant et ambitieux. Nous avons déjà vu que ses intrigues ourdies contre Amin Eddoula n'avaient tourné qu'à son détriment.

Une aventure le poussa plus loin et le fit changer de religion. Le fait est raconté diversement. Les uns parlent d'un affront dans le genre de celui qui lui avait fait interdire l'école de Saïd ben Hibat Allah, et qui lui serait arrivé à la cour. D'autres racontent le fait autrement.

Un sultan Seljoukide l'avait appelé de Bagdad pour le soigner. Aboul Barakat le guérit et fut largement récompensé. Il se remit en marche pour Bagdad, déployant une grande pompe et étalant les richesses dont il avait été comblé, ce qui lui attira une épigramme dont tel est le sens : « Nous avons un médecin juif dont toutes les paroles sont des sottises; il déploie un grand faste, et cependant il est moins qu'un chien, et on dirait qu'il n'est pas sorti du désert. »

Aboul Barakat fut blessé au vif, et comprit que le judaïsme était un obstacle à ses rêves de grandeur.

Il conçut alors le projet de se faire musulman. Mais, auparavant, réfléchissant que ses filles ne voudraient pas le suivre dans la nouvelle religion, et que, partant, elles seraient privées de ses biens, il obtint du khalife un décret qui les déclarait aptes à hériter, et il embrassa l'islamisme.

Il vécut, dit-on, longtemps encore, exerçant la médecine et l'enseignement avec succès, mais sa vieillesse fut rudement éprouvée. Il devint aveugle, sourd et lépreux; il souffrit des douleurs que sa science était incapable de calmer. Sentant approcher sa mort, il demanda que l'on gravât sur sa tombe ces mots seulement : « Aboul Barakat Aouhad Ezzeman, qui connut la bonne et la mauvaise fortune, et qui écrivit le Moutabar. »

On fit sur lui des vers dont tel était le sens : « Amin Eddoula et son rival Aboul Barakat finirent différemment : l'humilité de l'un l'éleva jusqu'aux nues, l'orgueil de l'autre l'enchaîna à la terre. » Il avait vécu quatre-vingts années.

On raconte de lui un fait curieux de sa pratique. Un homme affecté de mélancolie croyait avoir sur la tête un insecte, dont il ne pouvait se débarrasser. Plusieurs médecins avaient, en vain, essayé de le guérir.

Aboul Barakat s'entendit avec ses domestiques. L'un d'eux s'approcha du maniaque avec un bâton et l'en frappa sur la tête, tandis que l'autre laissa tomber un vase dans lequel on trouva un insecte. Le malade s'en crut, dès lors, débarrassé. C'est là, dit le biographe, un fait remarquable de thérapeutique, et on en trouve plusieurs de pareils dans l'histoire des maladies mentales, notamment chez Galien.

Tels sont les écrits qu'il a composés :

Le Moutabar, ouvrage renommé, qui traite de la dialectique, de la métaphysique et de la physique.

Un formulaire. Deux traités sur des médicaments de son invention.

Abrégé de l'Anatomie de Galien.

Pourquoi les étoiles paraissent la nuit et disparaissent le jour.

De l'intellect et de sa nature.

BADI EZZEMAN EL ASTERLABY.

Aboulcassem Hibat Allah ben el Hossein ben Ahmed el Bagdady, reçut le surnom d'El Asterlaby, parce qu'il passait pour l'homme de son temps qui avait la plus grande connaissance et l'habitude de l'astrolabe. C'était aussi un médecin, un philosophe et un poète. Il paraît identique avec le troisième Hibat Allah d'Aboulfaradj. Cependant on s'étonne du peu qu'il en dit. Il le donne comme un homme des plus éminents du siècle, duquel on disait qu'avec lui on pouvait se passer d'Hippocrate, de Socrate et d'Ebn Botlan.

Il mourut, dit Aboulfaradj, quelque temps après l'année

530 (1135). Frappé d'apoplexie, on le crut mort et on l'ensevelit dans une chambre de sa maison. Quelques mois après, on s'aperçut qu'il était revenu à la vie, car il était étendu sur les marches de l'escalier.

EL CATTANY.

Aboulcassem Hibat Allah ben el Fadhl el Cattany, de Bagdad, naquit en 1086 et mourut en 1162.

C'était un médecin instruit, s'occupant particulièrement d'oculistique. Il était aussi poëte.

EL ANTARY.

Aboul Mouaïed Mohammed ben Essaïr Eddjezery fut surnommé El Antary, pour s'être occupé, dans sa jeunesse, du célèbre Antar. C'était un médecin savant et un bon praticien. Il cultiva aussi la philosophie et la poésie, les mariant l'une à l'autre. Il a laissé un petit poème d'une vingtaine de vers, adressé à son fils, où il a eu l'intention de renfermer les principes généraux de la médecine. Cet opuscule est attribué par d'autres, soit à Avicenne, soit à Ebn Botlan. Nous en citerons quelques passages : « La santé se conserve par les semblables et la maladie se guérit par les contraires. Il ne faut pas faire plus d'un repas par jour, et ne pas manger avant que la digestion ne soit faite. Toute la médecine bien entendue se résume à dilater et à resserrer l'état du corps. »

Il écrivit aussi les ouvrages suivants :

Le livre de la Lumière.

Le livre de la Perle, où il traite de physique et de métaphysique.

Un grand formulaire, où il traite complétement des médicaments composés.

Lettre de Syrius au petit chien, en réponse au grammairien Arafa, qui lui avait écrit de Damas.

Du mouvement du monde.

De la différence entre le temps et l'éternité, et entre l'incrédulité et la foi.

ABOU NASR EL MESSIHY.

Abou Nasr Saïd ben Abilkheir ben Issa ben el Messihy, ainsi nommé dans Ebn Abi Ossaïbiah, porte les noms suivants dans Djemal eddin : Aboulkheir ben Baka ben Ibrahim Ennily el Bagdady el Messihy, dit Ebn el Atthar. Cette dernière nomenclature se retrouve dans Aboulfarage. C'était un médecin chrétien, habile et renommé, jouissant de la confiance générale, et, particulièrement, de celle du Khalife Nasser lidin Allah, qui lui confiait la santé de ses femmes et de ses concubines.

Le Khalife Nasser avait la gravelle. En l'année 598 de l'hégire, 1201 de notre ère, un calcul se forma dans sa vessie, et, de guerre lasse, il se décida à subir l'opération de la taille, et s'enquit d'un chirurgien capable de la pratiquer. On lui désigna un certain Ben Akâcha. Celui-ci se prononça pour l'opération, mais, auparavant, il voulut avoir l'avis d'El Messihy, qu'il appelait son maître, et qui était déjà vieux. Après s'être bien informé de la maladie et du malade, Abou Nasr el Messihy, auquel le Khalife s'abandonna complétement, voulut, préalablement, essayer d'un traitement par les boissons et les huiles émollientes, avant de recourir à l'opération de la taille. Le Khalife rendit un calcul de la grosseur d'un noyau d'olive et se trouva délivré. Aussitôt, les cadeaux plurent sur Abou Nasr el Messihy, tant de la part du Khalife que de la part de sa mère, de ses enfants et de tout son entourage. L'argent qui lui fut adressé se montait à vingt mille dinars, soit une somme de trois cent mille francs, sans compter les autres présents.

Abou Nasr el Messihy mourut plein de jours, en l'année 608 de l'hégire, 1211 de l'ère chrétienne.

Il laissa un livre intitulé El Iqtidhab, par demandes et par réponses.

ABOU ALI BEN ABILKHEIR EL MESSIHY.

Abou Ali, fils d'Abou Nasr, suivit aussi la carrière paternelle, mais avec beaucoup moins d'ardeur. Tant que vécut
son père, il fut en faveur, et même on lui confia la direction
de l'hôpital, probablement El Adhedy. Quand son père mourut, son crédit baissa et ses désordres achevèrent sa ruine.
Enfant prodigue, il dépensait son héritage avec des femmes.
Une aventure qui lui arriva fit beaucoup de bruit, car on
nous en a donné la date précise. Le vendredi 11 du mois de
Raby Ier, qui nous paraît répondre au 16 mai, en l'année 1220,
on trouva chez lui une maîtresse musulmane du nom de
Setti Charaf. On l'arrêta, et il ne craignit pas de dire qu'il
avait reçu chez lui beaucoup d'autres musulmanes attirées
par ses richesses, entre autres, la femme de l'intendant du
trésor. Les deux femmes furent conduites à la prison des
prostituées, et Abou Ali fut condamné à une amende de
six mille dinars, soit quatre-vingt-dix mille francs.

MAHFOUTH EL MESSIHY.

Nous trouvons dans le Kitab el hokama le nom de Mah-
foudh ben Issa Aboul Ola ben el Messihy, médecin chrétien,
vivant en l'année 559 de l'hégire, 1163 de l'ère chrétienne.
C'est tout ce que nous en savons, si ce n'est qu'il habitait
l'Irak.

EBN SEDID.

Aboul Hassen Ali ben ¡Mohammed ben Abdallah dit Ebn
Sedid (ou Sedir), d'un sobriquet de son père, était de Madaïn,
où il mourut subitement en 606 (1209). C'était un bon médecin et un poète.

EBN EL MOUAMMIL.

Aboul Hassan Saad ben Hibat Allah ben el Mouammil el Hadhiry n'a pas de place dans certaines copies d'Ebn Abi Ossaïbiah. Aboulfarage a reproduit la notice donnée par Djemal eddin dans le Kitab el hokama.

C'était un chrétien de Bagdad, qui fut attaché au service du Khalife Nasser, auprès duquel il jouissait d'une grande considération. Il passait pour un médecin accompli. Il composa un traité théorique et pratique dont le titre, *Essafoua*, indique un choix dans les doctrines et les faits de médecine. On fait observer qu'il y traite de la circoncision pratiquée à Bagdad par les médecins, et que cela parut une nouveauté. Il mourut en 591 de l'hégire, 1195 de notre ère.

ABOULKHEIR L'ARCHIDIACRE.

Aboulkheir, l'archidiacre, était le frère du précédent, et ces deux frères en avaient un troisième, connu sous le nom d'Ebn el Messihy, qui fut *Catholicos*, c'est-à-dire patriarche de la communion nestorienne. Aboulkheir étudia la médecine sous Amin Eddoula, auquel son père vint le présenter, dès sa première jeunesse. Il devint lui-même un médecin éminent, et composa sous le titre *El Iktidhab*, une sorte de paraphrase des généralités du canon d'Avicenne, dont il donna plus tard un abrégé.

EBN EL MARESTANYA.

Abou Bekr Abd Allah ben Abilfaradj Ali ben Nacer ben Hamza, dit Ebn el Marestanya, ou le fils de l'hospitalière, fut attaché à l'hôpital El Adhedy, dont il composa l'histoire. Il mourut en 599 de l'hégire, 1202 de notre ère, et passait pour un savant médecin et un bon praticien. Cependant, un fait dont nous allons parler ne plaide pas en sa faveur.

ABDESSALEM.

Abdessalem ben Abdelkader ben Abi Saleh ben Djengui-doust ben Abi Abdallah Eddjîly, connu sous le nom d'Errokn, n'a pas été mentionné par Ebn Abi Ossaïbiah. La notice que lui a consacrée Djemal eddin a été reproduite en partie par Aboulfarage.'Celui-ci lui donne le titre de *Hakim*, que nous n'avons même pas trouvé dans Djemal eddin, ce qui laisse des doutes sur sa qualité de médecin. Toutefois, on nous dit qu'il était profondément versé dans les sciences des anciens. Son crédit et sa renommée lui suscitèrent des envieux.

L'un d'eux l'accusa d'impiété et de partager les opinions des philosophes. Sur un arrêt du Khalife Nasser, on le mit en prison, et on saisit ses livres pour les brûler sur une place de Bagdad. Ebn el Marestanya le médecin, dont nous venons de parler, présidait à l'exécution. Alors se trouvait à Bagdad Iousef Essebty, qui fut témoin de l'auto-da-fé, et le raconta plus tard à son ami Djemal eddin. Ebn el Maresta-nya prononçait l'anathème sur les philosophes, sur Abdessa-lem et sur ses livres, les prenant un à un et les livrant aux exécuteurs pour être jetés dans les flammes.

Étant tombé sur un livre d'astronomie d'Ebn el Heitsam, il renouvela ses anathèmes, le déchira et le donna pour être jeté au feu. Je vis là, dit Iousef, sa sottise et son ignorance, car l'astronomie, loin de conduire à l'incrédulité, conduit à la foi. Abdessalem fut élargi en 589 (1193), et vécut encore longtemps après.

EBN EDDJOUZY.

Aboulfaradj Abderrahman ben Ali Djemal eddin ebn ed Djouzy naquit en l'année 508 (1114) ou 510 (1116) et mourut en 597 (1200). Il habitait Bagdad. C'était un homme passionné pour toutes les sciences, sur lesquelles il écrivit de nom-breux ouvrages. Il était versé dans la connaissance des tra-

ditions, dans la jurisprudence, la morale, la philosophie, etc.
Il était aussi un éminent orateur et un historien fécond. Un
de ses ouvrages sur la médecine existe encore à Leyde et à
la B. Bodléenne sous le titre : *Manafi etthobb*, Utilités de la
médecine. Eddcheby nous a laissé le titre d'un autre sur
l'alun et la teinture. Il écrivit aussi un Traité d'hippologie et
un livre sur les Nègres et les Abyssins.

ALI BEN IADQDAN.

Nous ne le connaissons que par le Kitab el hokama.
C'était un médecin natif de Ceuta, d'où lui vint le surnom
d'Essebty. En l'année 544 (1149), il quitta son pays et visita
l'Égypte, l'Iémen et l'Iraq.

ALI BEN ALI EL AMIDY.

Ali ben Ali fils d'Abou Ali Esseif el Amidy naquit dans la
ville d'Amide en l'année 550 (1155). Il habita longtemps
Bagdad pour y apprendre la médecine.

Il étudia aussi les autres sciences, et l'auteur du Kitab el
hokama nous dit qu'il apprit les sciences des anciens auprès
des chrétiens et des juifs de Karkh, qui est un faubourg de
Bagdad où les juifs étaient particulièrement en majorité,
ainsi que les autres dissidents.

En l'année 592 (1195), il visita l'Égypte, puis s'en revint à
Damas où il fixa sa résidence. Voilà pourquoi il a été placé
par Ebn Abi Ossaïbiah parmi les médecins de Syrie. C'est
parmi eux que nous le rencontrons dans la liste de Wüstenfeld, mais il ne se trouve pas dans le Ms. de Paris, non plus
que les trois qui précèdent. Parmi les ouvrages que lui
attribue Wüstenfeld, il n'en est pas de relatif à la médecine.
Il le fait mourir en 1233.

III. — SYRIE.

Nous avons vu qu'au siècle dernier, Damas était le siége d'un petit groupe de médecins, pratiquant et enseignant la médecine : nous allons voir ces semences porter leurs fruits.

Les révolutions qui agitèrent le pays et le contre-coup des croisades ne firent que donner à Damas une nouvelle importance, dont la médecine et les sciences firent leur profit. Possédé d'abord par les Seldjoucides, il fut conquis par Noureddin, et devint, dès lors, la capitale d'un grand état. Noureddin et Saladin, son successeur, encouragèrent les savants, et les médecins affluèrent à Damas.

Une institution de Noureddin eut les plus heureuses conséquences. Il fit construire à Damas un grand hôpital qui, de son nom, fut appelé Ennoury. Il y plaça des médecins en renom, et y affecta une bibliothèque richement pourvue d'ouvrages de médecine. Un des premiers médecins fut Aboul Medjed, qui ne pratiqua pas seulement la médecine, mais l'enseigna. Tous les jours, après son service, il se tenait dans la grande cour de l'hôpital, tendue de tapisseries, et y tenait des conférences qui ne duraient pas moins de trois heures. D'autres médecins firent aussi des élèves, ainsi Ebn Ennaqquach et Ebn el Mathran.

Saladin marcha sur les traces de Noureddin, tant en Syrie qu'en Égypte, et sa générosité rappela les beaux jours des premiers Abbassides. Doué d'un esprit supérieur, il admettait toutes les croyances, et, parmi une quinzaine de médecins

attachés à sa personne, dont les noms nous ont été conservés, presque tous sont juifs ou chrétiens. Ebn Mathran,
le plus éminent de son époque, vécut dans son intimité, et
ses allures hautaines trouvèrent grâce devant la sérénité
de Saladin.

Parmi les médecins de ce siècle, nous signalerons plusieurs oculistes et un adepte de l'alchimie.

En même temps que la médecine, les sciences, et notamment les mathématiques, se cultivaient à Damas, qui devait,
au siècle suivant surtout, éclipser le Caire et Bagdad,
et devenir le plus brillant foyer des sciences en Orient.

En 1127, Étienne d'Antioche traduisait en latin le Maleki
d'Ali ben Abbas.

ABOUL HAKAM EL BAHLY.

Aboul Hakam Obeïd Allah ben el Modhaffer el Bahly cultivait, en même temps que la médecine, la littérature, la
philosophie, la poésie et la musique. Il donnait d'abord des
consultations à Hébron, puis il visita Bagdad, Bassora et
vint à Damas où il résida jusqu'à sa mort, arrivée en 549
(1154). Wüstenfeld le fait naître à Murcie, en Espagne, mais
le Ms. de Paris ne comporte pas cette lecture. Cependant on
la retrouve dans le Kitab el hokama, qui lui donne les surnoms d'El Andaloussy et d'El Moursy.

ABOUL MEDJED BEN EL HAKAM.

Afdhal Eddoula Aboul Medjed Mohammed ben el Hakam,
fils du précédent, apprit la médecine sous son père et sous
d'autres maîtres. Il était réputé comme un médecin savant
et un praticien expérimenté. Il s'occupait aussi de mathématiques et de musique.

Noureddin, que nous appelons vulgairement Noradin, le
tenait en grande estime, et quand il fonda à Damas l'hôpital qui, de son nom, prit celui d'Ennoury, il y plaça Aboul
Medjed, et lui fit des appointements.

Ebn Abi Ossaïbiah rapporte qu'il tient d'Aboul Fadhl ben Abilfaradj l'oculiste, qu'il vit Aboul Medjed dans cet hôpital, où il soignait les malades et où ses ordres étaient religieusement exécutés. Il allait ensuite au Palais où il soignait les grands personnages, puis, retournait à l'hôpital, se plaçait dans la grande cour toute tapissée, et y restait trois heures à expliquer des ouvrages de médecine et à conférer avec des élèves et des médecins, avant de retourner à son logis. Nous apprenons dans sa notice que Noureddin avait affecté à l'hôpital Ennoury une bibliothèque renfermant de nombreux ouvrages de médecine.

Ce médecin valait donc mieux que les deux lignes que lui a consacrées Wüstenfeld.

EBN EL BOUDOUH EL MAGREBY.

Abou Djafar Omar ben Ali ben el Boudouh, dit aussi El Qalay, parce qu'il naquit dans une des Calaa du Magreb, nous est donné comme un médecin instruit dans la connaissance des médicaments simples et composés, ainsi que dans celle des maladies et de leur traitement. Il était assidu à la lecture des anciens et écrivit des notes sur Avicenne. Comme l'indiquent ses surnoms, il était né dans le Magreb et il résida longtemps à Damas où il tenait une officine. Quand son grand âge l'eut affaibli, il s'y faisait transporter pour donner ses consultations. C'était aussi un poète et un traditionniste. Il mourut en 576 (1180).

HAKIM EZZEMAN.

Aboul Fadhl Abd el Moumen ben Omar el Andaloussy, naquit en Espagne et vint se fixer à Damas, où il se fit une réputation qui est accusée par le surnom de Hakim Ezzeman, le médecin de l'époque. Il pratiquait particulièrement l'oculistique. C'était encore un littérateur et un poète. Il tenait une officine et passait pour s'occuper d'alchimie. Saladin avait pour lui beaucoup de considération et de bontés. Hakim

Ezzeman lui adressa de Damas une épître en vers, alors qu'il était devant Saint-Jean-d'Acre assiégé par les Francs. Il fit aussi un récit des conquêtes de Saladin et de la prise de Jérusalem. Il mourut au commencement du XIIIᵉ siècle, dans un âge très-avancé, laissant une description des médicaments simples et composés et des observations sur la médecine.

Hakim Ezzeman laissa un fils, Abd el Moumen, qui fut attaché comme médecin à Malek el Achraf, fut oculiste et poête, et mourut à Edesse, en 620 (1223).

MOHADDEB EDDIN EBN ENNAQQACH.

Mohaddeb eddin Aboul Hassan Ali ben Abi Abd Allah ebn Ennaqqach naquit à Bagdad, où il apprit la médecine sous Amin Eddoula ebn Ettalmid, et les traditions sous Aboul Cassem ben el Hossein. Il vint ensuite à Damas, où il exerça la médecine avec distinction et fit de nombreux élèves. Il alla quelque temps habiter le Caire, où le cheikh Sedid lui offrit une gracieuse hospitalité, puis revint à Damas, où il résida jusqu'à sa mort, en 517 (1178). Il fut attaché comme médecin à la personne de Noureddin, ainsi qu'à l'hôpital Ennoury. On fait observer qu'il vécut dans le célibat, et que c'était un homme bienfaisant; et c'est là, peut-être, la cause de son dénûment à Damas, qui le fit aller en Égypte.

ABOU ZAKARYA IAHYA EL BAÏASSY.

Amin eddin Abou Zakarya Iahya ben Ismaïl el Andaloussy el Baïassy naquit en Espagne, ainsi que l'indique son surnom d'Andaloussy.

Il se rendit d'abord au Caire, puis à Damas, où il suivit les leçons de Mohaddeb eddin ebn Ennaqqach. Il était aussi versé dans les mathématiques et la mécanique, et il construisit pour son maître plusieurs instruments de mathématiques. Il était encore bon musicien et enseignait la musique. Saladin se l'attacha comme médecin, le garda quelque temps avec lui, puis le laissa retourner à Damas avec une pension dont il jouit jusqu'à sa mort. Il passait pour un praticien consommé, et écrivit sur la médecine et les sciences.

AFIF BEN SOKRA.

Afif, dont le père, Sokra, était aussi médecin, était un juif d'Alep, qui passait pour savant et bon praticien.

Plusieurs membres de sa nombreuse famille exerçaient aussi la médecine. Il écrivit un livre sur la colique, adressé à Saladin, en 584 (1188).

CHIHAB EDDIN ESSOHRAOUARDY.

Essohraouardy ne tient à notre sujet que par les faibles liens de l'alchimie; c'était essentiellement un philosophe. Il était doué d'une grande intelligence, mais dénué de jugement.

El Mardiny, avec lequel il était lié, disait de lui : « Ce jeune homme est très intelligent, mais je crains que sa légèreté ne lui soit fatale. » Il en fut malheureusement ainsi. Étant venu à Alep, recherchant les savants, il s'y fit des ennemis et des détracteurs.

Malek Eddaher, fils de Saladin, voulut se l'attacher, pour être témoin de ses brillantes discussions. Cependant ses ennemis écrivirent à Saladin qu'il était un impie, et corrompait l'esprit de son fils. Saladin donna l'ordre de le mettre à mort, et Sohraouardy obtint qu'on le laissât mourir de faim. C'était en 586 (1190), et il n'avait que trente-six ans. Entre autres ouvrages, il laissa un livre sur la philosophie de Platon et un autre sur la secte des Soufis, qui existent à Oxford.

ABOUL MANSOUR.

C'était un médecin chrétien, réputé comme savant et bon praticien. Saladin le prit à son service.

ABOUL NEDJEM.

Aboul Nedjem ben Abi Ralib ben Mansour était aussi un médecin chrétien, bon praticien et heureux dans sa pratique. Il enseigna la médecine. Saladin lui accorda sa confiance, et il resta longtemps à son service. C'était, dit-on, un homme aimable et bienfaisant. Il mourut à Damas, en 1202, laissant un fils dont le nom suit. Hadji Khalfa cite de lui, sous le nᵒ 13,392, un traité de médecine théorique et pratique.

ABOUL FARADJ.

Aboul Faradj fut, ainsi que son père, médecin de Saladin, qui le tenait en grande considération. Nous pensons que c'est le même dont il est question à propos d'Ebn Mathran. Il servit ensuite Malek el Adel.

EBN EL MATHRAN.

Abou Nasr Asad ben Abil Fateh Elias Mouaffeq eddin ebn el Mathran naquit à Damas. Son père était un médecin chrétien, qui avait voyagé dans le pays grec pour y étudier les sciences, puis était revenu à Bagdad suivre les leçons d'Amin Eddoula ebn Ettelmid.

De Bagdad, il se rendit à Damas, où il exerça la médecine jusqu'à sa mort. Le nom d'Ebn el Mathran donné au fils implique chez le père la dignité de métropolitain.

L'histoire d'Ebn el Mathran est un curieux exemple de la haute position dont jouissaient les médecins auprès des souverains de l'Orient. Elle nous rappelle le temps des premiers Abbassides et des Bakhtichou. Ici encore, nous voyons la fortune aveugler son favori, et, si nous n'avons pas de disgrâce à signaler, c'est qu'il y avait chez Saladin plus de noblesse et de générosité que de fol orgueil chez son médecin. Les services rendus étaient, sans doute aussi, un titre à l'indulgence.

Ebn el Mathran étudia la médecine sous Mohaddeb eddin Ebn Ennaqqach. C'était un homme studieux et intelligent, mais fier, hautain et ami du faste.

Saladin le prit à son service et le combla de faveurs et de présents, l'admettant dans son intimité, lui confiant le secret des affaires, et lui pardonnant ses travers. Saladin, dit l'historien de la médecine, était généreux et libéral, au point qu'à sa mort, on ne trouva rien dans ses coffres.

On peut douter que ce fût sous la pression de Saladin qu'Ebn el Mathran embrassa l'islamisme, attendu que, parmi les médecins employés à son service, la plupart étaient juifs ou chrétiens. Il est plus admissible que le motif de cette apostasie fut un amour-propre froissé, ainsi qu'il arriva pour Aboul Barakat Aouhad Ezzeman.

On nous a conservé plusieurs faits d'Ebn el Mathran qui l'eussent perdu avec tout autre que Saladin.

Dans ses expéditions, Saladin avait l'habitude, comme signe distinctif, de se faire dresser une tente de couleur rouge. Ebn Mathran s'avisa d'en faire autant. Saladin, se promenant dans son camp, vit cette tente, et demanda à qui elle appartenait. Voilà bien, dit-il en souriant, la folie d'Ebn el Mathran, et il ordonna qu'on l'abattît. Il ne manquerait plus, dit-il, qu'un ambassadeur passât par là et s'adressât à lui. Ebn el Mathran fut mortifié et ne reparut pas de deux jours. Saladin le calma par des cadeaux.

Un jour, un médecin chrétien du nom d'Aboulfaradj, également au service de Saladin, vint le trouver, et lui exposa qu'ayant des filles à marier, il était embarrassé pour leur faire un trousseau. Saladin l'invita à dresser une liste de tout ce qui lui était nécessaire, et il donna l'ordre de faire acheter tout ce qu'elle portait. La note se montait à 30,000 drachmes. Ebn el Mathran le sut et ses visites devinrent plus rares. Saladin comprit la jalousie et lui fit parvenir l'équivalent des présents faits à Aboulfaradj.

Ebn el Mathran avait la passion des livres. Il entretenait continuellement trois copistes et l'on nous a conservé le nom de l'un d'eux, Djemal eddin ben Djemala. Lui-même en copiait et il en laissa un grand nombre écrits de sa main.

Quant aux livres qu'il lisait, il les chargeait d'annotations. A sa mort on trouva dix mille volumes dans sa bibliothèque.

Nous ignorons si Ebn el Mathran fut attaché à l'hôpital Ennoury, mais nous connaissons un fait qui s'y passa, où il figura comme acteur. Il convint un jour avec Ben Hamdan Eddjerraidjy de ponctionner un hydropique, et c'était lui qui tenait le pouls du malade. Voyant ses forces diminuer, il fit suspendre l'écoulement, appliqua un bandage et recommanda de ne pas y toucher avant deux jours. Le malade, qui avait trouvé du soulagement, espérant une guérison complète par une évacuation totale, tourmenta tellement sa femme qu'elle enleva le bandage. L'écoulement continua, mais le malade perdit ses forces et mourut.

Malgré ses grandeurs, Ebn el Mathran ne dédaigna pas d'enseigner la médecine. Du reste, il se dépouillait parfois de sa fierté. Quand il se rendait à la mosquée, entouré d'un cortége de Mamelouks, il descendait de cheval et se mêlait à la foule, son livre à la main. Nous connaissons deux de ses élèves, dont nous aurons à parler, Mouaffeq eddin Abd el Aziz et Ebn el Dakhouar.

Il avait deux frères qui pratiquèrent aussi la médecine. Ebn el Mathran mourut en 587 (1191) à Damas.

Parmi les écrits qu'il laissa nous citerons les suivants :

Le Parterre des médecins, où il se proposait de renfermer tout ce qu'il avait rencontré d'intéressant dans ses lectures et ses conversations. Ebn Abi Ossaïbiah lui a fait plusieurs emprunts intéressants dans son introduction où il traite des origines de la médecine.

Un traité d'hygiène, intitulé *Maqala Nedjemya*.

Un traité des médicaments simples.

Un recueil des *Périodes* des Chaldéens d'après Ebn el Ouahchyah. Nous pensons gu'il s'agit ici d'astronomie, ce que l'énoncé de Wüstenfeld, *mansionum,* n'indique pas assez catégoriquement.

Il laissa aussi plusieurs ouvrages inachevés.

MOHADDEB EDDIN AHMED BEN EL HADJIB.

Il naquit à Damas et suivit les leçons de Mohaddeb eddin ebn Ennaqqach. A l'époque où Cherf eddin Ettousy se trouvait à Mossoul et y faisait grand bruit comme mathématicien et philosophe, Ebn el Hadjib et Mouaffeq eddin Abd el Aziz s'y rendirent pour suivre ses cours. Ils le trouvèrent à Tous et y séjournèrent quelque temps. Ebn el Hadjib se rendit ensuite à Arbel où il suivit Fakhr eddin Eddehhan l'astronome, qui vint ensuite à Damas. Ebn el Hadjib était aussi un savant mathématicien. Dans sa jeunesse il était horloger, et c'est lui qui avait construit les horloges du grand hôpital Ennoury, où il entra plus tard comme médecin traitant. Après avoir servi Taky eddin prince de Hama, il suivit Saladin en Égypte et le servit jusqu'à sa mort. Il se rendit alors à Hama près de Malek el Mansour fils de Taky eddin, et y mourut au bout de deux ans.

MOUAFFEQ EDDIN ABD EL AZIZ.

Mouaffeq eddin Abd el Aziz ben Abd Eddjebbar Essalmy professa d'abord le droit à la Medersat el Iaminya de Damas. Il apprit ensuite la médecine à l'école d'Ebn el Mathran, devint un éminent médecin et forma lui-même à son tour des élèves. Il fut attaché comme médecin au grand hôpital Ennoury. Il servit ensuite Malek el Adel qui le combla d'honneurs et de bienfaits, et il conserva cette position jusqu'à l'année 604 (1207) où il mourut à l'âge de soixante ans.

Mouaffeq eddin était un homme bienveillant et généreux, plein de bontés pour les malades auxquels il distribuait des aliments et des médicaments, jouissant de l'estime et de l'affection de tous.

En l'année 587 (1191) El Mardiny s'arrêtait à Damas et expliquait le Canon d'Avicenne à Mouaffeq eddin qui voulut le retenir en lui offrant trois cents drachmes par mois. El Mardiny ne voulut pas céder à ses instances.

Les trois médecins qui suivent ne nous sont connus que par une liste supplémentaire aux notices d'Ebn Abi Ossaï-biah donnée par l'exemplaire du British Museum.

ABOUL FADHL ISMAÏL.

Aboul Fadhl Ismaïl ben Abd el Ouakar, originaire de Marrah, vécut à Damas et fut attaché à la cour de Nour eddin.

SAKKARAH EL HALEBY.

C'était un juif d'Alep, ainsi que l'indique son surnom.
Il vivait du temps de Noureddin.

EBN ESSALAH.

Ebn Essalah Nedjem eddin Aboulfoutouh Ahmed ben Mohammed, originaire de Hamadan, mourut à Damas vers l'année 540 (1145).

ABD EL OUAHHB BEN ABDERREZZAQ EL KHATHIB.

Le n° 1020 de l'ancien fonds arabe contient de lui un petit traité de médecine en 28 chapitres, dont les titres sont des questions de médecine générale, de thérapeutique et de pharmacopée.

L'ouvrage débute par des conseils empruntés à divers médecins, courts, et la plupart ayant trait à l'hygiène et particulièrement à la sobriété.

Le dernier chapitre est une sorte de mémorial de thérapeutique.

Le catalogue dit que cet ouvrage fut composé en 1152, ce qui nous a échappé.

ABOU AMR MOHAMMED BEN AHMED ETTHARSOUSY.

Nous le connaissons par une mention de Hadji Khalfa, n° 7614, qui lui attribue un ouvrage intitulé : *Echchefa Fit-thobb*, la guérison en médecine. Il mourut en 1163.

EL AGREBY.

Daoud Ennacer el Mously, originaire de Mossoul, habitait Hassen Keifa, et vivait dans le courant du XII⁰ siècle, ce qui est indiqué par le surnom de *Thabib ed Douletein*, ou médecin des deux dynasties. Il y a toutefois désaccord à ce sujet et d'Herbelot est en contradiction avec lui-même. D'un côté il considère ces deux dynasties comme celle des Fathmides et des Aïoubites, et de l'autre comme les maisons régnantes en Egypte et en Syrie. Nous allons voir d'autres difficultés.

Daoud Ennacer est l'auteur d'un Formulaire qui porte le titre de *Nihaïat el Idrak*, le Comble de la perception, qui existe à la Bibliothèque nationale, ancien fonds, n° 1036. D'Herbelot dit qu'il fut dédié à Malek el Adel, frère de Saladin, d'où le titre *El Adeli* qui lui fut aussi donné.

D'autre part nous lisons tant dans le manuscrit susdit que dans Hadji Khalfa, à part de légères variantes, qu'il fut dédié à Chihab eddin Gazy ben Mohammed el Aïouby. En tête de ces noms on lit de plus : *El Adel*, chez d'Herbelot.

Nous pensons qu'il y a une faute d'impression sans doute, chez Hadji Khalfa. Il donne la date 826 de l'hégire, 1422 ; mais nous lisons dans le Ms. 1036 que cette date est celle où fut achevée la copie de l'ouvrage par un descendant de l'auteur, Issa ben el Agbar.

Le manuscrit de Paris est incomplet. Il commence au livre 3 de la III⁰ partie et n'en contient pas moins 250 feuilles. Il est divisé en 72 genres et nous commençons avec le 45⁰.

Les genres traités sont les onguents, les cérats, les collyres, les poudres, les injections, les topiques, les fumigations, les narcotiques, les hémostatiques, les huiles, les parfums ; puis ce sont les aliments des malades, les doses, les synonymes et l'épreuve des médicaments.

Certaines préparations sont dites d'officine, *Dokkany,* et d'autres d'hôpital, *Marestany.* L'auteur donne la figure de cachets qui devaient s'imprimer comme ceux des anciens oculistes. A propos des narcotiques, il dit que l'on en fait usage pour mutiler les garçons, faire l'ouverture des abcès, extraire un calcul.

En somme le Nihaïat el Idrak nous paraît un bon ouvrage.

ABDERRAHMAN ECHCHIRAZY.

Abderrahman ben Nasr ben Abdallah Echchirazy vivait du temps de Saladin et c'est sans doute par erreur que d'Herbelot le fait mourir en 774 de l'hégire, ou par la faute de l'imprimeur.

Il existe plusieurs exemplaires, notamment à Paris n° 1001 de l'ancien fonds, de son *Kitab el Idhah fiasrar ennikah,* ou Révélation des secrets du mariage. C'est en somme un traité des aphrodisiaques. Il se divise en deux parties, la première à l'adresse des hommes, la deuxième à celle des femmes. La première traite des aphrodisiaques, aliments et médicaments, de ce qui procure de la volupté, aide ou empêche la conception et des anaphrodisiaques.

La deuxième traite de ce qui plaît chez les femmes, de ce qui révèle leur tempérament, et de leur toilette dans ses détails les plus intimes.

Entre autres ouvrages, Abderrahman Echchirazy produisit aussi un traité de l'interprétation des songes qui fut traduit par Vattier et publié en 1664 sous le titre : l'Onéricrite musulman ou Doctrine de l'interprétation des songes, par Gabdorrachaman fils de Nasar.

L'original existe probablement à Munich, sous le titre : *Khoulassat el Kalam fi Taouïl el Ahlam,* n° 870.

IV. — ÉGYPTE.

Le culte des sciences et de la médecine se maintint en Égypte pendant le XII° siècle malgré les révolutions qui la troublèrent.

La protection que les derniers Fathmides avaient accordée aux savants leur fut continuée par Saladin. Il fit construire au Caire un hôpital qui, de son nom, fut appelé *Ennacery,* car il s'appelait aussi Malek Ennacer, et cet hôpital devint dans le siècle suivant surtout une pépinière de médecins.

Ce qui indique cependant une défaillance momentanée et ce qui caractérise le XII° siècle en Égypte, c'est que les deux tiers des médecins dont les noms nous ont été conservés sont des juifs. Cela tient peut-être aussi à deux causes. Des deux seuls médecins éminents que nous ayons à signaler, l'un était un juif, Ebn Eddjami. D'autre part, les persécutions exercées en Espagne par les Almohades contre les dissidents amenèrent en Égypte plusieurs israélites, parmi lesquels l'illustre Maimonide, qui y devint le chef de ses coreligionnaires et ouvrit une école de médecine, bien qu'il fût plutôt un érudit qu'un praticien.

Sur une douzaine de ces médecins juifs nous en comptons la moitié attachés au service de Saladin.

A côté d'Ebn Eddjami, nous ne pouvons citer qu'un seul médecin éminent, cette fois musulman, le Cheikh Sedid, qui fut nommé chef des médecins sous les Fathmides et conserva la même faveur auprès de Saladin.

Un autre médecin, Ebn el Aïn Zerby, doit être cité comme ayant propagé la science médicale par l'enseignement.

La passion des livres se conservait toujours en Egypte.

Ajoutons que, parmi ces médecins, nous trouvons un alchimiste.

ABOU DJAFAR YOUSOUF BEN AHMED BEN KHACHDAÏ.

C'était un médecin éminent, adonné à la lecture d'Hippocrate et de Galien. Né en Espagne, il se rendit en Egypte à l'époque du Khalife Fathmide El Amr Biahkam Allah et s'y fit un renom.

Il fut attaché à la personne du vizir Mamoun el Amry, tant que dura sa faveur. Arrêté par le Khalife en 519, ce vizir fut mis à mort en 522 (1128). C'était un ami des sciences, qu'il cultivait lui-même, et ce fut sur son invitation qu'Abou Djafar Yousef commenta les écrits d'Hippocrate.

Abou Djafar était aussi en correspondance avec son compatriote Ebn Badja.

Nous ignorons l'époque de sa mort.

Tels sont ses écrits :

Commentaire du Serment d'Hippocrate, dédié au vizir El Mâmoun. Ebn Abi Ossaïbiah en fait l'éloge.

Commentaire du 1er livre des Aphorismes.

Extrait des commentaires d'Ali ben Rodhouan sur le livre de Galien à Glaucon.

Discours sur le 1er livre du petit art de Galien.

Abrégé de logique.

EBN EL AÏN ZERBY.

Mouaffeq eddin Abou Nasr Adnan ben Nasr était originaire d'Anazarbe, la patrie de Dioscorides, d'où lui vint son surnom d'Ebn el Aïn Zerby.

Après avoir étudié la médecine, la philosophie et l'astronomie à Bagdad, il vint terminer ses jours en Égypte, invité par un vizir qui en avait entendu parler comme d'un habile astronome.' Ebn el Aïn Zerby fut parfaitement accueilli par le ministre et le Khalife. Non-seulement il pratiqua la médecine, mais il forma des élèves. Il avait une grande connaissance de la langue arabe et composa des poésies. Il mourut en 542 (1147), laissant plusieurs écrits.

El Kafy Fitthobb. Le livre suffisant en médecine, qui existe à Paris et à Oxford. Il fut composé au Caire en 510.

Commentaires du petit art de Galien.

Observations de médecine.

De la rareté des bons médecins et de l'abondance des mauvais.

Traité de logique d'après Alfaraby et Avicenne.

Discours sur la politique.

ABOUL MODHAFFER BEN MOUARREF.

Aboul Modhaffer Nasr ben Mahmoud ben el Mouarref étudia la médecine et les autres sciences à l'école d'Ebn el Aïn Zerby. C'était un lecteur assidu des ouvrages de philosophie, et il se fit un renom comme médecin, comme moraliste et comme poète. Il s'occupa aussi d'alchimie et il en fréquentait les adeptes. Il composa plusieurs ouvrages sur la médecine, la philosophie et l'alchimie, dont les titres ne nous ont pas été conservés.

Les livres étaient sa passion. Il en avait une grande chambre toute pleine et il y passait la plus grande partie de son temps à les lire et à les annoter et tous ces livres portaient sur les tranches des sentences, des épigraphes ayant trait aux matières qui en faisaient le sujet.

LE CHEIHK SEDID, CHEF DES MÉDECINS.

Aboul Mansour Abdallah ben Echcheikh Sedid se nommait proprement Cherf eddin, mais on prit l'habitude de lui donner le nom de son père Sedid, et il est resté connu sous ce nom auquel on adjoint la qualification de *Reys el Athibba,* chef des médecins, titre qui lui fut conféré par les Khalifes Fathmides.

Son père était aussi médecin et attaché à la personne du Khalife Amr Biahkam Allah, qui le tenait en grande considération et lui payait magnifiquement ses services. Le fils assistait aux consultations du père, qui lui faisait pratiquer les saignées. En ayant un jour pratiqué une en présence du Khalife, celui-ci fut charmé de sa dextérité et l'attacha dès lors au service du palais.

Il profita aussi des leçons d'Ebn el Aïn Zerby.

Sedid était un médecin savant, connaissant les principes de son art, en cultivant toutes les branches, aussi bon chirurgien que médecin.

A la mort d'Amr il conserva sa position sous les Khalifes qui lui succédèrent, à savoir El Hafedh, Eddaher, El Faïz et El Adhed. Il était avec eux sur le pied de l'intimité, et il en reçut, dit-on, des présents plus considérables que n'en reçut aucun médecin de son temps. Il obtint de Saladin la même confiance et les mêmes faveurs. Un fait va nous prouver qu'il était digne de sa fortune.

Ebn Ennaqqach se trouvant à Bagdad dans le dénûment, entendit parler de la manière dont les savants étaient accueillis en Égypte. Il y vint, et d'après ce qu'on lui raconta du Cheikh Sedid, de sa haute position, de son aménité et de sa grandeur d'âme, il se rendit chez lui. Sedid l'accueillit avec les plus grands égards et lui offrit une hospitalité plus large qu'il ne la désirait. Il le logea, lui affecta quinze dinars par mois et lui envoya une excellente mule et une belle esclave pour le servir. Ebn Ennaqqach jouit de cette hospitalité pendant tout le temps qu'il resta au Caire.

Sedid fit aussi des élèves. Il mourut au Caire en 592 (1195) à un âge avancé. Le Cheik Sedid n'est pas différent de Daoud ben Aly mentionné par Essafady (traduction de M. Sanguinetti, *Journal asiatique,* 1857), bien que ces noms de Daoud semblent l'identifier avec Sedid eddin ben Abil Bayan.

EBN EL DJAMI.

Aboul Achaïr Hibat Allah ben Zein eddin Mouaffeq eddin *Chems erriasat* (le soleil des Cheikhs), vulgairement connu sous le nom d'*Ebn Eddjami* l'israélite, naquit à Fostath.

Il étudia la médecine à l'école d'Ebn el Aïn Zerby et devint lui-même un médecin éminent et un bon praticien. Il forma plusieurs élèves parmi lesquels Sedid ben Abil Beyan. Saladin le prit à son service et l'honora de son intimité. Ebn el Djami n'était pas seulement à l'étude et à la pratique de son art, il s'occupait aussi beaucoup de la langue arabe, et ne lisait jamais, dit-on, que le lexique de Djouhary à la main.

On rapporte de lui l'anecdote suivante : Étant un jour assis devant son officine, il vit passer un brancard sur lequel on transportait un homme au cimetière. L'ayant regardé, il cria aux porteurs qu'ils allaient enterrer un homme vivant. Les gens s'arrêtèrent stupéfaits et l'un d'eux se disant qu'il n'en coûtait rien de l'entendre, lui demanda ce qu'il y avait à faire. Ebn el Djami leur dit de porter le corps dans un établissement de bains, de l'arroser d'eau chaude et de le frictionner. Lui-même lui administra un sternutatoire. Le sujet fit un mouvement, et Ebn Eddjami leur dit : il est sauvé. Ce fait parut miraculeux et on lui demanda comment il avait pu reconnaître que cet homme n'était pas mort, ne l'ayant vu que recouvert. J'ai vu seulement ses pieds, répondit-il, et ils étaient dressés : chez un mort ils sont affaissés.

Ebn Eddjami laissa plusieurs écrits.

Le livre de la Direction pour le salut de l'âme et du corps, qui existe à Paris et en plusieurs exemplaires à Oxford. Le catalogue de la Bibliothèque Bodléienne en donne le contenu. Il se divise en quatre chapitres : Introduction à la médecine, généralités, anatomie et physiologie ; Médicaments et aliments ; Traitement des maladies ; Formulaire.

Commentaires sur le Canon d'Avicenne.

Ce qu'il faut faire quand on n'a pas de médecin.

Traité du limon. Ce travail se trouve inséré dans le Traité des simples d'Ebn Beithar, d'où il a été tiré pour être traduit en latin et imprimé. Mais au lieu de l'éditer sous le nom d'Ebn Eddjami on l'a édité sous celui d'Ebn el Beithar.

Traité de la rhubarbe. Cet opuscule plus considérable que le précédent se trouve aussi reproduit in extenso dans le Traité des simples, et de tous les emprunts qu'Ebn el

Beithar a faits à ses devanciers : celui-ci est de beaucoup le plus considérable. Nous avons eu occasion de l'apprécier dans la traduction que nous avons faite du Traité des simples, et nous estimons qu'il mériterait les honneurs de l'impression à plus juste titre que le Traité du limon. Il y a là des renseignements sur la provenance de la rhubarbe, qui seraient encore bons à consulter aujourd'hui.

De la gibbosité.

De la colique.

Des médicaments royaux.

Description d'Alexandrie : son air, ses eaux, ses habitants, etc.

ABOUL BEYAN ESSEDID EBN EL MOUDAOUAR.

Aboul Beyan était juif, et passait pour un médecin expérimenté. Il servit d'abord les Khalifes Fathmides, puis Saladin, qui lui continua ses honneurs et sa position. Dans les vingt dernières années de sa vie, affaibli par l'âge, il n'en conserva pas moins sa pension. Cependant il continuait à pratiquer la médecine et à l'enseigner. Il mourut au Caire en 580 (1184), à l'âge de 83 ans.

Il écrivit des Expériences de médecine, plus un Formulaire, *Destour el Marestany,* souvent cité par Cohen el Atthar.

ABOUL FADHAÏL BEN NAQUED.

Aboul Fadhaïl était un médecin juif, savant et bon praticien, adonné particulièrement à l'oculistique. Il mourut au Caire en 584 (1188).

Il laissa des Observations de médecine.

ABOULFARADJ, SON FILS.

Aboulfaradj fils d'Aboul Fadhaïl fut comme son père médecin et spécialement oculiste. Il embrassa la religion musulmane.

ERREIS HIBAT ALLAH.

C'était un médecin juif renommé pour sa pratique.

Il servit les derniers Khalifes, auprès desquels il était richement pensionné. Il mourut en 580 (1184).

EL MOUAFFEQ BEN CHAOUA.

Celui-ci était encore un médecin juif, cultivant spécialement la chirurgie et l'oculistique. Il servit Saladin lors de son séjour en Égypte et fut en faveur auprès de lui. Il mourut en 579 (1183).

ABOUL BARAKAT BEN CHACHA.

Nous lisons dans Wüstenfeld ben Chaïa, au lieu de ben Chacha. Il reçut aussi le surnom de Mouaffeq.

C'était un juif Karaïte, un médecin expérimenté, qui vécut 86 ans et mourut au Caire. Il laissa un fils du nom de Saïd Eddoula Aboul Fedjer, qui exerça aussi la profession médicale.

ASAD EL MAHALLY.

Asad eddin Iakoub ben Ishaq, juif de religion, naquit à Mahalla, ville d'Égypte, d'où lui vint son surnom. C'était un homme éminent, versé dans les questions difficiles de la philosophie, en même temps que renommé pour la pratique de la médecine. Il habitait le Caire. En l'année 598 (1201), il se rendit à Damas, où il eut des discussions avec les principaux médecins, puis il revint en Égypte et mourut au Caire.

Il écrivit plusieurs ouvrages.

Discours sur les Principes de la médecine, en six chapitres.

Traité de médecine, en trois parties.

Réponse sur des questions de médecine adressées à Sadaqa ben Mendja Essamiry, médecin de Damas.

Traité de la vision.

ABOUL BARAKAT EL KATHAAÏ.

Renommé comme chirurgien et comme oculiste, il servit Malek el Aziz fils de Saladin, et mourut en 1201.

Bien qu'on n'en dise rien nous pensons qu'il était juif.

ABOUL MEALY.

Aboul Mealy Temam ben Hibat Allah était un juif de Fostath, savant médecin et bon praticien. Il servit Saladin qui l'admit dans son intimité, puis Malek el Adel. Il laissa des Notes et des Observations de médecine.

MAIMONIDE.

Maimonide est un des plus grands noms du judaïsme. Il est même admis chez les Juifs que depuis Moïse, rien d'aussi grand n'a paru dans Israël. A ce titre, et bien qu'il appartienne plus encore à la philosophie qu'à la médecine, nous croyons devoir entrer à son endroit dans quelques détails. Pour les faits en dehors de nos sources habituelles, nous nous en rapportons aux manuscrits et à Munk, l'homme qui s'est le plus occupé de Maimonide.

Abou Amran *Moussa ben Mimoun* ben Obéid Allah naquit à Cordoue en 1135, d'où le surnom de *Quorthoby*. On le désigne encore sous le nom de *Rambam,* mot formé des initiales des mots Rabbi Moussa ben Mimoun.

Outre son père, il eut pour maître un disciple d'Ebn Badja, et pour condisciple un fils de l'astronome Djaber ben Aflah. On l'a dit à tort en relations avec Ebn Badja et Averroès.

Il avait treize ans quand Abd el Moumen somma les juifs et les chrétiens de choisir entre la mort, le bannissement ou la conversion. Il est bien établi, malgré qu'on l'ait contesté, que Maimonide se résigna, du moins extérieurement, à professer l'islamisme jusqu'à l'âge de 30 ans. Ce fut pour lui une époque de fortes études. En 1160 sa famille se rendit à Fez, puis cinq ans plus tard elle débarquait à St-Jean d'Acre, d'où Maimonide gagna l'Égypte et se fixa à Fostath.

Maimonide fit d'abord, pour assurer son existence, le commerce de pierreries, en même temps qu'il s'occupait de science, faisait des cours et pratiquait la médecine. Sa réputation parvint jusqu'au vizir El Fadhl Beissâny, l'ami de Saladin, qui le mit à même de se passer du commerce, en le faisant admettre parmi les médecins de la cour. El Fadhl le tira plus tard d'un mauvais pas. Un certain Aboul Arab, qui l'avait connu en Espagne, l'accusa d'avoir retourné au judaïsme après avoir professé l'Islamisme. El Fadhl intervint, et mit l'accusation à néant pour la raison qu'une conversion imposée par la force ne peut être considérée comme sérieuse. A part ces épreuves, la fortune sourit à Maimonide, et il se montra digne de ses faveurs. Ses lettres accusent le haut rang qu'il occupait et l'étendue de ses occupations. Tous les jours il se rendait de bonne heure au Caire, en revenait au milieu du jour et trouvait sa maison remplie de solliciteurs et de malades de toute condition. Il donnait ses soins aux malades jusqu'à une heure si avancée de la nuit qu'il en tombait de fatigue. Tandis que Ebn Abi Ossaïbiah le donne comme un grand praticien, Djemal eddin lui refuse l'exercice de la médecine. Cependant ses écrits témoignent de ses connaissances et même de sa pratique, et nous savons d'ailleurs que le père d'Ebn Abi Ossaïbiah le compta parmi ses maîtres. On serait peut-être dans la vérité en admettant que Maimonide, plus érudit que praticien, enseigna la médecine par l'explication des grands maîtres et fut trop occupé d'ailleurs pour se livrer beaucoup à l'exercice de la médecine et compter parmi les médecins éminents.

C'est du reste ce qui ressortira de l'exposé que nous ferons bientôt de ses compositions médicales. Les plus importantes manquent d'originalité.

Abdellatif se rendit au Caire pour y voir trois personnages, dont l'un était Maimonide. « Je reconnus en lui, dit-il, un homme d'un mérite très supérieur, mais dominé par le désir de tenir le premier rang et de faire sa cour aux personnages puissants. »

Maimonide fut nommé chef de ses coreligionnaires et vécut jusqu'en l'année 1204 de l'ère chrétienne.

Écrits de Maimonide, généralement en arabe.

Nous commencerons par l'exposition de ceux qui ont trait à la médecine.

I. Commentaire des Aphorismes d'Hippocrate.

Cet écrit existe en arabe et en caractères hébreux sous le nº 1202 du catalogue du fonds hébreux de Paris.

Il en existe aussi des traductions hébraïques. Le dernier aphorisme produit répond à celui-ci : *Sudor multus, calidus aut frigidus,* etc. Maimonide fait observer que Galien le considère comme n'étant pas sûrement d'Hippocrate.

II. Aphorismes de Maimonide.

Il nous dit avoir entrepris ce travail parce que la forme aphoristique permet à la mémoire de conserver plus facilement les principes de l'art. Ses Aphorismes sont méthodiquement distribués en XXV livres. Il en emprunte non-seulement le fonds, mais aussi la lettre à Hippocrate et à Galien.

Il expose d'abord les principes de la science, puis il en aborde les détails.

Le XXVe et dernier chapitre est une sorte de hors-d'œuvre, sur lequel nous nous arrêterons. Il traite des endroits douteux de Galien. Nous y signalerons un passage curieux sur les langues :

« De même que l'organisme, le langage porte l'empreinte du climat. C'est dans les climats tempérés que l'on trouve les constitutions et les langues les plus parfaites. Ce que Galien dit du grec, on peut l'appliquer à l'arabe, à l'hébreu, au syriaque et au persan. Quiconque, dit Maimonide, connaît l'arabe et l'hébreu, sait que ces deux langues n'en sont en réalité qu'une et que le syriaque s'en rapproche intimement.

Le syriaque ne diffère du grec que par trois ou quatre caractères ; le persan s'en écarte davantage. Mais il ne faut pas juger ces langues d'après ce que l'on voit aujourd'hui. Des invasions ont eu lieu qui ont altéré le langage, de même que l'on peut entendre parler l'hébreu, soit dans les climats du Nord, soit dans ceux du Midi. »

Les Aphorismes ont été traduits en hébreu. Ils le furent aussi en latin et imprimés plusieurs fois.

III. Résumé des écrits de Galien.

Nous apprenons par le Kitab el hokama que Maimonide fit des résumés des XVI livres de Galien et de V autres livres. C'est par méprise que Casiri dit qu'il réduisit XXI livres en XVI, nous savons déjà ce que sont les XVI livres de Galien réunis par les Arabes et destinés à l'enseignement de la médecine. Abdellatif s'exprime un peu autrement, et dit que Maimonide fit un Recueil de médecine où il fit entrer les XVI livres et cinq autres et qu'il s'attacha à reproduire les propres paroles de Galien.

Quelques-uns de ces résumés existent en arabe et en caractères hébreux sous le n° 1203 du fonds hébreu de la Bibliothèque nationale.

IV. Lettre sur l'hygiène.

Ce traité sommaire d'hygiène fut composé par Maimonide sur la demande du sultan d'Égypte Malek el Afdhal, fils de Saladin, affecté de constipation et de mélancolie par suite de dérangement des fonctions digestives : ce qui en explique la forme, les diverses dénominations qu'on lui a données et les confusions qui en sont résultées.

Il porte en arabe le titre de *Rissalat el Afdhalya,* du nom de Malek el Afdhal. La traduction latine est généralement connue sous le nom de *Regimen sanitatis.* On lui a donné aussi les noms de Consultation, de *Diététique.* Enfin ce que l'on a désigné sous les titres *De Morbo regis Égypti, De causis accidentium, De causis et indiciis morborum, De cibo et alimento,* ne sont autre chose que tout ou partie du même ouvrage.

Les listes bibliographiques de Maimonide données jusqu'à présent sont toutes infectées de ces confusions. Wüstenfeld cite cet écrit sous les n°s 1, De regimine sanitatis ; 10, De morbo regis Egypti ; 14, implicitement, Epistolæ de rebus medicis ; 15, Explicitement, epistola de Dieta ; ce qui fait quatre mentions du même ouvrage.

De pareilles répétitions se reproduisent chez Carmoly et Rabbinovicz. La faute en est aussi aux divers catalogues, qui n'ont pas spécifié ce que renfermaient leurs *Lettres* de Maimonide.

La lettre sur le Régime de la santé se divise en quatre parties : 1° Du régime à l'état de santé, 2° Du régime à l'état de maladie, 3° Du régime particulier au prince, 4° Conseils généraux d'hygiène. La traduction latine ajoute un cinquième chapitre, qui n'est pas numéroté dans l'original, et qui paraît être une sorte de postcriptum en réponse à de nouvelles demandes de la part du royal malade.

Cet écrit embrasse donc l'hygiène sous des proportions restreintes et avec un but spécial. Arrivant au vin, l'auteur en expose les propriétés, puis il ajoute : Mais comme il est défendu par la loi, il est inutile d'en dire davantage. Nous signalerons un passage où Maimonide, pour faire comprendre les avantages d'un régime régulier, rappelle que cette régularité fait la base du régime imposé par l'homme aux animaux domestiques.

La traduction latine a été plusieurs fois imprimée, sous le titre : *Rabbi Moysis Maimonidis, de Regimine sanitatis ;* ou *Tractatus Rabbi Moysis quem soldano Babiloniæ transmisit.* Le *Regimen sanitatis* existe en arabe et en traduction hébraïque dans plusieurs de nos collections européennes.

La Bibliothèque nationale le possède en hébreu sous les n°s 1120, 1127, 1175, 1191, et en arabe sous le n° 1202 ; le titre incomplet : Consultation sur la constipation (1) et l'hypochondrie composée pour un prince contemporain. Ce n'est qu'au n° 1202 que nous voyons apparaître le nom de Malek el Afdhal. Ce dernier numéro est écrit en caractères hébreux. Le *Regimen sanitatis* se trouve encore dans le n° 1211 tout comme dans le n° 1202, bien que le catalogue l'ait méconnu,

____

(1) C'est à tort que l'on a considéré les mots Habs Etthabia comme signifiant *De conservanda natura seu valetudine* ; ils signifient : *De la constipation.* V. Bibl. Bodléenne, 608.

et telle en est la raison. Le volume contient aussi le traité de l'asthme, mais tout cela a été relié pêle-mêle, de sorte que ce traité figure seul dans le catalogue. Ajoutons encore que le catalogue a oublié d'indiquer l'identité de sa *Consultation* avec le Regimen sanitatis.

V. De l'asthme.

Ce traité se divise en 12 chapitres. Il existe en arabe et en caractères hébreux dans le n° 1211 de Paris. Il existe en hébreu dans les n°s 1173, 1175 et 1176.

VI. Des hémorrhoïdes.

Ce traité se divise en 7 chapitres. Il existe à Paris dans les n°s 1202 et 1211 en arabe et en caractères hébreux; et en traduction hébraïque dans les n°s 335 et 1173.

VII. Du coït.

Il existe en hébreu dans les n°s 335, 1120 et 1173.

VIII. Des venins et des poisons.

Cet écrit fut composé sur la demande du protecteur de Maimonide, le Cadhy El Afdhal, aussi porte-t-il aussi le nom de *Maqualat el Afdhalya*. El Afdhal fit un jour la réflexion que les accidents étaient aussi fréquents que graves, que les antidotes employés habituellement tels que la thériaque et le mithridate ne se trouvaient pas communément, que leur préparation était longue, et que l'Égypte possédait à peine quelques-uns de leurs nombreux éléments, de sorte que les malades risquaient de périr avant l'administration des antidotes. Il invita donc Maimonide à composer un traité sommaire mais complet sur la question. Ainsi que l'indique son titre, cet écrit se divise en deux sections.

Nous nous abstiendrons d'en dire davantage, M. Rabbinovicz l'ayant pris pour sujet de sa thèse inaugurale qui en est une traduction française, en 1865. Il est à regretter que l'auteur de la traduction n'ait pas donné un index bibliographique plus sérieux. Nous avons déjà dit que le Regimen sanitatis y figure à plusieurs reprises, six fois, en tout ou en partie, sous des titres différents.

Le Traité des venins et des poisons existe en arabe dans les Bibliothèques d'Oxford et de l'Escurial, et à Paris sous le n° 1094 de l'ancien fonds. Il existe aussi à Paris en traduction hébraïque dans les n°ˢ 1124 et 1173 du fonds hébreu.

Carmoly l'a reproduit deux fois dans sa liste, sous les n°ˢ 5 et 14.

IX. Traité des Drogues.

Il n'est connu que par une mention d'Ebn Abi Ossaïbiah.

X. Des aliments interdits, *De cibis vetitis.*

C'est un extrait d'un ouvrage de Maimonide, la Main forte, *Iad Hazaka,* dont on a publié une traduction latine au commencement du dernier siècle.

XI. Traduction d'Avicenne.

On dit qu'il existe à Bologne une traduction hébraïque, on ne dit pas si c'est du Canon, faite par Maimonide. Nous croyons avec Steinschneider que l'attribution est erronée, d'autant plus que Maimonide écrivait en arabe et que même son principal écrit, adressé aux Juifs, le *More Nebouchim,* fut écrit dans cette langue. (1)

Autres écrits.

On trouve dans les compositions médicales de la Bibliothèque nationale un traité de la logique par Maimonide.

Le Kitab el hokama dit que Maimonide corrigea un traité d'astronomie de Djaber ben Aflah, que son disciple Yousef ben Iehouda avait rapporté d'Espagne. Casiri s'est mépris en écrivant Phaleg, au lieu d'Aflah.

D'après le même document, Maimonide fit aussi la correction d'un traité de mathématiques d'Ebn Haud, et l'accompagna d'éclaircissements.

Nous ne pouvons entrer dans le détail des écrits philosophiques et religieux de Maimonide, cependant il en est un que nous ne pouvons passer sous silence, car c'est à lui surtout qu'il doit sa célébrité, à savoir le Guide des égarés, en arabe *Dellalat el Haïrin* et en hébreu *More Nebouchim,* qui fut traduit en latin sous le titre de *Doctor Perplexorum.* Ce que nous en dirons sera d'après Munk, qui l'a traduit en français.

Le Guide des égarés a pour but la réconciliation de la rai-

(1) Casiri annonce un opuscule, sous le n° 888. Ce Ms. ayant disparu, nous ignorons de quoi il s'agit.

son et de la foi, de l'écriture et de la philosophie, non pas
en absorbant l'une par l'autre comme l'Encyclopédie des
Frères de la Pureté, mais en respectant leurs exigences
réciproques. Il s'adresse aux esprits d'élite, indécis entre une
foi aveugle et une incrédulité irréfléchie, aux perplexes,
comme dit le titre latin.

Maimonide ne saurait faire abnégation de l'intelligence,
qu'il considère comme faisant essentiellement le fonds de
l'individualité humaine, comme étant son principe vital et
permanent, de telle sorte que la résurrection du corps ne
semble pas avoir sa raison d'être : proposition hardie, qui
souleva des murmures, calmés par le traité de la Résurrection. Cette intelligence il faut l'exercer, non pas dans le
vide comme les ascétiques, mais de manière à conduire à
la perfection l'ensemble de nos facultés. D'autre part, il
croit qu'il n'y a rien dans la foi qui n'ait son explication
physique ou morale, historique ou métaphysique, dont nous
pouvons nous rendre compte. Il traite son sujet de haut et
nous fournit de curieux renseignements tant sur la philosophie arabe que sur les religions de l'Asie centrale.

Le Guide souleva tant en Orient qu'en Occident des orages
qui survécurent longtemps à Maimonide. Il eut ses partisans
et ses adversaires : on s'adressa des anathèmes réciproques.
Ce livre, dit Munk, donna l'impulsion à tous les libres
esprits qui sortirent du judaïsme, depuis Spinosa jusqu'à
Mendelsohn.

Maimonide fut, en somme, une intelligence d'un ordre
supérieur et un médecin de second ordre. Plus érudit que
praticien il a cependant bien mérité de la médecine. Outre
son enseignement, ses principaux écrits ne sont autre chose
que la substance même d'Hippocrate et de Galien, avec la
méthode en plus. Ses Aphorismes furent traduits et plusieurs
fois imprimés, et Mercuriali en regardait la lecture comme
aussi profitable que celle des Aphorismes d'Hippocrate.

V. — MAGREB

LE CHÉRIF EL ÉDRISSY.

Abou Abdallah Mohammed ben Mohammed el Hosseiny el Ali Billah, dit plus communément le *Chérif El Édrissy* Essakali, est très connu comme géographe, mais il l'est beaucoup moins comme médecin naturaliste. Le premier rôle a effacé le second, au point que d'un personnage on en avait fait deux.

L'identité est assez bien constatée aujourd'hui pour que nous n'ayons pas à l'établir par une discussion en règle. Du reste, les témoignages à l'appui se présenteront successivement dans le courant de cette notice.

On sait qu'il doit les titres de Chérif et d'Édrissy à ce que le chef de sa famille, Édris, descendait de Mahomet par Fathma. Le surnom d'Essakaly tient à son séjour en Sicile, à la cour de Roger.

Quatremère a pensé que le peu de renseignements laissés sur son compte par les auteurs arabes avait sa cause dans ce séjour chez un prince chrétien. Il en existe cependant plus que ne l'avait pensé Quatremère et leur ensemble nous permettra de reconstituer sa biographie (1).

Léon l'Africain, qui nous a laissé la notice la plus étendue, le fait naître en Sicile. Nous verrons bientôt qu'il ne saurait

(1) La nomenclature que nous avons donnée est celle d'Ebn Abi Ossaïbiah, complétée par Hadji Khalfa.

en être ainsi. Casiri, d'après des autorités dont il n'articule pas les noms, le fait naître à Ceuta, ce qui paraît vraisemblable, attendu que le Magreb extrème fut le berceau des Edrissites.

La date de sa naissance n'est pas certaine : ce dut être dans les dernières années du onzième siècle de notre ère. Casiri donne bien l'année 1100, mais il ne dit pas d'après quelle autorité. S'il en était ainsi, le Chérif, ainsi qu'il résulte d'un passage de son livre, se serait trouvé bien jeune en Asie mineure, en 1116.

Son séjour dans le Magreb et dans l'Espagne est accusé par maints endroits de ses écrits, c'est-à-dire de sa Géographie et de son Traité des simples : ces derniers n'avaient pas encore été signalés.

On voit à la précision des détails semés dans sa géographie, qu'il a visité bien des lieux qu'il décrit.

Il invoque le témoignage de ses yeux à propos d'Armat, de Constantine, de Lisbonne, du Détroit de Gilbraltar.

Nous croyons devoir citer ce dernier passage. Il dit avoir vu, du côté de l'Espagne, les restes de la double digue que l'on construisit quand on voulut amener les eaux de l'Océan dans la Méditerranée, pour se garantir contre l'élévation du niveau des eaux qui en résulta.

Son séjour dans ces contrées est pareillement attesté par les citations fréquentes que fait Ebn el Beithar de son Traité des simples. A l'article *Thyàn,* il dit que la clématite s'appelle en latin, c'est-à-dire en espagnol, *Ierba Doufouqou,* herbe de feu.

Quant au Magreb, il parle souvent de ses produits, quelquefois observés sur place et même donnés sous leurs noms berbères. L'emploi de la Thapsia, tel qu'il le décrit, est encore à peu près identiquement aujourd'hui l'emploi du *Bounéfa.* Comme de son temps, le *Talr'ouda,* Bunium Bulbocastanum, ainsi que l'Arum, sont encore consommés à titre d'aliments dans les années de disette.

L'extrait suivant d'Essafady va nous prouver que le Chérif n'est pas d'origine sicilienne, ainsi que le prétend Léon l'Africain, en même temps qu'il nous donnera sur son existence de précieux renseignements. (1)

« Roger avait beaucoup de goût pour les études philosophiques. Il fit venir des côtes d'Afrique le Chérif El Édrissy et le chargea de construire quelque chose à l'image du monde. Édrissy ayant demandé une masse d'argent, le roi lui fit remettre un morceau de minerai qui pesait 400,000 drachmes. Édrissy fabriqua un certain nombre de cercles, à l'instar des sphères célestes, et les cercles s'emboîtaient les uns dans les autres. Cet ouvrage n'absorba qu'un peu plus du tiers du métal qui lui avait été confié ; mais le roi lui abandonna tout le reste pour prix de son zèle ; il y ajouta même 100,000 pièces d'argent et un navire qui venait d'arriver de Barcelone, chargé des marchandises les plus précieuses.

Ensuite Roger invita Édrissy à demeurer près de sa personne, disant : Comme tu es issu de la famille des Khalifes, si tu habites un pays musulman, le prince prendra de l'ombrage et cherchera à te faire mourir. Reste dans mes états et j'aurai soin de ta personne. Édrissy s'étant laissé persuader, le roi lui fit un état de prince.

Édrissy se rendait à la cour sur une mule ; quand il arrivait, le roi se levait pour lui faire honneur ; ensuite ils s'asseyaient ensemble. Un jour le roi dit à Édrissy : Je voudrais avoir une description de la terre, faite d'après des observations directes et non d'après des livres. Là-dessus le roi et Édrissy firent choix de quelques hommes intelligents et honnêtes. Ces hommes se mirent à voyager à l'Orient, à l'Occident, au Midi et au Nord. On leur avait adjoint des dessinateurs chargés de reproduire d'après nature ce qu'ils remarqueraient de plus intéressant. Les uns et les autres avaient reçu ordre de prendre note de tout, et de ne rien omettre de ce qui pouvait piquer la curiosité. A mesure qu'un de ces hommes arrivait, Édrissy insérait dans son Traité les remarques qui lui étaient communiquées. Voilà comment fut composé le *Nozhat al Mochtac.* »

(1) Reinaud, Introduction à la Géographie des Orientaux.

Nozhat al Mochtac, l'Amusement de celui qui désire (parcourir le monde), tel est en effet le titre de cette géographie qui fut publiée d'abord avec la qualification de *Nubiensis,* parce qu'on avait cru reconnaître que l'auteur y désignait la Nubie comme sa patrie.

La préface de cet ouvrage reproduit avec plus de détails les renseignements d'Essafady sur sa composition.

Nous y apprenons qu'il fut achevé en l'année 1154.

On y lit aussi que Roger fit couler en argent un planisphère d'une grandeur énorme, du poids de 450 livres romaines. Ce planisphère devait servir de complément à la Géographie d'Édrissy.

L'ouvrage entier a été traduit en français par Jaubert, et le Magreb et l'Espagne par de Goeje et Dozy.

Édrissy, en quelques points, dit M. Reinaud, a plutôt fait rétrograder la science qu'il ne l'a avancée, mais son ouvrage, pris dans son ensemble, est comme celui de Strabon un véritable monument élevé à la géographie.

Édrissy composa pour Guillaume, fils et successeur de Roger, un second ouvrage de géographie, plus étendu que le premier, qui ne nous est pas parvenu.

Léon l'Africain vante les connaissances du Chérif en philosophie et en médecine, en astronomie et en géographie. Nous avons dit qu'il avait composé un Traité des simples, cité par Ebn Abi Ossaïbiah. M. Dozy a signalé la mention de cet ouvrage par Ebn Saïd dans Makkari. (1) Ebn el Beithar cite cet ouvrage plus de deux cents fois, sous la rubrique le *Chérif el Édrissy* ou simplement *le Chérif.* C'est dans cet ouvrage, plus encore que dans sa Géographie, où cependant il a grand soin de relater les produits des pays, que l'on peut se faire une idée des connaissances du Chérif en histoire naturelle. Meyer, dans son Histoire de la botanique, a pris la Géographie pour base de sa revue, tant elle est riche en observations de ce genre. La comparaison des deux ouvrages suffirait pour prouver qu'ils furent écrits par le même auteur : ainsi le Bois de serpent, mentionné dans les deux

(1) Voyez la préface de la traduction, p. IV.

ouvrages, accuse évidemment une origine commune. Si l'on ne rencontre pas constamment la même similitude, c'est que les exigences d'un traité des simples sont autres que celle d'un traité de géographie.

Nous avons dit que le Traité des simples était cité plus de deux cents fois par Ebn Beithar. Ce qui prouve que le Chérif était un observateur de mérite, c'est qu'il est cité une tren-taine de fois seul, à l'exclusion de tout autre.

Il paraît s'être occupé tout particulièrement des animaux. Il est cité seul aux articles thon, homard, civette, sangsue.

Comme nous l'avons déjà fait remarquer, il traite fréquem-ment des produits du Magreb, et il lui arrive souvent de don-ner leurs noms berbères. Il connaît aussi les produits du Soudan, et c'est à lui qu'est dû, en partie, l'article sur la maniguette.

Quant à la thérapeutique, ses articles sont parfois étendus et remarquables. Nous citerons ceux sur l'aubergine, le lupin, la thapsia, le laurier rose, la grenade, enfin celui sur l'emploi du feu, qui lui appartient exclusivement.

Il paraît avoir fait une étude sérieuse de l'Agriculture naba-théenne, fréquemment citée sous son couvert, ce qui a induit en erreur Sontheimer, traducteur allemand d'Ebn Beithar, et lui a fait croire que le Chérif était aussi l'auteur d'un traité d'agriculture. Du reste Sontheimer, entre beaucoup d'au-tres, a commis plusieurs étourderies de ce genre.

Le Chérif paraît avoir eu quelque connaissance du grec. Il lui arrive de donner des étymologies qui ne trouvent pas toujours grâce devant Ebn Beithar. On sait que le grec se maintint longtemps en Sicile, comme on peut le voir par un travail de Noël Desvergers, inséré au *Journal Asiatique* de 1845.

Nous ignorons la date de la mort du Chérif. Celle donnée par Léon l'Africain, 1122, est une erreur flagrante, puisque le Chérif achevait son traité de géographie en 1154.

Léon l'Africain le fait mourir à Ceutat (Civitat). Il ajoute qu'il laissa plusieurs fils, dont les descendants existent en-core à Fez et à Tunis, et parmi lesquels on rencontre tou-jours quelques médecins.

On pourrait peut-être compter parmi ces descendants du Chérif, un certain Ahmed ben Abdessalem Chérif Essakaly, qui ne nous est pas autrement connu que comme auteur d'un traité de médecine que possède la bibliothèque de Leyde, et qui vécut à Tunis, sous le règne d'Abou-Farez, prince qui protégeait les savants, savant lui-même, et qui fit construire une bibliothèque publique près de la grande mosquée. Abou-Farez mourut en 837-1433.) Elkeirouani, trad. Pellissier, p. 256).

VI. — ESPAGNE.

Le douzième siècle fut pour l'Espagne un siècle d'agitation. Soumise par les Almoravides qui s'étaient d'abord donnés comme des auxiliaires, elle ne parvint à s'en défaire que pour retomber sous le joug des Almohades, qui ne lui procurèrent que peu d'années de répit. La guerre était plus vive que jamais entre les chrétiens et les musulmans. Les limites mutuelles changeaient incessamment au gré du flux et du reflux des invasions réciproques.

Ce siècle fut cependant le grand siècle scientifique de l'Espagne musulmane.

A la veille d'être bientôt réduite au petit royaume de Grenade, l'Espagne musulmane couronnait cinq siècles d'une civilisation brillante et alors sans égale par un riche épanouissement de philosophes et de médecins.

Déchue de sa grandeur politique, elle allait, par eux, régner longtemps encore dans le domaine de la pensée. A peine s'était-elle retirée de Tolède, que les savants chrétiens venaient s'enrichir de ses épaves scientifiques.

Certes, il fallait que les sciences aient eu, en Espagne, des bases solides pour se maintenir et fructifier au milieu de ces épreuves. Les Almohades les favorisèrent un instant, il est vrai, mais leur intolérance de néophytes retirait d'une main ce qu'ils avaient accordé de l'autre. Le grand philosophe Averroès, soupçonné dans ses croyances, subit de dures humiliations. Les Juifs, qui commençaient à prendre une large part dans le mouvement scientifique, et qui devaient être un puissant intermédiaire entre les Arabes et les chrétiens, durent quitter cette terre inhospitalière. Les uns s'enfuirent dans le Languedoc, les autres suivirent Maimonide en Égypte.

Jamais cependant, en dépit de ces entraves, la pensée ne prit un aussi libre essor, témoins Ebn Thophaïl, Ebn Badja et surtout Averroès, le plus grand philosophe de l'Espagne et l'un des plus grands noms de l'Islam. Par ses travaux philosophiques et ses commentaires d'Aristote, il exerça la plus haute influence sur la marche des idées au moyen âge et devint, aux yeux de la théologie scolastique, la personnification de la libre pensée.

Quant à la médecine, qui revendique aussi Averroès, elle compta d'aussi dignes représentants dans la famille des Ebn Zohr qui, pendant trois siècles, donna des médecins à l'Espagne. Le plus grand de la famille Abou Merouan Abd el Malek Ebn Zohr, dont nous avons fait Avenzoar, surpassa son père et ne fut pas égalé par son fils, tous deux médecins éminents.

Quelques historiens considèrent Avenzoar comme le plus grand médecin de l'école arabe. Ce qui le distingue, c'est une grande indépendance dans la pensée, une riche expérience et la foi dans l'observation plus que dans la tradition. Parlant d'abondance et d'autorité, il traite d'égal à égal avec ces anciens maîtres si vénérés.

A côté de ces noms on peut citer encore Errafequy, Abou Salt Ommeya, qui publièrent des travaux d'histoire naturelle médicale, et Ebn el Aouâm l'auteur du célèbre Traité d'agriculture, récemment traduit en français. Ces travaux préparaient pour le siècle suivant l'avénement d'Aboul Abbas Ennabaty et d'Ebn el Beithar, les deux plus grands botanistes arabes dont les écrits nous soient parvenus.

Il faut remonter aux premiers temps de la ferveur scientifique pour rencontrer un tel concours de savants. Tandis que l'Orient s'affaissait un peu et ne produisait qu'un seul homme véritablement supérieur, Fakhr eddin Errazy, l'Espagne en produisait un riche faisceau et tenait le sceptre tant de la philosophie que de la médecine.

Outre la gloire d'avoir produit un riche faisceau de médecins et de philosophes, l'Espagne musulmane a de plus, au XIIe siècle, un nouveau titre à notre attention.

L'Europe était enfin sortie de sa torpeur. Si, d'une part, elle écoutait la voix du fanatisme et portait le trouble en Orient, de l'autre elle se sentait éprise du besoin de savoir, mais les éléments d'étude lui faisaient défaut. L'Espagne musulmane les lui fournit, les chrétiens les trouvèrent en entrant dans Tolède. Son archevêque, dont nous ne pouvons taire l'origine française, Raymond, s'adressa aux Arabes pour combler les lacunes de la *pénurie latine*. Il invita deux savants, Gundisalvi, archidiacre de Ségovie, et Avendauth juif converti, qui prit plus tard le nom de Jean (de Séville) à traduire en latin les écrits scientifiques des Arabes. Le premier ignorait d'abord l'arabe et le deuxième le latin. Ils se mirent à deux pour traduire le Traité de l'âme d'Avicenne; puis ayant appris la connaissance de la langue qui leur était d'abord inconnue, chacun d'eux se mit à traduire des philosophes, des mathématiciens et des astronomes, de l'arabe en latin.

Ces travaux durent être connus en Europe. Toutefois, on vit alors accourir en Espagne, du Nord et du Midi, Platon de Tibur, Adélard de Bath et Gérard de Crémone, qui continuèrent l'œuvre suscitée par Raymond. Gérard se fixa à Tolède, et, pendant un séjour qui dura peut-être un demi-siècle, il ne cessa de traduire de l'arabe en latin, au point que le total de ses traductions atteint le chiffre inouï de 76. Cette fois, ce n'était plus seulement aux Arabes que l'on s'adressait, mais aux Grecs traduits en arabe, et dont les originaux manquaient à l'Occident. Commencé au XIIe siècle, le travail des traductions se maintint pendant le XIIIe, de telle sorte que la très grande majorité des traductions de l'arabe en latin eut Tolède pour théâtre.

Nous raconterons en détail, dans notre VIIIe livre, l'histoire de ces travaux, qui livrèrent à l'Occident appauvri les richesses scientifiques de l'Orient.

ABOU SALT OMMEYA.

Abou Salt Ommeya ben Abd el Aziz naquit à Dénia en l'année 1068, d'où les surnoms d'Ed Dâny et d'El Andaloussy.

Non-seulement il étudia la médecine, mais encore la littérature et les mathématiques. Il s'adonna même à l'étude et à la pratique de la musique, et composa de nombreuses poésies. Il compte, au dire de son biographe, parmi les médecins et les savants éminents.

Vers la fin du XI⁰ siècle il se rendit en Égypte, où lui arriva l'aventure suivante. Un vaisseau chargé de cuivre avait échoué près du port d'Alexandrie. Abou Salt en rêva le sauvetage, et fit part de son projet au gouverneur. Tout ce qu'il demanda fut mis à sa disposition. Il fit d'abord construire un bâtiment qu'il amena sur le lieu du naufrage, puis il fit fabriquer des câbles renforcés de soie, et au moyen de machines il essaya de soulever le vaisseau naufragé. Déjà il apparaissait à la surface de l'eau, quand les cordes s'étant rompues, il retomba de nouveau au fond de la mer. Le Khalife irrité d'avoir fait des dépenses inutiles fit jeter Abou Salt en prison. Quand il en sortit, il employa son temps à l'étude du pays et de ses personnages éminents.

Il songea ensuite à s'en retourner dans son pays. Il s'arrêta en chemin à Mehedya, où il mourut en l'année 529 de l'hégire, 1134 de notre ère. Là, il lui naquit un fils, Abd el Aziz, qui fut un bon poète, et mourut à Bougie en l'année 546.

Abou Salt Ommeya laissa plusieurs ouvrages.

Un traité des médicaments simples. Il est cité une vingtaine de fois dans Ebn Beithar, mais ces citations sont généralement courtes et n'offrent pas un grand intérêt.

Une défense de Honein contre les attaques d'Ali ben Rodhouan adressées au livre des Questions.

Ce sont là les deux seuls ouvrages de médecine dont il soit question dans la liste de ses écrits.

Parmi les autres nous citerons :

Un traité de musique.

Un traité de l'astrolabe.

Un traité de logique.

Des poésies.

La Relation de l'Égypte, adressée au prince de Mehedya Abou Dhaher Iahya ben Temim ben Moëz ben Badis. Dans cet ouvrage il décrit l'Égypte et mentionne les hommes distingués, médecins, astronomes, poètes, etc., qu'il y a rencontrés.

Aboulfarage a fait à cet écrit un emprunt de deux pages à propos de certains personnages de l'Égypte. Nous en rappellerons un, l'astrologue Razek Allah. Une femme vint un jour le consulter et il se mit à tirer son horoscope et à tracer la position des astres, les décrivant à mesure, tandis que la femme gardait un silence que l'astrologue trouvait étrange. Enfin il lui dit : Je vois quelque chose disparaître de ta maison, tiens-toi sur tes gardes. — Tu as trouvé la vérité, lui dit la femme, et elle lui jeta une pièce d'argent. — N'as-tu pas fait une perte, reprit l'astrologue ? — Oui, répondit la femme, je viens de perdre l'argent que je t'ai donné.

Parmi les écrits d'Abou Salt Ommeya nous citerons encore un ouvrage sur les mathématiques et un autre sur les poètes de l'Espagne.

Quelques-uns de ces écrits existent encore soit à l'Escurial, soit à la Bibliothèque Bodléenne, et particulièrement les deux relatifs à la médecine.

EBN BADJA (AVENPACE).

Abou Bekr Mohammed ben Iahya, plus connu sous les noms d'Ebn Essaïr et d'Ebn Badja, n'est autre que le philosophe vulgairement connu chez nous sous le nom d'*Avenpace*, corruption d'Ebn Badja.

Il naquit à Saragosse vers la fin du XIe siècle.

Après avoir habité Séville et Grenade, il passa le détroit, fut pendant vingt ans le vizir d'Iahya ben Tachfin, et mourut jeune encore à Fez, où il fut enterré, en l'année 1138 de l'ère chrétienne.

C'est à peu près là tout ce que nous savons de la vie extérieure d'Ebn Saïr, autrement dit Ebn Badja. En revanche si les biographes sont sobres de détails, ils s'accordent à nous vanter la rare intelligence et les vastes connaissances d'Ebn Badja, en même temps qu'ils déplorent sa perte prématurée. Ebn Abi Ossaïbiah ne trouve à lui comparer parmi les Arabes qu'El Faraby, et il le place au-dessus d'Avicenne et d'El Gazzaly.

Bien qu'il ait embrassé à peu près toutes les sciences, Ebn Badja fut avant tout un philosophe, et un philosophe indépendant. Il était très versé dans la littérature arabe et savait le Coran par cœur. Ses études et ses écrits embrassèrent aussi la médecine, les mathématiques, la géométrie, la musique et même la politique.

Il eut pour disciple Aboul Hassan Ali de Grenade et même, suivant Ebn Abi Ossaïbiah, l'illustre Averroès, fait contesté par M. Renan (1).

L'indépendance de sa pensée lui suscita des ennemis. Fateh ben Khaqan de Grenade, l'auteur du *Kalaïd el Ikyan*, l'accusa d'immoralité, d'incrédulité, et ne craignit pas de le signaler comme une calamité pour la religion. Ces imputations ameutèrent la populace, qui mit en danger les jours d'Avenpace. Son ingérence dans la médecine souleva les mêmes passions haineuses, et l'auteur du Kitab el hokama, Djemal eddin, ne craint pas d'avancer que ses ennemis le firent mourir en l'empoisonnant.

Malgré la brièveté de son existence et le temps qu'il dut consacrer aux affaires, Ebn Badja écrivit beaucoup.

Nous allons parler d'abord de ses ouvrages de médecine.

Discours sur le Traité des simples de Galien.

Livre des deux Expériences, à propos des médicaments d'Ebn Ouafed. Le titre de ce livre tient à ce qu'il fut écrit en collaboration avec Aboul Hassan Sofian el Andaloussy. S'il ne nous est pas parvenu, nous pouvons nous en faire une idée par les nombreuses citations qu'en a faites Ebn el Beithar. Il le cite plus de deux cents fois dans son grand

_____

(1) Averroès naquit en 1126.

Traité des simples, dans l'immense majorité des cas sous l'anonyme, une trentaine de fois sous le couvert de Sofian el Andaloussy, et beaucoup moins souvent sous le nom d'Ebn Essaïr.

Ces citations se reproduisent, moins nombreuses naturellement, dans un autre ouvrage d'Ebn Beithar, le *Morny*, et à peu près dans les mêmes conditions. Le livre des expériences est ici le plus généralement accompagné du nom de Sofian el Andaloussy, mais nous rencontrons relativement de plus nombreuses citations d'Abou Bekr ebn Essaïr l'Andalou. Quant à cet ouvrage, c'est un livre de thérapeutique plutôt que d'histoire naturelle médicale, et nous devons dire que les citations en sont courtes et manquent d'originalité.

Extrait du Haouy ou Continent de Razès.

Des tempéraments au point de vue médical.

De l'amour physique.

Discours sur certains points du Livre des plantes d'Aristote.

Discours sur certaines parties du Livre des météores d'Aristote.

Discours sur la fin du Livre des animaux d'Aristote.

Il commenta aussi, parmi les ouvrages d'Aristote, les Livres de la physique ou de l'audition naturelle et celui de l'existence et de la corruption.

Traité des éléments.

Avant de parler des ouvrages de philosophie auxquels Ebn Badja doit particulièrement son importance, nous citerons encore les suivants :

Discours sur le gouvernement des villes.

Annotations sur un Traité d'alchimie d'El Faraby.

Lettre adressée en Égypte à son ami Iousef ben Ahmed ben Khachday.

Lettre sur les mathématiques, à l'adresse d'Ebn el Mohandes.

Pour se faire une juste idée de la philosophie d'Ebn Badja, il faut recourir à l'étude que lui a consacrée Munck dans ses Mélanges de philosophie juive et arabe. C'est d'après cet excellent ouvrage que nous allons en dire quelques mots.

L'ouvrage le plus remarquable et le plus original d'Ebn Badja, dit Munck, est le *Régime du solitaire,* et il ajoute : malheureusement nous ne le possédons plus. Le catalogue de la Bibliothèque Bodléienne, 1er volume, 1re partie, sous le n° 257 : Abu becr filius Alsaig, *de regimine solitarii,* en cite une traduction hébraïque.

Il semble, dit Munck, que, dans cet ouvrage, Ebn Badja avait pour but de faire voir de quelle manière l'homme, par le seul moyen du développement successif de ses facultés, peut s'identifier avec *l'intellect actif.*

L'ouvrage intitulé *Lettre d'adieu,* est conçu dans le même sens. Il contient des réflexions sur le premier mobile dans l'homme, sur le véritable but de l'existence humaine et de la science, qui est de s'approcher de Dieu et de recevoir l'intellect actif émané de lui. On y reconnaît une tendance à réhabiliter la science et la spéculation philosophique.

Il en est de même du livre qui porte pour titre :

De la conjonction de l'intellect avec l'homme.

Citons encore les Traités sur l'âme, sur la perfection humaine, sur les choses qui sont à la portée de l'intelligence, des Notes sur la philosophie.

La Lettre d'adieu a été traduite en latin et imprimée sous le titre de *Epistola expeditionis.*

Ses commentaires sur Aristote ont été connus de l'école d'Albert le Grand, dit M. Hauréau, dans son Histoire de la philosophie scolastique, et même le Régime du solitaire.

Le nom de notre auteur ne fut pas toujours rendu par Avenpace, et peut-être ne fut-il pas toujours reconnu sous une autre forme. Dans une traduction des commentaires d'Averroès sur les Éthiques d'Aristote, nous trouvons le nom d'Ebn Badja sous la forme d'Abou Bekr ebn Essaïr, rendu en latin de cette manière : *Abu Gekrin filius Aurificis.* (Jourdain, Rech. sur les trad. d'Aristote, p. 439).

Il est probable que Jourdain ne se douta pas qu'il avait le nom d'Avenpace sous la main.

SOFIAN EL ANDALOUSSY.

Nous ne le connaissons que par la part qu'il prit avec
Eben Badja au Livre des deux Expériences, dont nous venons de parler.

ER'R'AFEQUY.

Nous savons peu de choses sur le compte d'Abou Djafar
ben Mohammed ben Ahmed ben Seyd, surnommé Errafequy,
probablement pour être né à Rafeq, localité située au Nord
de Cordoue.

Ebn Abi Ossaïbiah en fait le plus grand éloge.

Il le considère comme un des grands écrivains de l'Espagne et le dit l'homme de son temps le plus versé dans la
connaissance des simples, de leurs noms et de leurs propriétés. Son livre, dit-il, n'a pas son pareil. Il y a réuni ce que
Dioscorides et Galien avaient écrit, avec les découvertes des
auteurs subséquents et les siennes propres.

M. de Sacy, qui lui a consacré quelques lignes dans son
Abdellatif, le fait mourir, vu le silence d'Ebn Abi Ossaïbiah,
vers la fin du V⁸ siècle de l'hégire. Wüstenfeld, au contraire, le fait mourir en 560, 1164 de notre ère.

C'est un des auteurs les plus fréquemment mis à contribution par Ebn Beithar. Il vient immédiatement après Razès
et Avicenne pour plus de deux cents citations. Il donne
souvent des noms berbères, ce qui indique un séjour dans
le Magreb et ne saurait être le simple résultat de l'invasion
berbère en Espagne.

Parmi les renseignements originaux de ce genre nous
citerons les articles relatifs au *Djouz ezzendj,* Sterculia ; à la
maniguette ; au *Serrent,* Telephium imperati ; à l'euphor-
be, qu'il dit un produit du Daran ou Atlas marocain ; à la
chaussetrape, commune chez les Mrila, etc.

Il donne encore des noms en langage vulgaire de l'Andalousie, c'est-à-dire en latin, ainsi à propos de l'hyèble et du sureau.

Il a soin d'assurer ses synonymes. et en cela il mérite l'éloge qu'en fait Ebn Abi Ossaïbiah. S'il y a des confusions, il les discute. C'est ainsi qu'il distingue l'alypum de Dioscorides du turbith, le sium du cresson, l'isatis de Dioscorides du nila ou indigo des modernes.

Il revient à deux reprises sur l'identité du carpesion de Galien et du cubèbe des Arabes. Galien, dit-il, parle de ramuscules, et le cubèbe se compose de graines : il faut alors admettre que ces ramuscules sont les branches de l'arbre dont le cubèbe est le fruit.

Il relève aussi les confusions et les erreurs des médecins qui l'ont précédé, notamment d'Ebn Samadjoun et d'Ebn Ouafed, l'Eben Guéfith des traducteurs latins. Il discute longuement l'opinion de quelques médecins modernes qui accordent à la coriandre des propriétés stupéfiantes.

Quelques paragraphes, relatifs à des produits de l'Espagne, lui appartiennent exclusivement.

Il nous donne de curieux renseignements sur des gisements de l'ambre jaune en Espagne, sur la préparation du sel ammoniac, etc.

C'est par étourderie que Sontheimer lui attribue la paternité d'un traité d'agriculture, qu'il se borne simplement à citer.

En somme Errafequy fait preuve de critique en même temps que de connaissances étendues et souvent originales, particulièrement en ce qui concerne les produits de l'Espagne et du Magreb.

Il est quelquefois cité dans le Traité d'agriculture qui figure à la Bibliothèque de Paris sous le n° 884.

La Bibliothèque Bodléienne possède deux ouvrages d'Errafequy, sous le n° 632 : 1° Traité des tumeurs et des fièvres ; 2° De la manière d'expulser du corps les humeurs nuisibles.

MOHAMMED BEN QUASSOUM ERRAFEQUY.

Mohammed ben Qassoum ben Aslem Errafequy ne nous est connu que par un écrit qui existe à l'Escurial sous le n° 835, ancien 830.

Wüstenfeld le considère comme étant probablement le père d'Errafequy, le botaniste, dont le livre des médicaments simples est fréquemment cité par Ebn Beithar, et qui mourut en 1164. A cela on peut faire une objection. Les ascendants du botaniste sont Mohammed, Ahmed et Saïd, tandis que l'autre, qui s'appelle bien Mohammed, il est vrai, a pour ascendants Qassoum et Aslem. Ils peuvent donc être de la même localité comme l'indique leur surnom, sans être pour cela de la même famille.

Quoi qu'il en soit, les auteurs cités par Mohammed ben Qassoum Errafequy, ainsi que nous le verrons tout à l'heure, lui assignent une place au XIIe siècle. Parmi ces auteurs, nous ne nommerons ici qu'Abulcasis, le dernier en date, qui mourut dans les commencements du XIIe siècle, et Avicenne qui mourut sûrement en 1035.

L'ouvrage d'Errafequy est un traité d'oculistique qui ne contient guère moins de trois cents feuilles. Il est vrai que l'oculistique proprement dite ne commence qu'à la feuille 124. Il porte le titre de *Morched,* ou le Directeur.

L'auteur nous annonce qu'il l'a composé parce qu'il a trouvé incomplets ceux de ses devanciers, et ces devanciers ne sont autres que Honein, Ali ben Issa, Razès, Avicenne, Omar ben Ali et Aboul Cassem Khalaf Ezzahraouy, autrement dit Abulcasis.

Cet ouvrage se divise en 6 parties.

La première traite du Serment d'Hippocrate et des Éléments.

La deuxième de l'anatomie de la tête et de l'œil.

La troisième de l'hygiène.

La quatrième des maladies en général.

La cinquième des médicaments et de l'hygiène de l'œil.

La sixième des maladies de l'œil et de leur traitement.

Un des caractères de cet ouvrage, c'est l'introduction des figures dans le texte, ce qui paraît particulier à l'école espagnole. On y trouve non-seulement la figure de nombreux instruments, mais on y trouve aussi figurées les directions longitudinale et transversale des fibres des deux tuniques artérielles, les sutures du crâne et le *Chiasma* des Grecs. A propos d'anatomie, nous rappellerons qu'en traitant de l'opération de la cataracte, il mentionne l'opinion d'Ali ben Issa qui lui donne une enveloppe, et d'Aboul Cassem Ezzahraouy qui la lui refuse.

D'après une opération qu'il pratiqua sur une femme d'Andujar aux environs de Cordoue, où il dut y revenir à plusieurs reprises pour maintenir l'abaissement, il conclut avec Abulcasis que la cataracte n'a pas d'enveloppe, par la raison que l'abaissement devrait se maintenir une fois l'enveloppe déchirée.

Il entre dans de grands détails sur les maladies de l'œil et en donne une riche nomenclature. L'opération de la cataracte est particulièrement traitée avec ampleur. Il en distingue onze variétés.

Nous n'avons toutefois remarqué rien d'original à signaler, en dehors de la cataracte.

Nous citerons une de ses observations. On lui présenta à Cordoue une enfant de trois jours affectée d'occlusion des paupières. Il eut d'abord envie de pratiquer une opération, mais il temporisa et, avant la fin de l'année, les paupières s'étaient ouvertes et il rendit grâces à Dieu de n'avoir pas fait un usage inopportun de l'instrument tranchant.

A propos des cautères, il rapporte les paroles d'Abulcasis, que l'on trouve dans le premier livre de sa chirurgie, à savoir que la cautérisation est avantageuse en tout temps, que la cure par le cautère n'est pas une garantie contre une récidive, etc.

LA FAMILLE DES EBN ZOHR OU DES AVENZOAR.

Bien que les membres de cette illustre famille n'appartiennent pas tous au XIIᵉ siècle, nous avons cru devoir les

réunir tous ici, par la double raison qu'on les a souvent
confondus, et parce que le XII⁰ siècle est l'époque où elle a
jeté le plus grand éclat. C'est l'époque du plus illustre de
tous, Abou Merouan Ebn Zohr, l'auteur du *Teissir*, vulgairement connu chez nous sous le nom d'Avenzoar.

ABOU MEROUAN EBN ZOHR.

Abou Merouan Abd el Malek ben Mohammed ben Merouan
ben Zohr Elyady el Achbily fut le premier médecin de la
famille. Son père Mohammed était un des traditionnaires et
des jurisconsultes les plus renommés de Séville, et mourut
à Talavera en 1031. Nous ignorons la date tant de la naissance que de la mort de son fils Abou Merouan, mais on
voit suffisamment qu'il vécut au cours du XI⁰ siècle de
notre ère.

Abou Merouan se rendit en Orient, en passant par Caïrouan.
Il se fixa au Caire où il exerça quelque temps la médecine.
Il revint ensuite en Espagne et se fixa à Dénia qui appartenait alors à l'émir Moudjahed, auprès duquel il jouit d'une
grande considération. Là il se fit une réputation de praticien
qui se répandit par toute l'Espagne. Il revint ensuite à
Séville où il passa ses derniers jours.

Tout ce que nous savons en outre de lui comme médecin
se réduit à ceci, qu'il avait de l'antipathie pour les bains.

ABOUL OLA ZOHR BEN ZOHR.

Aboul Ola Zohr ben Abi Merouan ben Zohr, fils du précédent, se montra digne de son père et même le surpassa.

Nous ignorons la date de sa naissance, mais nous savons
qu'il vécut jusqu'en 1131 et qu'il fut enterré à Séville près
de la porte de la Victoire, où vinrent le joindre plusieurs de
ses descendants.

Il étudia la médecine non-seulement sous son père, mais
encore à l'école d'Aboul Aïna, médecin qui était venu de
l'Orient en Espagne. Il l'exerça de bonne heure, du temps

de Mothad ed Billah Abou Amr ben Abad. Il fut aussi en faveur auprès des Almoravides.

Il jouissait d'une grande réputation comme praticien et on vantait son habileté dans le pronostic et dans le traitement des maladies. Son pronostic se tirait particulièrement du pouls et de l'inspection des urines.

Le Canon d'Avicenne fut apporté de son temps en Egypte. Ce livre qui annonce plutôt un génie méthodique qu'un praticien, ne fut pas de son goût. Il ne voulut pas lui donner place dans sa bibliothèque et même on dit qu'il détachait des feuilles de son exemplaire pour y inscrire ses prescriptions.

Aboul Ola était encore un humaniste distingué.

Il composa plusieurs écrits.

Traité des propriétés.

Quand même cet ouvrage ne nous serait pas parvenu (1), nous pourrions le juger par les extraits que nous rencontrons dans le Traité des simples d'Ebn Beithar. Il y est cité une cinquantaine de fois. La plupart de ces citations ont trait à des animaux et à leurs propriétés médicales, et nous devons dire qu'elles portent généralement un cachet si prononcé de crédulité que cet ouvrage ne nous recommanderait guère l'auteur, s'il ne nous était connu d'autre part.

Quelques-unes des citations d'Ebn Beithar n'appartiennent pas à notre Aboul Ola.

Traité des médicaments simples.

Trompé par le catalogue, Wüstenfeld a cru que cet ouvrage existait à Paris sous le n° 1028, deuxième fascicule, mais c'est une erreur. Après avoir indiqué le premier, qui traite effectivement des médicaments et des aliments, la notice ajoute : *Sequitur in eodem codice opusculum ejusdem argumenti.*

Nous allons voir ce que contient en réalité ce deuxième opuscule contenu dans le n° 28.

Parmi les ouvrages d'Aboul Ola mentionnés par Ebn Abi

____

(1) Nous le croyons représenté par le n° 1076, A. F. de Paris. Il existe aussi à Leyde, n° 1340, et à Vienne, n° 1460.

Ossaïbiah, nous trouvons celui-ci : Recueil d'observations
ou d'expériences, ouvrage posthume dont Ali ben Iousef ben
Tachfin fit recueillir les éléments sur les deux rives du détroit. Nous croyons que ce recueil est représenté par le
n° 1028 de Paris, ainsi que par le n° 844 de l'Escurial, ancien
839, sur le compte duquel s'est aussi trompé Casiri.

Les deux Mss. nous paraissent représenter le même ouvrage. Nous n'avons pu faire intégralement la collation,
n'ayant avec nous à l'Escurial que des notes prises sur celui
de Paris, mais néanmoins suffisantes. Le début est absolument le même. D'ailleurs le Ms. de l'Escurial est dans un
désordre notable par le fait du relieur ; des feuilles qui devaient être placées à la fin, se trouvent en tête du titre. Le
caractère posthume de l'opuscule doit être aussi une cause
de différences dans les copies.

Tel est le début dans l'un et l'autre manuscrit :

« Livre d'Aboul Ola ben Zohr, adressé à son fils.

Rappelle-toi, et que Dieu te conserve la santé, que la plupart des médecins de notre temps ne dirigent pas leur médication dans un sens contraire à celui vers lequel tend le
tempérament, proportionnellement à cette tendance, de
sorte qu'en employant des calmants ils suscitent au malade
une affection contraire à celle qu'il avait déjà. »

Viennent ensuite des préceptes marqués au bon coin, puis
des recommandations relatives aux indications spéciales des
médicaments suivant les organes malades.

Vers la fin les deux Mss. nous ont paru différer.

Ce qui se rencontre surtout dans celui de Paris, ce sont
des recommandations, et dans celui de l'Escurial, des observations. Aussi trouvons-nous dans le premier : Ici finit le
mémorial, *Tedkira,* et dans le second : Ici finissent les expériences, *Moudjerbat.*

Quant au titre donné par Casiri à cet opuscule, Utilia et
vera, *el Manafi ou el Haquïq,* nous n'en avons pas trouvé la
moindre trace.

Wüstenfeld a rapproché de ce Ms, le n° 1076 de Paris, mais
nous croyons que ce manuscrit n'est autre que le Traité *des*

propriétés, qui se distingue, du reste, par sa forme alphabétique.

Tels sont encore des ouvrages d'Aboul Ola.

Réponse à l'adresse d'Ali ben Rodhouan à propos de son écrit sur le livre de l'introduction de Honein.

Eclaircissement des doutes de Razès sur les livres de Galien.

Remarques sur différents points des médicaments simples d'Avicenne.

Livre des dits mémorables en médecine. Cet ouvrage, ainsi que le dernier, est adressé à son fils.

Critique du traité d'El Kendy sur la composition des médicaments.

Hadji Khalfa parle d'un livre d'*Expériences* d'Aboul Ola rédigé sous forme alphabétique, dont il fait le livre des propriétés. Nous ignorons s'il est différent de celui dont nous avons parlé.

Il en mentionne aussi un autre sous le titre *El Idhah,* dont nous ne trouvons pas trace ailleurs.

ABOU MEROUAN ABD EL MALEK BEN ABIL OLA BEN ZOHR, VULGAIREMENT AVENZOAR.

C'est ici le médecin le plus éminent de la famille, celui qui la résume et la représente à peu près exclusivement pour la généralité de nos historiens de la médecine, sous le nom vulgaire d'Avenzoar.

Formé à l'école de son père il devint un éminent praticien, d'un grand tact médical, d'une grande expérience, ne jurant plus sur la parole des anciens, mais soumettant leurs dires au contrôle de l'observation. Quelques historiens le considèrent comme le plus grand médecin de l'école arabe. On ne pourrait lui comparer qu'Avicenne et Razès, et encore faudrait-il écarter le premier de ces noms si l'on veut parler du véritable médecin, c'est-à-dire du médecin praticien. A ce point de vue il n'aurait de rival que Razès. Il dut sans doute cette supériorité à la concentration de ses études sur le terrain de la médecine, car chez lui nous ne trouvons pas le médecin doublé, comme chez Avicenne et Razès, d'un philosophe et d'un savant encyclopédiste.

Nous ignorons la date de la naissance d'Avenzoar, mais nous savons qu'il vécut jusqu'en l'année 1162.

On lit dans le Colliget qu'il vécut 135 ans et ne commença l'étude de la médecine qu'à 40. Est-ce une erreur?

Après avoir servi les Almoravides, il passa au service des Almohades, qui le comblèrent d'honneurs.

On sait qu'Abd el Moumen était un homme d'une grande intelligence, d'un génie organisateur et qu'il encouragea la culture des sciences. Il prit Avenzoar à son service, et c'était lui qui était chargé de confectionner pour son usage la grande thériaque.

On raconte qu'Abd el Moumen voulut un jour user de purgatifs. Avenzoar sortit alors des routes vulgaires. Il imagina d'arroser une vigne avec une solution purgative, et quand elle eut porté des fruits, il les fit manger au Khalife émerveillé.

Nous citerons une autre anecdote.

En se rendant au palais, il rencontra plusieurs fois un individu affecté de tympanite avec une teinte ictérique. L'ayant un jour examiné de plus près, il vit à côté de lui une jarre dans laquelle il buvait. Il la cassa et l'on en vit sortir une grenouille. Te voilà guéri, dit-il au malade.

Avenzoar avait sur l'exercice de sa profession, certaines idées que nous devons relater, car elles ont aussi une certaine importance historique. Ces idées sont exposées dans son principal ouvrage, le *Teissir*.

En raison sans doute de sa haute position, il exerçait la médecine d'une manière assez aristocratique et il semblerait avoir astreint son rôle à celui de médecin consultant. Il dédaignait la pratique de la saignée et des opérations chirurgicales qu'il considère comme le lot des aides, nous allions dire des valets du médecin. Il a le même dédain pour la préparation des médicaments. Il va même jusqu'à dire qu'il est certaines opérations qui sont indignes d'un homme libre, telles que l'opération de la taille, attendu que la loi défend de découvrir les parties génitales.

On est tout étonné d'entendre ces paroles en Andalousie, un siècle après Abulcasis.

Il nous semble permis d'en conclure la séparation actuelle des trois professions qui se partagent l'exercice complet de la médecine.

Cependant il ne faut pas prendre à la lettre ce dédain de la pratique chirurgicale qu'Avenzoar tenait en partie de son père, car nous le voyons parfois y déroger et saisir les indications opératoires avec le tact d'un ingénieux praticien. Il est probable que ces idées ne lui vinrent qu'avec les honneurs, et qu'il en fut autrement dans sa jeunesse qui fut parfois éprouvée.

Il nous parle souvent avec amertume d'un certain vizir Aly qui le fit mettre en prison, et qui n'en eut pas moins recours à son ministère. Il s'agissait précisément d'un cas de chirurgie. Le vizir était affecté d'un panaris que l'on avait négligé. Avenzoar appelé en consultation voulait enlever immédiatement les parties mortifiées avec l'instrument tranchant, disant que si l'on avait recours aux caustiques, ainsi que le voulaient ses confrères, le mal pouvait empirer en attendant leur action. Son avis fut rejeté et même considéré comme dicté par la rancune.

Avenzoar eut des élèves parmi lesquels nous signalerons l'illustre Averroès, auquel il dédia le Teissir.

On dit qu'il mourut d'un abcès du côté, et qu'à ses derniers moments il fut pris de ce découragement que connut aussi Avicenne. Comme son fils lui donnait des conseils, il lui répondit: si Dieu a décidé que je change cette habitation, mes efforts ne pourront que concourir à l'accomplissement de sa volonté.

C'était en l'année 1162, il fut enterré à côté de son père, à Séville, près de la porte de la Victoire.

Comme nous l'avons dit, Avenzoar ne fut pas un génie encyclopédique à l'instar de Razès et d'Avicenne.. Ses ouvrages ont exclusivement trait à la médecine.

Il en est un que nous ne trouvons pas mentionné par les historiens, et qui existe à la Bibliothèque de Paris. C'est par celui-là que nous allons commencer. Il porte le titre d'*Iktisad,* et il est signé par Abd el Malek ben Zohr ben Abd el Malek.

Ce manuscrit, qui contient 140 feuilles, est d'une belle exécution, mais la lecture en est très pénible, en raison de l'absence des points diacritiques. Nous avons pu cependant y pénétrer en grande partie.

C'est un traité de médecine fruit de sa jeunesse, qui fut écrit sur l'invitation de l'émir Ibrahim ben Yousef ben Tachfin, dont le nom figure au début. Vers la fin, nous rencontrons encore ces expressions : Monarchie des *Marabouts,* puissance des *Lemtounes.*

Nous en relèverons quelques passages.

Il y a deux médecines, dit l'auteur, celle du corps et celle de l'âme. Quant à l'âme on en admet trois, dont l'âme raisonnable, qui siége au cerveau, et qui distingue l'homme de l'animal. La langue étant l'interprète de cette âme, c'est par les maladies de cet organe que l'auteur croit devoir entrer en matière. Il traite ensuite des maladies de l'œil, parce que l'œil est le plus noble des sens. Suivent celles de l'oreille, de la tête, etc.

A propos des mamelles, nous lisons : Il y a des nations qui les aiment volumineuses chez les femmes, ainsi les Arabes et les Almoravides, que Dieu les protége !

Plus loin nous lisons que les ulcères se présentent à la verge aussi bien qu'en toute autre partie du corps.

En traitant de la grossesse, il ne craint pas de donner des recettes pour empêcher la conception, par la raison qu'elle ne convient pas à tout le monde.

A propos des fractures, il dit que l'anatomie des os est chose facile à connaître, qu'il suffit de les mettre en place et de les examiner, ce qui semblerait indiquer que les médecins avaient des os à leur disposition.

Vers la fin du livre, nous trouvons des recettes particulièrement rédigées à l'adresse des rois.

Un autre ouvrage, qui se trouve aussi à Paris, est le Traité des aliments et des médicaments. Il fait la première partie du Ms. coté 1028, ancien fonds, et contient une quarantaine de pages seulement.

Il débute par les aliments, qui occupent la plus grande place. Il les considère d'une façon générale et s'occupe plutôt de leurs propriétés que de leur description.

Il les considère d'abord au point de vue des saisons. La digestion, dit-il, étant plus active en hiver qu'en été, on doit alors manger davantage et des aliments chauds et secs. Il traite ensuite des différentes sortes de pains, tant au point de vue de leur préparation qu'à celui de leur composition. C'est ainsi que nous voyons du pain confectionné avec du sorgho, des fèves, des pois, du riz, etc. Il passe ensuite aux viandes empruntées aux divers animaux, et raconte qu'en un temps de disette on fit un usage avantageux des serpents.

Viennent ensuite le laitage, les fruits, le sucre, les préparations au sucre et au miel, les boissons, les confitures, enfin les médicaments, qui sont très sommairement traités. L'ouvrage se termine par les autres parties de l'hygiène.

En somme, cet ouvrage ne manque pas d'intérêt et se place avantageusement à côté de ces innombrables traités des médicaments simples que nous ont laissés les Arabes, exécutés au point de vue descriptif et particulier.

Le livre le plus important d'Avenzoar, et qui lui a fait une juste réputation d'éminent médecin, est le *Teissir,* sur lequel nous allons nous arrêter.

Cet ouvrage non-seulement nous est parvenu, car il existe particulièrement à Paris sous le n° 1028, dont il occupe les feuilles de 50 à 175, mais il a été traduit en latin et imprimé plusieurs fois, seul ou associé.

Déjà Freind en a fait une assez longue analyse, qui nous permettra de ne pas nous arrêter sur toutes les parties qui mériteraient d'être signalées.

Le Teissir est aussi un Traité de médecine, comme l'Iktisad, mais il porte le cachet de la maturité, et il est digne d'Averroès, auquel il fut dédié.

Ce qui caractérise le Teissir et lui fait une place à part entre toutes les productions de la médecine arabe, c'est que l'auteur y parle d'abondance et avec une entière indépendance de la tradition.

Il n'a pas la déférence de Razès pour les travaux antérieurs, il ne songe pas ainsi qu'Ali ben Abbas et Avicenne à faire un travail méthodiquement ordonné. Avenzoar se croit en pleine possession de la science médicale et il parle en maître. Si l'occasion se présente parfois de parler des anciens, il traite avec eux d'égal à égal, et, le cas échéant, relève les opinions de Galien et les met en présence de l'observation. Nul autre, parmi les Arabes, n'apporte aussi fréquemment à l'appui de ses préceptes le résultat de son expérience. Quant à l'ordonnance de son livre, elle est toute empirique et poursuit les maladies de la tête aux pieds.

Comme nous l'avons déjà dit, malgré la hauteur avec laquelle il traite la chirurgie, maintes fois il lui arrive de faire acte d'excellent chirurgien.

Les réflexions de Freind nous dispensent d'entrer dans de plus longs détails. Nous nous contenterons de rappeler ce fait où, consulté par un malade, il en référa à son père, qui lui mit entre les mains un passage de Galien et lui dit : Lis cela et si tu n'es pas fixé, ne te mêle plus de médecine.

Nous ajouterons cependant quelques observations que nous a suggérées la lecture de l'original.

Il raconte vers le milieu de son livre un voyage qu'il fit par ordre d'Abou Zacharya Iahya ben Iamour, où le vent et la pluie lui suscitèrent un engourdissement de la jambe gauche. La traduction latine a méconnu le nom de ce personnage, et l'exprime ainsi : *Et mihi jam accidit quod tibi dicam quod eundo precepto regis in* ABUZACBADRIA, *cum frigore vehementi, etc.*

Nous pensons que le personnage dont il est ici question n'est pas autre qu'un certain gouverneur de Niebla, dont nous avons retrouvé la trace. En l'année 1154, il aurait fait exécuter huit mille habitants de cette ville, en punition de s'être livrée à un rebelle du nom d'El Ouchby. Cet acte de rigueur fut désapprouvé par Abd el Moumen qui mit le gouneur aux arrêts. Ebn Khaldoun, dans son Histoire des Berbères, lui donne le nom d'Iahya ben Iaghmour (traduction de Slane, II, 192) et M. Romey, dans son Histoire d'Espagne, l'appelle Abou Zacharya fils d'Ioumer, VI, 96. Il nous paraît évident qu'il faut lire aussi, dans le texte du Teissir, Iaghmour ainsi que dans Ebn Khaldoun. On sait que ce nom était celui du fondateur de la dynastie Zeyanide à Tlemcen.

Il est d'autres aberrations à signaler dans la traduction latine.

Avenzoar raconte que son aïeul rapporta de l'orient de l'huile de baumier, *douhn bachamy,* dont il vante l'efficacité contre la paralysie. La traduction latine écrit *Alquisemi,* qui ne signifie rien.

Un peu plus loin à propos de la fièvre putride, il dit que certaine médication serait impuissante à l'enrayer, fut-on un Escalape. Au lieu d'Esculape, le latin a mis *Archilinus.*

Deux fois, autre part, il rappelle son séjour à Maroc, *Marrakech,* et le traducteur a pris ce mot pour *Marestan* qui signifie un hôpital. Nous avons tenu à cette rectification pour la raison suivante.

Dans nos recherches sur les institutions médicales chez les Arabes, nous avons constaté avec surprise que les hôpitaux ne s'étaient pas établis en Espagne comme dans l'Orient, et nous n'avons guère trouvé mentionné que celui d'Algésiras. En lisant la traduction latine, on croirait Avenzoar chargé d'un service d'hôpital.

Dans une consultation dont faisait partie son aïeul, se trouvait un médecin que la traduction latine appelle *Aven Motaref.* Ce médecin n'était autre qu'Ebn Ouafed, dont nous avons fait Ebn Guéfith.

Ces défauts ne sauraient nous étonner, la traduction n'ayant pas été faite directement de l'arabe, mais d'après l'hébreu, par le concours de deux interprètes, ainsi qu'il est arrivé souvent en Espagne. Cette traduction se fit à Venise en 1280.

Parmi les ouvrages d'Avenzoar que nous ne possédons plus, nous citerons un Traité de cosmétique reproduit deux fois dans la liste de Wüstenfeld, sous le titre *Liber ornamenti* et sous celui de *Liber de decoratione ;* un Traité de la lèpre et de l'impetigo, un Mémorial adressé à son fils sur ce qu'il faut faire d'abord dans le traitement des maladies, et un autre sur l'administration des purgatifs.

Outre ces renseignements tirés d'Ebn Abi Ossaïbiah, nous lisons dans Hadji Khalfa qu'Avenzoar publia un livre d'aphorismes, et que s'étant borné à donner le traitement des maladies dans le Teissir, il le compléta par un supplément auquel il donna le nom de *Djami,* qui paraîtrait exister à la Bibliothèque Bodléienne.

EL HAFIDH ABOU BEKR BEN ZOHR.

Abou Bekr Mohammed ben Ali Merouan ben Zohr, dit El Hafidh, naquit en 1113 à Séville, où il apprit la médecine à l'école de son père. Dès sa jeunesse, il fit preuve de sagacité. Voyant un jour chez son père la formule d'un purgatif destiné au Khalife Abd el Moumen, il y remarqua un défaut et le fit observer à son père, qui trouva juste son observation.

C'était un homme parfaitement doué au physique et au moral. Non-seulement il fut un médecin distingué, mais il était aussi versé dans la connaissance des belles-lettres et de la littérature arabe, de la philosophie, de la jurisprudence et des traditions, ainsi que l'indique son surnom d'El Hafidh, ou le traditionnaire. Il était aussi poète.

Après avoir servi comme son père les Almoravides, il le remplaça dans sa haute position auprès des Almohades. Après Abd el Moumen il servit Abou Iakoub Iousef el Mansour, puis Abou Abd Allah Mohammed Ennacer.

Son caractère, aussi bien que ses connaissances, lui attiraient la considération. C'était un homme d'un jugement sûr et d'un bon conseil, religieux et bienfaisant. On cite plusieurs traits de sa générosité.

Malgré la protection que les Almohades accordèrent aux savants, ils apportèrent en Espagne leur fanatisme de sectaires, et ce fanatisme ainsi que la politique les entraîna à des mesures violentes. Ils proscrivirent les dissidents, chrétiens et juifs, et nous savons que le célèbre Maimonide, ainsi que plusieurs de ses coreligionnaires durent chercher ailleurs un régime plus tolérant. C'est alors que le Languedoc, aussi bien que l'Égypte recueillirent les proscrits. La philosophie aussi leur portait ombrage. El Mansour décréta la destruction de tous les ouvrages de dialectique et de philosophie. Abou Bekr Ebn Zohr fut chargé d'en faire la recherche, avec cette condition cependant qu'il ne serait pas inquiété pour ceux qu'il pourrait avoir en sa possession. Mais il avait, à Séville, un ennemi, personnage important qui recueillit plusieurs témoignages attestant qu'Abou Bekr avait chez lui des livres prohibés en grand nombre et qu'il en faisait sa lecture habituelle. Une lettre de dénonciation fut rédigée, signée et adressée à El Mansour qui se trouvait alors à sa résidence de Hisn el Ferdj (sans doute Azn el Farache) qu'il avait construite sur la recommandation d'Abou Bekr qui lui en avait signalé la bonté de l'air. El Mansour fit emprisonner le dénonciateur, et les signataires prirent la fuite. Telle était la confiance d'El Mansour dans Abou Bekr qu'il dit : Quand même toute l'Andalousie témoignerait contre lui, je n'y croirais pas.

Une autre inimitié lui fut fatale. Le vizir Abou Zéid lui fit, dit-on, prendre un œuf empoisonné dont il mangea ainsi que sa sœur, et tous deux en moururent. C'était à Maroc, en l'année 596 de l'hégire, 1199 de l'ère chrétienne.

Cette sœur d'Abou Bekr mérite une mention.

Elle était, ainsi que sa fille, instruite dans la pratique médicale. C'étaient elles qui accouchaient les femmes d'El Mansour et de sa famille. Quand mourut la sœur d'Abou Bekr, sa nièce la remplaça dans ces fonctions.

ABOU MOHAMMED ABD ALLAH BEN ABI BEKR BEN ZOHR.

Il naquit à Séville en 1181. C'était un homme intelligent et d'un commerce agréable. Il remplaça, malgré sa jeunesse, son père auprès d'El Mansour, qui le tenait en grande considération. On dit qu'il fut empoisonné en 1205 à Ribath Sala, d'où son corps fut transporté à Séville et inhumé près des tombeaux de ses ancêtres.

Il laissa un traité sur les maladies des yeux.

ABOU MEROUAN ABD EL MALEK.

ABOUL OLA BEN ZOHR.

Les deux fils d'Abd Allah furent des médecins éminents. Ils vivaient encore à l'époque ou Ebn Abi Ossaïbiah écrivait son histoire. Aboul Ola s'adonna particulièrement à l'étude de Galien.

Telle est cette illustre famille, qui brilla du XIe au XIIIe siècle et dont on n'avait pas bien, jusqu'à présent, distingué les membres divers.

Léon l'Africain en cite deux. Le premier est l'auteur du Teissir, bien que la date de sa mort soit erronnée. Le second est Abou Bekr el Hafidh.

Du fatras de Léon l'Africain nous tirerons une histoire intéressante. Il s'agit du second de ses Avenzoar, c'est-à-dire d'Abou Bekr el Hafidh. Se trouvant à Maroc, loin des siens, il fut pris de nostalgie, et se mit à formuler en vers ce qu'il éprouvait. El Mansour, étant un jour entré dans son appartement, ne le trouva pas, mais trouva ces vers. Aussitôt il écrivit au gouverneur de Séville de faire venir immédiatement à Maroc la famille d'Avenzoar. Au bout d'un mois, Abou Bekr Avenzoar, entrant chez soi, y trouva toute sa famille réunie et faillit en devenir fou de plaisir.

Cette anecdote se lit également chez Makkary.

ABOU DIAFAR BEN HAROUN ETTERDJALY.

C'était un des personnages importants de Séville, étudiant la philosophie d'Aristote, en même temps qu'il se faisait un renom dans la pratique de la médecine. Il fut attaché à la personne d'El Mansour. C'était aussi un oculiste et on cite la cure du Cadhy Abou Abd Allah frère du Cadhy Abou Merouan el Badjy, qui avait reçu dans sa jeunesse une poutre dans l'œil, et auquel il rendit la vue, sans vouloir des 300 dinars qu'on lui offrait en rémunération. Devenu impotent sur ses vieux jours, il donnait encore des consultations à domicile. Un de ses titres est d'avoir eu pour élève l'illustre Averroès. Il mourut à Séville.

ABOU MEROUAN ABD EL MALEK BEN FILAL.

Natif de Grenade, il passait pour un bon médecin, et servit el Mansour, puis son fils Ennacer, sous le règne duquel il mourut à Maroc.

ABOUL HAKEM BEN ALENDOU.

Aboul Hakem ben Alendou naquit à Séville, où il passait pour un habile médecin. Il servit d'abord El Mansour, qui se l'attacha définitivement quand il devint Khalife en l'année 580. Il laissa quelques écrits parmi lesquels de la poésie. Son biographe fait observer qu'il écrivait dans les deux caractères de l'Andalousie. Il mourut à Maroc.

ABOU DJAFAR AHMED BEN HASSAN.

Il naquit à Grenade et mourut à Fez. C'était un médecin savant et un bon praticien. Il écrivit un traité du régime à l'état de santé dédié à Mansour.

EL MASDOUM.

Aboul Hossein el Masdoum ben Asdoun naquit à Séville, et il eut pour maître le grand Avenzoar. C'était un homme vertueux, cultivant la poésie en même temps qu'il pratiquait la médecine, et médecin consultant d'El Mansour. Il mourut en 588 (1192).

ABOU DJAFAR EBN ER'R'AZAL.

Il naquit à Fedjira dans les environs d'Alméria, et vint étudier la médecine à Séville, où il compta parmi ses maîtres Abou Bekr ben Zohr. Il connaissait particulièrement les médicaments simples et la préparation des médicaments composés. C'était lui qui préparait les médicaments d'El Mansour, auquel il était attaché comme médecin. Nous avons déjà parlé de la réaction religieuse provoquée par les Almohades. El Mansour avait interdit le vin. Il voulut un jour qu'Abou Djafar lui préparât de la thériaque, et comme il fallait du vin, il l'invita à s'en procurer. Les recherches d'Abou Djafar furent vaines, et Mansour avoua qu'il n'avait eu d'autre but en lui demandant de la thériaque, que de s'assurer s'il existait encore du vin.

Abou Djafar mourut sous le règne d'Ennacer.

EBN DJELA.

Il était de Murcie, et c'était un médecin renommé au service d'El Mansour.

ABOU DJAFAR EDDEHEBY.

Abou Djafar Ahmed ben Atiq Eddeheby, dit aussi El Balensy, de Valence, et Aboul Abbas, était un médecin savant et expérimenté, au service d'El Mansour et d'Ennacer. Il mourut en 600 ou 601 (1204) à Tlemcen, où il avait suivi Nacer dans une expédition, à l'âge de 47 ans.

AVERROÈS.

Aboul Oualid Mohammed ben Ahmed ben Mohammed Ebn Rochd, vulgairement connu sous le nom d'Averroès, est le plus grand nom de l'Espagne musulmane, mais cette supériorité il la doit à la philosophie plutôt qu'à la médecine. Il en fut d'Averroès comme de maint autre savant du moyen âge, tels que Gerbert et Albert le Grand : sa mémoire se produisit à travers les erreurs et les fables et on lui fit une célébrité de mauvais aloi.

Cette grande personnalité vient enfin d'être mise au grand jour. Averroès a pris définitivement sa place dans l'histoire, grâce à un travail récent de M. Renan, *Averroès et l'Averroïsme*. Ce livre a non-seulement dégagé la figure d'Averroès des ténèbres qui l'enveloppaient, mais il nous donne le récit aussi neuf qu'intéressant de ses doctrines à travers les siècles. En même temps qu'il nous fournira des documents sérieux et nous épargnera quelques recherches, il nous permettra de glisser sur certains points qui n'intéressent pas particulièrement l'histoire de la médecine.

Averroès naquit à Cordoue en 1126 de notre ère, d'une famille honorable de jurisconsultes. Son père et son aïeul étaient Cadhis de Cordoue.

Les biographes ne remontent pas au-delà de son aïeul, nommé comme lui Aboul Oualid, personnage éminent, qui fut chargé de plusieurs missions politiques. Nous croyons avoir rencontré les traces d'un autre de ses ascendants, peut-être le frère de son bisaïeul. Le n° 887 de l'Escurial contient un traité de médecine clinique, pris à tort par Casiri pour un manuel d'examens. L'auteur dit avoir traité pour une ophthalmie son ami le faquih Ebn Abi Rochd, et cela se passait dans le milieu du onzième siècle. Nous relevons ce fait à propos de l'opinion qui donne à la famille d'Averroès une origine juive. Comme l'a déjà fait observer M. Renan, si la famille d'Averroès se convertit du Mosaïsme à l'Islamisme, ce fut à une époque reculée.

Averroès eut différents maîtres pour l'étude des sciences. Nous nous bornerons à citer celui qui lui enseigna la médecine, Abou Djafar Haroun, de Truxillo, sur le compte duquel nous savons peu de choses. Il est probable qu'il profita davantage dans la fréquentation de la famille des Avenzoar, avec laquelle la sienne était liée, comme nous aurons plus tard l'occasion de le rappeler.

On a prétendu qu'il eut pour maître Ebn Badja, l'Avenpace des scolastiques, mais il est probable qu'il ne s'inspira de sa doctrine que par ses livres, étant trop jeune à la mort d'Ebn Badja.

Ebn Tophaïl fut mieux que le maître d'Averroès : il lui concilia la faveur des souverains et le poussa dans cette voie de la philosophie où il devait acquérir tant de renommée. L'Almohade Iousef fils d'Abd el Moumen était ami de la littérature et versé dans la connaissance de la philosophie grecque, mais il se plaignait de l'obscurité des traductions d'Aristote et désirait qu'un homme compétent en fit le commentaire. Averroès fut instruit de ce désir par Ebn Tophaïl qui le jugea digne d'entreprendre cette tâche. Il obéit et c'est à ce labeur qu'il doit d'avoir partagé l'influence d'Aristote sur le moyen âge et de porter le surnom de commentateur par excellence, *Echcharih*.

Iousef le nomma son premier médecin en remplacement d'Ebn Tophaïl. Iakoub el Mansour ne fit pas moins pour Averroès que son prédécesseur, et il se complaisait à parler de science avec lui.

Averroès n'était pas occupé seulement par la philosophie et la médecine. D'abord Cadhi de Séville, il fut plus tard nommé grand Cadhi de Cordoue.

Tant de prospérité lui suscita des envieux, et les dernières années de son existence il les passa dans les persécutions et l'amertume.

D'une part on l'accusa d'irréligion, de l'autre d'avoir manqué de respect au souverain.

On lui fit un crime d'avoir cité dans ses écrits un ancien qui disait que la planète Vénus était une Déesse.

Dans son commentaire sur le livre des animaux d'Aristote, parlant de la girafe, il disait en avoir vu une à la cour du *roi des Berbères* Iakoub. La qualification fut trouvée malséante. Averroès l'imputa à une erreur de copiste et dit avoir écrit *souverain des deux continents* (le Magreb et l'Espagne), ce qui, en arabe, s'écrit à peu de chose près de la même manière.

Averroès fut exilé à Lucena, près de Cordoue, et ses biens

confisqués. S'il faut en croire Léon l'Africain, il subit de dures humiliations. Placé à la porte de la mosquée de Fez, les passants lui crachaient à la face.

En même temps qu'Averroès, la philosophie fut persécutée.

Cependant une réaction survint, et Averroès rentra en faveur auprès d'Iakoub el Mansour. Mais il en jouit peu de temps et mourut à Maroc, suivant l'opinion la plus commune en l'année 1198.

Ici nous relèverons un lapsus de M. Renan : « Ebn Beithar et Ebn Zohr moururent presque la même année. » Cette année 1198 serait plutôt celle de la naissance d'Ebn Beithar dont la date ne nous est pas donnée, mais qui mourut en 1248. M. Renan a pris sa date chez Léon l'Africain, mauvais guide comme le sait du reste M. Renan. Si nous relevons cette erreur c'est qu'elle est couverte par un nom considérable et qu'elle a été déjà reproduite à l'article Averroès dans la biographie générale de Didot, avec les réflexions qui l'accompagnent.

Parmi les fables débitées sur le compte d'Averroès nous citerons sa rencontre avec Avicenne, sa traduction d'après le grec des œuvres d'Aristote, sa mort tragique, enfin le portrait odieux que le fanatisme en fit au moyen âge.

Les biographes d'Averroès s'accordent à le donner comme le modèle de toutes les vertus et plus remarquable encore par son caractère que par son intelligence. Celui dont on fit une sorte d'Antechrist ou de réprouvé, après une vie bien remplie, subit l'infortune avec la patience de Job.

Écrits d'Averroès.

La carrière d'Averroès fut longue et laborieuse. Malgré ses fonctions de Cadhi, l'étude et la composition l'occupèrent constamment. Il ne passa, dit-on, que deux nuits sans travailler, celle de son mariage et celle de la mort de son père.

Nous donnerons la liste de ses écrits d'après M. Renan, tout en l'abrégeant un peu en certains points.

Traités philosophiques, 28.

Commentaires sur Aristote. Dans l'édition des œuvres d'Averroès en onze volumes in-folio, ils en occupent huit.

Averroès avait pour Aristote une admiration superstitieuse.

Destruction de la destruction, en réponse à l'ouvrage de Gazzali : Destruction des philosophes.

De la substance de l'univers.

De l'union de l'intellect séparé avec l'homme.

Questions sur les diverses parties de l'Organon.

Du syllogisme conditionnel.

Abrégé de logique.

Prolégomènes à la philosophie.

Commentaires sur la République de Platon.

Commentaires sur Alfaraby.

Réfutation de la classification des êtres par Avicenne.

Commentaire sur la métaphysique de Nicolas.

Si Dieu connaît les choses particulières.

Sur l'existence éternelle et sur l'existence temporaire.

Question sur le livre du ciel et du monde, etc.

Les commentaires d'Aristote sont l'œuvre principale d'Averroès. Ils furent traduits de bonne heure, au commencement du XIIIe siècle par Michel Scot, et peu après cette œuvre fut reprise par Hermann l'Allemand.

Déjà Guillaume d'Auvergne, mort en 1248, cite Averroès comme un illustre philosophe (Jourdain, 299).

Albert le Grand et Bacon en parlent en bons termes.

Saint Thomas d'Aquin, tout en le combattant vivement, se laissa imprégner de sa méthode.

Un autre violent adversaire d'Averroès fut Raymond de Lulle.

Tout en restant le grand commentateur, Averroès devint le blasphémateur de toute religion, une sorte d'Antechrist, et les beaux-arts eux-mêmes le prirent souvent à partie.

Cependant à Padoue se constituait une école, où les doctrines d'Averroès faisaient le fonds de l'enseignement, et ce fait curieux se prolongea jusqu'au milieu du XVIIe siècle.

Niphus fut le dernier adepte et l'éditeur d'Averroès, et Vivès, le précepteur de Charles-Quint, son dernier adversaire.

Au commencement du XVIe siècle on se remit à faire de nouvelles traductions d'Averroès d'après l'hébreu. C'était trop tard. On était en pleine Renaissance, et la connaissance du grec allait faire oublier la philosophie et la médecine arabes.

Il nous semble que M. Renan a trop insisté sur ce fait qu'Averroès, qui fit tant de bruit en Occident, en fit si peu en Orient. Cela nous paraît tout naturel. Au XIII⁰ siècle, il restait peu de place en Orient pour la philosophie entre les croisades et l'invasion mongole, tandis qu'alors la scolastique était dans toute sa ferveur et sa fécondité. La médecine florissait bien encore et jetait son chant du cygne à Damas et au Caire, mais l'importance médicale d'Averroès était trop faible pour faire impression. Cependant il ne passa pas inaperçu. Ebn el Beithar le cite quelquefois dans ses *Moufridat*, et plus souvent dans le *Morny*. Nous avons aussi trouvé des citations d'Averroès dans Ebn el Koff et dans Soueydy, etc. Au XIV⁰ siècle, un médecin commenta, lui aussi, l'Ardjouza d'Avicenne, et il cite Averroès parmi ses devanciers. Ce travail existe à la Bibliothèque de Paris sous le n⁰ 1022 du supplément, et c'est à tort que M. Renan l'a mis au compte d'Averroès. L'auteur de ce commentaire, Mohammed ben Ismaïl, donne à la fin une courte notice sur chacun des auteurs qu'il a cités. Celle d'Averroès se borne à trois lignes et la date de sa mort est portée à l'année 599 de l'hégire.

Enfin le Koullyat, qui a échappé à M. Renan, est mentionné dans Hadji Khalfa au n⁰ 10,849 de l'édition allemande (1).

A propos des traductions d'Aristote nous avons déjà fait allusion à une assertion de M. Renan sur laquelle c'est ici le moment de revenir.

M. Renan dit à la page 52 : « Ses œuvres n'offrent qu'une traduction latine d'une traduction hébraïque d'un commentaire fait sur une traduction arabe d'une traduction syriaque d'un texte grec. »

(1) Fluegel a commis une erreur, assez commune du reste, en traduisant le mot *Koullyat* par : *Opera omnia medica*. La traduction de M. Renan page 76 est bonne ; à la page 14 il faut supprimer ces mots : *Du corps humain*, et les remplacer par : *De la médecine*.

Ceci est très inexact et des cinq termes on peut généralement en supprimer deux, le syriaque et l'hébreu.

Quant au syriaque nous avons prouvé, à propos des traductions d'Aristote, que celles qui sont le fait de traducteurs ignorant le grec ne comptent que pour un quart.

Quant à l'hébreu, les commentaires d'Averroès furent traduits de bonne heure et à Tolède par Michel Scot et Hermann l'allemand, double raison pour qu'ils aient été traduits d'après l'arabe et non d'après l'hébreu. D'ailleurs M. Renan nous apprend que ce fut seulement au XVIe siècle que l'on révisa les traductions latines d'après les traductions hébraïques. Le moyen âge ne connut donc que des traductions faites d'après l'arabe.

En somme l'immense majorité des traductions en arabe et ensuite en latin sont de première main.

Nous avons insisté sur le caractère des traductions parce que l'on ne s'est pas contenté d'admettre sans contrôle l'assertion de M. Renan, mais d'aucuns sont allés jusqu'à l'appliquer à la généralité des traductions arabes.

Ouvrages de théologie.

M. Renan en cite cinq dont un intitulé : Critique des diverses opinions sur l'accord de la philosophie et de la théologie.

Jurisprudence.

Huit ouvrages, dont un cours complet de jurisprudence existant à l'Escurial, d'après Casiri. Toutefois M. Renan n'admet l'authenticité que pour deux, les autres n'étant pas indiqués dans les catalogues.

Astronomie.

Quatre ouvrages dont un abrégé de l'Almageste.

Grammaire.

Deux ouvrages.

Œuvres médicales.

Le *Koullyat* ou Colliget.

Ce livre, qui est la principale œuvre médicale d'Averroès, porte en arabe le nom de *Koullyat Fitthobb,* qui veut dire *Généralités de médecine.* On peut s'étonner que le mot *Koullyat* ait été si peu compris même par les orientalistes.

On y a vu des généralités *sur le corps* humain (Averroès et l'Averroïsme, page 14), un traité *complet* ou général de médecine (Fluegel et Wüstenfeld), enfin un livre du *Tout* (Hœfer), etc.

Il suffisait pourtant de lire le préambule du livre pour comprendre le sens du titre : Incœpi in eo ordinem doctrinæ a *rebus universalibus*, consideravi comprehendere *universales regulas* hujus scientiæ, et postea intendi ire ab illis ad membra sua et ad *partes suas* eis alio libro quem componam si placuerit Deus : ideo vocavi ipsum *Colliget*.

Disons de suite que du mot Koullyat on a fait *Colliget* par l'intercalation d'un g, comme il arrive toujours dans les traductions faites en Espagne avant une diphthongue ou entre deux voyelles.

Averroès s'est donc proposé de traiter dans le Colliget des généralités de la médecine, réservant pour un autre livre ses particularités ou autrement l'histoire de chaque maladie en particulier. Le Colliget répond au premier livre du Canon d'Avicenne, qui a été l'objet de nombreux commentaires sous le titre de commentaires des généralités du Canon d'Avicenne, *Koullyat el Kanoun Ebn Sina*.

Chemin faisant Averroès changea d'avis, et nous devons franchement l'en féliciter. C'est lui-même qui nous l'apprend à la fin de son livre. Il lui resterait, nous dit-il, après ces généralités, à donner l'histoire de chaque maladie afférente à chaque organe en particulier, ainsi que le font les compendiums de médecine ; mais il en est un, le plus éminent de tous, dont il a lui-même sollicité et provoqué la composition et qui n'est autre que le *Teissir* d'Abou Merouan Ebn Zohr. C'est donc à l'intervention d'Averroès que nous devons le Teissir, le meilleur ouvrage de médecine pratique composé par les Arabes, ouvrage dégagé de toute préoccupation théorique, frappé au coin de l'originalité et de l'expérience. Assurément Averroès était moins capable qu'Avenzoar de composer le Teissir.

Mais revenons au Colliget.

On y reconnaît un disciple d'Aristote. Pour comprendre

son livre, Averroès dit qu'il faut la connaissance de la logique et des sciences naturelles.

Telle en est l'ordonnance.

Livre Ier. De l'anatomie.

Livre IIe. De la santé (Physiologie).

Livre IIIe. Des maladies.

Livre IVe. Des signes.

Livre V^e. Des médicaments et des aliments.

Livre VIe. De la conservation de la santé.

Livre VIIe. Du traitement des maladies.

Nous allons en dire quelques mots.

Ier Livre. Averroès dit qu'il aura souvent à exposer ce qu'il croit la vérité, contradictoirement aux opinions des anciens. Ce qu'il se propose, c'est donner une introduction à ceux qui veulent étudier la médecine et un aide mémoire à tous. La pratique d'un art, dit-il, comporte la connaissance de trois choses : le sujet, le but et les moyens.

IIe Livre. Ce livre n'est autre chose que de la physiologie ou l'exposé des fonctions des organes.

A propos de la génération, il nous dit qu'après avoir lu les ouvrages d'Aristote il a pris des informations multiples auprès des femmes et que l'une d'elles lui a juré qu'elle avait conçu par le fait de s'être trouvée dans un bain où des hommes avaient éjaculé.

Ce qu'il dit du cerveau tient autant de la psychologie que de la physiologie. Il y place quatre propriétés : l'imagination, la réflexion, la mémoire et la conservation, cette dernière différant de la précédente en ce que son action est continue tandis que celle de l'autre est intermittente. L'imagination réside dans la partie antérieure du cerveau, la pensée dans le ventricule moyen, la mémoire dans la partie postérieure. Bien que ces facultés n'aient pas d'organe spécial dit-il, elles n'en sont pas moins localisées : quam vis non habeant membra vel instrumenta, ipsa tamen habent propria loca in cerebro.

IIIe Livre. Il y est question des causes et des symptômes considérés d'une façon générale au point de vue des propriétés lésées, des organes et appareils.

IVe Livre. Des signes de la santé et des maladies.

Il est d'abord question des signes généraux, ainsi des signes de la pléthore, des signes tirés du pouls, de l'urine, des jours critiques, des signes favorables et des signes défavorables, enfin des signes tirés de chaque organe en particulier. Il ne croit pas à la fatalité des jours critiques et il oppose à Hippocrate et Galien, Razès et Avenzoar.

Ve Livre. Il a été imprimé à part, à la suite de Sérapion.

Au chapitre XI il est question d'un de ses amis du nom d'*Ahuberti Avensufu,* où l'on pourrait voir Abou Bekr ebn Badja autrement dit Avenpace.

Au chapitre XXXI il proclame Avenzoar, l'auteur du Teissir, comme le plus grand médecin depuis Galien.

Au chapitre XXXVIII il dit que les eaux du fleuve sont meilleures à Cordoue qu'à Séville où le flux se fait sentir.

Le chapitre XLII est consacré aux médicaments simples dont les noms sont étrangement défigurés.

Il serait à désirer que l'on retrouvât le texte original du Colliget. Il y a là quelques synonymies données comme latines, d'un certain intérêt, mais on ne sait si elles proviennent du texte ou du traducteur.

Nous trouvons le fer désigné sous le nom de *Veffaf.*

Ne pourrait-on pas y voir une altération du mot *Ouzzal,* le fer, en berbère. Ce serait une des rares épaves que le berbère aurait laissées en Espagne.

Au chapitre LVIII il combat les opinions d'El Kendy sur les degrés des médicaments et leurs combinaisons.

VIe Livre. Ce livre est consacré à l'hygiène.

Il y parle d'une bière, *cerevisia,* que l'on ne buvait qu'après six mois et quand elle avait acquis la couleur du vin.

VIIe Livre. C'est une sorte de traité de thérapeutique générale au point de vue des affections et des moyens de traitement.

A propos des évacuations sanguines il en cite une d'Avenzoar sur son fils âgé de trois ans.

A propos des fièvres putrides, il dit que l'on dépayse les malades, de même qu'on envoie les pneumoniques en *Ethiopie* et en Arabie.

Il recommande le vin dans la syncope et en excuse l'emploi.

Dans le choléra, où se produisent des vomissements et des évacuations, il recommande les astringents, la ligature des membres et le bain.

Le passage relatif au Teissir, dont nous avons parlé, se trouve écourté dans la traduction latine.

M. Renan dit qu'il n'a trouvé aucun renseignement sur la traduction du Colliget : il la croit du milieu du XIIIe siècle. Nous pensons qu'elle a été faite en Espagne, vu la présence répétée du G intercalaire. On la donne généralement comme d'Armengand et elle fut revue par Alpagus.

B. Champier a publié à part les livres II, VI et VII sous le titre *Tres collectaneorum Averrhoi sectiones,* et il se donne comme traducteur : *Latinitate donavit.*

Commentaire de l'*Ardjouza* (Canticum d'Avicenne).

Cet abrégé de médecine en vers est dit *Ardjouza,* du mètre employé, le mètre *Redjez.* On lui donne aussi le nom de *Mendhouma,* poème, composition rythmée. C'est ce que les traductions latines ont rendu par *Canticum.* Cette double appellation a été la cause d'erreurs : d'un ouvrage on en a fait deux. C'est ainsi que Wüstenfeld s'est laissé tromper par Casiri ; ce qu'il indique au n° 4 est identique avec le n° 2.

Le n° 858 de l'Escurial, aujourd'hui 863, n'est pas autre chose que l'Ardjouza d'Avicenne, commenté par Averroès. Ce Ms. d'une belle exécution, mais fatigué, porte des traces du fanatisme : on a biffé le *Bismillah* et couvert d'encre le nom de Mahomet. C'est du reste une profanation commune dans la Bibliothèque de l'Escurial, ainsi que nous l'avons dit dans le Récit de notre excursion. L'ouvrage est suivi d'un supplément relatif aux fièvres et aux tumeurs, *qui se laissent désirer dans l'Ardjouza,* et cela, est-il dit, à titre de complément, *ala djihet ettetmim ou ettekmil.* Ce supplément, exécuté dans la forme de l'Ardjouza, est l'œuvre du Cheikh Haroun ben Ishaq l'israélite, revue par Mohammed ben Abdessalem. Un double de cet ouvrage existe au n° 826 et Casiri a pris le supplément pour un autre poème d'Avicenne, et les auteurs de ce supplément il les a pris pour des commentateurs.

L'Ardjouza commenté par Averroès existe dans plusieurs bibliothèques européennes. Nous en avons rencontré deux exemplaires en Algérie.

La Bibliothèque de Paris en possède un exemplaire incomplet, de quarante-huit feuilles, sous le n° 1056, ancien fonds. Le texte va jusqu'aux crachats nummulaires. C'est le sixième n° du Recueil et il va de la feuille 106 à la feuille 154 inclusivement.

Le commentaire du n° 1022, supplément, n'est pas d'Averroès, comme nous l'avons déjà dit. Nous lisons à la fin qu'Abou Merouan Ebn Zohr faisait grand cas de l'Ardjouza et disait qu'il valait mieux que plusieurs livres. On sait qu'il n'avait pas une telle estime pour le Canon.

Nous nous bornerons à citer un passage du commentaire qui atteste l'esprit observateur d'Averroès.

Avicenne parle de l'influence des vents sur la constitution de l'air et il dit : L'air sera épais si le vent souffle de l'Ouest, et il sera subtil si le vent souffle de l'Est.

Averroès fait cette observation : « Il en est autrement en diverses contrées. C'est ainsi que dans notre presqu'île andalouse, dans la moitié occidentale, il pleut par un vent d'Ouest et il fait beau par un vent d'Est, tandis que dans la moitié orientale c'est le contraire, il pleut par un vent d'Est et il fait beau par un vent d'Ouest. »

En 1284 Armengand, médecin de Montpellier, traduisit, ou plutôt *fit traduire,* dit M. Renan, le commentaire sur le poème médical d'Avicenne. On voit cependant des éditions données comme d'Armengand et corrigées par Alpagus. Nous reviendrons sur cette question quand nous aurons à parler des traductions arabes latines au moyen âge.

Traité du tempérament.

Traité des fièvres périodiques.

Traité des fièvres putrides.

Traité de la thériaque.

Du tempérament pondéré.

Le traité des fièvres et celui de la thériaque ont été traduits en latin et imprimés.

Commentaires sur les ouvrages suivants de Galien :

Les Éléments.

Les Tempéraments.

Les Facultés naturelles.

Les Causes et les symptômes.

Les Lieux affectés.

Le Livre des fièvres.

Le Livre des simples.

L'Art de guérir.

Citons enfin les Règles pour l'administration des médicaments laxatifs, traduits d'abord en hébreu, puis en latin à Toulouse, en 1304, sous le titre Canones Averroys quæ debent observari in dandis medicinis laxativis, ainsi que nous l'apprenons par une curieuse annotation du n° 6949 du fonds latin de Paris.

Nous aurons à revenir plus tard sur les questions que soulèvent les traductions latines d'Averroès.

ABOU MOHAMMED ABD ALLAH BEN ABIL OUALID MOHAMMED

EBEN ROCHD.

C'est le fils d'Averroès. On le donne comme un médecin savant. Il laissa des enfants, qui s'adonnèrent à la jurisprudence.

On raconte vulgairement que les fils d'Averroès vécurent à la cour de Frédéric II. M. Renan repousse cette tradition, et suppose que les relations suivies de Frédéric avec les savants musulmans lui donnèrent naissance.

EBN EL AOUAM.

Abou Zacharya Iahya ben Mohammed ebn el Aouam ne nous est connu que par ses œuvres, éditeurs et traducteurs n'ayant pu rien nous apprendre sur son compte. Casiri, qui le premier l'a mis en lumière, se borne à dire qu'il paraît avoir vécu dans le VI° siècle de l'hégire. Banqueri, qui en a publié le texte avec une traduction espagnole, juge d'après son style qu'il doit appartenir au XII⁰ siècle de notre ère. Enfin Clément Mullet, qui en a publié récemment une traduction française, n'a rien ajouté de plus sinon qu'il a relevé une remarque déjà faite par l'historien de la Botanique, Meyer, à savoir qu'Ebn el Aouam cite El Hadj de Grenade qui écrivait (d'après Casiri) en 553 de l'hégire, ou autrement en 1158 de l'ère chrétienne. Ebn el Aouam semble donc avoir écrit vers la fin du XII⁰ siècle. La lecture attentive de l'œuvre d'Ebn el Aouam ne nous a rien appris qui décélât autrement l'époque où il vivait. Clément Mullet a relevé une seule citation qu'il a rencontrée dans Ebn Khaldoun, mais cette citation nous apprend seulement qu'Ebn el Aouam n'a pas donné place dans son livre à toutes les pratiques superstitieuses que l'on rencontre dans l'Agriculture nabathéenne (1).

L'œuvre d'Ebn el Aouam est un traité d'Agriculture, intitulé simplement *Kitab el Fellaha*. Ce livre est du plus grand intérêt. Par son étendue c'est le monument le plus considérable qui nous soit resté non-seulement des Arabes, mais aussi de toute l'antiquité.

Son mérite intrinsèque est double. Non-seulement il reproduit cette agriculture si florissante de l'Espagne sous les Arabes, mais ses emprunts incessants à ses devanciers nous ont conservé de précieux fragments de la science agricole chez les anciens, Arabes, Latins, Grecs, Chaldéens, etc. Ce n'est donc pas seulement une œuvre de praticien, une sorte de maison rustique, mais encore une œuvre d'érudit, une sorte d'encyclopédie historique de l'agriculture.

Ebn el Aouam habitait Séville, et pratiquait l'agriculture, ainsi qu'il nous l'apprend lui-même. « Après avoir lu, dit-il, les livres sur l'agriculture laissés par les agronomes musulmans d'Espagne et ceux qui viennent d'autres agronomes anciens qui écrivirent antérieurement sur la culture des divers terrains, mon attention s'est fixée sur ce que ces ouvrages contenaient de plus intéressant. Je rapporte les opinions de ces écrivains textuellement, selon qu'ils les ont consignées dans leurs œuvres, sans jamais chercher à modi-

(1) Quatremère avait déjà cité ce passage d'Ebn Khaldoun.

fier leurs expressions. Quant à moi je n'avance rien qui me
soit propre sans qu'il ait été démontré par plusieurs expériences. » (1)

Son livre se divise en deux parties. La première traite des
terres, des engrais, des eaux, des jardins, des arbres, des
fruits et de leur conservation, etc.; la deuxième, du labour,
du choix des semences, des saisons, des céréales, des légu-
mineuses, du potager, des plantes aromatiques et industrielles, des récoltes, des constructions agricoles, de l'élève du
bétail, de la basse-cour, enfin l'ouvrage est terminé par un
traité de médecine vétérinaire.

On a compté dans le Traité d'agriculture la mention d'environ six cents plantes, dont une bonne partie sont revendi-
quées par la médecine.

Comme nous l'avons déjà dit, l'auteur fait de fréquents
emprunts à ses devanciers, Arabes, Latins, Grecs, Chaldéens,
etc. Bien des noms sont produits ; malheureusement, un
grand nombre n'ont pas encore été reconnus à travers les
inexactitudes des copistes. Nous ne citerons que ceux qui
sont hors de conteste.

Parmi les Arabes, presque tous Espagnols, nous citerons
Abou Hanifa Eddinoury, qui nous est déjà connu, Ibrahim
ben Fadhel, Aboul Kheir de Séville, El Hadj de Grenade,
Hedjadj de Cordoue, Ezzahraouy ou autrement Abulcasis.
A part ce dernier, tous ces auteurs avaient écrit sur l'agri-
culture.

Les Latins sont surtout représentés par Varron et Colu-
melle, que l'on s'accorde à reconnaître dans *Iounious*. On
rencontre aussi le nom de Virgile.

Parmi les Grecs nous citerons Démocrite, Aristote, et les
auteurs des Géoponiques. On peut aussi reconnaître le nom
de Théophraste.

Hannon représente l'agriculture des Carthaginois.

Les citations les plus fréquentes, car le nombre en est
de trois cents environ, sont celles de l'Agriculture nabathéenne. Jusqu'à ce que ce curieux monument, qui paraît le
plus ancien de beaucoup sur la matière, soit mis au jour, le

(1) Traduction de M. Clément Mullet.

livre d'Ebn el Aouam sera toujours ce qui nous le représente le plus largement.

Ayant consacré un article spécial à l'Agriculture nabathéenne, nous n'y reviendrons pas ici.

Il n'entre pas dans notre plan de relever toutes les parties saillantes du livre au point de vue agricole, il nous suffira de signaler ce qui intéresse particulièrement la botanique et les sciences médicales.

Rappelons d'abord ce grand nombre de plantes, qui relèvent en grande partie de la médecine, puis le Traité d'hippiatrique qui est le couronnement du livre.

Signalons aussi le chapitre curieux sur la distillation emprunté à Zahraouy ou Abulcasis.

Quelques chapitres intéressent la botanique autant que l'agriculture, ce sont ceux relatifs à la fécondation artificielle, à la greffe, aux modifications que l'on peut imprimer aux principes immédiats des végétaux.

On est tout étonné de voir la greffe pratiquée et, dit-on, réussir entre des végétaux non pas seulement différents de genre mais de famille.

On a parlé dans ces derniers temps d'arrosages modifiant la couleur des fleurs et les propriétés des végétaux. Des faits de ce genre sont produits dans le livre d'Ebn el Aouam. Nous rappellerons qu'Avenzoar rendit une vigne purgative en l'arrosant avec une solution appropriée.

L'histoire de la botanique et sa géographie peuvent puiser là des documents nouveaux. M. de Candolle aurait pu y voir que l'épinard était cultivé en Espagne au XIe siècle, aussi bien que le melon.

Casiri a tracé une esquisse de cet ouvrage et donné un grand nombre de synonymies. Il a aussi essayé de restituer les noms d'auteurs, mais ses restitutions sont arbitraires et fantastiques.

Banqueri en a publié le texte avec une traduction espagnole en 1802. Son travail est assez faible.

Il y a une dizaine d'années, M. Clément Mullet en a publié une traduction française, qui vaut mieux, mais reste encore imparfaite. Ce travail, fruit de la vieillesse de l'auteur,

accuse une connaissance insuffisante de la technologie ; Ebn
el Beithâr n'a pas été assez consulté. L'introduction est faible malgré son étendue, et, à proprement parler, on n'y rencontre rien de neuf sur ces noms d'écrivains dont la restitution est encore un problème. Il nous semble qu'un traducteur
doit s'efforcer davantage de résoudre toutes les grandes
questions qui se rattachent à son original. Le temps, sans
doute, a manqué au laborieux vieillard. Il serait à désirer que
l'on fît de cette traduction une révision et une nouvelle
édition ; mais un seul n'y suffirait peut-être pas.

EBN THOFAÏL.

Abou Bekr Mohammed ben Abd el Malek ben Thofaïl el
Kissy, qui s'est fait un grand nom dans la philosophie, est
aussi revendiqué par la médecine.

Il naquit à Guadix, dans le commencement du XIIe siècle.
Disciple d'Ebn Badja, l'Avenpace des scolastiques, ses études
portèrent sur toutes les connaissances humaines et il excella dans la poésie, la grammaire, l'éloquence, la philosophie, les mathématiques, l'histoire, la jurisprudence, la
médecine.

D'après l'historien de Grenade, Lissan eddin ebn el Khatib,
cité par Casiry, II, 76, il aurait même professé publiquement
la médecine à Grenade, et aurait publié deux livres sur
cette science. Il aurait enfin composé un poème sur les
simples.

L'émir Almohade, Abou Iakoub Iousouf, se l'attacha comme
ministre et médecin, et ce fut à lui que l'illustre Averroès,
son ami, dut de le remplacer dans cette dernière fonction.

Ce fut encore l'intervention d'Ebn Thofaïl qui décida la
vocation philosophique d'Averroès.

Le prince Almohade aimait les sciences et lisait Aristote,
mais il en trouvait la lecture difficile et il eût désiré qu'un
homme compétent lui en facilitât l'intelligence. Ebn Thofaïl
usa de son influence sur Averroès pour le décider à se char-
ger de cette tâche. Le récit de cette négociation nous a été
conservé.

Ebn Thofaïl compta parmi ses disciples Al Bitroudji, vulgairement Alpetragius.

Il mourut à Maroc, en 1185, et l'émir assista de sa personne à ses funérailles.

Nous avons encore un autre témoignage qui rattache Ebn Thofaïl à la médecine. Parmi les écrits d'Averroès, nous trouvons une discussion entre lui et Ebn Thofaïl sur le chapitre des médicaments du *Koullyat,* vulgairement dit *Colliget.*

Nous apprenons encore par Averroès qu'Ebn Thofaïl avait commenté les météores d'Aristote.

Ce qui l'a rendu célèbre, c'est son ouvrage qui porte le titre de *Hay ben Iaqdan,* ou le Vivant fils du vigilant. C'est une sorte de roman philosophique, où il nous présente les évolutions successives d'un homme isolé dès sa naissance, et arrivant par l'observation et le raisonnement aux plus hautes vérités philosophiques et religieuses.

Pococke l'a publié en arabe et en traduction latine sous le titre *Philosophus autodidactus,* ce qui rend plutôt l'esprit que la lettre de l'arabe.

Moyse de Narbonne le traduisit en hébreu, et il en existe plusieurs exemplaires au fonds hébreu de Paris.

On le traduisit aussi dans plusieurs autres langues.

Nous avons considéré comme non avenue la notice donnée par Léon l'Africain, qui fait de Maimonide un disciple de Ebn Thofaïl, et qui le fait naître et mourir à Séville. Rossi ne s'en est pas moins appuyé sur cette autorité de mauvais aloi.

Aux médecins espagnols mentionnés par Ebn Abi Ossaïbiah, nous en allons ajouter quelques autres sur lesquels Eddeheby nous a laissé de courtes notices.

HASSEN BEN AHMED BEN MOUFAREK ABOU ALI EL BÉCRY, de Séville, connu sous le nom de Zarkala, fut un médecin éminent, et le premier de son temps pour la connaissance des plantes. Il mourut en 603 (1206), ayant dépassé 80 ans.

MOHAMMED BEN EL HASSAN BEN IBRAHIM ABOU ABD ALLAH

el Ansary, de Grenade, mourut la même année que le précédent et dans un âge aussi avancé.

Abd el Aziz ben Mohammed el Azdy, de Valence, disciple d'Aboul Hassen ben Hodheil, un des grands médecins de l'Espagne, vécut jusqu'en 605 (1208).

Obéid Allah ben Mohammed ben Obéid Allah Aboul Hassen el Andaloussy, de Beja, vint à Cordoue, et y étudia la médecine tant sous son père que sous Abou Merouan Abd Allah de Valence, et Abou Nasr Fateh ben Mohammed. Son père et son aïeul étaient aussi médecins, et lui-même mariait la médecine à la poésie. Il mourut en 612 (1215), à l'âge de 84 ans.

Les noms qui suivent ne nous sont connus que par Casiri.

Mohammed ben Khalef ben Moussa el Ansari el Aouassi, d'Elvira, se distingua par ses connaissances en théologie, en jurisprudence et en médecine. Il composa un livre sur les maladies des yeux et mourut en 1161.

Mohammed ben Hani, médecin renommé, fut un des disciples d'Averroès à Cordoue, où la dignité de vizir lui fut conférée. Né en l'année 1104, il mourut en 1180.

Aboul Hassan Ali ben Omar ben Adha, originaire de Perse, étudia la médecine et la jurisprudence à Grenade dont il fut deux fois gouverneur. Il mourut en 1145.

Obeid Allah Mohammed Ezzahdy, d'Elvira, fut un médecin renommé, et mourut vers 1134.

Mohammed ben Iahya ben Khalifa, habile dans les mathématiques et la philosophie, médecin très distingué, mourut en 1152.

Mohammed ben Ali ben el Farrac, de Guadix, médecin distingué, mourut à Valence, en 1198, à l'âge de 60 ans.

MOHAMMED BEN AHMED BEN AMER EL BALOUI, possédait plusieurs sciences sur lesquelles il écrivit plusieurs ouvrages, entre autres un Traité de médecine, divisé en trois parties. Il mourut en 1163.

ABD ALLAH BEN IOUSEF BEN GEUCHAN, philosophe et médecin éminent, enseigna la médecine à Cordoue, et y mourut en l'année 1120.

OBÉID ALLAH BEN ALI BEN GALENDO, de Séville, médecin et philologue distingué, transcrivit presque une bibliothèque entière et chargea d'annotations presque tous ses livres. Il mourut en 1185.

OBÉID ALLAH BEN MOHAMMED BEN EL OUALID, de Cordoue, propagea la médecine par son enseignement et ses écrits, et mourut en 1215.

DJAFAR BEN MOUFRIDJ BEN ABD ALLAH EL HADRAMY, de Séville, fut très habile dans la science des nombres et celle de la médecine. Il mourut en 1140.

LIVRE VI

—

XIIIe SIÈCLE

REVUE SOMMAIRE DU TREIZIÈME SIÈCLE

———

I. — PERSE.

<table>
<tr><td>Quothob eddin el Misry.</td><td>1221</td><td>Quothob eddin Echchirazy.</td><td>1311</td></tr>
<tr><td>Chems eddin el Khouay.</td><td>1240</td><td>Nakhdjiouany.</td><td></td></tr>
<tr><td>Chems eddin Khosrouchahy.</td><td>1254</td><td>El Khounedjy.</td><td>1287</td></tr>
<tr><td>Nedjib eddin Essamarcandy.</td><td>1222</td><td>Khodjandy.</td><td></td></tr>
<tr><td>Bedr eddin Essamarcandy.</td><td></td><td>Rachid eddin ben Imadeddoula.</td><td>1318</td></tr>
<tr><td></td><td></td><td>Kazouïny.</td><td>1283</td></tr>
<tr><td></td><td></td><td>Nassir eddin Etthoussy.</td><td>1274</td></tr>
</table>

II. — IRAK.

<table>
<tr><td>Chr. Saïd ben Touma.</td><td>1223</td><td>Kemal eddin ben Iounes.</td><td>1242</td></tr>
<tr><td>Mohaddeb eddin ben Hobal.</td><td>1219</td><td>Théodore d'Antioche.</td><td></td></tr>
<tr><td>Chems eddin ben Hobal.</td><td></td><td>Khalifa ben Abil Mahassen.</td><td></td></tr>
<tr><td>Taky eddin ebn el Khaththab.</td><td></td><td>Chr. Aboulfaradj Grégoire.</td><td>1286</td></tr>
<tr><td>Chr. Hasnoun Errohaouy.</td><td>1227</td><td>Chr. Abou Solem ben Karaba.</td><td>1234</td></tr>
<tr><td>Chr. Massoud ben el quass.</td><td></td><td>Siméon de Chartobert.</td><td></td></tr>
<tr><td>Chr. R'ars ennâma.</td><td></td><td>Kemal eddin el Mously.</td><td></td></tr>
<tr><td>Chr. Issa ben el quassis.</td><td></td><td>Chr. Sérapion le jeune.</td><td></td></tr>
</table>

III. — SYRIE.

<table>
<tr><td>Rodhouan ben Essaaty.</td><td></td><td>Radhy eddin Errahaby.</td><td>1233</td></tr>
<tr><td>Chems eddin ben Elloboudy.</td><td>1224</td><td>Cherf eddin ben Errahaby.</td><td></td></tr>
<tr><td>Nedjem eddin ben Elloboudy.</td><td></td><td>Djemal eddin ben Errahaby.</td><td>1259</td></tr>
<tr><td>Aboulfadhl el Mouhandes.</td><td>1223</td><td>J. Aboulhedjadj Iousef.</td><td>1226</td></tr>
<tr><td>Sâd eddin ben Mouaffeq.</td><td></td><td>Kemal eddin el hcmsy.</td><td></td></tr>
<tr><td></td><td></td><td>J. Omran el Israïly.</td><td>1239</td></tr>
</table>

IV. — ÉGYPTE.

V. — ESPAGNE ET MAGREB

REVUE SOMMAIRE DU XIIIe SIÈCLE

—

Le XIIIe siècle fut une époque de grandeur et de décadence, d'espérances et de déceptions. Autant ses débuts sont florissants, autant sa fin est empreinte de trouble et d'amertume.

Le sceptre de l'Islamisme avait passé des Abbassides à la famille de Saladin, Damas avait remplacé Bagdad.

Les institutions fondées au siècle précédent portaient leurs fruits au Caire et à Damas, les hôpitaux et les écoles se remplissaient d'élèves, de nombreux professeurs y enseignaient la médecine, les savants étaient partout protégés et honorés, quand l'invasion Mongole vint s'ajouter à celle des Croisés. L'équilibre de l'Asie fut désormais rompu, et le culte de la science privé de la sécurité qui est une des conditions de son existence et de sa durée, subit un échec dont il ne put se relever.

Dès lors, le feu sacré ne s'alluma plus que chez quelques esprits d'élite.

Si le XIIe siècle avait été pour l'Espagne son chant du cygne, le XIIIe le fut pour l'Orient.

Cependant le XIIIe siècle, pris dans son ensemble, n'en est pas moins une époque féconde. Jusqu'à ses dernières années on voit encore debout quelques hommes éminents qui avaient traversé vaillamment de rudes épreuves.

On ne rencontre pas, il est vrai, des hommes réellement

supérieurs comme aux siècles précédents, mais bien une phalange serrée d'hommes remarquables dans les diverses branches des connaissances humaines : le niveau scientifique s'est élevé. Tel était l'ascendant qu'avait pris la science, que les Barbares eux-mêmes ne tardèrent pas à le subir. Quand l'ivresse de la lutte fut passée et que les Barbares eurent pris racine dans les contrées envahies, ils firent appel aux savants comme s'ils voulaient faire oublier les désastres que la science avait éprouvés à Bagdad. La dynastie Mongole, qui se fixa dans la Perse, confiait l'administration des écoles et le gouvernement de l'état à deux hommes des plus éminents de l'époque, Nasser eddin Etthoussy et Rachid eddin ben Imad eddoula, tandis que d'autres Mongols s'en retournaient en Chine accompagnés de savants arabes (1).

Le XIIIe siècle se distingue des siècles précédents par une culture plus étendue et plus sérieuse de deux branches de la médecine, l'oculistique et la botanique, et ces travaux étaient fondés sur la pratique et l'observation. Jusqu'alors les sciences naturelles étaient restées assez étroitement attachées à la tradition grecque. Nous voyons maintenant des botanistes qui voyagent pour étudier directement la nature. Tels furent Aboul Abbas Ennebaty et Rachid eddin ebn Essoury ; tel fut encore Ebn el Beithar qui les surpassa par l'alliance de l'érudition à l'étude personnelle.

Quant aux traités d'oculistique, jamais ils n'avaient été aussi nombreux et aussi importants : d'autre part les hôpitaux avaient des services réservés spécialement aux ophthalmiques.

Si nous jetons un coup d'œil sur les diverses contrées musulmanes, nous voyons la tradition scientifique généralement vivace malgré les malheurs des temps.

Nous avons déjà dit que les Mongols fixés en Perse se convertirent à la science. Ils firent plus, ils se convertirent à l'Islamisme, ce qui était pour eux un progrès, et c'est à

(1) D'autre part, c'est à l'invasion Mongole, aux missions et aux voyages qu'elle provoqua, que l'Europe dut de connaître enfin l'extrême Orient.

un médecin qu'en revient en partie l'honneur, à Cothob eddin Echchirazy, l'un des disciples de Fakhr eddin Errazy. En même temps que les savants issus de cette école partageaient les travaux astronomiques de Nasser eddin Etthoussy, un médecin, qui fut aussi un historien, Rachid eddin, fut longtemps investi des fonctions de vizir. C'était enfin alors qu'écrivait Kazouiny, que ses travaux en cosmographie, en géographie et en histoire naturelle ont fait appeler le *Pline de l'Orient.* Les lumières ne subirent donc en Perse qu'une éclipse momentanée, et ce fut aux disciples de Fakhr eddin et à Nasser eddin Etthoussy qu'elles durent d'être rallumées.

Dans l'Irak, le foyer primitif s'éteignit complétement et c'en fut fait des destinées scientifiques de Bagdad.

Au commencement du siècle, Bagdad soutenait encore modestement sa vieille réputation. Les Mongols arrivèrent et ce fut sur elle qu'ils frappèrent le plus rude coup. Les institutions furent abolies, les édifices ruinés et les bibliothèques devinrent la proie de l'incendie.

Telle était la prodigieuse quantité de livres qu'elles contenaient, qu'avec ceux échappés aux flammes, on fit, en guise de briques, un pont sur le Tigre, dont les eaux prirent la couleur de l'encre.

La Syrie, ce champ de bataille où se mêlèrent les Croisés, les Égyptiens et les Mongols, ne fut jamais aussi florissante et aussi féconde qu'en ce siècle de bouleversements. Les noms arabes dominent parmi les savants ; mais à côté nous voyons des noms de chrétiens et de juifs qui tous partageaient la confiance et les honneurs des souverains. Pendant tout le siècle, Damas tint le sceptre de la science. Les princes Aïoubites continuèrent les traditions de Nour eddin et de Saladin. Non-seulement ils recherchaient les médecins et les attachaient à leur service, mais ils conférèrent à cinq d'entre eux la qualité de vizir.

Nous connaissons les noms de plusieurs nommés chefs des médecins en Syrie, et d'un plus grand nombre attachés aux hôpitaux de Damas, où ils enseignaient la médecine. L'un d'eux donna sa maison pour y fonder une nouvelle école.

Aboulfarage, l'historien des dynasties, et Ebn Abi Ossaïbiah, l'historien de la médecine, commencèrent à Damas leurs études médicales. Abdellatif y séjourna.

Les hôpitaux de Damas avaient des services d'ophthalmiques, et l'oculistique fut particulièrement cultivée.

Il en fut de même de la botanique. C'était dans le Liban qu'Ebn Essoury faisait ses herborisations, accompagné d'un peintre. Ebn el Beithâr habita quelque temps Damas et en fit le centre de ses excursions.

Alep fut le séjour de Djemal eddin, l'auteur du Kitab el hokama, le grand érudit, le plus grand bibliophile qui se soit produit parmi les Arabes.

Citons encore les noms de quelques médecins distingués, Radhy eddin Errahaby, le grand praticien; Iakoub ben Saclan, chrétien profondément versé dans la connaissance de Galien; Ebn Eddakhouar qui partageait son temps entre les écoles et les hôpitaux; le juif Omran el Israïly, savant professeur et bibliophile.

Si l'Égypte jette un moins vif éclat que la Syrie, nous devons observer que beaucoup de savants fréquentèrent alternativement les écoles et les hôpitaux de Damas et du Caire, et que les destinées des deux pays furent souvent unies. Les Aïoubites conservèrent les traditions de Saladin.

L'un d'eux essaya de retenir Aboul Abbas, et fut plus heureux à l'endroit d'Ebn el Beithâr. Vers la fin du siècle, Kalaoun protégea les sciences et les arts. Il restaura le Moristan, et ce fut sous ses auspices que parut le *Nacery*, traité d'hippologie et d'hippiatrique. L'Égypte peut aussi revendiquer le naturaliste Tifachy.

Un fait curieux à signaler, c'est la culture des sciences par plusieurs princes d'un petit état de l'Iémen.

L'Espagne avait pour ainsi dire jeté toute sa sève au XII⁰ siècle. D'ailleurs la domination musulmane se restreignait de jour en jour et le sol manquait de stabilité. Nous n'avons que deux ou trois noms à relever. En tête se place Aboul Abbas qui pratiqua sur une plus grande échelle que quelques-uns de ses devanciers l'observation de la nature, et s'en fut herboriser à travers le Magreb et en Orient. Il eut aussi la gloire de former Ebn el Beithâr. Un autre maître d'Ebn el Beithâr doit être signalé, Abd Allah ben Saleh, qui herborisait sur les deux rives du détroit. Le Maroc bénéficia des malheurs de l'Espagne et compta un astronome, Aboul Hassan.

Cependant les chrétiens continuaient à vivre de la science arabe. Alphonse oubliait la couronne impériale au milieu de savants astronomes, et ces savants étaient des Arabes. C'est avec leur concours qu'il rédigea les Tables qui portent son nom.

Si nous jetons un coup d'œil sur l'ensemble des autres sciences, nous recueillerons partout des preuves de leur culture, moins étendue toutefois que celle de la médecine.

Et d'abord la géographie comptait toujours des adeptes chez les Arabes, peuple éminemment voyageur.

Iakoub, chrétien d'origine, mais captif dès son enfance, dut à son séjour chez les Arabes la connaissance approfondie de leur littérature et des contrées musulmanes. Ses précieux dictionnaires nous sont parvenus.

Un espagnol, Ebn Saïd, allait étudier à Bagdad, qui comptait encore trente-six bibliothèques, dit M. Reinaud, et publiait des travaux de géographie qui furent utilisés par Aboulféda.

Un marocain, Abd el Ouahid, nous a laissé une description du Magreb.

Un autre marocain, Aboul Hassan, composait un ouvrage d'astronomie, récemment publié par M. Sédillot, et qui a le mérite de nous initier aux instruments dont usaient les Arabes.

A l'autre extrémité du monde musulman, Nasser eddin Etthoussy, aidé par un groupe de savants, faisait des observations astronomiques à l'observatoire de Meraga construit par le Mongol Houlagou, et publiait les tables Ilkhaniennes.

En même temps Kazouiny écrivait les *Merveilles de la nature,* qui traitent non-seulement de l'histoire naturelle, mais encore de la cosmographie et de la géographie.

Nous avons déjà cité le nom de Thifachy, l'auteur du Livre des Pierres.

Nous ne rappellerons pas tous les noms des médecins qui se sont illustrés en dehors de la pratique médicale, nous citerons seulement les noms d'Abdellatif qui écrivit aussi sur l'histoire naturelle, et de Nedjem eddin el Loboudy qui fut un savant astronome. Plusieurs médecins syriens cultivaient les mathématiques et nous verrons l'un deux porter le nom de *Mouhandes*, le géomètre.

Enfin il est un genre d'écrits que nous ne saurions passer sous silence et qui est le complément de ceux que nous venons de passer en revue, c'est l'histoire de la science et des savants. Le XIII° siècle fut plus riche qu'aucun autre sous ce rapport. Trois grands ouvrages lui appartiennent, dont deux nous intéressent particulièrement. L'un est l'histoire des médecins d'Ebn Abi Ossaïbiah, l'autre le *Kitab el hokama*, ou livre des savants, de Djemal eddin. A côté de ces deux monuments se place la biographie d'Ebn Khallican qui traite des hommes illustres en général. Il faut citer encore Aboulfarage, qui nous donne parfois sur les savants des notices originales.

En somme le XIII° siècle fut un siècle bien rempli. Si l'invasion de Tamerlan n'était pas venue continuer l'œuvre de Gengiskan, on peut croire que la science aurait continué de fleurir en Orient.

I. — PERSE.

La Perse ne compte plus au XIIIe siècle un Razès, un
Avicenne, un Fakhr eddin ; cependant elle présente encore
un groupe de savants recommandables, qui attestent une
grande culture scientifique. A ce groupe nous rattacherons
un représentant de la haute Asie, Nedjem eddin, qui naquit
à Samarcande et finit ses jours à Hérât. On voit que la science
avait gagné du terrain.

Un grand événement troubla ces contrées, l'invasion Mongole, et cependant la science se maintint en permanence et
même finit par dompter les barbares. Houlagou n'avait pas
seulement un faible pour une catégorie de savants dont les
travaux ne furent pas toujours infructueux, les alchimistes,
il fit construire un observatoire à Meraga. Le célèbre Nasser
eddin Etthousy y faisait des observations et avait en même
temps l'administration des immeubles attachés à toutes les
écoles de l'empire Mongol.

Mais les Mongols firent plus que de s'apprivoiser, ils se
convertirent à l'Islamisme, c'est-à-dire à la civilisation et ce
fut surtout l'œuvre d'un savant médecin Cothob eddin
Echchirazy. Ce médecin et son frère Kemal eddin furent
aussi les instruments de la paix proposée par Ahmed Khan
converti au sultan d'Égypte Kalaoun.

Un autre médecin, qui, malheureusement, devait succomber
à des intrigues de cour, Rachid eddin, occupa longtemps à
la cour Mongole le poste de vizir.

Le plus éminent disciple de Fakhr eddin Errazy, Cothob eddin el Misry, cultivait la philosophie et propageait les doctrines médicales d'Avicenne, qui furent aussi commentées par Cothob eddin Echchirazy.

La Perse eut enfin l'honneur de produire le plus éminent et le plus complet naturaliste de l'Orient, Kazouiny.

Enfin la Perse peut revendiquer certains médecins qui abandonnèrent leur pays natal pour la Syrie, tels que El Kkouay et El Khozrouchahy.

QUOTHOB EDDIN EL MISRY.

Quothob eddin Ibrahim ben Ali ben Mohammed Esselmy, dit aussi El Misry, en raison de son séjour en Égypte, était originaire du Magreb. Il vint en Égypte, où il résida quelque temps, puis se rendit en Perse où il étudia sous Fakhr eddin Errazy. C'était le plus éminent de ses élèves et en quelque sorte son lieutenant auprès d'eux. Il composa plusieurs ouvrages de médecine et de philosophie. Il fut tué dans le sac de Nisabour par les Tartares, en l'année 1221. Parmi ses ouvrages on cite un commentaire sur les généralités du Canon d'Avicenne. Dans cet ouvrage, dit Ebn Abi Ossaïbiah, il place El Messihy et Fakhr eddin au-dessus d'Avicenne. Il dit qu'El Messihy est plus savant qu'Avicenne, sa paraphrase est plus claire et plus nette que le texte.

CHEMS EDDIN EL KHOUAY.

Aboul Abbas Ahmed ben el Khelil Chems eddin el Khouay naquit à Khoua dans les environs de Tauris, en 1187. Il eut pour maître Quothob eddin el Misry, et enseigna plus tard la médecine et la philosophie à Damas, où il mourut en 1240.

Cette notice est tirée de Wüstenfeld, le Ms. de Paris ne parlant pas d'El Khouay, non plus que du suivant.

CHEMS EDDIN KHOSROUCHAHY.

Abou Mohammed Abd el Hamid ben Issa Chems eddin el Khosrouchahy naquit à Khosrouchah en 1184 et suivit les cours de Fakhr eddin Errazy. Il mourut à Damas en 1254. Malek Ennacer Daoud, prince de Karak, avait pour lui la plus grande considération. Quand il se rendait chez lui pour y étudier l'ouvrage d'Avicenne, dit *Ouyoun el Hikma* ou sources de la sagesse, arrivé près de la maison du professeur, il se séparait de ses gardes et entrait à pied, son livre sous le bras, et, la leçon finie, ne laissait pas le maître se déranger pour le reconduire.

NEDJIB EDDIN ESSAMARCANDY.

Abou Hamid Mohammed ben Ali ben Omar Essamarcandy (Nedjib eddin) était un médecin éminent, qui florissait à l'époque de Fakhr eddin Errazy et fut tué par les Tartares, lors du sac de Hérat, en 1222. Il écrivit plusieurs ouvrages, qui nous sont parvenus pour la plupart.

Le plus connu et celui qui lui a fait le plus de notoriété, est le livre des Causes et des Symptômes, dont il existe des exemplaires dans la plupart des collections européennes, et notamment à Paris sous les n°s 1018, 1063, 1064 et 1098 de l'ancien fonds. Nous en avons aussi rencontré un bel exemplaire en Algérie. C'est un ouvrage excellent et qui accuse de fortes études. (1)

D'après Ebn Abi Ossaïbiah, Nedjib eddin composa un livre sur le traitement des maladies par les aliments. Cet ouvrage doit exister à l'ancien fonds arabe, n° 1022. C'est l'avant-dernier ouvrage contenu dans ce manuscrit, qui en contient six, et aussi de l'autre Samarcandy.

Il existe aussi un supplément, n° 1056 sans titre également.

(1) Hadji Khalfa, n° 594, dit que cet ouvrage acquit encore plus de célébrité par le commentaire qu'en fit Nefis ben Aoudh.

Il écrivit deux formulaires, un grand et un petit. Nous en avons des exemplaires à Paris, n° 1022 de l'ancien fonds. Les médicaments y sont traités par ordre de maladies de la tête aux pieds. Un autre exemplaire existe au supplément sous le n° 1030. Nous manquons de données pour ranger ces Mss. sous les dénominations de grand et de petit Formulaire.

La Bodléienne lui attribue un Traité des médicaments faciles à trouver. La B. de Leyde cite un Traité des médicaments cordiaux et de l'anatomie de l'œil.

Enfin Hadji Khalfa, n° 846, mentionne un Traité des principes de la composition, *Oussoûl etterakib.*

BEDR EDDIN EL CALANISY ESSAMARCANDY.

Nous n'avons pas la date précise de l'époque où il vivait, mais d'après la place qu'il occupe dans Ebn Abi Ossaïbiah nous devons croire qu'il vit le commencement du XIII° siècle. Nous donnerons ses noms au complet, pour le pouvoir distinguer de l'autre Samarcandy.

Mohammed ben Bahram ben Mohammed Bedr eddin el Calanisy Essamarcandy, était, dit l'historien de la médecine, un excellent praticien, qui écrivit un formulaire en 40 chapitres, où il traite des médicaments composés d'après les bons livres, tels que le Canon, le Continent, le Camel (d'Ali ben el Abbas, le Mansoury (de Razès), la Dekhira, etc.

Cet ouvrage existe à Paris, ancien fonds, sous le n° 1022, où il vient en troisième lieu, après un autre formulaire.

Nous trouvons dans ce Manuscrit précisément les renseignements donnés par Ebn Abi Ossaïbiah. Nous renonçons à donner le détail des 40 chapitres, où sont répartis les diverses préparations officinales, les proportions de cet ouvrage en faisant plutôt un Manuel qu'un Traité complet de la matière. Calanisy est assez souvent cité dans le Tedkira de Soueidy.

COTHOB EDDIN ECHCHIRAZY.

Nous avons vu bien souvent la médecine conduire ses adeptes à des positions éminentes : Cothob eddin Echchirazy en est un des derniers exemples. Mais, cette fois, il ne s'agit plus de souverains musulmans, il s'agit de barbares, des Mongols. Non-seulement Cothob eddin fut en faveur auprès d'eux, mais il contribua puissamment à les convertir à l'Islamisme, c'est-à-dire à la civilisation.

Il naquit à Chirâz en 1236, d'une famille qui avait compté une série de médecins distingués. Il commença ses études auprès de son père Dhya eddin Masoud el Cazrouny, qui était attaché à l'hôpital de Chiraz, et après l'avoir perdu à l'âge de vingt ans, il les continua sous son oncle Kemal eddin Aboul Kheir el Kasrouny.

Ayant conçu le projet de commenter les Généralités du Canon d'Avicenne, il s'inspira d'abord des conseils de son oncle, puis des médecins Mohammed ben el Kichy et Cherf eddin Zaky el Bouchkany. Il se mit ensuite à recueillir les ouvrages de ses devanciers, tels que Fakhr eddin Errazy, Cothob eddin el Misry, Afdhal eddin ben Mohammed, Zein eddin Abd el Malek el Khounedjy, Rafi eddin Abd el Aziz ben Abd el Ouahid ed Djily, Nedjem eddin Ahmed ben Abi Bekr Ennakhdjiouany. C'est lui-même qui nous le raconte dans la préface de son livre, dont nous avons examiné un exemplaire à l'Escurial sous le n° 864, ancien 859. Il se mit ensuite à voyager, parcourut le Khorassan, les deux Iraks et la Perse et poussa même dans le pays de Roum, ou l'Asie mineure, se mettant en relations avec les savants et les médecins du pays et leur communiquant ses observations et ses doutes.

Un grand événement survint qui lui permit aussi d'étendre le cercle de ses explorations.

La Perse était alors gouvernée par des princes Mongols de la famille d'Houlagou. Le prince régnant, Ahmed Khan, qui se trouvait alors en guerre avec l'Égypte, se fit tout-àcoup musulman, en partie sous l'inspiration de Cothob eddin. Il voulut alors envoyer au sultan d'Égypte, Kalaoun, une ambassade avec une lettre exposant sa profession de foi et en même temps des propositions de paix. Cette lettre longue et remarquable nous a été conservée. Kemal eddin et Cothob eddin faisaient partie de l'ambassade. Ils sont qualifiés dans cette lettre, le premier de Cheikh el Islam et de modèle des savants, et le second de Cadhi des Cadhis, dont la parole est sûre ; d'où nous pouvons conclure que l'oncle et le neveu avaient allié l'étude de la jurisprudence à celle de la médecine. La lettre fut parfaitement accueillie et la paix conclue. C'était l'année 681 de l'hégire, 1282 de notre ère. (Aboulfarage).

Cothob eddin, c'est lui-même qui nous l'apprend dans sa préface, employa ses loisirs à continuer ses recherches. Il trouva en Égypte trois commentaires complets des généralités du Canon, l'un par Ebn Ennefis, le second par Iakoub ben Ishaq Essamiry, le troisième par Ebn el Koff. En même temps il trouva des réponses de Samiry à Nedjem eddin sur certaines parties de l'ouvrage, la clef du Canon par Ebn el Djami et ses réponses aux observations d'Amin Eddoula ebn Ettalmid, enfin des écrits d'Abdellatif en réponse à Ebn Eddjami. Riche de tous ces documents, il se mit à la composition de son commentaire, qu'il dédia au vizir Mohammed Sad eddin. Cet ouvrage existe dans plusieurs de nos bibliothèques.

Nous avons aussi un Traité sur les maladies des yeux.

Il existe encore, à Oxford, des commentaires sur le *Canticum* ou Ardjouza d'Avicenne dont Wüstenfeld n'a pas parlé.

Cothob eddin écrivit encore sur la jurisprudence, la philosophie et surtout sur l'astronomie.

Il mourut en 710 de l'hégire (1311). L'exemplaire de l'Escurial porte la date de 707 et fut ainsi transcrit de son vivant.

NAKHDJIOUANY.

Ahmed ben Abi Bekr ben Mohammed Nedjem eddin Ennakhdjiouany vivait dans le courant du XIII⁰ siècle. Aboulfarage en fait mention après Djemal eddin el Kofthy, l'auteur du Kitab el hokama.

C'était, dit-il, un homme versé dans la philosophie et les sciences antiques. Il quitta son pays natal Nakhdjiouan, ville de l'Aderbaïdjan, pour se fixer dans le pays de Roum (Asie mineure) où il occupa des fonctions importantes auprès des Seldjoucides. Préférant la solitude au tracas du monde, il se retira à Alep, où il ne voyait plus que les gens qui venaient le visiter. Il passait pour croire à la métempsychose.

Nakhdjiouany écrivit sur la logique d'Avicenne et contre les idées du *Kachef* de Khounedjy.

La Bibliothèque nationale possède, sous le n° 1053 de l'ancien fonds arabe, un écrit de lui, qui porte le titre de *Hall Choukouk el Canoun,* ou solution des questions douteuses du commentaire de Fakhr eddin Errazy sur le Canon d'Avicenne. Cet ouvrage est dédié au sultan Azz eddin Aboulfateh Kaïcobad ben Kaikosrou ben Kilidj Arslan, neuvième sultan Seldjoucide d'Iconium, qui régna de l'année 1219 à l'année 1237. Le Ms. contient 128 feuilles.

EL KHOUNEDJY.

Afdhal eddin Mohammed ben Namaouar ben Abd el Malek el Khounedjy vécut jusqu'en 686 (1287) d'après certaines données d'Ebn Abi Ossaïbiah. Wüstenfeld le fait naître en 1194 et mourir en 1248, après avoir professé au Caire.

C'était un des nombreux disciples de Fakhr eddin Errazy.

Il écrivit un commentaire du Canon dont il existe deux copies au supplément arabe de Paris, n⁰ˢ 1015 et 1017.

Dans ce commentaire il s'inspire des écrits de son maître. Khounedjy écrivit sur la logique un livre intitulé *Kachef,* qui fut réfuté par Nakhdjiouany (Aboulfarage, 340).

KHODJANDY.

Fakhr eddin el Khodjandy, qualifié le prince des médecins, *Oustad el athibba,* nous est particulièrement connu par une notice de Hadji Khalfa, n° 3680. Un savant éminent, dit Hadji Khalfa, avait rédigé un abrégé du Canon sous le titre *El Maknoun.* Ce savant n'est autre que Eben Djami, et le titre complet de son livre est *El Maknoun fi tanquih el Kanoun.* Khodjandy remania ce Maknoun, y fit des retranchements et des additions et le publia sous le titre *Tanquih el Maknoun.* Il le résuma une seconde fois, y fit de nouvelles additions, et lui donna le titre de *Talouih ila Asrar Ettanquih.* Dans ses proportions restreintes, cet ouvrage contient des choses que l'on ne trouve pas dans les écrits de longue haleine. Il se divise en cinq livres : 1° De l'objet de la médecine et des choses naturelles ; 2° Des maladies et de leurs causes ; 3° De la conservation de la santé ; 4° Du traitement des maladies ; 5° Des fièvres. Louftallah el Misry accompagna le Talouih d'un commentaire et donna à son œuvre le titre de : *Ettesrih ficharh Ettalouih.*

Le Talouih existe à Paris sous le n° 1049 de l'ancien fonds. C'est un volume de 100 feuilles. L'auteur est appelé Aboul Fedhaïl Bahram ben Bahman, mais l'identité n'est pas contestable, attendu que le début est tel qu'il est donné par Hadji Khalfa, et que l'on y retrouve aussi, mais in extenso, les renseignements donnés par Hadji Khalfa.

A la dernière page on lit : Chapitre des fièvres.

Hadji Khalfa cite, au n° 846 *Les Principes des compositions en médecine* par Mohammed ebn el Khodjandy, qui serait peut-être le fils de notre auteur.

Nous n'avons pas de date relative à Khodjandy, mais de l'ensemble des faits nous avons cru devoir le placer ici.

RACHID EDDIN BEN IMAD EDDOULA.

Rachid eddin Aboul kheir Fadhl Allah ben Imad eddoula naquit en Perse vers l'année 1240 de notre ère, du temps de la domination mongole.

Ses vastes connaissances accusent une jeunesse studieuse. Il étudia la médecine et ce fut sans doute son habileté dans son art qui le fit entrer à la cour des Mongols, et lui concilia la faveur des souverains. Mais la médecine ne fut pas l'objet exclusif de ses études. Outre les sciences qui ont avec elle un rapport immédiat, il cultiva l'agriculture, l'architecture, la métaphysique et la théologie.

Il possédait encore à fond plusieurs langues, le persan, l'arabe, le mongol, le turc, l'hébreu et peut-être le chinois. Ce fut sans doute en raison de ce rare ensemble de connaissances qu'il fut nommé vizir par Gazan Khan, dans les dernières années du XIIIe siècle. Oldjaïtou, successeur de Gazan, maintint Rachid eddin dans ses fonctions, cónjointement avec Saad eddin.

Ayant passé près d'un demi-siècle à la cour des Mongols, Rachid eddin avait acquis d'immenses richesses. Il en fit un généreux emploi et se plut à les dépenser pour des institutions utiles et des fondations pieuses. A l'instar de Gazan Khan, il fit construire à Tauris tout un faubourg, renfermant une quantité d'édifices d'une régularité et d'une beauté inaccoutumées. D'après les écrivains arabes rien de pareil ne se voyait dans l'univers entier. Il avait fait amener les eaux de la Scrouroud par un canal percé dans le roc et traversant une montagne. Ce faubourg prit de son nom celui de Raba Rachidy.

Mais ce fut surtout pour ses écrits qu'il fit des dépenses extraordinaires. Il dépensa 60,000 dinars (900,000 francs) pour la transcription, la reliure, les vignettes et les cartes de ses différens ouvrages. Il en fit faire des copies et déposer un exemplaire en grand format dans l'édifice qui devait lui servir de sépulture. Sur les revenus affectés à la fondation on devait en transcrire des exemplaires qui devaient être envoyés aux grandes villes de l'Islam.

Cependant Rachid eddin eut des ennemis qui parvinrent à l'évincer en l'année *717 (1317). Il quitta la cour et se retira à Tauris. On lui fit ensuite des offres, qu'il eut le malheur d'accepter. Ses ennemis recommencèrent leurs attaques et l'accusèrent d'avoir causé la mort du sultan Oldjaïtou en lui donnant un breuvage empoisonné. On fit venir Djemal eddin, qui avait été médecin d'Oldjaïtou et on l'interrogea sur la mort de ce prince. Sa réponse est une page curieuse de l'histoire de la médecine. « Le sultan, dit-il, était affecté d'une violente indigestion, accompagnée d'une diarrhée extraordinaire et de fréquents vomissements. Ayant été appelé et consulté sur le traitement que la circonstance exigeait, je conclus avec tous les autres médecins qu'il fallait faire prendre au prince des astringents qui puissent donner du ton à l'estomac et aux entrailles. Rachid eddin lui seul fut d'un avis opposé.

« Il prétendit que cette indisposition provenait de plénitude et qu'il fallait encore des évacuations. En conséquence nous fîmes prendre au sultan un remède purgatif qui augmenta la diarrhée et conduisit le malade au tombeau. »

Rachid eddin étant convenu du fait, fut déclaré coupable et condamné à mort. On l'exécuta, en même temps que son fils Ibrahim, en l'année 1318.

Entre autres ouvrages Rachid eddin laissa un grand recueil d'Annales, *Djami ettouarikh*, et le livre des Vivants et monuments, qui n'est autre chose qu'un traité complet d'agriculture dont nous connaissons l'ordonnance, mais qui ne nous est pas parvenu.

M. Quatremère a traduit son Histoire des Mongols, de Perse, qui fait partie de la *Collection orientale,* et c'est de la préface de cet ouvrage que nous avons tiré nos renseignements sur Rachid eddin.

La B. de Copenhague possède de lui, sous le nᵒ XXXVI, un traité de l'utilité et des inconvénients des aliments, boissons et vêtements, écrit par ordre d'Argoun Khan.

KAZOUINY.

Zakarya ben Mohammed, dit El Kazouiny de la ville de Kazouin ou Casbin, en Perse, naquit au commencement du douzième siècle, d'une famille de légistes, et mourut en 1283.

On lui a donné le titre de Pline des Arabes. On peut le lui conserver à la rigueur, si l'on entend seulement par là que, tout comme Pline, il a traité dans un seul corps d'ouvrage la cosmographie, l'histoire naturelle et la géographie, et que son ouvrage est dans son genre ce que les Arabes nous ont laissé de plus complet et de plus approchant de l'histoire naturelle de Pline ; mais il ne faut pas entendre que le naturaliste arabe a le mérite du naturaliste latin. Kazouiny n'a pas l'ampleur et l'élévation de Pline, malgré qu'il lui soit supérieur en certaines parties, telles que l'astronomie.

L'ouvrage de Kazouiny porte le titre de *Adjaïb el Makhlouqat oua R'eraïb el Moudjoudat,* c'est-à-dire Merveilles de la nature et Curiosités de la création.

De même que l'ouvrage de Pline, il porte le cachet de la compilation. On peut le diviser en deux parties : la première comprenant la cosmographie et l'histoire naturelle, et la seconde la géographie.

Il débute par l'astronomie, qui occupe une place assez importante. Il y est question des corps célestes, les uns après les autres ; les éclipses et les constellations y sont représentées par des figures. C'est là qu'Ideler a puisé pour ses travaux sur l'astronomie orientale.

Après avoir parlé des anges, Kazouiny s'occupe du temps et de ses divisions.

Il parle ensuite des éléments, des météores, des mers, des îles et de leurs produits. Avec les mers il traite des animaux marins. A propos de la mer de Zendj ou du Zanguebar, il dit que ceux qui voyagent dans ces parages n'aperçoivent plus le pôle nord et ne voient plus que le pôle sud.

Vient ensuite la description de la terre proprement dite, de ses montagnes, de ses cours d'eaux et de ses sources.

Après ce sont les minéraux et les pierres et l'on voit fréquemment apparaître le nom d'Aristote. Alors déjà le port de la Calle, Mers el Kharez, était renommé pour la pêche du corail.

Ce sont ensuite les végétaux, à commencer par les arbres.

Après les plantes, viennent les animaux, l'homme en tête, dont l'anatomie est assez largement exposée et qui est considéré tant au moral qu'au physique. Ici nous rencontrons l'histoire de Satan, et la fin de la première partie.

Nous avons déjà dit que la deuxième partie traite de la géographie. La terre est divisée en sept climats et dans chaque climat les villes sont disposées par ordre alphabétique. Outre la description des localités on rencontre souvent la biographie des hommes remarquables qui y sont nés.

L'ouvrage de Kazouiny, tout comme celui de Pline, porte parfois le cachet de la crédulité. C'est ainsi qu'on le voit très souvent citer Balinas dont nous avons établi l'identité avec Apollonius de Tyane. Nous avons déjà dit que son autorité la plus constante pour les minéraux c'est Aristote. Pour les plantes, ce sont le plus souvent Avicenne et l'agriculture nabathéenne. Pour les animaux, c'est Djahidh, qui fut plutôt un compilateur qu'un naturaliste observateur.

La patrie de l'auteur est accusée par un assez grand nombre de synonymies techniques en langue persane (1).

Nous avons déjà dit que l'astronomie était bien traitée. On peut en dire autant de la géographie. Çà et là on trouve quelques faits à relever. Ainsi il nous parle de chutes d'aérolithes dont une avait le poids de cinquante mines.

Chézy avait fait un choix intéressant de passages extraits de Kazouiny, qui ont paru dans la Chrestomathie arabe de M. de Sacy.

---

(1) Kazouiny nous apprend qu'il était à Damas en l'année 630 de l'hégire. Il nous apprend aussi qu'il eut pour maître Ben Amr el Abhary, lequel, malgré son rare savoir, ne put résoudre une question de mathématique proposée par les Francs, à savoir la construction d'un carré égal à un segment de cercle, solution donnée par Kemal eddin ben Younes.

Dans ces derniers temps le texte de Kazouiny a été publié par Wüstenfeld, en deux volumes.

NASSIR EDDIN ETTHOUSSY.

Nassir eddin Etthoussy est peut-être la plus grande existence de l'Orient au XIIIe siècle. Il intéresse faiblement la médecine, mais ses fonctions et l'impulsion qu'il communiqua à la culture des sciences ne nous permettent pas de le passer sous silence.

Plusieurs questions s'agitent autour de lui, dans le détail desquelles nous ne pouvons entrer, ainsi la date de sa mort, les motifs qui le déterminèrent à quitter Bagdad et à se réfugier chez les Mongols, son rôle de traducteur. Il reste une bonne étude à faire sur cet homme célèbre, après celle que Jourdain a donnée dans son mémoire sur l'observatoire de Méraga.

Nassir eddin Etthoussy, dit aussi le Khodja, naquit à Siouah, au commencement du XIIIe siècle ; on donne même la date de 597 de l'hégire (1200-1, de notre ère).

Son surnom de Thoussy, vient de ce qu'il fut élevé à Thous.

Jourdain rapporte d'une part qu'il encourut la disgrâce du Khalife Mostassem à propos d'une pièce de vers qu'il lui dédia, mais dont l'adresse ne parut pas convenable, ce qui rappelle une aventure analogue d'Averroès. Mis en prison, il s'échappa et se réfugia auprès de Houlagou le Mongol. D'autre part, Jourdain rapporte que Nassir eddin, traité injustement par le gouverneur du Kouhistan, s'enfuit dans l'Irak Adjemy, d'où son nom parvint à Mangou Khan, qui se le fit envoyer par son frère Houlagou. On dit même que les renseignements fournis par Nassir eddin aidèrent les Mongols à s'emparer de Bagdad.

Nassir eddin entra dans les faveurs et dans l'intimité des nouveaux souverains de l'Asie. Aboulfarage rapporte qu'il fut chargé de l'administration des revenus de toutes les écoles de l'empire Mongol.

Son crédit profita particulièrement à l'astronomie, au point qu'on lui fit construire un observatoire.

Aussitôt après la prise de Bagdad, des livres furent recueillis, de nombreux savants convoqués, et on se mit à construire un observatoire sur le sommet d'une montagne près de Méraga.

« L'édifice fut disposé de manière que tous les matins les rayons du soleil étaient reçus par un trou pratiqué à la coupole et se projetaient sur le mur.

On connaissait par là les degrés et les minutes du mouvement moyen du soleil, sa hauteur dans les quatre saisons de l'année et la quantité des heures.

On voyait dans l'intérieur du bâtiment les figures des sphères, des épicycles, des déférents, des cercles destinés à représenter les mouvements des douze signes du zodiaque. Enfin la forme de la terre, la division en sept climats, la longueur des jours, la latitude des pays, la forme des îles et des mers y étaient marquées bien distinctement. Les instruments y étaient en grand nombre. » Jourdain.

Nassir eddin corrigea plusieurs instruments anciens et en inventa de nouveaux. Jourdain en décrit cinq.

« Nassir eddin, aidé dans ses opérations par Mouayed eddin el Oredhy de Damas, Fakhr eddin el Khelathy de Tiflis, Nedjem eddin ben Debiran de Cazouin, Fakhr eddin el Meraghy de Mossoul, Mohy eddin el Magreby, etc., termina en douze années un travail qui, d'après les premiers calculs, devait en exiger trente.

On sait maintenant qu'il se contenta de reproduire la Table hakémite d'Ebn Iounis, en y introduisant un petit nombre de modifications utiles ; mais il n'en est pas moins vrai qu'on se livra dès lors avec une nouvelle vivacité aux observations. » Sédillot.

Le travail de Nassir eddin porte le nom de *Tables Ilkhaniennes*, ou impériales, Houlagou portant le nom d'*Ilkhan*.

« Les Mongols de la Perse rendaient donc à l'école arabe une partie de son ancien éclat: d'un autre côté Kublaï Khan, frère de Houlagou, achevait la conquête de la Chine et transportait dans le Céleste Empire les traités des savants de Bagdad et du Caire. » Sédillot.

La mort de Nassir eddin est généralement fixée à la date de 1274.

Jourdain donne la nomenclature de vingt-trois ouvrages de Nassir eddin. Quelques-uns ont trait à la philosophie, mais la plupart aux sciences mathématiques et astronomiques.

Cette liste n'est pas complète. On n'y trouve pas les commentaires sur quelques ouvrages d'Euclide et sur les sections coniques d'Apollonius de Perge.

Jourdain mentionne la traduction des Ascensions d'Hypsiclès, mais il ne dit pas si c'est du grec ou de l'arabe. De son temps, l'histoire des traductions n'était pas encore bien connue, et on admettait indûment certaines traductions du grec.

Nassir eddin traduisit en persan le Tetrabiblon de Ptolémée, nécessairement d'après l'arabe.

L'ouvrage de Nassir eddin qui a fait le plus de bruit chez nous, est son commentaire des Éléments d'Euclide. Il a été imprimé à Rome en 1594, et donné à tort à titre de traduction, *ex traditione Nassir eddini Tusii.*

Dans la liste bibliographique donnée par Jourdain, nous trouvons deux ouvrages qui doivent trouver place ici : l'un a trait à l'histoire naturelle, et l'autre à la médecine.

En somme, si l'on peut reprocher à Nassir eddin d'avoir concouru à la prise de Bagdad, il faut lui savoir gré d'avoir fait adopter la science aux Barbares, que son abstention n'eût pas sans doute empêchés d'abattre le Khalifat chancelant.

II. — L'IRAK.

L'Irak fut trop bouleversé pour que les sciences aient pu
y faire quelques progrès. Nous les trouvons en pleine décadence.

On vient bien encore, au commencement du siècle, compléter ses études à Bagdad, mais les noms de savants deviennent rares. D'autre part, Mossoul semble disputer alors à
Bagdad le rôle de propager la science.

En 1258 les Mongols entrèrent à Bagdad et la saccagèrent.
Ses brillantes destinées scientifiques furent closes.

Telle était l'abondance des livres que, jetés dans le Tigre
par les Barbares, ils en noircirent les eaux, et encore les
bibliothèques étaient livrées aux flammes.

Un fait caractéristique de cette époque c'est que la plupart
des médecins de l'Irak dont les noms nous ont été conservés,
étaient des chrétiens. L'un d'eux, savant recommandable,
d'un caractère élevé, jouissant d'une grande considération,
médecin et ami du Khalife, périt misérablement sous le
poignard d'un assassin.

Aux savants de l'Irak nous joindrons ceux du Diarbékir,
dont l'un Aboulfarage bar Hébræus, fut un des hommes les
plus remarquables de l'Orient et le dernier savant des chrétiens jacobites.

SAÏD BEN TOUMA.

Aboulfaradj (autrement dit Aboulkerim) Saïd ben Hibat
Allah ben Touma, dit aussi Amin Eddoula, était un chrétien

de Bagdad jouissant comme homme et comme médecin d'une grande considération.

Il fut d'abord le médecin de Nedjem Eddoula, qui en fit ensuite son ministre. Le Khalife Ennacer le prit ensuite à son service, l'admit dans son intimité et lui confia les secrets de l'État. Cependant le Khalife s'était affaibli par l'âge et il avait perdu à peu près complétement la vue et la mémoire. Un eunuque du nom de Tadj eddin et une femme du sérail abusèrent de ses infirmités, le circonvinrent, le soustrairent aux approches de tous, contrefirent son écriture et par des actes supposés dirigèrent toutes les affaires au gré de leurs passions. Le vizir El Kassimy s'aperçut bientôt qu'il y avait de l'incohérence dans les actes donnés sous le couvert du Khalife et il pria le médecin Ben Touma d'en rechercher la cause. Ben Touma n'eut pas de peine à la reconnaître et il en fit part au vizir. L'eunuque le sut et fit aussitôt assassiner Ben Touma. Les meurtriers furent reconnus et subirent le lendemain le dernier supplice près du lieu même de l'assassinat. Quant aux instigateurs du crime, ils échappèrent au châtiment, au milieu des troubles qui suivirent la mort du Khalife. Ces faits se passaient en 1223.

MOHADDEB EDDIN BEN HOBAL.

Aboul Hassan Ali ben Ahmed ben Ali Mohaddeb eddin ben Hobal, dit aussi El Bagdady, naquit à Bagdad en 1122. Il étudia la médecine à l'école d'Aboulcassem Essamarcandy, et devint un des bons médecins de son temps, un philosophe, un moraliste et un poète. Mossoul était sa résidence habituelle. Pendant quelques années il fut le médecin du prince de Khalat en Arménie, et il acquit là de grandes richesses. Une aventure insignifiante l'en fit sortir, suivant Aboulfarage. Observant un jour l'urine du prince, un des valets s'avisa de lui demander s'il ne la goûtait pas. Le médecin répondit que cela se faisait quelquefois, mais pas dans tous les cas, et le prenant à part il lui fit observer que sa réflexion pouvait le perdre dans l'esprit du prince en lui

donnant à penser qu'il ne mettait pas tout en usage pour
s'assurer de l'état de sa santé. Il habita quelque temps
Mardin, puis à l'âge de 75 ans étant devenu aveugle, il se
retira à Mossoul, où il ne continua pas moins à donner des
consultations. Il vécut jusqu'en l'année 1213.

Il laissa deux écrits : un Traité de médecine estimé, en
quatre volumes, intitulé *El Mokhtar* ou le choix, et un
autre intitulé Eddjemaly, dédié au vizir Djemal eddin.

Il laissa aussi un fils dont le nom suit.

CHEMS EDDIN BEN HOBAL.

Chems eddin Aboul Abbas ben Ali ben Hobal naquit en
548 (1153). Ainsi que son père il fut un médecin distingué et
se livra aussi aux travaux littéraires. Il voyagea dans le pays
de Roum ou l'Asie mineure, où il fut parfaitement accueilli
par le prince Kikaous, mais il n'y resta que quelque temps
et mourut laissant des fils, qui furent des hommes éminents
et qui vivaient encore à Mossoul à l'époque où écrivait Ebn
Abi Ossaïbiah.

TAKY EDDIN EBN EL KHATHTHAB.

Taky eddin, de Ràs el Aïn, se fit un nom par ses grandes
connaissances en médecine et par son habileté comme praticien. Il fut admis comme médecin auprès des sultans Gayat
eddin et son fils Azz eddin, qui en firent aussi leur intime et
le comblèrent d'honneurs et de richesses, au point qu'il
menait un grand train de maison (1).

(1) Il semblerait que ce médecin fut le même que celui dont parle
M. Cherbonneau, dans son travail sur les savants de Bougie. Son
Taky eddin vint de Mossoul à Bougie, après avoir parcouru le pays
des Mages, la Tartarie et le Soudan et s'en fut mourir au Maroc.

HASNOUN ERROHAOUY.

Hasnoun était un médecin chrétien d'Édesse. Il étudia la médecine dans sa ville natale, puis il se mït à voyager et visita les villes d'Amide et de Meyafarakin, afin de nouer des relations avec leurs savants. A de grandes connaissances dans la médecine, il joignait l'habileté du praticien. Il se fit un grand renom dans les états de Kilidj Arslan où il eut pour clients les hauts personnages. Il se dirigea ensuite vers Alep, comptant sur la faveur d'un eunuque qu'il avait antérieurement connu et qui remplissait alors les fonctions du ministre.

Cependant l'eunuque par un travers que nous ne sommes pas habitué à rencontrer, du moins chez des hommes complets, le dédaigna en raison de sa qualité de médecin. Hasnoun se mit en route pour retourner à Édesse et fut pris d'une dyssenterie et d'une affection de foie qui l'enleva en l'année 625 (1227).

MASOUD BEN EL QASS.

Masoud ben el Qass el Bagdady était un médecin chrétien de Bagdad habile dans son art. Le Khalife Mostassem le prit à son service et l'admit dans son intimité. Il lui confia même la santé de ses femmes, de ses enfants et de ses serviteurs. Lors du sac de Bagdad, Masoud se tint renfermé dans sa maison et y resta jusqu'à sa mort. Il laissa un fils dont le nom suit.

ABOU NASR R'ARSENNAMA.

Abou Nasr était un homme distingué, d'une grande intelligence, mais d'un tempérament maladif, prenant en toute saison de la tisane d'orge et se soumettant à un régime sévère, ce qui le conduisit aux confins de la vieillesse. C'était particulièrement un habile mathématicien.

ISSA BEN EL QUASSIS.

Issa ben el Quassis apprit la médecine à l'école de son père, qui était un médecin distingué, dont les leçons étaient suivies. Il avait un caractère irascible et Aboulfarage nous raconte qu'il eut avec lui un démêlé à propos de ce fait que les Syriens dans leur supputation du temps comptent par les nuits au lieu de commencer par les jours. Aboulfarage raconte une autre anecdote qui prouve, dit-il, la hauteur de son caractère. Dans sa jeunesse il avait tracé de sa main un exemplaire du Canon, qui plus tard était entré légalement dans la Bibliothèque de l'école dite Monstanserya du nom de son fondateur. Sur ses vieux jours il en demanda la communication pour quelque temps afin d'en corriger les fautes, ne voulant pas, dit-il, qu'après sá mort on pût lui faire un reproche de ces fautes. Il vécut de longs jours.

KEMAL EDDIN BEN IOUNOUS.

Abou Amran Moussa Kemal eddin ben Iounous était d'une famille de savants de Mossoul, où il naquit en 1156, et il devint lui-même un des hommes éminents de son temps. Après avoir étudié la médecine à l'école de son père, il alla compléter ses études à Bagdad.

A la mort de son père, il le remplaça comme professeur. Il succéda pareillement à son frère.

Parmi ses élèves on compte le médecin Théodore, auquel il expliquait Alfaraby, Avicenne, Euclide et Ptolémée. Il mourut à Mossoul en 1242.

Il écrivit des commentaires sur Avicenne, sur le Coran et un livre de logique.

Kazouiny rapporte qu'au temps de Malek el Kamel, les Francs demandèrent en Syrie la solution de questions de médecine, de philosophie et de mathématiques. La dernière ne fut résolue que par Kemal eddin. Il s'agissait de construire un carré d'une valeur égale à un segment de cercle. (Ed. Wüst. II, 310).

Dans son Autobiographie, Abdellatif nous donne Kemal eddin comme très fort en mathématiques. (V. de Sacy, Abdellatif, p. 462).

THÉODORE D'ANTIOCHE.

Théodore était un chrétien jacobite qui apprit à Antioche le syriaque et le latin, en même temps qu'il se livrait à l'étude des sciences. Une première fois il se rendit à Mossoul, pour suivre les leçons de Kemal eddin ben Younous, puis il revint à Antioche, mais comprenant que ses études étaient incomplètes, il retourna bientôt à Mossoul. Il se rendit enfin à Bagdad où il compléta ses études médicales. Le sultan Ala eddin l'eut quelque temps à son service, puis le prince Constantin d'Arménie, mais ces deux positions ne le satisfirent pas.

Ayant rencontré un envoyé, sans doute de Frédéric II (le texte dit l'empereur roi des Francs), il se rendit auprès de ce prince qui le combla de bienfaits et lui assigna en propre la ville de *Camahya*. La fortune lui ayant souri quelque temps, il fut pris du désir de revoir les siens et prit la mer à l'insu et malgré la volonté de son protecteur. Les hasards de la navigation l'ayant jeté dans un port où il apprit qu'il devait le rencontrer, il s'empoisonna dans la crainte d'un mauvais accueil qui ne lui était sans doute pas réservé, dit l'historien des Dynasties.

KHALIFA BEN ABIL MAHASSEN.

Il ne nous est connu que par le n° 1043 du supplément arabe qui contient de lui un traité d'oculistique, d'environ 250 feuilles in-octavo, intitulé *Kitab el Kafy fil Kohli,* le livre suffisant en oculistique. La copie est exécutée par un médecin chrétien de Mossoul, Abd el Aziz ben Abi Saïd, en l'année 676 de l'hégire (1277), qui est dite correspondre à l'année d'Alexandre (lisez des Seleucides) 1286, ce qui fait une discordance d'une ou deux années. Elle fut à peu près contemporaine de l'auteur, qui cite parfois Ebn el Beithâr, mort en l'année 1248. L'auteur vivait donc dans la seconde moitié du XIIIᵉ siècle.

Dans l'introduction du livre nous voyons citées les autorités en matière d'oculistique. Il est un nom fréquemment cité dans le corps du livre et qui ne nous est pas autrement connu, c'est celui de *Mansour* auteur d'un Tedkira. Les divers auteurs représentent chacun une partie de la science, et le but du présent ouvrage est d'en donner le résumé sous forme de compilation synoptique. Les pages sont généralement disposées en deux colonnes verticales où deux textes marchent parallèlement.

Les citations les plus fréquentes sont empruntées aux *Traitements hippocratiques* de Thabary.

Çà et là se présentent des tableaux synoptiques. Les plus remarquables de ces tableaux sont les deux qui représentent les instruments. Chacun en contient dix-huit. Au-dessus de chaque instrument est son nom et au-dessous son emploi ; les instruments sont coloriés arbitrairement, mais parfaitement dessinés. Plus loin nous rencontrons d'autres tableaux. Ainsi l'un d'eux pour les formes diverses de la cataracte, et un autre pour les affections oculaires qui ne tombent pas sous les sens.

L'ouvrage se divise en deux parties : Anatomie et hygiène, thérapeutique. Nous rencontrons un chapitre particulier pour les affections dont le traitement est du ressort de la médecine opératoire.

Telle est la forme habituelle des chapitres consacrés aux maladies : définition, description, variétés, causes, signes, traitement, indication des simples employées.

Quelques chapitres méritent d'être signalés. Tels sont ceux où l'auteur parle des qualités que doit posséder l'oculiste, celui où il décrit les instruments, mais par-dessus tout celui où il traite de la cataracte. Le procédé opératoire est très minutieusement décrit. L'auteur fait aussi intervenir sa pratique privée.

Il est assez longuement question de l'opération par succion au moyen d'une aiguille creuse, instrument et procédé. Mansour, l'auteur d'un Tedkira dont nous avons déjà parlé, dit qu'il y a des praticiens qui emploient une aiguille creuse en verre.

Au chapitre de la cataracte se trouve un passage d'Ebn Ouafed (Eben Guéfith), désigné par son surnom de *Dhoul Ouazaratein*, l'homme aux deux vizirats, où il est dit que l'opération de la cataracte se fait de trois manières, par l'aiguille à trois angles, par l'aiguille arrondie et par l'aiguille creuse.

Le Tedkira cite encore un procédé applicable dans les cas de cataracte molle, et qui de prime abord semblerait un procédé par extraction tel qu'il est usité de nos jours. Mais l'expression de *ponction* nous fait croire qu'il s'agit de l'hypopion plutôt que de la cataracte.

Les cent dernières feuilles traitent des médicaments simples et composés et des aliments.

A la fin nous trouvons une citation du *Nour el Ouïoun*, ce qui semblerait invalider les dates données par chacun de ces ouvrages, mais ce passage est une intercallation d'une écriture différente.

En somme le Kafy est un bon ouvrage. Il est représenté par un exemplaire dans les Bibliothèques de l'Orient.

ABOULFARADJ GRÉGOIRE.

Aboulfaradj Grégoire, fils d'Ahroun, vulgairement dit Aboulfarage Bar Hébræus, naquit à Malatia ou Mélitène en 1226. Pococke l'a confondu avec un autre Aboulfarage dit Ebn Thayeb, dont nous avons déjà parlé, et qui appartenait comme lui à la religion chrétienne.

Son père était médecin et fut son premier professeur. Lui-même nous apprend qu'il alla continuer ses études médicales à Damas, à l'époque des deux fils de Rakaby.

Il y resta sans doute quelque temps, car il ajoute qu'il fut chargé d'un service de malades à l'hôpital Ennoury en même temps que l'un d'eux, Djemal eddin.

Cependant il ne se borna pas à l'étude de la profession paternelle, mais il apprit, outre le syriaque, les langues grecque et arabe, et s'occupa surtout d'histoire, ainsi que de théologie, de philosophie et de grammaire.

Lors de l'invasion tartare il se retira à Antioche avec sa famille. Nous le voyons ensuite évêque de Gouba, de Lacaba, d'Alep et en 1264 élevé à la dignité de Mafrian ou Métropolitain des Jacobites. Son intervention atténua les souffrances que les populations chrétiennes eurent à souffrir des Tartares. Il mourut à Méraga en 1286.

Les connaissances et le caractère d'Aboulfaradj lui attirèrent la considération même des musulmans. Pococke en donne pour preuve, entre autres, quelques lignes qui terminent un exemplaire de son livre des Dynasties, et qu'il croit de la main d'Ebn Khallican, son contemporain : « L'auteur de ce livre, Aboulfaradj, était un homme qui avait beaucoup lu, qui s'était appliqué avec fruit à l'étude de sciences variées, qui avait acquis dans la médecine une si rare habileté que l'on venait des pays de l'Occident pour le consulter : bien qu'il fût chrétien, il compta parmi ses élèves un grand nombre d'hommes distingués parmi les musulmans. » On lit encore qu'il passait pour s'être fait musulman dans ses derniers jours ; ce qui de la part d'un écrivain musulman semble vouloir dire qu'il ne lui manquait, pour être parfait, que d'avoir embrassé l'Islamisme.

Aboulfaradj est surtout connu comme historien : cependant nous avons déjà vu qu'il a aussi des titres comme médecin. Nous allons en produire de nouveaux, l'exposé de ses œuvres. Elles comprennent des écrits originaux, des traductions et des commentaires.

Nous ne connaissons qu'un ouvrage de la première catégorie et encore ce n'est probablement qu'une compilation dans le genre du Continent de Razès. C'était un recueil où il avait largement reproduit les opinions diverses des médecins.

Il réduisit en abrégé le Livre de Dioscorides, les Questions de Honein et l'ouvrage d'Errafequy (sans doute sur les médicaments simples).

Il commenta les Aphorismes d'Hippocrate, le Traité de Galien sur les Éléments et les Tempéraments, les Signes et les Pronostics d'Avicenne.

Il entreprit enfin une traduction du Canon d'Avicenne qu'il ne paraît pas avoir achevée. Cette traduction était en syriaque, et c'est là une circonstance sur laquelle nous devons nous arrêter un instant. Ajoutons que l'autre travail sur Avicenne et deux travaux sur les Questions de Honein furent également exécutés en syriaque.

Des écrits de cette nature nous paraissent prouver que la langue syriaque se parlait encore à l'époque d'Aboulfaradj. Ils ont une autre signification que des poésies, un Traité d'astronomie, une Grammaire et d'autres ouvrages qui nous sont restés, et dont quelques-uns existent à Paris, également composés en syriaque.

On lit dans l'histoire des langues sémitiques : « Au XIIIe siècle, un homme vraiment supérieur, Grégoire Bar Hebræus rendit un éclat momentané à la littérature de son pays. Bar Hebræus semble aussi parfois laisser croire que la langue syriaque est parlée de son temps, mais on peut supposer que le passage dont il s'agit (Histoire des Dynasties, page 16 du texte) implique seulement l'usage que les savants faisaient de l'ancienne langue, soit dans leurs écrits, soit dans leurs relations les uns avec les autres. »

Que le passage en question ne comporte pas d'autres conclusions, nous l'admettons, mais nous croyons que les ouvrages de médecine en syriaque et notamment la traduction d'Avicenne en comportent d'autres. Si le syriaque en désuétude avait déjà fait place à l'arabe, les écrits d'Aboulfaradj n'auraient pas eu de raison d'être. Si ces écrits ne prouvent pas absolument que le syriaque s'était conservé comme langue vulgaire, ils prouvent tout au moins qu'il y avait des médecins syriens qui le comprenaient mieux que l'arabe.

Ce qui a fait la réputation d'Aboulfaradj parmi nous, c'est son Histoire des Dynasties, publiée et traduite il y a deux siècles par Pococke. Dans cette histoire universelle poursuivie jusque vers la fin du XIIIᵉ siècle, il rapporte les faits avec assez d'impartialité pour avoir à peu près satisfait les juifs et les musulmans, ainsi que le fait observer son éditeur.

Nous avons des raisons particulières pour nous occuper de l'Histoire des Dynasties. C'est là que, jusqu'à ces derniers temps, les historiens de la médecine ont puisé les plus amples renseignements sur les médecins arabes. On sait que la généralité des historiens, tant anciens que modernes, ont matérialisé l'histoire, la restreignant au récit des faits politiques et militaires sans s'inquiéter des faits de l'ordre moral. Aboulfaradj a compris qu'il y avait dans l'histoire autre chose que des faits brutaux, et que les destinées humaines avaient subi des influences d'une autre nature et d'un ordre supérieur aux faits politiques. De temps en temps il s'arrête pour passer en revue les philosophes et les médecins appartenant à la période qu'il vient de parcourir.

Comme nous l'avons déjà dit, son livre a été la source la plus abondante où aient puisé les historiens de la médecine arabe. Il y a trente ans que Wüstenfeld en citait encore la richesse et le mettait au second rang de ses autorités, ne se doutant pas que les notices d'Aboulfaradj sont empruntées généralement à un autre ouvrage aujourd'hui bien connu. Cet ouvrage n'est autre que le Kitab el hokama, tant exploité sous le nom de *Bibliotheca philosophorum* par Casiri, qui n'a pas su en découvrir l'auteur, Djemal eddin El Kofty, mentionné cependant par Aboulfaradj lui-même.

Il est vrai qu'Aboulfaradj, tout en citant l'auteur et le titre de son livre, ne signale pas les emprunts qu'il lui a faits, soit qu'il l'ait cru inutile, soit que cela fût dans les usages de l'époque. Il suffit de rapprocher les deux ouvrages pour voir que la majorité des notices d'Aboulfaradj ne sont pas autre chose que celles de Djemal eddin, soit en totalité, soit en partie.

Parmi ces emprunts, il en est un que nous signalerons, bien que nous l'ayons déjà fait ailleurs, parce qu'il a quelque peu contribué à populariser le nom d'Aboulfaradj. Il s'agit de l'incendie de la Bibliothèque d'Alexandrie par les

Arabes. On sait que ce fait a été mis en doute, entre autres raisons parce qu'il est rapporté par un évêque chrétien. M. de Humbold, dans le Cosmos, où il a si bien jugé la civilisation arabe, le traite de mythe. Eh bien, ce fait est rapporté par Djemal eddin, dans la vie de Jean le grammairien, où Aboulfaradj l'a pris de toute pièce, y compris l'exclamation finale : « Écoutez ce qui s'est passé et soyez stupéfaits ! » Il faut donc admettre la triste réalité de cet événement, puisqu'il nous est raconté par Djemal eddin, le plus grand bibliophile qu'aient eu les musulmans. L'histoire de la médecine chez les Arabes témoigne à chaque page que la race n'est point solidaire du méfait d'un individu. Il est assez remarquable qu'Ebn Abi Ossaïbiah, tout en empruntant au Kitab el hokama la notice de Jean le grammairien, n'a pas reproduit l'épisode de la bibliothèque d'Alexandrie.

ABOU SALEM BEN KARABA.

Abou Salem ben Karaba, médecin jacobite de Malatia ou Mélitène, était un médecin qui ne jouissait pas d'une grande réputation dans son art, mais se recommandait par ses connaissances dans la langue grecque et dans l'histoire. Il fut cependant attaché comme médecin au sultan Seldjoucide Ala eddin Kaïkobad, et fut en très grande faveur auprès de lui, au point que le sultan ne pouvait s'en passer.

En l'année 632 (1234) Ala eddin s'étant mis en marche pour occuper la ville de Chartabert, campa sur les bords de l'Euphrate. Cependant Abou Salem s'étant attardé, le sultan donna l'ordre que s'il arrivait dans la soirée on lui accordât le passage, mais qu'on le lui refusât s'il arrivait plus tard. Abou Salem arriva trop tard et se vit refuser le passage. Comprenant alors qu'il avait perdu dans l'esprit du sultan, il 'en retourna et s'empoisonna.

SIMÉON DE CHARTABERT.

Siméon de Chartabert était un homme honnête et religieux, mais ne possédant pas un grand fonds de science. Ce qui le mit en renom, ce fut l'élégance avec laquelle il écrivait le caractère arabe. Du reste, il mourut dans un âge peu avancé.

KEMAL EDDIN MAHMOUD BEN EL HASSAN EL MOUSLY.

Son surnom le fait originaire de Mossoul.

Hadji Khalfa cite de lui au n° 10,907 un ouvrage intitulé *Kenz etthabib,* le Trésor du médecin, dédié à Maged eddin Omar fils du sultan Chems eddin, souverain de l'Iémen, de la famille des Rassoulides.

Bien que nous n'ayons pas retrouvé ce surnom de Maged eddin, nous croyons qu'il s'agit d'Omar fils de Chems eddin, que nous verrons plus loin auteur lui-même, et qui mourut en 696 de l'hégire, 1296 de notre ère.

SÉRAPION LE JEUNE.

Sérapion, dit le jeune, pour le distinguer de Sérapion l'ancien, qui vivait au IXe siècle, est un être mystérieux sur lequel nous ne rencontrons aucun renseignement. On a le droit de s'en étonner quand on en a sur tant d'autres médecins qui ne valent pas mieux que lui et qui n'ont pas eu les mêmes honneurs.

On peut arriver à lui assigner approximativement une époque en cherchant dans son livre les médecins qu'il a cités. Et encore cette tâche est difficile quand on ne possède le Traité des simples que dans une traduction latine, où les noms propres aussi bien que les mots techniques sont étrangement défigurés.

Le Traité des médicaments simples est un travail de pure compilation. L'auteur met à contribution surtout Dioscorides et Galien, le premier pour la description des simples et le second pour leurs propriétés. Il les complète par quelques autres médecins grecs, tels que Paul d'Égine, Oribase, Rufus, et par les médecins arabes, persans et indiens ses devanciers. Une liste des auteurs est donnée en tête de l'édition des Simples de 1531, Strasbourg. On y compte quatre-vingts noms, y compris quelques titres de livres et des doubles emplois, ce qui réduit le nombre des auteurs cités à une soixantaine.

On a déjà essayé d'assigner une date à Sérapion par l'inspection de ces noms. On a mis en avant celui d'Ebn Guéfith, que l'on a cru sans doute le plus rapproché de nous. Ebn Guéfith mourut en 1074, ce qui met Sérapion au plus tôt vers la fin du XIe siècle ou au commencement du XIIe.

Nous connaissons un autre nom cité qui rapproche davantage de nous Sérapion le jeune. Au n° 386, sous la rubrique *Bézoard,* on lit : *Hahamed eben ririfus. Lapis Bezahar confert veneno scorpionis, quando portatur in anulo, et inciditur in eo imago scorpionis, luna existente, in signo scorpionis.* Nous lisons d'autre part dans Ebn el Beithâr, à l'article *Bézoar :* « Ahmed ben Iousef. La pierre de Bézoar est utile contre le venin des scorpions si on la porte dans un anneau d'or sur lequel on aura gravé la figure d'un scorpion, la lune étant dans le signe du scorpion. » — Il est évident que ces deux passages sont identiques. Malgré les altérations, qu'elles soient du fait du traducteur ou de l'imprimeur, nous n'hésitons pas à voir Ahmed ben Yousef dans *Hahamed ben ririfus.*

Nous constatons, soit dans cette traduction, soit dans d'autres, des altérations beaucoup plus étranges. Or Ahmed ben Yousef n'est pas autre que le naturaliste Tifachy, qui écrivait au beau milieu du XIIIe siècle. Ce serait donc au XIIIe siècle qu'il faudrait placer Sérapion le jeune. Il est encore quelques autres noms qui pourraient fournir des indices, mais il faudrait opérer sur le texte arabe et ce texte n'existe pas, sinon peut-être à Oxford. Il y a bien encore à

Paris une version hébraïque que nous avons déterrée et sur laquelle nous reviendrons, mais elle est incomplète. Nous avons essayé plus d'une fois de faire le dépouillement complet des auteurs cités dans Sérapion, mais nous allions toujours nous heurter contre certains noms d'une restitution impossible. La collation avec la version hébraïque nous a bien fourni quelques éléments nouveaux, mais c'est surtout à un autre point de vue qu'elle nous a présenté de l'intérêt, et puis elle s'arrête au n° 350.

Sérapion produit bien rarement quelque chose de son crû.

On ne peut lui attribuer que de courts passages d'introduction, qui ne sont pas accompagnés de noms d'auteur.

Jamais il ne prend la parole pour éclaircir des passages douteux, signaler des erreurs ou des contradictions, ainsi qu'il arrive souvent à Ebn el Beithâr.

Le livre se divise en deux parties.

La première est une sorte de thérapeutique générale, où il est question des propriétés élémentaires, secondaires et tertiaires des médicaments.

Dans la deuxième, les médicaments sont traités en particulier, divisés en trois classes, végétaux, minéraux et animaux.

Le chiffre total est de 462.

Chaque article est une série de citations où les parties descriptive et thérapeutique ne sont pas nettement séparées comme dans Ebn el Beithar. Une autre différence qui semblerait indiquer une époque plus reculée que le XIII° siècle, c'est que le chiffre des médecins arabes est relativement restreint dans Sérapion : Dioscorides et Galien en font presque tous les frais. Ce sont, du reste, des noms qui se retrouvent chez Ebn el Beithâr. Le Traité des simples de ce dernier rend presque insignifiante l'importance historique des simples de Sérapion, qui restent simplement un jalon, comme tant d'autres ouvrages qui n'ont pas eu l'avantage d'une traduction latine.

Sérapion fut traduit en latin vers la fin du XIII° siècle par le juif Abraham et Simon de Gênes, qui était médecin du pape Nicolas IV en 1288. La barbarie de cette traduction s'explique d'abord par son procédé d'exécution à deux, procédé qui était fréquent à cette époque en Espagne. Un juif ou un musulman traduisait en langue vulgaire et un lettré reproduisait en latin. On sent dans les transcriptions l'influence de l'espagnol, ainsi : *Xambar* pour *Chambar, Xaham* pour *Chaham, Bedeguard* pour *Badaouard, Guasima* pour *Ouasima*, etc.

Quant aux énormités de transcriptions, que l'on ne saurait toutes mettre sur le compte des copistes ou des imprimeurs, nous croyons en trouver une autre raison, c'est que cette traduction latine dérive peut-être d'une traduction hébraïque.

Il existe au fonds hébreu de Paris une traduction hébraïque de Sérapion parfaitement méconnue. Le catalogue se contente de dire que c'est un *Traité des Drogues,* et que chaque article renferme des extraits de Dioscorides, de Galien, etc.

Le n° 1187 est tout simplement une traduction de Sérapion, dont il manque le commencement et la fin. Le manuscrit commence à la Garance, *Foua,* n° 60 de la traduction latine, et finit au Mezerion, n° 353. Nous avons lu attentivement ce manuscrit, et nous l'avons trouvé en tout conforme à la traduction latine tant dans son ordonnance générale que dans ses détails. Il peut servir à redresser bien des transcriptions vicieuses.

Dans la traduction latine un fait nous avait frappé, dont nous avions vainement cherché l'explication : nous l'avons trouvée dans la traduction hébraïque. Ce fait, ce sont des synonymies en langue latine ou vulgaire. Nous les avons retrouvées dans la traduction hébraïque. Elles semblent donc prouver que la traduction latine ne procède pas de l'arabe, mais de l'hébreu. Quelques-unes de ces synonymies sont dites appartenir à la langue latine et le plus grand nombre à la langue vulgaire, *azz.* Ce dernier mot correspond à l'*Adjemya* d'Ebn el Beithâr. Citons-en quelques exemples :

Sousen c'est le *Lilium,* dit le latin. En vulgaire *Liliou,* dit l'hébreu.

Kerua c'est le *Pentedactylus*, dit le latin. En vulgaire *Fintidaktili*, dit l'hébreu.

Selikha c'est le *Cassia lignea*, dit le latin. En vulgaire *Kasia ligniah*, dit l'hébreu.

Caphor c'est le *Camphora,* dit le latin. En vulgaire *Kamfoura,* dit l'hébreu.

Il n'y a pas jusqu'aux fautes qui ne soient reproduites. Ainsi au lieu de *Mougats,* racine de grenadier sauvage, l'hébreu donne *Maad,* et le latin *Mihad.* A propos du *Raphanus,* l'hébreu donne *Acsakous* au lieu de Costus et le latin donne *Asceos.*

Nous croyons donc la version latine faite en regard, sinon d'après l'hébreu, ce qui a dû nécessairement apporter le trouble dans les transcriptions, indépendamment de l'ignorance de la langue originale par l'auteur de la rédaction latine. Quelques exemples de noms propres. Maçoudi est souvent cité, parfois correctement mais aussi sous cette forme : *Almasaherodi. Iounious* est transformé en *Barbios, Costus* en *Constantinus.* (Abou Hanifa) Ahmed ben Daoud eddinouri, en *Ahamet eben David Iumar.* Au lieu de *Damascus* ou *Damascenus,* on lit *Damaschut,* etc.

La traduction n'en est pas moins donnée comme faite d'après l'arabe.

III. SYRIE.

Le XIIIe siècle fut le grand siècle scientifique de la Syrie.
C'est alors que les institutions fondées par Nour eddin et
les encouragements donnés par Saladin portèrent leurs
fruits, malgré les agitations politiques. Les princes Aïoubites qui leur succédèrent continuèrent les mêmes traditions
et rappelèrent les beaux temps des Abbassides.

Tout ce qui peut intéresser la médecine se rencontre alors
en Syrie. Concours de médecins éminents la plupart attachés
aux hôpitaux et y enseignant la médecine, nouvelle école
fondée, extension donnée à la pratique de l'oculistique, culture passionnée et nouvelle de la botanique, création de
médecins en chefs, grand nombre d'entre eux attachés à la
personne des souverains, investis de fonctions publiques et
même élevés à la dignité de vizir. Et cela, sans acception de
croyance. Juifs, chrétiens et musulmans partagent la
confiance des princes, les honneurs et les dignités, *Tros
Rutulus ve fuat.*

Nous devons faire observer toutefois que, dans ce nombre
considérable de médecins les musulmans sont en majorité,
ce qui prouve dans la race une sorte de renaissance et une
ferveur scientifique digne des premiers temps.

Parmi les médecins, éminents de l'époque nous pouvons
citer Radhy eddin Errahaby, l'éminent praticien dont l'existence réglée se prolongea durant tout un siècle ; le chrétien
Iakoub ben Saklan, le médecin de son temps qui possédait
le mieux Galien ; Rachid eddin ben Refiqua, bon praticien,
oculiste ingénieux, qui opérait la cataracte par succion ;
Rachid eddin èbn Essoury, qui fit plus que décrire les plan-

tes, qui les peignit ; Ebn Eddakhouar qui consacrait tous les jours trois heures à l'enseignement de la médecine à l'hôpital ; Omran el Israïly distingué comme professeur et comme bibliophile ; Abdellatif bien connu pour sa relation de l'Égypte, et dont les nombreux ouvrages embrassèrent presque toutes les branches de la science ; enfin l'historien de la médecine Ebn Abi Ossaïbiah.

La nouvelle école de médecine fut fondée par Ebn Dakhouar, qui donna sa maison, à la condition que Cherf eddin, fils de Rahaby, y professerait.

C'est à Damas que l'historien de la médecine et l'historien des Dynasties, Ebn Abi Ossaïbiah et Aboulfarage, commencèrent leurs études médicales.

La médecine était particulièrement enseignée par Rachid eddin Errahaby, Cherf eddin son fils, Iakoub ben Saclan, Mouaffeq eddin Essaddaca surnommé Essamiry, Ebn Eddakhouar.

Trois médecins reçurent le titre de médecins en chef. Nous en connaissons une dizaine qui furent attachés aux hôpitaux de Damas. Quelques-uns étaient aussi chargés du service du palais.

Plusieurs d'entre eux furent attachés à la personne des souverains, tant à Damas que dans les diverses principautés de la Syrie.

L'oculistique fut l'objet d'une attention spéciale. Nous voyons des services d'ophthalmiques dans les hôpitaux, et Sedid eddin ben Refiqua se servir pour la cataracte d'une aiguille creuse.

La botanique fut particulièrement cultivée. Ebn el Beithâr séjourna quelque temps à Damas. C'est là qu'il fit la connaissance de son futur biographe, qui parcourut avec lui les environs, Discorides à la main.

Un autre botaniste Ebn Essoury parcourait les montagnes du Liban avec un peintre, et composait un livre où les plantes étaient représentées.

C'est en Syrie aussi que résidait le biographe et le grand bibliophile Djemal eddin, l'auteur du Kitab el hokama.

Finissons en disant que cinq médecins furent élevés à la dignité de vizir.

FAKHR EDDIN RODHOUAN BEN ESSAATY.

Fakhr eddin Rodhouân ben Mohammed ben Essaaty naquit à Damas. Son père était du Khorassan et vint s'établir dans cette ville où il résida jusqu'à sa mort.

C'était un homme remarquable par ses connaissances en astronomie et en horlogerie, d'où lui vint son surnom d'Essaâty. C'est lui qui fit du temps de Nour eddin les horloges de la porte de la Mosquée de Damas. Il laissa deux enfants: Boha eddin, le premier poète de son temps, qui mourut au Caire et laissa un Divan ou Recueil de poésies, et Fakhr eddin.

Fakhr eddin apprit la médecine à l'école de Radhy eddin Errahaby et d'El Mardiny. Malek el Faidh, fils de Malek el Adel, le prit à son service, l'admit dans son intimité et lui confia les fonctions de vizir.

C'était aussi un poète et un musicien. Il mourut à Damas. Sa grande autorité en médecine était Avicenne, aussi laissa-t-il un commentaire sur le Canon et un complément du Traité de la colique.

M. Sanguinetti nous a conservé de ses vers, d'après Essafady.

Les miens me jalousent pour mon habileté;
Je suis en effet au milieu d'eux un homme à part:
Mais je veillais pendant qu'ils dormaient;
Veiller et dormir sont deux.

CHEMS EDDIN BEN ELLOBOUDY.

Chems eddin Abou Abd Allah Mohammed ben Abdan ben Elloboudy fut un des médecins distingués de son temps. Il voyagea en Syrie et en Perse où il étudia la philosophie, sous Nedjid eddin Asad el Hamdany et la médecine sous un bon médecin persan. Il était aussi entendu en optique. Il professait la médecine et les autres sciences. Malek ed Daher le prit à son service à Alep et le conserva jusqu'à sa mort. Chems eddin vint ensuite à Damas où il continua l'enseignement de la médecine. Il mourut en 1224, à l'âge de 51 ans, laissant un fils dont le nom suit:

NEDJEM EDDIN EBN ELLOBOUDY.

Nedjem eddin Abou Zacharya Iahya ben Mohammed ebn Elloboudy naquit à Damas et fut comme son père un homme recommandable par ses vertus.

Il excella non-seulement dans la médecine, mais aussi dans les autres sciences, telles que la philosophie et les mathématiques. A l'époque où écrivait Ebn Abi Ossaïbiah, c'est-à-dire vers le milieu du XIIIe siècle, Nedjem eddin était au service d'El Mansour prince Aïoubite de Homs ou Emèse. Il semblerait qu'il revint à Damas, d'après ce que nous lisons dans Aboulfarage, qui en parle comme d'un contemporain de Djemal eddin le biographe, qui mourut en 1248.

A cette époque, dit-il, vivait Nedjem eddin de Damas, dit Ebn Elloboudy, homme rempli de qualités et versé dans la connaissance des sciences antiques, président du Divan et élevé à la dignité de vizir, qui se distingua par sa supériorité en arithmétique et en géométrie.

C'est au titre de vizir que Nedjem eddin doit la qualification de *Saheb*, que l'on trouve parfois attachée à son nom. D'après la liste supplémentaire du Musée britannique, il était encore en vie en l'année 1267.

Nedjem eddin écrivit plusieurs ouvrages, dont deux nous ont été conservés.

Le premier est un Recueil de discussions sur des questions de médecine controversées. Cet ouvrage existe à l'Escurial, et Casiri s'est mépris tant sur le nom de l'auteur que sur son époque et sa nationalité.

Voici ce qu'il en dit, à propos de son livre: *Autore Abu Zacharia Iahia ben Mohammed el Mudeo philosopho cordubensi, IV sœculi nobili.* On pourrait pardonner à Casiri d'avoir lu El Moudy au lieu de Elloboudy, tant le texte est mal écrit, mais il suffisait de lire l'introduction et la dédicace pour voir qu'il ne s'agissait pas d'un médecin espagnol du IV⁰ siècle de l'hégire. La dédicace est à l'adresse d'El Mansour.

Les questions traitées dans cet ouvrage sont au nombre de cinquante. Nous en citerons quelques-unes.

X. Que le tempérament pondéré ne se rencontre pas, contrairement à l'opinion d'Avicenne.

XIX. Que l'existence du corps et sa conservation dépendent du sang exclusivement, et non pas des quatre humeurs, contrairement à l'opinion de la généralité des médecins et philosophes.

XXV. Que la femme n'a pas de sperme, contrairement à l'opinion de Galien.

XXVII. Que le mouvement des artères leur est propre, et n'est pas sous la dépendance du mouvement du cœur.

XXIX. Que le premier organe formé est le cœur, contrairement à l'opinion d'Hippocrate, qui prétend que c'est le cerveau.

XXXIV. Que les os et le cerveau peuvent se tuméfier.

XLVIII. Qu'il ne faut pas évacuer dans les fièvres aiguës.

Alléché par ces titres et par d'autres encore, nous en avons lu le développement, mais nous avons constaté avec peine qu'il n'y avait rien d'original dans cet écrit, et que les raisonnements de l'auteur reposaient sur des théories au lieu de s'appuyer sur l'observation.

Nedjem eddin a écrit un livre sur les généralités du Canon, qui se trouve à Paris n⁰ 1056 de l'ancien fonds. Il est aussi dédié à Mansour. Enfin il a écrit sur le rhumatisme articulaire, les Aphorismes d'Hippocrate et les Questions de Honein. Il écrivit aussi sur la philosophie (H. Khalfa, 1000) et un abrégé d'Euclide (1070). Enfin, à l'âge de 13 ans, il écrivit une lettre hardie à l'adresse d'Abdellatif. (H. Khalfa, 1542).

ABOUL FADL BEN ABD EL KERIM EL MOUHANDES.

Mouayed eddin Aboul Fadl Mohammed ben Abd el Kerim reçut le surnom de Mouhandes en raison de ses connaissansances en mathématiques. Il naquit à Damas et y résida. D'abord il travaillait avec succès le bois et la pierre et la plupart des portes de l'hôpital Ennoury furent de lui. Pour se perfectionner dans son art, il étudia Euclide et suivit les leçons de Cherf Ettousy, le premier mathématicien de son temps, qui se trouvait alors à Damas. Il étudia ensuite l'Almageste et s'occupa d'astronomie. Enfin il étudia la médecine sous Aboul Medjed ben Abd el Hakem, qui lui expliquait les seizes livres de Galien. Il était pensionné pour l'entretien des horloges de Damas en même temps que comme médecin de l'hôpital Ennoury, auquel il fut attaché jusqu'à sa mort. Il passait pour un excellent praticien. Dans un voyage qu'il fit en Égypte il étudia les traditions. C'était aussi un littérateur et un poète. Il mourut à Damas, à l'âge de 70 ans, en l'année 1202, suivant le Ms. de Paris, et en l'année 1224 d'après Wüstenfeld. Il écrivit entre autres ouvrages un abrégé du Kitab el Ar'any, en dix volumes.

On cite comme auteur d'un Traité des simples Aboul Fadl ben el Mohandes, notre Aboul Fadl. Serait-ce l'Aboul Fadl d'Olaüs Celsius ?

SAD EDDIN BEN MOUAFFEQ EDDIN ABD EL AZIZ.

Sàd eddin Abou Ishaq Ibrahim, fils de Mouaffeq eddin Abd el Aziz Essalmy, dont nous avons parlé au siècle précédent, marcha sur les traces de son père et fut un homme de bien. Il naquit à Damas en 1187, et devint un médecin distingué.

D'abord attaché à l'hôpital Ennoury, il servit ensuite Malek el Achraf, le suivit en Orient, puis revint en 1228 à Damas que Malek el Achraf avait reçu de son neveu Malek Ennacer. Là il fut nommé chef des médecins et continua à servir Malek el Achraf jusqu'à sa mort en 1237. Quand

Malek el Kamel s'empara de Damas, il prit Sâd eddin à son
service. A l'époque où écrivait Ebn Abi Ossaïbiah, c'est-à-
dire au milieu du XIII⁰ siècle, Sâd eddin vivait toujours à
Damas et formait de nombreux élèves.

RADHY EDDIN ERRAHABY.

Aboul Hedjadj Iousef ben Heidera, fut surnommé Errahaby, de Rahaba, patrie de son père, qu'il habita aussi. Il
naquit dans le Diarbekir en 534 de l'hégire, 1139 de notre ère.
C'est en raison de sa longue vie qu'il figure au XIII⁰ siècle.
Après avoir habité Bagdad, où il étudia la médecine, il se
rendit en Egypte et suivit les leçons d'Ebn Eddjami.

Il vint ensuite se fixer à Damas, à l'époque du sultan
Nour eddin, et ouvrit une officine où il traitait les malades.
Il se fit une réputation comme oculiste. En même temps il
s'occupait de commerce. Les profits qu'il en tira, l'ordre qu'il
apporta dans son existence, les présents qu'il reçut des souverains le conduisirent à l'opulence.

Quand Nour eddin fut affecté de l'angine qui l'enleva,
Errahaby fut appelé en consultation. Il se prononça pour
un changement de local, celui où se trouvait Nour eddin
étant trop étroit, et pour une saignée. Nour eddin refusa,
alléguant ses soixante années, et se confia à d'autres médecins, qui ne purent le sauver.

Errahaby continuait à Damas l'étude de la médecine et
suivait les cours de Mouhaddeb eddin ben Naqqach.

Saladin le prit à son service et lui fit une pension mensuelle de trente dinars, qui fut plus tard portée à cinquante.
Outre le service du prince, il faisait celui de la citadelle et du
grand hôpital. Saladin voulait l'emmener dans ses expéditions, mais Errahaby obtint de rester à Damas. Malek el
Adel fit la même tentative, mais Errahaby s'obstina à rester
à Damas chargé de son service d'hôpital, où il forma de
nombreux élèves, dont nous aurons bientôt à parler, qui
répandirent la science médicale par toute la Syrie.

Nous avons déjà cité un médecin arabe qui refusa l'entrée

de son école à Aboul Barakat, parce qu'il était juif. Errahaby nous offre le second exemple de cette intolérance. Il ne voulait pas de Zimmis pour élèves et il ne dérogea que pour Omran el Israily et Ibrahim ben Khalef Essamiry, tous deux israélites.

Bien qu'il nous soit donné par son biographe comme un homme droit et sage, d'un esprit élevé, aimant ses malades, réglé dans sa conduite, réservé dans ses paroles, ne disant jamais rien de blessant, il eut cependant ses petits travers et on a conservé de lui quelques singularités. On raconte qu'il ne voulait pas aller voir les malades pour lesquels il fallait monter, disant que les escaliers étaient la scie de l'existence.

Toutes ses occupations étaient réglées minutieusement. C'est ainsi qu'il prenait des bains tous les jeudis, qu'il consacrait le vendredi à des visites, et que le samedi il cessait toute affaire et le passait à la campagne. Il s'était constitué un régime de vie qu'il suivait ponctuellement jusque dans ses derniers jours, et comme on lui faisait observer que le peu qui lui restait à vivre ne méritait pas tant de précautions, il répondit qu'il ne voulait pas quitter ce monde par sa faute. Il appliquait ces principes aux autres. Un vizir de Malek el Adel avait l'habitude de ne manger que de la chair de poulet et d'abuser des médecines: aussi était-il tombé dans une sorte d'anémie. Errahaby lui fit voir un jour côte à côte de la chair de poulet et de la chair de mouton et lui dit que le sang fourni par chacune de ces chairs était à l'avenant. Le vizir se mit au mouton et recouvra ses forces perdues.

C'est ainsi que Errahaby parvint à peu près à la centaine, car il mourut en 631 (1233), ayant conservé l'usage des sens, et n'ayant contracté qu'un léger affaiblissement de la mémoire relativement aux faits présents, mais la conservant toujours fraîche pour les faits du passé.

Il écrivit sur les Aphorismes d'Hippocrate et résuma les questions de Honein.

Nous allons parler de ses deux fils.

CHERF EDDIN BEN ERRAHABY.

Cherf eddin Aboul Hassan Ali ben Yousef Errahaby marcha sur les traces de son père, et en même temps qu'un bon médecin il fut un homme de bien. Il étudia la médecine non-seulement sous son père, mais aussi à l'école d'Abdellatif. Alem eddin Essakhaouy et d'autres professeurs lui enseignèrent les humanités, où il excella. C'était aussi un poète.

Il resta longtemps attaché à l'hôpital Ennoury.

Quand Mohaddeb eddin Abderrahim, autrement dit Eddakhouar, donna sa maison pour y établir une école de médecine, ce fut à la condition que Cherf eddin y professerait, tant il avait d'estime et de confiance en son savoir. A l'époque où écrivait Ebn Abi Ossaïbiah, c'est-à-dire vers le milieu du XIIIe siècle, il occupait encore cette position. Il écrivit plusieurs ouvrages.

Traité de l'organisation de l'homme et des fonctions de ses organes.

Notes sur Canon d'Avicenne.

Commentaire sur celui qu'Ebn Abi Sadeq avait fait des questions de Honein.

DJEMAL EDDIN BEN RAHABY.

Djemal eddin ben Errahaby s'adonna tout particulièrement à la pratique de la médecine, et se fit un renom pour son habileté. Il fut attaché comme médecin à l'hôpital Ennoury. Aboulfarage, l'auteur des Dynasties, qui étudia la médecine à cet hôpital et qui y fit aussi un service, nous raconte qu'il s'y trouvait en même temps que Djemal eddin. C'était, dit-il, un homme d'un commerce agréable et d'excellentes manières. De tous les médecins qu'il vit, aucun n'avait une aussi bonne tenue.

L'invasion des Tartares le poussa en Egypte où il mourut en l'année 658 de l'hégire, 1259 de notre ère.

ABOUL HEDJADJ IOUSEF BEN IEHOUDA.

Aboul Hedjadj Iousef ben Iahya (en hébreu Iehouda), dit aussi Essebty el Magreby, de son séjour à Fez dans le Magreb, fut un esprit éminent, moins intéressant cependant comme médecin que comme l'ami de Djemal eddin et de Maimonides. Le premier nous a conservé sa biographie dans le Kitab el hokama. Le deuxième était en relations intimes avec lui, le considérait comme son plus cher disciple, et ce fut pour lui qu'il composa le *Guide des égarés*. Munk lui a consacré, dans le *Journal asiatique* de 1842, une assez longue notice qui complétera nos renseignements.

Joseph naquit soit à Cadix en Espagne, soit à Ceuta dans le Magreb, vers la fin du règne d'Abd el Moumen. Comme beaucoup d'autres juifs, il dut professer l'Islamisme, du moins extérieurement. Vers 1185 il rejoignit Maimonides en Egypte, après avoir étudié la philosophie, les mathématiques et la médecine.

Il apportait avec lui le traité d'astronomie de Géber ben Aflah, qu'il corrigea plus tard avec Maimonides. Il se fixa ensuite à Alep, fit le commerce, pénétra jusque dans l'Inde, revint jouir d'une fortune acquise, et compta parmi les médecins de Daher fils de Saladin. Il fut aussi le médecin de l'émir Faris eddin Meimoun el Casry, ami de Djemal eddin. Cependant il continuait à exercer et même à enseigner la médecine, toujours en correspondance avec son illustre ami Maimonides. Joseph se trouvait à Bagdad lors de l'auto-da-fé des écrits d'Abd Essalem, et c'est d'après son témoignage que Djemal eddin nous en a conservé le récit.

Il mourut en 1226, laissant un traité sur l'emploi des aliments légers et des aliments lourds.

Nous devons à l'amitié qui régna entre Joseph et Djemal eddin une anecdote que ce dernier nous a conservée dans le Kitab el hokama, et que nous croyons devoir rapporter ici.

« Il exista entre moi et lui une amitié qui dura longtemps.

Un jour je lui dis : Si l'âme est immortelle, et que par là elle connaisse, après la mort, l'état de tout ce qui existe en dehors d'elle, fais un pacte avec moi que tu m'apparaîtras si tu meurs avant moi, et que je t'apparaîtrai si je meurs avant toi. — Je le veux bien, me dit-il ; et je lui recommandai de ne pas négliger sa promesse. — Mais étant mort, il se fit attendre quelques années. Enfin je le vis pendant le sommeil : Il était assis dans la cour d'une Mosquée, au dehors du temple, dans une enceinte à lui, et il portait de nouveaux vêtement blancs d'étoffe de Nassaf. -- Docteur, lui dis-je, ne sommes-nous pas convenus que tu viendrais auprès de moi pour me faire connaître ce qui t'est arrivé? — Il détourna son visage en riant, je le saisis par la main et lui dis : Il faut absolument que tu me dises ce qui t'est arrivé, et comment on se trouve après la mort. — L'*universel,* me répondit-il, s'est attaché à l'*univers,* et le *partiel* est resté dans la *partie.* — Je compris aussitôt ce qu'il voulait dire, savoir que l'âme qui est universelle était retournée au monde universel, tandis que le corps, qui est partiel, était resté dans la partie, qui est le centre de la terre.

Après m'être réveillé, je fus étonné de cette indication ingénieuse. » (Traduction de Munk.)

KEMAL EDDIN EL HOMSY.

Kemal eddin Abou Mansour el Moudhafer, dit El Homsy, du nom de la ville de Homs ou Emèse, étudia la médecine sous plusieurs maîtres. Il eut d'abord Radhy eddin Errahaby, puis Boha eddin Mahmoud ben Abil Fadhl qui se trouvait alors en résidence à Damas, et qui, en l'année 608 (1211), s'en alla voyager dans l'Asie mineure.

Boha eddin prit le Canon d'Avicenne pour base de son enseignement. Il enseigna aussi à Kemal eddin un traitement particulier de la dyssenterie. Tadj eddin el Kendy lui enseigna les humanités.

Kemal eddin se livrait avec plaisir au commerce, cherchant à y trouver exclusivement ses moyens de subsistance, et ne trouvant pas convenable de tirer profit de l'exercice de la médecine.

Les souverains et les grands personnages le recherchèrent en raison de sa grande réputation, mais il ne voulut jamais s'attacher à leur personne. C'est ainsi qu'entre autres il refusa Abou Bekr ben Aïoub.

Il resta longtemps attaché au grand hôpital de Damas.

Il écrivit plusieurs ouvrages.

Traité du coït.

Commentaire du livre des Signes et des Accidents de Galien.

Traité des médicaments purgatifs.

Abrégé du Canon d'Avicenne, qu'il n'acheva pas.

Notes sur les généralités du Canon.

Abrégé des questions de Honein.

Notes sur la médecine.

Notes sur l'urine ; composé en 603 (1206).

OMRAN EL ISRAÏLY.

Aouhad eddin Omran ben Sadaka el Israïly naquit à Damas en 1165, d'un père qui était aussi un médecin renommé. Il suivit les leçons de Radhy eddin Errahaby, et devint un médecin savant et un habile praticien. Les princes le recherchaient et voulaient se l'attacher, mais il ne voulut jamais aliéner son indépendance et il se borna à répondre à leurs invitations quand ils étaient malades, prolongeant du reste son séjour jusqu'à la guérison. C'est ainsi qu'il refusa Malek el Adel et Malek Ennacer Daoud prince de Karak. Ce dernier le fit appeler de Damas. Omran vint et resta jusqu'à ce que le prince fut guéri. On lui offrit en vain pour prolonger son séjour d'une année et demie une pension mensuelle de 1500 drachmes et une somme de 27,000 dinars.

Malek el Adel lui faisait une pension considérable à Damas, où il était chargé des établissements royaux et de la citadelle. Malek el Mouaddhem lui conserva la même position.

Omran se trouva chargé de service au grand hôpital de Damas en même temps qu'Ebn Dakhouar et le vieux Radhy eddin Errahaby. Le concours, dit Ebn Abi Ossaïbiah, de ces trois médecins, fut pour les malades une bénédiction, ainsi que je l'ai constaté et que je l'ai consigné dans mon livre des Expériences.

Omran avait la passion des livres, et il s'était composé une bibliothèque sans pareille en ouvrages de médecine et d'autres sciences.

Il mourut en 1239 à la cour de Homs, où il avait été appelé pour soigner le prince.

IAKOUB BEN SAKLAN.

Mouaffeq eddin Iakoub ben Saklan était un médecin chrétien de Jérusalem, dont le surnom s'écrit aussi ben Siclab. Cette dernière lecture est celle de Reiske et de Wüstenfeld, et le Ms. de Paris d'Ebn Abi Ossaïbiah est conforme, tandis qu'on lit ben Saklan dans les Mss. du Kitab el hokama de Paris et de l'Escurial, aussi bien que dans Aboulfarage.

Nous n'avons pas la date de sa naissance, mais nous allons voir qu'il dût naitre vers le milieu de la seconde moitié du XII° siècle de notre ère, probablement vers l'année 1170. Il appartenait, dit le Kitab el hokama, à cette classe de chrétiens dits orientaux, parce qu'ils viennent de l'Orient de cette ville, et y habitent un canton particulier.

En l'année 1184, se trouvait à Jérusalem un savant chrétien du nom de Théodore, connu sous le nom de philosophe d'Antioche parce qu'il avait fait ses études dans cette ville, et qui avait fait de sa maison une sorte d'église et d'école. Ce fut lui qui enseigna la philosophie et la médecine à Iakoub, qui suivit aussi les leçons d'un autre médecin chrétien du nom d'Abou Mansour.

Iakoub fut chargé de service à l'hôpital de Jérusalem et il conserva ces fonctions jusqu'au règne de Mouaddhem. On sait que Saladin avait repris Jérusalem aux Croisés en l'année 1187.

El Mouaddhem prit Iakoub à son service et l'emmena dans ses expéditions, l'admit dans son intimité, et le combla de bienfaits et d'honneurs, position qu'il conserva sous son successeur Malek Ennacer. Avec Mouaddhem, Iakoub quitta Jérusalem pour Damas.

Là il établit, dans une des salles du Palais, des conférences où assistait souvent Mohaddeb eddin ben Dakhouar. Tous deux y prenaient la parole. Mohaddeb eddin était plus disert. Iakoub était plus sobre et on eût dit que Galien parlait par sa bouche.

On ne nous dit pas qu'il fut attaché à l'hôpital de Damas. Cela est probable pourtant, car on nous parle de sa grande expérience des hôpitaux. Iakoub ne put cependant se mettre à l'abri des infirmités. Sur ses vieux jours il fut pris d'une goutte qui lui interdit tout déplacement. Quand Mouaddhem avait besoin de lui, il fallait porter Iakoub à ses consultations. Il mourut quelque temps après Mouaddhem, en l'année 1228 ou 1229.

L'historien de la médecine fait le plus grand éloge d'Iakoub. Il vante son érudition en même temps que son habileté pratique, tandis que le Kitab el hokama et après lui Aboulfarage ne lui accordent que cette dernière qualité. Il nous semble que les affirmations d'Ebn Abi Ossaïbiah sont trop positives et trop nettes pour qu'on puisse les mettre en doute, d'autant plus qu'il était en position de mieux apprécier Iakoub que l'auteur du Kitab el hokama. Il fut en effet le compagnon de guerre et l'élève d'Iakoub. Il nous apprend que lui-même et son père se trouvaient dans les armées de Mouaddhem en même temps que Iakoub, et qu'il apprit aussi la médecine à son école. » C'était, dit-il, le médecin de son temps qui connaissait le mieux Galien. Galien était son oracle, il en citait les paroles mêmes à toutes les questions qui lui étaient posées. Il citait même le livre et la page de la copie qu'il possédait, tant les ouvrages de Galien lui étaient familiers. Il en faisait de même pour Hippocrate, commenté par Galien, et j'ai vérifié qu'il en reproduisait

les expressions, les développant, mais ne les altérant pas. Il
avait aussi des ouvrages de Galien en grec. Il connaissait
cette langue et il en fit des traductions en arabe. »

Il nous semble que ces assertions ont un cachet de vérité
qui doit nous les faire préférer aux assertions contraires de
l'auteur du Kitab el hokama. Il n'était pas savant, dit
Djemal eddin ; mais il avait une grande expérience des
hôpitaux et il était heureux dans sa pratique.

La grande expérience d'Iakoub, les succès de sa pratique
sont pareillement signalés par Ebn Abi Ossaïbiah. S'inspi-
rant toujours de Galien, dit-il, Iakoub observait scrupuleu-
sement tous les symptômes, ne laissant échapper aucune de
leurs indications, et instituant parfaitement son traitement.
C'était, ajoute-t-il, un homme accompli, intelligent et judicieux. Il laissa un fils, dont le nom suit.

SEDID EDDIN ABOU MANSOUR BEN IAKOUB.

Abou Mansour ben Iakoub embrassa la profession de son
père et devint un bon médecin. A l'époque où écrivait Ebn
Abi Ossaïbiah, il se trouvait à Karak, au service de Malek
Ennacer.

RACHID EDDIN BEN ESSOURY.

Rachid eddin Mansour ben Abil Fadhl ebn Essoury, le
plus original de tous les botanistes arabes, naquit à Sour en
573 (1177). Une fois sorti de l'enfance, il se rendit à Damas
où il apprit la médecine à l'école de Mouaffeq eddin Abd el
Aziz Essalmy et d'Abd Ellatif. Il habita aussi Jérusalem et
fut attaché à l'hôpital de cette ville. Un de ses amis, Aboul
Abbas el Hayany, homme savant et homme de bien, versé
dans la connaissance des simples, lui inspira peut-être le
goût de la botanique. En l'année 1215, il quitta Jérusalem
et suivit en Égypte Malek el Mouaddhem qu'il accompagna
dans plusieurs rencontres avec les Francs débarqués sur le
rivage de Damiette. A la mort de Mouaddhem, il servit

Ennacer qui lui conféra la dignité de chef des médecins.
Ennacer étant allé à Karak, Rachid eddin alla se fixer à
Damas, où il s'occupa d'enseigner la médecine, de préparer
la thériaque, en même temps qu'il se livrait à l'étude des
plantes. Ebn Abi Ossaïbiah le fait vivre jusqu'en 639 (1241)
et Hadji Khalfa jusqu'en 641 (1243).

Rachid eddin est une figure à part entre tous les botanistes arabes. Sa passion pour la botanique doit le faire placer
à côté des deux grands botanistes Aboul Abbas Ennabaty et
Ebn el Beithâr, ses contemporains. Malheureusement, ses
travaux ne nous ont pas été conservés, mais ce qui nous en
est rapporté suffit pour nous en faire apprécier l'importance
et en regretter la perte.

Rachid eddin fut non-seulement un amateur passionné de
la botanique, mais un novateur ; il fit plus que décrire les
plantes dans son ouvrage, il les peignit. Il voyagea partout
où il espérait les trouver et parcourut notamment les montagnes du Liban, se faisant accompagner d'un peintre et
faisant représenter les plantes avec leurs couleurs et tous
leurs organes, feuilles, branches et racines, les représentant
même dans leurs divers états de développement, à leur état
complet et au moment de la fructification. Il fit plus encore,
il les représenta à leur état de dessication, au moment où
elles sont aptes aux emplois médicaux.

C'est la première fois que nous rencontrons chez les Arabes un cas de livre illustré, comme nous disons aujourd'hui,
car ceci est autre chose que la simple représentation des
instruments de chirurgie que l'on rencontre dans Abulcasis
et dans plusieurs autres écrivains de l'école espagnole. Nous
n'en connaissons, en fait de botanique, qu'un autre exemple,
un fragment de Dioscorides avec figures qui se trouve à la
Bibliothèque de Paris, n° 968, ancien fonds, et que l'on a
pris à tort pour le travail d'un certain Abou Zaher qui aurait
vécu au VIIIe siècle de notre ère.

Il existe aussi un Dioscorides illustré à la Bibliothèque
bodléienne. Mais il y a ici une différence. L'illustration du
livre entrait essentiellement dans la conception de Rachid

eddin, tandis que l'illustration de Dioscorides est le fait capricieux d'un copiste.

Son ouvrage paraît avoir eu aussi une grande valeur, indépendamment des figures. Hadji Khalfa dit qu'il traita complétement la matière et ajouta des plantes inconnues des anciens. Vit-il le livre, ou ne fit-il que reproduire ce qu'il avait lu dans Ebn Abi Ossaïbiah ? Quoi qu'il en soit, ce dernier ajoute que Rachid eddin le commença sous le règne de Malek el Mouaddhem et qu'il le lui dédia.

Nous avons vainement cherché dans Ebn Beithâr la mention de Rachid eddin Essoury, et ce silence nous a étonné. Nous savons qu'Ebn Beithâr mourut à Damas.

Nous savons même par le Mor'ny, qu'il s'y trouvait en l'année 634, c'est-à-dire cinq ou six ans avant la mort de Rachid eddin qui y finit aussi ses jours. Le livre de Rachid eddin eût-il été simplement un travail descriptif, sans indications thérapeutiques, cela ne nous semblerait pas encore suffisant pour expliquer le silence d'Ebn Beithâr sur un homme de cette valeur, qui fut non-seulement son contemporain, mais en quelque sorte son concitoyen.

Il n'en est pas non plus question dans Aboulfarage.

Ce qui nous étonne encore c'est que Wüstenfeld se borne à dire que Rachid eddin fut un habile médecin syrien ; puis en note, et d'après Hadji Khalfa, qu'il mentionna dans son livre des médicaments que les anciens n'avaient pas connus. Nous avons déjà signalé quelques lacunes dans Wüstenfeld, pour n'avoir pas lu jusqu'au bout la notice, nous en signalerons une nouvelle tout à l'heure à propos de Sedid eddin ben Refiqua.

Rachid eddin composa aussi une Réponse à Tadj eddin el Bulgary sur les médicaments simples.

TADJ EDDIN EL BOULGARY.

Tadj eddin el Bulgary fut un des amis d'Ebn Beithâr, qui en parle deux ou trois fois dans son Traité des simples, comme ayant une grande connaissance des plantes.

Hadji Khalfa, sous le n° 12,624, cite un Traité des simples d'El Bulgary. — Aboul Abbas Ennabaty fut un de ses amis, d'après ce que nous lisons dans Ebn el Beithâr.

SEDID EDDIN BEN REFIQUA.

Sedid eddin Mahmoud ben Amr ben Mohammed Echcheibany, dit Ebn Errefiqua, naquit à Hiny en 1168.

Il apprit les sciences et la médecine à l'école de Fakhr eddin el Mardiny. Le prince de Hiny, Nour eddin ben Djemal eddin, se trouvant pris d'ophthalmie, Fakhr eddin le soigna d'abord puis le confia à son élève, qui le guérit promptement et prit dès lors rang parmi les médecins du prince ; il n'avait pas encore vingt ans. Sedid eddin servit ensuite Mansour, prince de Hama, et fut attaché à l'hôpital de Khalat jusqu'en 1212.

De là il passa au service de Malek el Achraf, resta long-temps à Meyafarikin, puis se rendit à Damas, où Malek el Achraf le combla de bienfaits, et lui assigna le service des établissements royaux, de la citadelle et du grand hôpital. Ebn Abi Ossaïbiah se trouvait en même temps attaché à cet établissement. Il nous fait l'éloge de Sedid eddin et vante sa connaissance des maladies et son habileté dans la thérapeutique. C'était, dit-il, un esprit éminent et un caractère généreux. Il connaissait les travaux des anciens et surpassait les modernes.

A côté de ces éloges, peut-être exagérés, il est un fait qui nous rend très-intéressante la pratique de Sedid eddin.

Il était bon chirurgien et surtout oculiste, et il nous est donné comme ayant *inventé* une aiguille creuse pour opérer la cataracte par succion.

Ce procédé a été renouvelé de nos jours par M. Laugier, qui se sera peut-être inspiré des Arabes. Il est en effet indiqué dans Abulcasis, qui dit simplement que l'on a imaginé dans l'Irak une aiguille creuse, à ce qu'on lui a rapporté.

Le procédé n'est donc pas de l'invention de Sedid eddin. Nous en avons déjà parlé plus d'une fois et nous allons en-

core y revenir à propos du *Nour el Ouïoun* de Salah eddin,
et du *Kafy fil Kohly* d'Ebn Abil Mahassen.

Sedid eddin était un habile versificateur, et maniait avec
habileté surtout le mêtre *redjez,* qui est aussi celui du Cantique d'Avicenne. Il rendait en vers, avec beaucoup de bonheur
et d'exactitude, les sujets de médecine.

Il s'occupa aussi de grammaire, d'astronomie et de traditions. Il mourut en 635 (1237) laissant plusieurs écrits. Nous
citerons ceux relatifs à la médecine :

Généralités du Canon d'Avicenne, en vers.

Traités des aphrodisiaques.

Du régime des aliments et des boissons.

Réponse à des questions sur les fièvres.

Traité de la saignée, en vers.

SADAKA ESSAMIRY.

Sadaka ben Mendja Essamiry, médecin juif, était un homme actif, intelligent, instruit, s'occupant aussi de philosophie et de poésie. Il servit longtemps Malek el Achraf, qui
le combla d'honneurs et de présents, ainsi que son entourage.
En même temps il enseignait la médecine. Il mourut à
Harran, laissant quelques écrits, en l'année 1223.

Commentaires sur les Aphorismes d'Hippocrate.

Traité des noms des simples.

Réponse à des questions de médecine adressées par El
Mahily l'israélite.

MOUHADDEB EDDIN ESSAMIRY.

Mouhaddeb eddin Yousef ben Abi Saïd Essamiry était aussi
un israélite. Il apprit la médecine sous Ibrahim Essamiry,
dit aussi Chems el hokama ou le soleil des savants, médecin
de Saladin, et sous Mohaddeb eddin ben Naqqach.

Tadj eddin el Kendy lui enseigna les humanités.

Il servit d'abord Azz eddin, puis à sa mort en 1182 son

fils Malek el Amdjad, qui l'admit dans son intimité, le combla de faveurs, lui conféra la dignité de vizir et lui confia la direction des affaires. Au commencement du XIIIe siècle il se retira à Damas où il vécut jusqu'en 1226. C'était un bon médecin, un homme de bien et un esprit cultivé.

BEDR EDDIN EL BALBEKY.

Bedr eddin ben el Cadhy el Balbeky était un excellent médecin et un praticien ingénieux. Il composa un opuscule intitulé *Moufarreh ennefs*, ou la Réjouissance de l'âme, contenant tout ce qui peut réjouir les sens, ainsi que les médicaments cordiaux tant simples que composés, pouvant convenir pour toutes les positions sociales. Dans ce livre, il fait un reproche à Avicenne d'avoir considéré la coriandre comme un réjouissant. Il écrivit aussi des commentaires sur les Pronostics d'Hippocrate qui existent à la Bibliothèque Bodléienne, et un ouvrage intitulé le *Sel de la médecine*, mentionné par Hadji Khalfa, qui le fait mourir en 1252, tandis que Wüstenfeld donne la date de 1271.

MOUAFFEQ EDDIN IAKOUB ESSAMIRY.

Mouaffeq eddin Iakoub Eddimachky Essamiry était un juif, si l'on en juge par son surnom et par ses actes.

C'était un médecin très habile et très heureux dans sa pratique, mais se prêtant difficilement à l'enseignement. Quand on venait lui proposer d'apprendre la médecine à son école, il faisait préalablement ses conditions et n'acceptait que contre une somme convenue, quelque fut le livre à étudier qu'on lui proposât, dit Aboulfarage. Ceci nous rappelle comment l'enseignement de la médecine se faisait ordinairement en Orient : il reposait sur l'explication d'un livre faite par le maître. Aboulfarage fait une autre réflexion, c'est que la conduite d'Iakoub Essamiry n'est pas celle d'un galant homme. Le nom de ce médecin ne se rencontre pas dans le Ms. de Paris. Wüstenfeld le fait mourir en 1284.

ABOUL HASSAN BEN GAZZAL BEN ABI SAÏD ESSAMIRY.

Aboul Hassan Essamiry était le neveu de Mouhaddeb eddin Essamiry. S'étant fait musulman, il servit d'abord comme médecin Malek el Amdjad. A la mort d'El Amdjad, il continua ses fonctions auprès de Malek Essaleh Ismaïl, sultan de Damas, qui lui conféra ensuite le titre de vizir, avec le surnom de Kemal eddin Cherf el Mella Amin eddoula. Ebn Abi Ossaïbiah fait le plus grand éloge du vizir, dit qu'il protégea les savants et fit régner la prospérité dans le royaume. C'est à lui qu'il dédia son histoire des médecins. Il n'en dit pas davantage, mais nous savons d'autre part l'histoire d'Aboul Hassan Essamiry. Malek Essaleh Aïoub ayant conquis Damas sur Ismaïl, Essamiry s'en fut avec ses trésors, mais il fut pris et envoyé au Caire où il resta prisonnier jusqu'en 1249. Dans les révolutions qui entraînèrent la chute des Aïoubites en Égypte, et dont fut témoin Louis IX, chef de la septième croisade, il prit le parti de Malek Ennacer Yousef contre Ibek, et fut de nouveau pris et étranglé en l'année 1251. M. Quatremère nous apprend qu'il laissa une bibliothèque contenant 10,000 volumes de choix.

Il écrivit un Traité complet de médecine en cinq parties.

MOHADDEB EDDIN EBN EDDAKHOUAR.

Abou Mohammed Abderrahim ben Ali ben Ahmed Mohaddeb eddin ebn Eddakhouar naquit en 1169 à Damas, où son père Ali était un oculiste en renom.

Tadj eddin el Kendy lui enseigna les humanités. Il eut pour maîtres en médecine Rady eddin Errahaby, Mouaffeq eddin ben Mathran, puis El Mardiny, qui se trouvait à Damas en 1181 et lui enseigna le Canon d'Avicenne. Il profita sans doute aussi des leçons de son père, car il fut attaché de bonne heure au grand hôpital comme oculiste. A la mort de Mouaffeq eddin ben Abd el Aziz, le Saheb Safi eddin lui transféra sa pension, qui se montait à cent dinars par mois.

Malek el Adel le prit ensuite à son service, et l'admit dans ses conseils. Étant tombé malade à trois reprises différentes, Ebn Eddakhouar lui rendit la santé et fut comblé de présents. Une seule de ces cures lui valut sept mille dinars. Enfin Malek el Adel l'institua chef des médecins d'Égypte et de Syrie. A la même époque, le père d'Ebn Abi Ossaïbiah était nommé inspecteur des oculistes.

A la mort de Malek el Adel, son successeur Mouaddhem conserva la plupart des médecins de son père, ainsi Rachid eddin Essoury et le père d'Ebn Abi Ossaïbiah. Quant à Ebn Eddakhouar il lui confia le grand hôpital de Damas. Dès lors Ebn Eddakhouar se livra surtout à l'enseignement de la médecine. Non-seulement des étudiants, mais des médecins éminents venaient suivre ses cours. Ce fut pour en profiter que l'historien de la médecine fixa sa résidence à Damas. C'est lui-même qui nous raconte ces faits, et maintenant nous allons lui accorder la parole :

« Je le suivais aussi au moment où il traitait les malades à l'hôpital. Il y avait en même temps à l'hôpital le grand médecin Omran el Israïly. Élèves et malades gagnaient à ce concours les uns par les conférences, les autres par le traitement. Ce qui résulta de cette rencontre est merveilleux. J'ai été témoin de plusieurs faits de sa pratique, c'est ainsi que je lui vis guérir un cas de manie par l'opium à haute dose. Il y avait aussi le vieux Radhy eddin Errahaby qui donnait ses consultations à domicile, et faisait prendre les médicaments à l'hôpital. Jamais on ne vit dans cet hôpital la réunion de trois médecins aussi éminents.

Ebn Eddakhouar, après avoir fait son service à l'hôpital et visité les grands personnages de la cour, se rendait à sa maison, où il se livrait à la lecture, à la composition et à l'enseignement. Il recevait des médecins et des élèves, leur faisant des cours et répondant à leurs questions. Il avait toujours à la main le livre qu'étudiait l'élève, d'une exécution irréprochable et souvent de sa main, rectifiant les fautes qui pouvaient se trouver dans la copie de l'élève. Il avait aussi sous la main le *Sihah* de Djouhary et d'autres livres de lexicologie, pour éclaircir les expressions obscures. La réunion terminée, il prenait un peu de nourriture puis retournait à l'étude et y consacrait une partie de la nuit.

Il était en relations avec Seif eddin el Amidy, traitant avec lui des questions de philosophie. Il s'occupait aussi d'astronomie et je lui ai entendu dire qu'il possédait seize traités sur l'astrolabe. Le sultan Malek el Achraf, qui était dans l'Est, le fit venir en (1225) 622. Les préparatifs du voyage lui valurent 20,000 drachmes, et quand il eut rejoint le sultan il lui fut fait un traitement annuel de 1,500 dinars. Il resta là quelque temps, puis sa langue s'étant embarrassée, il revint à Damas en 626. Mais sa maladie empira et sa parole devint à peu près inintelligible. Il mourut en 628 (1230). »

Avant d'aller rejoindre Malek el Achraf, Ebn Eddakhouar avait donné sa maison pour y établir une école de médecine, avec des immeubles affectés à son entretien. L'enseignement y commença l'année de sa mort.

Ebn Eddakhouar écrivait beaucoup. Ebn Abi Ossaïbiah dit avoir vu plus de cent ouvrages de sa main.

Nous en connaissons quelques-uns seulement :

Abrégé du Continent de Razès.

Traité des évacuants.

Notes sur la médecine.

Réponse sur des questions obscures de médecine.

Réponse aux observations d'Ebn Abi Sadek sur les Questions de Honein.

Réponse à Aboul Hedjadj Iousef sur le régime des aliments lourds et légers.

Il fit aussi un extrait du Kitab el Ar'any.

Wüstenfeld ne lui a consacré que quatre lignes.

RACHID EDDIN BEN KHALIFA
ET SON FRÈRE EL KASSEM BEN KHALIFA.

Rachid eddin ben Khalifa était l'oncle de l'historien de la médecine. Sa biographie est mêlée dans Ebn Abi Ossaïbiah de renseignements relatifs au père et à l'aïeul de l'historien.

Comme ce dernier ne fournirait pas une matière suffisante à une notice, et que l'existence de l'autre se trouve liée à celle de son frère, nous avons cru devoir aussi renfermer ces trois personnages dans une notice commune.

Ebn Abi Ossaïbiah, grand-père de l'historien qui devait aussi porter son nom et lui donner tant de lustre, naquit à Damas et y résida longtemps. C'était un homme de bien, un esprit élevé, aimant la science et les savants. Parmi ses amis il comptait entre autres à Damas Djemal eddin ben Abil Haouaty et Chihab eddin fils d'Aboul Hadjadj Iousef. En l'année 575 (1178), il eut un fils, El Cassem, et en 576 (1183) il en eut un second, Rachid eddin ; le premier père et le second oncle de l'historien. Il quitta la Syrie pour se rendre en Égypte à l'époque où Saladin s'en rendit maître.

Ayant fait en Égypte la rencontre de Djemal eddin et d'Aboul Hedjadj Iousef, ses deux fils se décidèrent à étudier la médecine sous la direction de ces deux maîtres, comprenant, dit l'historien, son excellence, les services qu'elle rend et la position qu'elle confère dans ce monde et dans l'autre.

El Cassem suivit Aboul Hedjadj, qui était chargé d'un service d'ophthalmiques à l'hôpital du Caire et s'adonna particulièrement à l'oculistique. Nous avons déjà vu dans une autre notice qu'il fut nommé plus tard inspecteur des oculistes. En même temps il suivait les leçons d'autres médecins, parmi lesquels le célèbre Maimonides, qui, bien que ne pratiquant guère la médecine, possédait une grande érudition médicale.

Rachid eddin après avoir étudié les mathématiques sous Taky eddin, suivit Djemal eddin et commença par étudier sous sa direction les livres de Galien. Il se mit ensuite à fréquenter les hôpitaux, à observer les malades et les prescriptions des médecins. Il apprit la chirurgie et l'oculistique sous Nefis eddin ben Zobéïr, qui était chargé d'un service d'ophthalmiques.

Abdellatif, un ami de la famille, se trouvait en ce moment au Caire. Rachid eddin l'eut pour professeur de langue et de philosophie, et étudia sous d'autres la musique et l'astronomie. C'était un homme assidu à l'étude, y consacrant tous ses instants.

Cependant, en l'année 1200, le chef de la famille emmena ses enfants à Damas. Rachid eddin se fit alors l'élève d'Errahaby, ancien ami de son père, et suivit les services de l'hôpital Ennoury. En même temps, il fréquentait les autres médecins, les savants et les littérateurs qui se trouvaient à Damas. En l'année 1208, Rachid eddin et son père furent appelés par le sultan de Balbek, Malek el Amdjad, qui les reçut avec distinction. Sur sa demande, Rachid eddin lui composa un Traité d'arithmétique. Malek el Amdjad était un esprit cultivé, qui se plaisait dans la compagnie des hommes instruits. Il laissa même un divan.

En l'année 1210, Malek el Adel, sultan de Damas, fut affecté d'ophthalmie. Entre tous les médecins qui le soignèrent El Cassem fut le seul qui réussit à lui rendre la vue. Cassem faisait déjà le service des ophthalmiques dans les bâtiments royaux. Cette cure le mit en faveur et Malek el Adel voulut se l'attacher. Il l'emmena avec lui et le garda tout le reste de sa vie. Malek el Mouaddhem, son successeur, en fit autant. Malek Ennacer Daoud, son fils, étant allé à Karak, Cassem resta à Damas, chargé du service de la citadelle, des bâtiments royaux, de la famille de Malek el Adel et de l'hôpital Ennoury. L'habileté d'El Cassem lui attira une clientèle considérable. C'était un homme prudent, qui n'employait les instruments tranchants qu'à défaut des médicaments, suivant en cela, dit son fils, la recommandation de Galien, dans son livre sur l'épreuve du médecin. Là se bornent nos renseignements sur son compte. Nous allons revenir à son frère.

Rachid eddin était toujours au service d'El Amdjad, et il y resta jusqu'à l'invasion de Malek el Mouaddhem. Celui-ci se l'attacha, lui accorda la même confiance et les mêmes faveurs et se plaisait en sa compagnie. Rachid eddin fut un instant chargé de l'administration de l'armée, mais ces occupations n'étaient pas de son goût, et il s'en fit exonérer. En 1214, il fit le pélerinage de la Mekke avec son protecteur. Sentant ses forces s'affaiblir, il retourna à Damas où Malek el Adel Abou Bekr lui confia le service de la citadelle et de l'hôpital. Alors il se mit à l'enseignement de la médecine et fit de nombreux élèves. En 1219, Malek Essaleh Ismaïl l'invitait à se rendre à Bassora pour y soigner sa mère. Il s'y rendit, la guérit et revint comblé de présents, mais avec une fièvre qui l'enleva à son retour à Damas. Il n'avait que 38 ans.

Rachid eddin laissa quelques écrits :

Manuel d'arithmétique.

Traité de géométrie.

Traité de médecine.

Traité des maladies les plus communes et des médicaments les plus faciles à se procurer.

Du pouls et des rapports de son système avec celui de la musique.

Des éléments.

Notes et observations sur la médecine.

ABDELLATIF.

Mouaffeq eddin Abou Mohammed Abdellatif ben Yousouf ben Mohammed ben Ali ben Abi Saïd naquit à Bagdad en l'année 557 de l'hégire (1161).

L'histoire de sa vie, racontée par Ebn Abi Ossaïbiah, n'occupant pas moins d'une vingtaine de pages, nous renverrons pour les détails à sa *Description de l'Egypte* traduite par M. de Sacy, et nous nous bornerons ici à quelques traits généraux et caractéristiques.

Son père le mit en rapport avec des maîtres éminents dans toutes les sciences. Lui-même eut toujours la plus grande ardeur pour l'étude des sciences et rechercha la société des hommes distingués. Un de ses maîtres fut le fils d'Amin Eddoula. Un moment il fut passionné pour Avicenne, Géber et l'alchimie. C'est lui qui nous l'apprend dans son autobiographie.

Il habita tour à tour Damas, où il enseigna la médecine, Jérusalem, le Caire et Alep, et séjourna quelque temps en

Asie mineure. Il se trouvait au siége de Jérusalem avec Saladin, qui lui fit une pension. Au Caire, il rencontra Maimonides, dont le livre intitulé le *Guide des égarés* lui parut un mauvais livre. A Damas, il exerça et professa la médecine avec distinction. Etant de séjour à Alep, il entretenait une correspondance avec Ebn Abi Ossaïbiah, dont le père fut aussi l'ami d'Abdellatif. Il mourut à Bagdad en l'année 629 de l'hégire, 1231 de l'ère chrétienne.

Abdellatif écrivit beaucoup, et nous avons les titres de plus d'une centaine d'ouvrages de sa composition. La plupart ont trait à la médecine et un grand nombre ne sont que des abrégés d'auteurs anciens ou modernes, ou des commentaires. Il en est plusieurs qui ont trait à la matière médicale. Ainsi : Des principes des médicaments simples (dont le Ms. existe à la Bibliothèque de Paris) ; des Traités sur la rhubarbe, le scinque, le froment, la vigne et le vin, la thériaque ; des Abrégés des Traités des médicaments simples d'Eben Ouafed et d'Ebn Samadjoun ; des doses des médicaments composés, etc.

Ce ne sont là que des œuvres de compilation, mais Abdellatif a prouvé dans sa description de l'Egypte qu'il savait unir le talent d'observation à l'étude des anciens. Le II° livre est consacré à la description des produits végétaux de l'Egypte. On y remarque d'abord un long article sur *le Lebakh*, le Persea des anciens, qui a donné lieu à tant de commentaires, et qu'Abdellatif nous dit devenu rare de son temps. Nous citerons encore les articles du sycomore, du baumier, de la colocasie et surtout celui du bananier. A propos de la colocasie, M. de Sacy a fait remarquer qu'Abdellatif lui appliquait ce que Dioscorides avait dit de la fève égyptienne. Le II° livre de la description de l'Egypte a été de la part de M. de Sacy l'objet de longs et savants commentaires, que l'on peut citer comme un rare modèle du genre, et qui sont un des documents les plus indispensables à consulter pour quiconque veut connaître l'histoire naturelle de l'Egypte. On ne sait ce qu'on doit le plus admirer dans ce travail, de l'immense érudition ou de l'esprit judicieux qui la met en œuvre.

Dans la description de l'Egypte, nous devons signaler encore quelques-uns des derniers chapitres. Celui consacré aux mets particuliers à l'Egypte et ceux consacrés au récit de la famine et de la peste qui ravagèrent l'Egypte dans les premières années du XIII° siècle. La mortalité fut effrayante (1). L'auteur estime qu'un monceau de squelettes, sur lesquels il fit de curieuses observations anatomiques, en contenait environ 20,000.

Il y a là un passage curieux, que nous croyons devoir transcrire en entier.

« Plusieurs personnes du nombre de celles qui me fréquentaient assidûment pour conférer avec moi de médecine, étant parvenues au Traité d'Anatomie (de Galien), avaient peine à me comprendre, et moi à me faire entendre d'elles, parce qu'il y a une grande différence entre une description verbale et l'inspection même des choses. Ayant donc appris qu'il y avait à Maks une colline sur laquelle étaient accumulés des ossements humains en grande quantité, nous nous y rendîmes, et nous vîmes un monticule d'une étendue considérable composé de débris de cadavres humains; il y en avait plus que de terre, et l'on pouvait estimer à vingt mille cadavres et plus la quantité que les yeux apercevaient. Ils se distinguaient en diverses classes, à raison de leur plus ou moins de vétusté.

En considérant ces cadavres, nous y avons recueilli sur la figure des os, leurs jointures, leurs emboîtures, leurs proportions respectives et leurs positions, des lumières que les livres ne nous auraient jamais procurées ; soit parce qu'on a omis d'en parler, soit parce que les expressions dans lesquelles on en a parlé ne présentent pas la chose d'une manière assez précise pour que l'on s'en forme une juste idée, soit enfin parce que l'idée qu'ils en donnent est contraire à ce que nous avons reconnu par l'inspection ; car les preuves qui tombent sous les sens, sont bien supérieures à celles qui ne sont fondées que sur l'autorité. En effet, quoi que Galien

(1) Il faut lire dans M. de Sacy le récit effrayant de l'antropophagie qui fut la suite de cette famine.

ait apporté la plus scrupuleuse exactitude et le soin le plus attentif à tout ce qu'il a fait et à tout ce qu'il a rapporté, cependant le témoignage des sens mérite d'être cru préférablement au sien, ce qui n'empêche pas qu'on ne puisse ensuite chercher, s'il est possible, un moyen d'expliquer ses paroles de manière à y trouver un sens qui le justifie.

Une des remarques que nous avons faites a pour objet l'os de la mâchoire inférieure. Tous les anatomistes s'accordent à dire que cette mâchoire est composée de deux os qui sont fermement réunis vers le menton : quand je dis tous les anatomistes, c'est comme si je disais Galien tout seul ; car c'est lui seul qui a pratiqué personnellement les opérations anatomiques, qui en a fait l'objet particulier de son étude et de ses recherches, et qui a composé sur cette matière plusieurs ouvrages, dont nous possédons les principaux, les autres n'ont pas été traduits en arabe.

Or l'inspection de cette partie des cadavres nous a convaincus que l'os de la mâchoire inférieure est unique ; qu'il n'y a ni jointure ni suture.

Nous en avons réitéré l'observation un grand nombre de fois, sur plus de deux cents têtes ; nous avons employé toute sorte de moyens pour nous assurer de la vérité, et nous n'y avons jamais reconnu qu'un seul os. Nous nous sommes aidés de différentes personnes, qui ont répété en leur particulier le même examen, tant en notre absence que sous nos yeux ; et elles n'y ont jamais vu, comme nous, qu'un seul os, ainsi que nous l'avons dit. Nous avons fait de pareilles observations sur divers autres articles ; et si la providence favorise notre projet, nous composerons sur cette matière un traité dans lequel nous rapporterons ce que nous avons vu, en le comparant avec ce que nous avons appris dans les livres de Galien. J'ai encore examiné ce même os dans les anciens sépulcres de Bousir, et j'ai toujours trouvé qu'il n'y avait ni jointure ni suture. On sait que, par un grand laps de temps, les sutures les plus imperceptibles et les jointures les plus solides deviennent sensibles et se séparent ; mais pour l'os de la mâchoire inférieure dont il s'agit, dans tous les cas on le trouve d'une seule pièce.

Suivant Galien, l'os sacrum et le coccyx réunis sont composés de six os. Pour moi j'ai trouvé que le tout ne faisait qu'un seul os, et après avoir examiné la chose de toutes les manières, j'ai toujours obtenu le même résultat. Ayant ensuite fait le même examen sur un autre cadavre, j'ai reconnu que cette pièce osseuse y était composé de six os, comme l'a dit Galien ; et la totalité des cadavres que j'ai observés depuis m'a présenté constamment le même phénomène, à l'exception de deux seulement, où ces parties ne formaient qu'un seul et même os ; mais dans tous j'ai trouvé ces os joints très-solidement.

Au surplus, je ne suis pas aussi certain de ceci que de ce que j'ai dit en avançant, relativement à la mâchoire inférieure, qu'elle n'est formée que d'un seul os » Trad. de M. de Sacy, Abdellatif, 418.

Tels sont les écrits d'Abdellatif sur la médecine en général :

Commentaire sur les Aphorismes.

Sur le commentaire des maladies aiguës d'Hippocrate par Galien.

Abrégé des Fonctions des organes de Galien.

Abrégé des Opinions d'Hippocrate et de Platon.

Abrégé du Livre du fœtus.

Abrégé du Livre de la voix.

Abrégé du Livre du sperme.

Abrégé du Livre de la respiration.

Abrégé des espèces de fièvres.

Abrégé du Livre des fièvres d'Israïly.

Abrégé du Livre des urines, du même.

De l'eau. De la soif.

Des origines de la médecine.

Du traitement par les contraires.

Du diabète et de son traitement.

Des tempéraments.

Des crises.

Traité d'anatomie.

Réponse à Ali ben Rodhouan sur les divergences d'Aristote et de Platon.

Réponse à Ebn el Khathib sur son commentaire des Généralités du Canon, dédié à Rachid eddin, oncle d'Ebn Abi Ossaïbiah.

Sur les gloses d'Ebn Eddjami sur le Canon.

Des sens.

De la parole, de la voix et de la respiration.

Abrégé de l'hygiène de Galien.

De l'objet de la médecine.

De la phrénésie.

De l'hypochondrie.

Abrégé de la Colique d'Ebn Abil Achats.

Abrégé du Livre des animaux, du même.

Abrégé des Animaax d'Aristote.

Livre sur les animaux, en 100 cahiers.

Abdellatif écrivit divers ouvrages sur la philosophie, soit originaux soit en forme d'abrégés, ou de paraphrase, ou de commentaires. Plusieurs ont trait à la philosophie d'Aristote, ainsi que d'Avicenne et d'El Faraby.

Nous citerons les suivants :

Sur le livre des tendances des philosophes (de Gazzaly).

De la substance et de l'accident.

Des sciences nuisibles.

Avis aux médecins et aux philosophes.

Réponse à Ebn Heitsam sur le lieu.

Abrégé de métaphysique.

De l'origine des langues.

Réponse aux juifs et aux chrétiens.

De la politique.

De l'art de la guerre, adressé à des princes contemporains.

Sur les minéraux et la vanité de l'alchimie.

Enfin il écrivit aussi sur les traditions.

EBN ABI OSSAÏBIAH.

Aboul Abbas Ahmed ben el Cassem ben Khalifa Mouaffeq eddin el Khazradjy, plus connu sous le nom d'Ebn Abi Ossaïbiah, ne fut pas simplement l'historien de la médecine, il la pratiqua et nous le verrons chargé de plus d'un service d'hôpital: il se recommande ainsi doublement à nous.

Nous avons déjà dit que son aïeul, dont il devait porter le nom, vint à Damas avec sa famille, en 1200. C'est là que le futur historien naquit en 1203. Le peu de détails que nous connaissons sur son existence, c'est lui-même qui nous les a conservés dans les biographies de ses contemporains.

Non-seulement il put puiser dans la famille le goût de la médecine, mais les relations de son père et de son oncle le mîrent en rapport avec les plus éminents médecins de son temps. Il commença ses études médicales sous la direction d'Iakoub ben Saclan, à Damas. Il le suivit ensuite dans les armées de Mouaddhem et il put apprécier le rare savoir de son maître et sa grande connaissance des livres de Galien. Plus tard, il vint se fixer à Damas pour y profiter des leçons d'un autre éminent médecin, Ebn Eddakhouar, dont il nous a conservé quelques faits remarquables de pratique médicale. En même temps, se trouvaient attachés au grand hôpital de Damas, Omran el Israïly, ainsi que le vieux Errahaby, heureux concours dont il nous dit que le résultat fut au bénéfice des malades et des élèves. Il devint maître à son tour et fut chargé d'un service dans ce même hôpital où il rencontra comme confrère Sedid eddin ben Refiqua, qui fut aussi son ami.

Nous ignorons à quelle époque il quitta Damas pour le Caire, mais lui-même nous apprend qu'il prit à l'hôpital Ennacery de cette ville un service d'ophthalmiques au moment où s'y trouvait attaché Sedid eddin ben Abil Bayan.

Du Caire il se rendit à Sarched en Syrie, où il fut le médecin de l'émir Azz eddin Eidemir ben Abd Allah. Il y mourut en 1269.

Parmi les médecins distingués de l'époque avec lesquels il fut en relations, nous citerons encore Abdellatif, l'ami de sa famille, et Ebn el Beithâr. Celui-ci fut son maître en botanique: ils firent ensemble des excursions aux environs de Damas, ayant en mains les maîtres anciens et modernes.

Ce qui recommande Ebn Abi Ossaïbiah à la considération de la postérité c'est son histoire des médecins qu'il publia sous ce titre : *Ouyoûn el anba fi thabacat el athibba*, ce qui veut dire : Sources de renseignements sur les différentes classes de médecins. C'est l'histoire de la médecine depuis les temps les plus reculés et chez tous les peuples, généralement sous forme de biographies. Elle est divisée en quinze chapitres contenant les matières suivantes :

I. Origines de la médecine.

II. Des premiers médecins.

III. Des médecins grecs depuis Esculape.

IV. Hippocrate et ses contemporains.

V. Galien et son époque.

VI. Médecins d'Alexandrie.

VII. Médecins contemporains de Mahomet.

VIII. Médecins syriens sous les premiers Abbassides.

IX. Les traducteurs et leurs protecteurs.

X. Médecins de l'Irak.

XI. Médecins de la Perse.

XII. Médecins de l'Inde.

XIII. Médecins du Magreb et de l'Espagne.

XIV. Médecins de l'Egypte.

XV. Médecins de la Syrie.

Malgré ses défauts, qui tiennent en partie à la forme de biographies adoptée par l'auteur et qui sont un peu de sécheresse et trop peu de critique, cet ouvrage n'en est pas moins un monument précieux et unique, ajoutant aux documents de ses devanciers des renseignements personnels sur les médecins ses contemporains et sur ceux qui l'ont immédiatement précédé.

Ebn Abi Ossaïbiah a puisé dans les écrits de Jean le grammairien, d'Obéid Allah ben Djabril, d'Ebn Botlan, d'Ebn Djoldjol, du Cadhy Sâd, etc., mais surtout dans le Fihrist et le Kitab el hokama. De tous ces documents, les deux derniers sont les seuls qui nous aient été conservés. En les complétant par d'autres et par ses enquêtes auprès de ses contemporains, Ebn Abi Ossaïbiah nous a laissé l'histoire la plus complète de la médecine en Orient. Son livre jette un jour tout nouveau sur une époque de l'histoire des sciences qui n'a encore été abordée que dans ces derniers temps et trop sommairement par Wüstenfeld.

Il nous donne même de précieux renseignements sur la médecine grecque. Si ces renseignements ne sont pas bien neufs et sont souvent altérés, ils n'en ont pas moins un double avantage. Ils nous apprennent d'abord ce que les Arabes savaient sur les Grecs, puis ils nous fournissent la riche nomenclature des traductions qu'ils en ont opérées dans leur langue, traductions qui portent parfois sur des ouvrages qui ne nous sont pas autrement connus ou qui se sont perdus depuis. Quant aux autres médecins, arabes d'origine ou de langage, ils figurent au nombre d'environ quatre cents, et nul autre ouvrage ne saurait remplacer celui-ci pour l'étendue et la richesse des renseignements.

Telle est généralement la marche que suit l'auteur dans ses notices. Il donne la date de la naissance, quand il la connaît, quelques appréciations sommaires légèrement entachées de complaisance ou de banalité, les principaux événements de la vie du personnage, des anecdotes qui n'ont pas toujours un grand intérêt scientifique, la date de la mort, enfin la liste détaillée et quelquefois annotée des écrits. Quand on parcourt la liste souvent très longue des écrits composés par les médecins arabes, bien que ces écrits manquent souvent d'originalité et roulent sur les mêmes thèmes, on n'en est pas moins frappé de l'étendue de leurs connaissances et de la grande activité intellectuelle qui régna constamment en Orient, alors que l'Occident se trouvait plongé dans les ténèbres et la barbarie. On trouve encore çà et là des renseignements précieux sur l'exercice et l'enseignement de la médecine, sur les institutions médicales et scientifiques, sur la considération attachée à la médecine, sur les hautes positions occupées par un grand nombre de médecins : en un mot c'est une révélation nouvelle de l'Orient. Les médecins arabes, surtout les grands médecins, étaient la plupart du temps à peu près encyclopédistes. Un grand nombre d'entre eux figurent dans cette galerie qui s'occupèrent tout aussi bien de philosophie, de physique, de mathématiques et d'astronomie que de médecine.

Toutes les sciences peuvent trouver ici des matériaux pour leur histoire. Il suffit de citer les noms d'El Kendy, d'Avicenne, d'Alfaraby, de Fakr eddin Errazy, d'Ebn el Heitam, d'Averroès, etc., dont les listes bibliographiques sont d'une incroyable richesse, pour comprendre combien l'histoire de la philosophie et des sciences mathématiques est intéressée à connaître Ebn Abi Ossaïbiah.

Nous en avons déjà dit assez pour faire voir combien est étrange l'assertion de Freind qui, sur quelques biographies d'un caractère tout particulier, prétendait que l'ouvrage d'Ebn Abi Ossaïbiah n'avait d'autre intérêt que celui de nous apprendre avec quelle magnificence les souverains de l'Orient récompensaient leurs médecins.

L'ouvrage d'Ebn Abi Ossaïbiah n'a été connu que dans ces derniers temps. D'Herbelot ne l'a connu que de nom et encore l'a-t-il dédoublé. Reiske, au siècle dernier, dans ses Monuments de la médecine arabe, donna la liste des médecins orientaux, et releva, livre par livre, les observations citées de pratique médicale. Il paraîtrait même qu'il aurait traduit l'ouvrage en latin, et que cette traduction existerait à Copenhague: lui-même en annonce des extraits. Gagnier aurait aussi fait cette traduction. Cette liste fut aussi publiée par Nicoll dans le catalogue de la Boldéienne.

M. de Sacy en a publié quelques biographies dans son Abdellatif.

C'est là que Wüstenfeld a puisé la plupart de ses matériaux pour son histoire sommaire des médecins et naturalistes arabes. Cependant, on dirait que Wüstenfeld a sommeillé parfois, ayant laissé dans l'ombre quelques médecins qui méritaient d'en sortir, et n'ayant pas toujours donné à chacun une notice proportionnée à son importance. Il semblerait qu'il n'a pas toujours lu Ebn Abi Ossaïbiah intégralement. On pourrait en dire autant des listes bibliographiques. Il eût gagné à les prendre constamment pour guide et se serait ainsi épargné des confusions, des répétitions et des oublis. Malgré ces défectuosités, le travail de Wüstenfeld est le premier ouvrage sérieux sur la médecine arabe, et celui qui a le mieux fait ressortir la richesse des documents contenus dans l'ouvrage d'Ebn Abi Ossaïbiah.

Dans ses *Analecta medica*, Dietz avait reproduit le chapitre des médecins indiens ainsi que la notice d'Ebn el Beithâr.

Dans ces dernières années, M. Sanguinetti a publié la traduction des premiers chapitres relatifs aux origines de la médecine, du chapitre des contemporains de Mahomet, et les premiers médecins de la famille des Bakhtichou, et il se propose de publier la traduction de l'ouvrage entier sous le patronage de la société asiatique. Peut-être serait-il à désiser qu'on élaguât de cette publication les innombrables poésies qui s'y rencontrent, qui font peut-être bien le quart de l'ouvrage, qui n'intéressent en aucune manière l'histoire de la médecine, et n'ont peut-être pas un bien grand intérêt littéraire. De cette manière, l'ouvrage serait plus facilement accessible à ceux auxquels il doit réellement s'adresser, c'est-à-dire les médecins.

Il serait bien à désirer aussi que l'on publiât intégralement le Kitab el hokama de Djemal eddin ; et les parties du Fihrist d'Ebn en Nedim qui ont trait, plus particulièrement, aux rapports des Arabes avec la science grecque. Ces trois monuments mettraient en lumière et à la disposition des érudits qui ne peuvent recourir aux sources, bien des documents nouveaux et faciliteraient à tous la connaissance de cette merveilleuse initiation des Arabes à la science grecque, sur laquelle notre littérature ne possède, pour ainsi dire, rien encore, et dans la connaissance de laquelle les nations voisines nous ont précédés.

L'original d'Ebn Abi Ossaïbiab existe dans plusieurs de nos Bibliothèques européennes. La bibliothèque de Paris en possède quatre exemplaires, dont un complet, un abrégé, un autre qui va jusqu'à l'époque d'Alexandrie, et un quatrième qui ne comprend que les médecins arabes des derniers temps. Le dernier n'est pas le texte arabe, mais une traduction française un peu sommaire, faite en Egypte par une personne ayant une connaissance insuffisante de la médecine : c'est dire qu'elle est défectueuse.

Pour notre histoire de la médecine arabe, nous avons

commencé par traduire Ebn Abi Ossaïbiah, en élaguant non-
seulement toutes les poésies, mais bien des faits de détails
qui nous ont paru d'un faible intérêt.

Ebn Abi Ossaïbiah nous apprend dans son introduction
qu'il dédia son ouvrage au vizir Aboul R'assan ben R'azzal,
dont nous avons donné précédemment la biographie.

Il composa aussi un ouvrage intitulé *Expériences et observations utiles*, dont il fait mention dans la notice d'Omran el
Israïly.

Enfin il avait entrepris un autre ouvrage où il devait donner la biographie des savants qui se sont occupés de sciences
autres que la médecine, intitulé : *Monuments des nations et
histoire des savants*. C'est lui-même qui nous l'apprend dans
son introduction ; mais cet ouvrage ne fut pas achevé.

DJEMAL EDDIN EBN EL KOFTHY.

Le vizir Djemal eddin Ali ben Iousef ben Ibrahim, dit
aussi Ebn el Kofthy ou El Kifthy, du lieu de sa naissance,
et El Quadhy el Akram, ou le cadi généreux, naquit en
Égypte, dans la ville de Coptos, en l'année 568 (1172).

Tout jeune encore, son père le conduisit au Caire, pour y
apprendre à lire et à écrire et y faire ses humanités.

Plus tard, il quitta le Caire pour se rendre à Alep, où il
vécut auprès de l'émir Meimoun el Kasry.

Aimant les savants, cherchant à se trouver au milieu de
leurs discussions, il devint savant lui-même, aidé du reste
par des études assidues. Il trouva dans Alep un homme intelligent, avec lequel des fonctions analogues devaient souvent le mettre en rapport, et il en fit son ami.

Nous voulons parler d'Aboul Hedjadj Yousef Essebty,
médecin de l'émir Meimoun, et qui le devint ensuite de
Malek Eddaher. Yousef Essebty mourut à Alep en 1226, et
Djemal eddin écrivit sa biographie. C'est là qu'il raconte ce
pacte curieux de deux amis qui se promettent de se visiter
après leur mort. En ayant parlé à propos d'Essebty, nous
n'en reparlerons pas ici. C'est d'Yousef Essebty que Djemal

eddin apprit l'auto-da-fé de livres de philosophie à Bagdad, sous la présidence d'Ebn el Marestanya, vers la fin du XIIe siècle. Nous en avons parlé à propos d'Abdessalem, dont les livres furent aussi incriminés.

A la mort de l'émir El Meimoun, Djemal eddin vécut dans la retraite. Cependant Malek Eddaher le fit entrer malgré lui dans ses conseils. A la mort de Malek Eddaher (en 1216), Djemal eddin rentra dans la retraite et la solitude. fuyant le monde et se livrant tout entier à la lecture et à ses goûts. En 633 Malek el Aziz l'appela à lui et lui conféra la qualité de vizir, qu'il conserva sous son successeur Malek Ennacer, jusqu'à ce qu'il mourut en l'année 646 de l'hégire, 1248 de notre ère (1). Cette sultanie d'Alep, formée lors du démembrement des états de Saladin, était échue à son fils Malek Eddaher Gazy.

Ce qui distingue Djemal eddin et en fait un type, c'est sa passion pour les livres et l'érudition qu'il y puisa. Il ne trouvait de plaisir qu'au milieu des livres, au point qu'il n'eut jamais de maison en propre et ne se maria pas. C'était du reste un homme digne et de mœurs respectables.

Djemal eddin est sans contredit le plus ardent et le plus éminent bibliophile que nous puissions citer parmi les Arabes, qui en comptèrent tant. Il en récoltait de tous les côtés et il en amassa une telle quantité que sa bibliothèque, léguée par testament à Malek Ennacer, fut estimée à 50,000 dinars, environ 6 à 700,000 francs.

Comme on connaissait sa passion pour les livres, dit Quatremère, et l'empressement qu'il mettait à en acheter au plus haut prix, on lui en apportait de tous les pays.

Il parvint à réunir ainsi bien des milliers de volumes qui tous étaient des chefs d'œuvres de calligraphie, ou présentaient l'écriture des docteurs célèbres, ou étaient de la main des auteurs eux-mêmes. Toutes les fois qu'on lui apportait un bel exemplaire, loin d'en refuser l'acquisition, il en offrait toujours un prix assez élevé pour que le propriétaire eût lieu d'être satisfait. Lorsqu'il avait acheté un livre, il le

(1) Ou plus exactement au mois de janvier 1249.

lisait tout entier, puis le plaçait dans sa bibliothèque : dès ce moment il ne voulait plus le laisser sortir et ne le montrait à personne.

Nous citerons encore à l'appui un fait que n'a pas connu Quatremère et que nous a conservé Essafady (Fleischer, Hist. ante-islam.). On lui proposa un jour un exemplaire des Généalogies d'Ebn Essamany dans lequel il manquait un fascicule intéressant précisément sa famille. Dès lors il se mit à chercher partout pour le compléter, mais en vain. Cependant quelqu'un lui apporta des feuillets qu'il avait trouvés sur le marché des bonnetiers. Djemal eddin fit venir l'individu qui les avait cédés et s'enquit de leur origine. L'ouvrier lui répondit qu'il avait acheté ces feuilles avec beaucoup d'autres, mais qu'il les avait toutes employées pour en faire des formes. Il fut au comble du chagrin. Pendant plusieurs jours il suspendit ses visites et ses séances au Palais et fit prendre le deuil de ce livre. Les principaux personnages vinrent lui faire leurs compliments de condoléance tout comme s'il avait perdu son plus cher ami.

Toutefois Djemal eddin était plus qu'un bibliophile, c'était un savant, et nous allons voir comment sa passion jalouse n'en tourna pas moins au profit de la science.

Sés études portèrent sur la lexicologie, la grammaire, la jurisprudence, les traditions, le coran, la logique, l'astronomie, les mathématiques et l'histoire. Il dut aussi s'occuper de médecine, si nous en jugeons par les réflexions qu'il fait à propos d'Aboulfarage ben Thaieb, qu'il défend contre ses détracteurs. Quoi qu'il en soit, il a droit à notre intérêt par ses biographies de savants et de médecins. Ces biographies font le sujet d'un livre dans lequel nous avons largement puisé.

Ce livre est généralement connu sous le titre de *Kitab Tarikh el hokama,* livre de l'histoire des savants. Nous pensons que c'est le même qui, dans le catalogue d'Essafady, porte le titre de : Livre de renseignements sur les savants et leurs écrits. Ce titre est bien dans l'esprit du livre. Du reste nous le trouvons désigné ailleurs avec de légères variantes.

Casiri fut le premier qui mit ce livre en lumière, sous le

titre de *Bibliotheca philosophorum*. Il y prit les notices d'une foule d'écrivains représentés à l'Escurial.

Mais il n'en connaissait pas l'auteur, et l'on peut s'étonner que ni lui ni d'autres, pendant assez longtemps, ne l'aient pas reconnu dans Aboulfarage, qui lui a tant emprunté, qui en parle plusieurs fois et lui a consacré un article nécrologique.

Nous n'avons pas la rédaction primitive du livre, mais seulement un abrégé, ou plutôt des abrégés, car il en existe de plusieurs mains. Le plus répandu est celui de Zouzeny, qui le rédigeait l'année qui suivit la mort de Djemal eddin, et qui passa pour en être l'auteur. Cette erreur est encore partagée par d'éminents orientalistes, après ce qu'en a dit Fleischer dans son édition d'Aboulféda, et Wenrich dans son travail sur les traductions, sans parler de Munck. Il serait oiseux de chercher de nouveau à établir cette identité.

Le Kitab el hokama contient des notices sur la vie et les écrits de plus de trois cents savants, tant anciens que modernes. Pour donner une idée des proportions de l'ouvrage, nous dirons que le Manuscrit de l'Escurial contient cinq cents pages à quinze lignes d'une écriture fine.

Nous y trouvons représentés presque tous les savants de l'ancienne Grèce. Parmi les plus illustres nous citerons Alexandre d'Aphrodisée, Apollonius de Perge, Archimède, Aristote, Euclide, Galien, Hippocrate, Homère, Platon, Plutarque, Ptolémée, Pythagore, Socrate, Théophraste, etc., sans compter Jean le grammairien dont la notice, du plus haut intérêt, ainsi que nous le dirons bientôt, avait été négligée jusqu'à présent.

Il est inutile de citer les Arabes.

Ces notices ont une étendue et une valeur inégales. Généralement elles sont assez sobres de détails biographiques, mais elles sont riches en renseignements bibliographiques. Si elles nous donnent peu de renseignements nouveaux sur les Grecs, elles nous font connaître ce que les Arabes en savaient, et elles nous donnent un riche inventaire de toutes les traductions qui se firent du grec en arabe ou en syriaque. Ces notices ont parfois une certaine étendue. C'est ainsi que nous trouvons trois pages pour Euclide, quatre pour Ptolémée, cinq pour Hippocrate, huit pour Socrate et dix pour Galien. La bibliographie en occupe la meilleure partie, et de temps en temps on trouve la citation de quelque ouvrage qui ne nous est point parvenu.

Il y a dans le Kitab el hokama une mine précieuse tant pour l'histoire de la médecine que pour celle des sciences en général, ainsi qu'on a déjà pu le voir par les nombreux extraits de Casiri.

Djemal eddin doit beaucoup à l'auteur du Fihrist, Mohammed ben Ishaq Ennedim, qu'il cite parfois, mais il est probable qu'il trouva surtout dans son immense bibliothèque les matériaux de son livre. C'est ainsi qu'il nous dit posséder un exemplaire de la réponse de Jean le grammairien à Proclus sur l'éternité du monde, etc.

De son côté, il a prêté beaucoup à Aboulfarage et à Ebn Abi Ossaïbiah. Les trois quarts environ des notices qu'Aboulfarage donne sur les savants sont tirés du Kitab el hokama. Pendant longtemps ces notices furent à peu près tout ce que l'on possédait de renseignements sur les médecins arabes. Parmi ces notices il en est une très longue et très curieuse, que nous croyons avoir exploitée le premier, celle d'Iahya Ennahouy, autrement Jean le grammairien. C'est dans cette notice que se trouve raconté l'incendie de la Bibliothèque d'Alexandrie, que l'on avait cru jusqu'alors du fait d'Aboulfarage, ce qui avait fait soupçonner la véracité du récit. Eh bien, ce récit est emprunté de toutes pièces à Djemal eddin, y compris l'exclamation finale, qui ne doit pas nous étonner de la part de notre bibliophile : Écoutez ce qui s'est passé et soyez stupéfaits !

Ebn Abi Ossaïbiah, qui a reproduit une partie de la notice de Djemal eddin, ne parle pas de l'incendie de la Bibliothèque d'Alexandrie ; mais d'après la citation qu'il fait au commencement de son article de Mohammed ben Ishaq Ennedim, il semblerait qu'il faudrait remonter jusqu'au Fihrist pour trouver le récit original de ce grand événement. Nous n'avons pu jusqu'à présent nous en assurer. Tel est le début de cet article :

D'après Mohammed ben Ishaq Ennedim el Bagdady, dans le Fihrist, Iahya fut disciple de Sévère. Il était d'abord évêque en Égypte, de la secte jacobite, etc.

C'est précisément ainsi que commence la notice de Jean le grammairien dans le Kitab el hokama.

Il serait à désirer que l'on publiât une bonne édition de cet ouvrage, d'autant plus que les citations de Casiri ne sont pas toujours exactes ni complètes (1).

Parmi les noms grecs, il en est quelques-uns que nous n'avons pu jusqu'à présent restituer, mais il en est deux qu'il est facile de rétablir, et nous sommes étonné que Fleischer ne l'ait pas fait dans un passage d'Aboulféda emprunté à Djemal eddin, p. 156-7. Il s'agit de Mêthon et Euctémon, qui firent ensemble, dit l'auteur arabe, des observations astronomiques à Alexandrie. Le texte d'Aboulféda donne *Menthar* et Afthimon, et Fleischer a conservé ces inexactitudes, si faciles à corriger. Les Mss. de Paris et de l'Escurial écrivent Menthon, au lieu de Menthar.

Parmi les autres ouvrages de Djemal eddin, mentionnés dans la notice d'Essafady, nous citerons les suivants :

Annales des grammairiens.

Annales de l'Égypte depuis le commencement jusqu'à Saladin.

Histoire des Arabes.

Histoire de l'Iémen.

Correction du Sihah de Djouhary.

Discours sur le Sahih de Boukhary.

Histoire de Mohammed ben Sebektekin.

Histoire des Seldjoukides.

Histoire de la famille de Merdès.

Réponse aux chrétiens.

Professorat? de Tadj eddin el Kendy.

Des meilleures transcriptions depuis l'invention de l'écriture.

(1) On retrouve, en effet, dans le Fihrist une partie de la notice d'Iahya, ainsi l'histoire de la fondation de la Bibliothèque par Ptolémée Philadelphe (Ms. de Paris).

SOUEIDY.

Abou Ishaq Ibrahim ben Mohammed ben Tharhan Azz eddin Essoueidy el Ansary, dit aussi Eddimachky, naquit en l'année 600 (1203), d'après le supplément donné par le British muséum aux notices d'Ebn Abi Ossaïbiah. Son surnom Eddimachky vient de Damas sa ville natale.

Le document que nous venons de citer le dit lié d'une étroite amitié avec Ebn Abi Ossaïbiah, et c'est à cela que se bornent les renseignements fournis sur son compte. Ses écrits nous apprennent qu'il habita non-seulement Damas et la Syrie, mais encore l'Égypte. Il cessa de vivre en l'année 691 de l'hégire (1291 de notre ère).

Les renseignements que nous trouvons dans Hadji Khalfa sont exclusivement relatifs à ses écrits.

Le principal est la *Tedkira,* ou Mémorial, dit aussi d'après Hadji Khalfa *Tedkirat el Hadya,* Mémorial de direction. Tel serait le titre donné par l'auteur, à l'exclusion des variantes que l'on trouve dans divers documents. L'ouvrage est encore fréquemment cité sous le titre de *Tedkirat el Moufridat,* ou Mémorial des médicaments simples, parce que l'auteur s'est restreint, dans sa thérapeutique, à l'emploi des simples.

« Ce *Mémorial,* dit Hadji Khalfa, se compose de trois gros volumes. C'est un livre d'une grande valeur, où il a fait entrer tous les médicaments simples, suivant l'ordre des organes et des maladies, tant d'après son expérience que d'après celle des autres, les faisant suivre des noms des auteurs, tant anciens que modernes. Celui qui veut posséder la médecine ne saurait s'en passer. Par le fait de ces citations, son livre s'est trouvé trop volumineux. C'est pourquoi il a été remanié par le Cheikh Bedr eddin Mohammed el Qoussouny, qui a supprimé les noms des médecins, interverti l'ordre de certains passages, et donné en tête de son œuvre l'état des médicaments, n° 2,810. »

A ces renseignements que nous avons trouvés exacts, nous

en ajouterons d'autres fournis par l'examen du Mémorial.

Jusqu'à présent le Mémorial de Soueidy avait passé complétement inaperçu (1). Il en existe cependant un exemplaire à Paris, mais incomplet, acéphale et relié à tort et à travers. Il y a plus: des deux volumes qui le constituent le premier porte le n° 1034, et le deuxième le n° 1024.

Nous avons consacré à l'étude de ces deux manuscrits d'autant plus de temps que nous les abordions sans préparation. Les détails dans lesquels nous allons entrer seront justifiés par leur nouveauté.

Comme nous l'avons déjà dit, le *Tedkirat* est un mémorial de thérapeutique. L'ordonnance du livre est la série des maladies de la tête aux pieds. A la suite des simples recommandés sont les noms des auteurs qui les recommandent.

Avant d'aller plus loin nous parlerons des manuscrits de Paris. Leur ordre est interverti, le n° 1024 faisant suite au n° 1034. Ce dernier n° est acéphale et il ne commence qu'aux affections du foie. Il ne représente donc que la moitié du volume au complet. Il va jusqu'aux coliques et le n° 1024 reprend par les vers intestinaux. Ce dernier volume, qui contient 151 feuilles, est probablement complet, et devrait être suivi d'un dernier et troisième volume. Nous nous sommes du reste assuré par l'étude d'un abrégé que nous avons trouvé à Constantine, qu'il y a concordance dans l'ordre des maladies.

Cet abrégé donne en plus les affections cutanées et traumatiques, les fièvres et les poisons, et tel serait le contenu du troisième et dernier volume. En somme les deux manuscrits de Paris ne représentent que la moitié du Mémorial, dont il manquerait le premier sixième et les deux derniers.

Nous avons fait le dépouillement des auteurs cités, non pas en notant toutes les citations, mais en nous attachant à ne laisser aucun nom de côté. Nous en avons trouvé environ cent cinquante. Pour quelques auteurs seulement, là où nous avons cru y trouver de l'intérêt, nous avons relevé le nombre des citations.

(1) D'Herbelot en parle, mais sans doute d'après Hadji Khalfa.

Les noms grecs abondent, mais il en est quelques-uns qui sont cités probablement de seconde main, ainsi Andromaque, Antillus, Cléopâtre, Diogène, Erasistrate, Chrysis, etc.

Nous croyons avoir lu le nom d'Aétius. Aristote est souvent cité pour ses livres des Pierres et de l'Agriculture.

Nous trouvons citées aussi les Agricultures grecque, nabathéenne et persane.

On a dit qu'Averroès n'était pas connu en Orient. Nous en avons relevé une cinquantaine de citations. Abulcasis et Avenzoar ne sont pas moins fréquemment cités.

Il est quelques noms qui nous ont apparu pour la première fois. Ainsi Amr ben Khathelba, Ascof Basry une trentaine de fois, Iahya ben Corra el Harrany, Iouhanna ben Saïd, Raouas, etc. Nous avons rencontré quelques autres noms andalous, tels que Ebn Badja, et Ebn Erroumya. Ebn el Beithâr figure généralement sous le nom d'El Malaky. El Birouny figure souvent pour l'emploi des gemmes. Quant aux grands noms de la médecine arabe, ils reviennent constamment.

Les citations des médicaments sont généralement très sèches. Parfois on donne une synonymie, une appellation locale, la provenance.

Ajoutons qu'à la suite des divers témoignages l'auteur place fréquemment le sien.

On voit que l'ordonnance et l'exécution du livre justifient son titre de Tedkirat ou Mémorial.

Nous savons déjà, d'après Hadji Khalfa, qu'un abrégé du Mémorial a été exécuté par El Qoussouny, qui en a retranché les noms des auteurs cités, pour en diminuer le volume et le rendre plus accessible à tous.

D'autres abrégés ont été faits par d'autres médecins.

Le supplément arabe de Paris en possède deux.

Le n° 1045, dit Abrégé des simples de Soueidy, a été fait par un certain Abd el Ouahhab, et le deuxième, le n° 1054, porte à la fin le nom d'El Charany.

Nous n'avons pas trouvé le nom de l'abréviateur dans le manuscrit de Constantine.

Il est un fait que nous avons trouvé dans ce dernier manuscrit et dans un abrégé de Paris, mais qui fait défaut dans les manuscrits 1024 et 1034, sans doute parce qu'ils sont tronqués, c'est l'affirmation que l'auteur a extrait son livre de plus de quatre cents auteurs. Nous n'en avons rencontré guère plus d'une centaine, et dans le nombre beaucoup de noms méconnaissables ; car on nous donne la liste de ces auteurs. Parmi eux nous en trouvons qui nous avaient échappé dans le Tedkirat, ainsi ceux de Samuel, d'Arthamides, d'Astéphan, de Platon, etc.

Sous le n° 5588, Hadji Khalfa cite un autre ouvrage de Soueidy, la *Dekhirat el Kafya Fitthebb*, ou le Trésor suffisant en médecine.

MOUAFFEQ EDDIN EBN EL MENFAH.

Mouaffeq eddin Aboul Fadl Sad eben Halouan, dit Ebn el Menfah, médecin syrien, mourut en 642 de l'hégire, 1244 de notre ère. Il est probablement le père du suivant. (Suppl. du British museum).

NEDJEM EDDIN EBN EL MENFAH.

Nedjem eddin Ahmed ebn el Menfah Aboul Abbas ben Asad ebn el Menfah, né à Damas en 1196, vécut jusqu'en 1254. Il existe de lui à Paris, n° 1000 du supplément arabe, un commentaire des Aphorismes d'Hippocrate, où il s'attaque seulement aux passages douteux, répondant aux objections qu'ils soulèvent.

Ebn el Koff, qui commenta plus tard les Aphorismes, cite parmi ses devanciers Ebn el Menfah comme un homme d'un esprit pénétrant.

Le même manuscrit contient aussi un commentaire sur les questions de Honein par Nedjem eddin Ahmed ben Asad ben Halouan *el Mary,* que nous considérons comme identique avec Nedjem eddin ebn el Menfah. Nous croyons encore à l'identité de Nedjem eddin Aboul Abbas ben Asad Eddimachky surnommé Ebn Alima, qui mourut à la même date, 1254, et qui figure chez Hadji Khalfa, n° 2770 pour un ouvrage intitulé *Tedkik* où il est question de diagnostic différentiel, et pour un Traité sur les simples, dit *El Acharat el Morchedyat,* au n° 747 de la Bodléienne.

EBN EL KOFF.

Aboulfaradj Iakoub ben Ishaq Amin eddin (variante : Amin eddoula), el Messihy el Karaky est plus connu sous le surnom d'*Ebn el Koff.* Il naquit vers le commencement du XIIIe siècle. Les surnoms de Messihy et de Karaky attestent d'une part sa qualité de chrétien et de l'autre son séjour à Karak. On lui donne aussi le titre de philosophe. Avec la date de sa mort, arrivée en 1286 de notre ère, voilà ce que nous avons pu tirer de Hadji Khalfa et d'une courte notice annexée à l'exemplaire d'Ebn Abi Ossaïbiah du Musée britannique. Les copies où il est inscrit le rangent à la fin des médecins syriens, c'est-à-dire qu'il ferme le livre. Reiske ajoute qu'il était le disciple d'Ebn Abi Ossaïbiah, et il avance une erreur, déjà mise en avant par d'Herbelot, à savoir qu'il doit être identique avec Aboulfarage l'auteur des Dynasties.

Hadji Khalfa nous donne en revanche des détails assez étendus sur ses œuvres. On en trouve aussi la liste dans l'exemplaire précité d'Ebn Abi Ossaïbiah. Nous allons les passer en revue.

1° *Djami er'r'auadh* ou *la Somme des désirs,* pour la conservation de la santé. H. Khalfa n° 3925. Cet ouvrage se trouve peut-être répété au n° 7873 sous le titre *Maquala,* ou Discours sur la conservation de la santé.

2° *El Omda fi Sanaat eddjerraha,* le Pilier de la chirurgie.

3° *Echchafy Fitthobb,* ce qui guérit en médecine, œuvre faite en collaboration d'un certain Eben Malek.

4° Commentaire des Aphorismes d'Hippocrate.

5° Commentaire des généralités ou du premier livre du Canon.

6° Notes sur le IIIe livre du Canon.

7° Commentaire de l'*Acharat* d'Avicenne.

8° Recueil de discussions.

De ces écrits deux nous sont parvenus, et tous deux existent à Paris. Ce sont la chirurgie et le commentaire des Aphorismes. La chirurgie se trouve aussi au British museum.

Le commentaire existe sous le n° 2348 du supplément arabe. C'est un bel in-folio qui ne contient pas moins de 360 feuilles. Les commentaires du texte sont copieux. Les devanciers et les grands noms de la médecine sont mis à contribution.

Certaines digressions sont remarquables et accusent une grande connaissance de la médecine grecque (1).

La chirurgie se trouve sous le n° 1023 du même fonds, in-8° assez volumineux. Elle est divisée en deux parties, théorique et pratique, et chaque partie contient dix chapitres.

La 1re partie traite d'abord de l'anatomie qui n'occupe pas moins de 200 pages, puis de la pathologie, qui classe les affections suivant les quatre humeurs, classification qui se reproduit dans la 2e partie, du chapitre 12 au chapitre 15.

Le chapitre 11 traite des simples. Le 16e traite des affections qui ne sont pas le produit exclusif d'une humeur, et là nous trouvons le spina ventosa, l'alopécie, les dartres, le squirrhe, etc.

Le 17e traite des affections traumatiques, et comprend 39 paragraphes. Le 18e a trait à la cautérisation.

Il est question dans le 19e des opérations chirurgicales.

Nous dirons un mot de la circoncision. L'auteur admet quatre procédés et il en est un que nous n'avons pas rencontré ailleurs. Il consiste à introduire dans la cavité préputiale une sorte de corps cylindrique, à repousser le gland, tirer la peau du prépuce et inciser sur le mandrin.

Les accouchements tiennent en cinq pages.

Ce que nous avons vu traiter avec le plus de détails c'est au chapitre 17, le traitement des plaies produites par les flèches. Nous citerons encore certaines fractures et luxations.

Le chapitre 20 est un formulaire.

(1) L'auteur déposa son livre dans la Bibliothèque de Mansour Mohammed ben Kalaoun.

SALAH EDDIN BEN YOUSEF.

Salah eddin ben Yousef el Kahhal, de Hama, ne nous est connu que par une mention de Hadji Khalfa, au n° 14,040, qui parle sommairement de son ouvrage, et par cet ouvrage lui-même qui existe au supplément arabe sous le n° 1042. Hadji Khalfa' ne nous a pas donné la date de sa mort, mais nous rencontrons dans son œuvre deux faits de sa pratique datés l'un de l'année 688 de l'hégire, et l'autre de l'année 696. Il vivait donc encore à cette dernière date, c'est-à-dire en 1296 de notre ère.

L'ouvrage de Salah eddin est un traité d'oculistique intitulé *Nour el Ouyoun*, ou la lumière des yeux.

Le manuscrit de Paris, le seul que nous connaissions jusqu'à présent, est un in-folio de 178 feuilles à 27 lignes.

C'est un des traités les plus complets que les Arabes nous aient laissés sur l'ophthalmologie.

Il est divisé en dix livres :

I. Description de l'œil.

II. De la vision.

III. Des maladies, de leurs causes et de leurs symptômes.

IV. Hygiène de l'œil et maladies des paupières.

V. Maladies de l'angle de l'œil.

VI. Maladies de la conjonctive.

VII. Maladies de la cornée.

VIII. Maladies de la pupille.

IX. Maladies qui ne tombent pas sous les sens.

X. Formulaire.

Salah eddin le composa sur la demande de son fils, Abourredja.

Il commence par citer les autorités sur lesquelles il s'appuie, et donne ensuite des conseils de morale. Le médecin doit être discret, aimant le bien, appliqué à l'étude, détaché des biens et des plaisirs du corps, recherchant la compagnie des savants et des malades.

L'anatomie de l'œil est traitée assez longuement et le premier livre ne contient pas moins de 22 chapitres.

Une figure de l'œil est donnée, qui rappelle celle que l'on trouve dans les exemplaires d'El Hazen, Ebn el Heitam.

Salah eddin discute les théories de la vision et cite les noms de Démocrite, d'Épicure, d'Empédocle, d'Hipparque, de Platon, de Galien et d'Euclide. Il donne aussi des figures géométriques.

Le troisième livre est de la médecine générale.

Dans les livres suivants, à côté des noms de ses devanciers, nous voyons figurer ceux de son maître *Noman* et de son père, pour la composition de deux collyres. Des figures d'instruments en assez grand nombre rappellent Abulcasis, qui, du reste, est souvent cité, parfois textuellement.

Au VIIe livre, il cite deux cas de cancer, dont il traita l'un avec succès en l'année 696, sur la personne de l'émir Azz eddin à Hama. Dans ces cas, il conseille les suppuratifs.

Au VIIIe livre, nous trouvons les opérations de l'exophthalmie et de la cataracte. Il discute longuement le siége de la cataracte et décrit minutieusement son opération. Il parle de l'aiguille creuse, quelquefois en verre, qui servait à opérer par succion, et il rappelle que cette opération, vantée par Omar, est rejetée par Tsabet ben Corra. Il rappelle qu'Antillus pratiquait l'opération par extraction.

Dans un tableau synoptique il explique la vision de près ou de loin, la perception des objets gros ou petits par l'état de l'esprit visuel, plus ou moins subtil, plus ou moins abondant.

Il termine par la liste des simples d'après Ebn el Beithâr.

Sans parler d'un grand nombre de médecins cités, grecs et arabes, nous mentionnerons les noms de ceux qui se sont occupés d'oculistique, tels que Ebn el Aïan, dans l'*Épreuve des oculistes,* Honein qui écrivit plusieurs traités, Tsabet ben Corra qui écrivit le *Basir* ou le Voyant, Omar ben Aly el Mously auteur du *Mountekheb* ou abrégé, Zahraouy ou Abulcasis qui écrivit le *Tesrif,* Ali ben Issa l'auteur du *Tedkira,* enfin El Quissy l'auteur de la *Netidja.*

EBN EN NEFIS EL KORCHY.

Aboul Hassan Ali ben Abil Hazm Ala eddin ebn Ennefis, dit aussi El Misry et El *Korchy*, étudia la médecine à Damas sous la direction d'Ebn Eddakhouar. En même temps, il s'occupait de grammaire, de philosophie, des traditions, et se livrait à la composition et à l'enseignement. Il acquit la réputation d'un des plus savants médecins de son temps et mourut en l'année 687 de l'hégire (1288), suivant Hadji Khalfa et une notice qui se trouve dans le n° 1022 de l'ancien fonds arabe de Paris. D'autres reculent la date de sa mort jusqu'à l'année 696 ou 1296 de notre ère. Il avait environ 80 ans.

Ebn Ennefis écrivit beaucoup et un grand nombre d'exemplaires de ses écrits nous sont parvenus. Quelques-uns seulement sont des écrits originaux, mais l'un d'eux atteint des proportions extraordinaires, *lè Chamel*. Suivant Hadji Khalfa, l'ouvrage complet devait contenir 300 volumes, et l'auteur en acheva 80, ce qui revient à ce qu'on lit dans la notice précitée que l'ouvrage contient environ cent volumes. La Bibliothèque Bodléicnne possède sous les n°ˢ 536, 537, 538 et 539 des fragments du Chamel.

La notice du n° 1022 cite un traité d'oculistique.

Ebn Ennefis commenta les Aphorismes d'Hippocrate, et il en existe un exemplaire à Paris, n° 1042 de l'ancien fonds, et d'autres à la Bodléienne et à l'Escurial.

Hadji Khalfa lui attribue un commentaire des Pronostics, n° 3454.

Les mêmes collections possèdent un commentaire sur l'anatomie du Canon. L'exemplaire de Paris porte le n° 1002 de l'ancien fonds.

Des *Discussions* sur le Canon existent à l'Escurial et à Oxford. D'autre part Hadji Khalfa lui attribue un commentaire du premier livre, autrement des Généralités du Canon. Nous lisons dans le n° 804 de l'Escurial qu'il fut recherché par Cothob eddin Echchirazy, lors de sa mission en Egypte.

La Bibliothèque de Leyde possède de lui un commentaire des Questions de Honein et un extrait du Continent.

L'ouvrage le plus populaire d'Ebn Ennefis est un abrégé du Canon publié sous le titre *Moudjiz el Canoun*. La division du Moudjiz est celle du Canon, si non que le formulaire prend place au 2e livre, à la suite des simples, de sorte qu'il y a quatre livres seulement au lieu de cinq. Hadji Khalfa (13,399) fait le plus grand éloge du Moudjiz, ouvrage complet dans son genre, qui n'a ni les défauts des abrégés ni ceux des traités volumineux. Ce qui prouve du reste le mérite de cet ouvrage, ce sont les commentaires et les remaniements dont il fut l'objet, honneurs qui se sont reproduits de nos jours.

Hadji Khalfa mentionne les travaux dont le Moudjiz fut l'objet et la base, et la plupart de ces travaux nous ont été conservés. Nous croyons devoir en donner la nomenclature.

Disons d'abord que le Moudjiz se trouve dans la plupart de nos collections orientales. Il existe à Paris sous les n°s 1030 et 1057 de l'ancien fonds et 1032 du supplément.

Il existe aussi à Oxford, à Florence et à Munich.

Enfin il existe à l'Escurial, et Casiri s'est trompé en donnant le n° 826 comme un commentaire, confondant le commentateur et l'auteur. Les Bibliothèques de l'Orient en possèdent six exemplaires.

Le premier commentaire indiqué par Hadji Khalfa est celui d'El Akcharaï, qui dut vivre dans le courant du XIVe siècle. Il porte le titre de *Hall el Moudjiz* comme qui dirait : la clef du Moudjiz. Il existe à la Bodléienne sous les n°s 581, 629 et 635. Nous en avons compté six exemplaires dans les Bibliothèques de l'Orient.

Le second est celui de Nefis ben Aoudh qui fut terminé en l'année 841 de l'hégire (1438), à Samarcand. Hadji Khalfa le considère comme le meilleur de tous. Il existe à Oxford et à l'Escurial, et copieux en Orient. Ce qui a induit en erreur Casiri, c'est la similitude des noms de Nefis ben Aoudh et d'Ebn Ennefis.

Hadji Khalfa mentionne ensuite deux commentaires, l'un de R'ars eddin Ahmed ben Ibrahim el Haleby, mort en 971

(1568), l'autre de Souidy, mort en 690 de l'hégire. Ce dernier serait donc contemporain d'Ebn Ennefis, si on fixe la date de sa mort en l'année 696 de l'hégire. Nous ne connaissons pas d'autre mention de ces deux commentaires.

Un autre commentaire, qui n'eut pas moins de vogue que celui de Nefis ben Aoudh, est celui de Sedid el Cazrouny, qui parut sous le titre de *Mor'ny,* ou le Suffisant.

Les exemplaires en sont communs. Il en existe à Paris sous les n°ˢ 1004, 1005 et 1006 de l'ancien fonds et n°ˢ 1034 et probablement 1035 du supplément. Ce commentaire, aussi bien que l'original, a eu récemment les honneurs de l'impression.

Il existe enfin un commentaire avec le titre *Moandjiz* par Mahmoud ben Ahmed el Amchathy, médecin du XVᵉ siècle ; ce commentaire existe à Paris sous le n° 1025 du supplément. Cothob eddin Ecchirazy, au dire de Hadji Khalfa, en aurait également fait un.

Le Moudjiz d'Ebn Ennefis a eu récemment les honneurs de l'impression à Calcutta, sous le titre anglais : *Moojiz ool Qanoon,* a medical work bi *Alee bin Abce il Huzm* the Karashite, commonly known by the name of *Ibn ool Nufees,* edited by Moulavee *Moohammud Solyman* of Herat and *Rooh ool Ameen* of Boolee. 1828. Publ. und the auth. of the comm. of publ. instr.

Cette édition s'accompagne de quelques notes. Ainsi, en regard de noms techniques défigurés par les Arabes, on a mis l'original grec. Cependant on eût pu apporter plus de soin. Ainsi en regard du nom de *Philagrius,* régulièrement transcrit en arabe, on a mis : *nomen incertum.*

Ebn Ennefis fit aussi un commentaire sur un ouvrage intitulé *Hedaia Fitthobb,* le Guide en médecine.

La liste supplémentaire du Musée britannique nous fournit encore les noms de quelques médecins syriens de cette époque. Si incomplets qu'ils soient, nous reproduirons ces renseignements.

RAFI'A EDDIN EDDJILY.

Rafi eddin Abou Hamid Abd el Aziz Ebn Abd el Oualid Eddjily, était juge à Damas, et mourut en l'année 641 de l'hégire (1243).

SEIF EDDIN EL AMIDY.

Seif eddin Aboul Hassan Ali ebn Abi Ali el Amidy, mourut à Damas en l'année 1233 (1).

ZEIN EDDIN SOLEIMAN.

Zein eddin Soleiman ben Aly el Hafidhy fut le médecin de Malek Ennacer, souverain de Damas.

Ce prince le chargea d'une mission auprès du chef Mongol Houlagou, avec lequel il retourna à Damas en l'année 657 de l'hégire, 1259 de notre ère.

ABOU BECR EL FARSY.

Abou Becr el Farsy est l'auteur d'un opuscule qui porte le titre *El Dorrat el Mountekheba fil adouïat el moudjarribat,* la Perle choisie des remèdes expérimentés. Il existe à l'ancien fonds arabe de Paris sous le n° 1085.

Il est divisé en XII sections, et relate les médicaments qui conviennent à chaque maladie, en suivant l'ordre habituel de ces résumés. C'est un écrit sans portée dont le XI° chapitre est consacré aux talismans. Il est dédié à Malek el Modhaffer, fils du sultan *alors régnant; Moulana,* Malek el Mansour.

(1) Hadji Khalfa, n° 136, lui attribue un livre intitulé *Ahkam el Ahkam,* jugements des jugements. Nous ignorons s'il s'agit de médecine ou d'astrologie.

La *Perle choisie* est aussi mentionnée par Hadji Khalfa, sous le n° 4795. Ce livre, dit-il, traite de la médecine corporelle et de la médecine spirituelle, et il est divisé en XII parties. Nous trouvons, toutefois, dans Hadji Khalfa deux différences. La première porte sur le nom de l'auteur, qui est appelée Nasr ben Nasr. Cet ouvrage existe aussi dans la bibliothèque de Copenhague, et le catalogue observe que le copiste donne à l'auteur le nom d'Aboubecr el Farsy, contrairement à ce qu'on lit dans Hadji Khalfa. L'autre différence porte sur le nom du prince, appelé par Hadji Khalfa Daoud fils du sultan Malek el Mansour. Cette double difficulté est du reste facile à résoudre.

Les noms du prince et de l'auteur dans notre Manuscrit ne sont en définitive que des surnoms, et le vrai nom se trouve de part et d'autre absent. A défaut de document plus explicite nous n'hésitons pas à considérer Nasr comme le nom d'Abou Becr el Farsy, et Daoud comme celui de Malek el Modhaffer.

Il reste cependant une autre difficulté : les documents actuellement à notre disposition relativement à Malek el Modhaffer se trouvant en discordance, nous croyons que l'erreur est du côté de d'Herbelot.

Malek el Mansour, descendant de Rassoul et chef de la dynastie Rassoulide, laissait en l'année 647 de l'hégire, 1249 de notre ère, le trône de l'Yémen à son fils Modhaffer. Nous trouvons dans d'Herbelot et ailleurs, notamment dans le Nacery de M. Perron, que le nom de Modhaffer était Yousouf et non pas Daoud.

Si nous ne pouvons expliquer cette contradiction, il n'en reste pas moins établi que, dans le courant du XIII⁰ siècle, Abou Becr el Farsy dédiait son ouvrage à un prince rassoulide. Nous aurons plus d'une occasion de constater les encouragements donnés par ces petits souverains à la science, qu'ils cultivaient eux-mêmes.

DJEMAL EDDIN MOHAMMED BEN ABI BECR EL FARSY.

La Bibliothèque bodléienne possède sous ce nom, n° 616, un ouvrage intitulé *Madat el Haïa,* la Substance de la vie. Il est évident pour nous que ce personnage n'est autre chose qu'un fils du précédent. Nous allons, du reste, fournir une nouvelle preuve à l'appui.

Nous lisons dans d'Herbelot que Mohammed ben Abi Becr el Farsy dédiait un *Zidj* ou tables astronomiques à Malek el Modhaffer *Abou* Mansour Yousouf ben Omar, souverain de l'Iémen.

Il y a donc une concordance parfaite, à part ce nom d'Abou Mansour, qu'il faut évidemment remplacer par Ebn Mansour. Il y a aussi une autre erreur à relever chez d'Herbelot. Il dit que cet auteur cite plusieurs tables astronomiques antérieures, c'est-à-dire antérieures à l'année 541. Nous croyons qu'il faut lire 641.

Nous allons voir un prince rassoulide, un fils de Modhaffer, composer un ouvrage de médecine.

MALEK EL ACHRAF BEN YOUSEF.

Le n° 550 de la Bibliothèque bodléienne contient un ouvrage intitulé : *El Mou'atemed Fitthobb,* le Confiant dans la médecine, composé par Malek el Achraf Omar ben Yousef ben Omar ben Ali ben Rassoul, sultan de l'Yémen.

Wüstenfeld s'est avisé de voir là un écrit adressé par Aboul Hedjadj Yousef, l'ami de Maimonide, au sultan d'*Égypte* Malek el Achraf régnant en 1296.

Il y a là un singulier lapsus. D'abord Aboul Hadjadj Iousef revient pour la seconde fois et fort mal à propos. Ensuite il ne s'agit pas de l'Égypte, mais de l'Iémen. Les Aïoubites l'avaient possédé pendant plus d'un demi-siècle. En 1232, ils furent dépossédés par Mansour Noureddin Omar ben Ali, fils de Rassoul, chef d'une nouvelle dynastie, les

Rassoulides. La date donnée par Wüstenfeld est celle de la mort d'Omar el Achraf, qui régna deux ans.

Nous verrons, au siècle suivant, que le goût des sciences était héréditaire dans cette famille. Un traité d'hippologie, le *Kitab el Akoual*, fut composé par un prince rassoulide.

DONISERY.

Imad eddin Abou Abdallah Mohammed ben Abbas Eddonisery, né en 605 de l'hégire, 1209 de notre ère, vécut jusqu'en l'année 686 (1287). Il figure dans les listes supplémentaires d'Ebn Abi Ossaïbiah parmi les médecins de Syrie. Hadji Khalfa cite de lui, sous le n° 461, un Poème sur la thériaque.

NEFIS EDDIN ET SAFY EDDIN.

Ces deux médecins, dont le premier était le père du second, vivaient dans le courant du XIIIe siècle. Le premier, surnommé Ebn Tolaïb de Damas, était suivant Aboulfarage chef des médecins de Houlagou. Tous deux étaient chrétiens Melkites. (Aboulfaradj).

IV. — ÉGYPTE.

Bien que le Caire fut éclipsé par Damas, le mouvement scientifique n'en fut pas moins accusé en Égypte.

Les princes aïoubites descendants de Saladin, marchèrent sur les traces de leur père, le fondateur de l'hôpital Ennacery. L'un d'eux voulut retenir Aboul Abbas Ennabaty, l'autre fut plus heureux à l'endroit d'Ebn el Beithâr. Il faut remarquer encore que bon nombre de médecins, qui appartiennent plus spécialement à la Syrie, firent en Égypte une partie de leurs études et même y furent attachés à l'hôpital Ennacery.

Ainsi en est-il pour toute la famille d'Ebn Abi Ossaïbiah, pour Abdellatif, pour El Mohendes, pour Errahaby, pour Iousef Essebty. Ebn Eddakhouar fut nommé médecin en chef de l'Égypte et de la Syrie, les deux sultanies s'étant trouvées réunies sous le même sceptre.

Du reste, on compte encore en Égypte quelques médecins éminents, tels que Sedid eddin ben Abil Bayan, Cohen el Attar, Djemal eddin ben Abi Haouaffer, Nefis eddin ben Zobéir. Ces deux derniers médecins furent nommés en chef en Égypte.

Le nom le plus éminent est celui d'Ebn el Beithâr, le plus grand botaniste des Arabes, qui réunit seul l'érudition à l'observation directe de la nature. Il fut nommé chef des herboristes en Égypte, et suivant une autre version chef des médecins.

Sur la fin du siècle une dynastie nouvelle, celle des Mamelouks se montra aussi favorable aux sciences. Kalaoun restaurait l'hôpital connu sous le nom de Moristan, et son premier écuyer, Abou Bekr ben Bedr, lui dédiait un précieux traité d'hippologie et d'hippiatrique.

COHEN EL ATTHAR.

Aboul Mena ben Abi Nasr ben Haffahd, plus connu sous le nom de *Cohen el Atthar*, le prêtre pharmacien, et dit aussi el Israïly, el Harouny, de sa religion et de sa descendance, vivait au Caire dans le courant du XIIIe siècle. Nous savons par ses écrits qu'il composait en l'année 1259 de notre ère. Hadji Khalfa, qui lui a consacré une courte notice, ne donne pas d'autre date (n° 13,230 de l'édition Fluegel).

Nous avons de lui un traité de pharmacie qui porte le titre de *Menhadj Eddokkân*, ou Manuel de l'officine, un des meilleurs qui nous soient restés sur la matière, tant pour le fonds que pour la forme et l'esprit suivant lequel il est composé.

Comme il arrive généralement en pareil cas, il nous dit dans sa préface qu'il a été déterminé par les imperfections des écrits antérieurs. C'est ainsi que tout en citant avec éloge le *Destour el Marestany* d'Aboul Baïan Essedid, il fait observer qu'il est trop sommaire et qu'il s'adresse surtout aux médecins.

Pour lui c'est aux pharmaciens qu'il s'adresse. La pharmacie, *Sanaat Essidla,* dite aussi de son temps l'art des drogues et des boissons, est la plus noble des sciences après la médecine.

Le pharmacien doit être dirigé dans sa marche, il doit être dans la position d'un maître vis-à-vis d'un élève. Il a donc eu recours à des autorités sûres et incontestées.

L'importance de cet ouvrage autorisera les détails dans lesquels nous allons entrer. C'est un des meilleurs spécimens que nous puissions donner.

Le livre est divisé en XXV chapitres :

I. Devoirs du pharmacien.

II. Des boissons.

III. Des robs.

Le premier chapitre est de la déontologie. Le pharmacien doit être un homme probe et religieux, craignant Dieu d'abord, puis les hommes. Nous verrons plus loin, dans un autre chapitre, des conseils du même genre.

Dans le courant du livre l'auteur met fréquemment à profit ses devanciers. Il donne fréquemment des notes de nature privée, de la main des auteurs et en dehors de leurs écrits, ainsi d'Ebn el Baïan et du Cadhy Fateh eddin. Il fut en rapport direct avec Ebn el Beithâr, dont il reproduit quelques communications.

Disons aussi que, parmi les nombreux auteurs auxquels il fait des emprunts se trouve Averroès, ce qui prouve que l'illustre philosophe n'était pas aussi ignoré en Orient qu'on l'a dit quelquefois.

Nous allons signaler sommairement les quelques parties qui nous ont paru le mériter.

A l'article Zerncb, on voit que cette substance était déjà de son temps un objet de controverse, ou que plusieurs substances étaient données sous le même nom.

L'auteur s'est assuré de ses yeux que la Mashaqounya, qui fut aussi controversée, n'est autre chose que de la scorie provenant de la fabrication du verre.

Un chapitre intéressant est celui de la confection des sirops. Il est question du fameux sirop de Cadhy, *Pandanus*, ce spécifique indien de la variole dont il est question dans Razès, et qui avait été méconnu jusqu'à nous. L'auteur dit qu'il porte aussi le nom de sirop de Cadar, et qu'il se confectionne avec le bois du végétal.

Il donne de longs détails sur la récolte des simples et sur les récipients de diverse nature qui conviennent à leur conservation, ainsi qu'à celle des composés.

Il indique aussi les moyens de reconnaître les sophistications, le moment où l'on doit employer les préparations, celui où elles perdent leurs propriétés, ainsi que les correctifs.

Le chapitre de la vérification des médicaments donne parfois de curieux détails sur leur provenance. Ainsi, à propos du safran, il parle de l'espèce franque ou génoise, dont une variété paraît avoir reçu de l'huile ou du miel. Nous signalerons aussi un long et curieux article sur les Cardamômes.

Outre des conseils de morale, le chapitre XXIII contient des conseils professionnels. Le pharmacien doit peser ses paroles et surtout ses écrits, car l'écrit est la pensée scellée du sceau de son auteur. Les conseils professionnels sont relatifs à la manière de procéder aux diverses compositions, suivant leur nature.

En somme le Menhadj est un des plus précieux monuments que la pharmacie arabe nous ait légués.

L'auteur nous dit qu'il se proposait d'écrire un traité spécial sur les simples.

EL AKBARY OU EL ABIRY.

Abou Abdallah Mohammed ben Ahmed el Akbary (ou el Abiry) ne nous est connu que par un manuscrit de Paris, (A. F. n° 1068) qui porte le titre *Ennetaïdj el aqlyat*, que nous rendrons par : les *Conclusions rationnelles*.

On y trouve de la médecine, mais surtout de la pharmacie, ce qui nous a engagé à le rapprocher du Menhadj, qu'il rappelle en certains points, n'ayant pu trouver aucun indice sur l'époque où vivait l'auteur.

Ce manuscrit, confusément relié, contient 130 feuilles. Nous trouvons d'abord la déontologie. Le pharmacien doit se pénétrer de l'importance de ses fonctions, apporter le plus grand soin dans le choix des substances et de leurs récipients.

Il ne doit pas se proposer d'amasser des richesses, ni s'immiscer dans la pratique de la médecine, mais déclarer son ignorance. Il doit éviter les mauvaises compagnies et les médecins ignorants, avoir une tenue correcte, être réfléchi et plein de courtoisie, particulièrement envers les malades pauvres, et ne pas leur refuser des médicaments en disant qu'il ne les possède pas.

Il ne doit pas faire ses préparations dans des vases en cuivre. Chaque instrument, vase, récipient ou ustensile, doit être d'une matière appropriée, bois, fer, argent, verre, argile, etc.

Viennent ensuite des détails sur les médicaments et leur conservation, la durée de leurs propriétés, etc.

La partie relative à la médecine est trop écourtée pour offrir de l'intérêt.

SEDID EDDIN BEN ABIL BAYAN.

Sedid eddin Aboul Fadhl Daoud ben Abil Bayan, juif caraïte, naquit au Caire en l'année 566. Il dut vivre longtemps, car il vivait encore à l'époque où Ebn Abi Ossaïbiah écrivait son histoire.

Il eut pour maîtres Ebn Eddjami et Aboul Fedhaïl ebn
Ennaked, et il devint un des plus éminents médecins de son
siècle. Il passait pour celui qui connut le mieux la composition des médicaments, leurs doses et leurs propriétés. Ebn
Abi Ossaïbiah fut en même temps que lui chargé d'un service à l'hôpital Ennacery. J'ai pu, dit-il, observer son attention à suivre les préceptes de Galien, la sûreté de son diagnostic et l'habileté de son traitement. Il fut médecin du
sultan Malek el Adel. Il laissa : un Formulaire en douze
livres, dont on nous fait l'éloge, où il traite des médicaments
employés dans les hôpitaux et dans les officines en Égypte,
en Syrie et dans l'Irak ; des notes sur le livre des causes et
des accidents de Galien.

La Bibliothèque bodléienne possède de lui un recueil d'observations.

DJEMAL EDDIN BEN ABIL HAOUAFER.

Djemal eddin Otsman ben Hibat Allah ben Abil Haouafer
el Kissy naquit à Damas et apprit la médecine à l'école de
Mohaddeb eddin ben Naqqach et de Radhy eddin ben Rahaby.
Il suivit Malek el Aziz en Egypte, où il fut nommé chef des
médecins. Après la mort de Malek el Aziz il resta au Caire
et servit Malek el Kamel.

Il avait la réputation d'être aussi habile dans la pratique
de la médecine que savant dans la théorie. C'était un
homme généreux et vertueux, s'occupant aussi de morale
et de poésie.

FATEH EDDIN AHMED EL QUISSY.

Fateh eddin Ahmed ben (Djemal eddin) Otsman ben Hibat
Allah ben Ahmed ben Akil el Kissy est bien pour nous le
fils du précédent. Reiske et Wüstenfeld nous donnent simplement Fateh eddin à la suite et comme fils de Djemal eddin.
La liste supplémentaire du musée britannique donne Fateh
eddin fils de Djemal eddin fils d'Abil Haouafer comme ayant
vécu au Caire sous le règne de Malek Essaleh.

D'autre part, il existe à Paris, sous le n° 1043 du supplément arabe, un ouvrage dont l'auteur porte la série de noms que nous avons donnés plus haut, à part Djemal eddin, que l'on a sans doute oublié. L'auteur de cet écrit est bien celui que mentionnent les listes d'Ebn Abi Ossaïbiah dont nous avons parlé.

Dans cet écrit, composé sur l'invitation de Malek Essalch Nedjem eddin, l'auteur est qualifié de chef des médecins. Cet ouvrage est un traité d'oculistique intitulé *Netidjat el fekri fi iladj amradh el basri*, Conclusions réfléchies sur le traitement des maladies de la vue. Il contient 90 feuilles.

La Netidja se divise en 15 chapitres. Les procédés opératoires sont indiqués aussi bien que les médicaments. C'est, en somme, un ouvrage de valeur moyenne. Nous n'y trouvons aucune citation de ses devanciers.

A propos des maladies du nerf optique, l'auteur donne un petit tableau de la densité et de la raréfaction de l'esprit visuel en rapport avec la vision de loin ou de près, c'est-à-dire avec le presbitisme ou la myopie.

C'est peut-être là ques'est inspiré Salah eddin dans le *Nour el Ouyoun*, qui reproduit un tableau du même genre et qui cite quelquefois la *Netidja*.

La Netidja se trouve dans les Bibliothèques de l'Orient (Hadji Khalfa, édition Fluegel, VII.)

CHIHAB EDDIN BEN FATEH EDDIN.

Les listes de Wüstenfeld et de Reiske se bornent au simple énoncé que nous avons donné. La liste supplémentaire du Musée britannique ajoute que Chihab eddin fut médecin de Rokn eddin Bibars, sultan d'Égypte. Bibars mourut en 1308.

NEFIS EDDIN BEN ZOBÉIR.

Le Cadhy Nefis eddin Aboul Hassan Hibat Allah ben Zobéir était par son père originaire de l'Inde, et par sa mère il descendait du poète Ebn ez Zobéir. Il naquit en 1158. Il eut pour maîtres Ebn Ichou et le Cheikh Sedid, chef des médecins d'Égypte, et il devint lui-même un médecin distingué, renommé surtout pour son habileté en chirurgie et en oculistique, aussi fut-il nommé chef d'un service d'ophthalmiques à l'hôpital Ennacery. Le sultan Malek el Kamel le nomma chef des médecins en Égypte ; il vécut ainsi une bonne partie du XIII° siècle.

Nefis eddin ben Zobéir laissa des fils qui se firent une réputation comme oculistes.

ASAD EDDIN BEN ABIL HASSEN.

Asad eddin Abd el Aziz ben Abil Hassen naquit en 1174 d'un père qui était aussi médecin. Il eut pour maître Abou Zakarya Iahya Ennebaty. Passionné pour les sciences, il s'occupa aussi de jurisprudence, de philosophie, de littérature et de poésie. Malek el Mesaoud l'emmena dans l'Iémen, où il lui faisait une solde de 100 dinars par mois. A la mort de ce prince, il servit Malek el Kamel et mourut au Caire, en 1237, laissant un ouvrage intitulé : De l'examen du médecin.

Son nom ne se trouve pas dans toutes les copies d'Ebn Abi Ossaïbiah.

MOFADHEL BEN MEDJED.

Mofadhel ben Medjed el Messihy el Misry était, comme l'indiquent ses surnoms, un médecin chrétien d'Égypte. Il ne nous est connu que par un ouvrage dont il existe deux exemplaires à Paris. Il paraît cependant être mentionné par Hadji Khalfa, d'après M. Reinaud, mais cette mention nous a échappé (1).

L'écrit en question est un poème sur la médecine, en mètre *Redjez, Ardjousa fitthobb*. Il porte le titre de *Naqa el R'alal fi nafa (min)el Allal*, Apaisement de la soif pour l'u-

_____

(1) Nous avons lu un surnom de l'auteur *Ebn Abiliousr*, que M. Reinaud a lu Aboul Beker.

tilité contre les maladies. Les deux exemplaires portent les n°s 1021 et 1031 du supplément arabe. M. Reinaud a aussi découvert, ce qui nous a également échappé, que le dernier n° était autographe et portait la date de 666 de l'hégire, 1267 de notre ère, ce qui place l'auteur dans le courant du XIII° siècle.

Quoi qu'il en soit, le n° 1021 est un volume de 200 feuilles à treize lignes à la page, et les paragraphes sont indiqués par des titres interlignés, ce qui peut donner une idée du nombre des vers.

L'auteur commence par les généralités ordinaires, puis il passe à chaque maladie en particulier. C'est en somme l'ordre adopté par le Canon. Les poisons terminent l'ouvrage et ne comptent que huit distiques.

Nous signalerons les ophthalmies comme très longuement traitées.

Le n° 1021 se termine par des titres de propriétés. L'un d'eux porte le nom de Yousef ben Chemaan ben Abir ben Aboulfaradj, d'origine grecque, jacobite, habitant Menfelouth. La copie aurait été achevée en l'année 1000 de l'hégire correspondant à l'ère copte des martyrs 1308. — Cette concordance est exacte et répond à l'année 1591 de notre ère.

ABOU SOLEIMAN DAOUD BEN ABIL MOUNA

ET MOHADDEB EDDIN ABOU SAÏD BEN ALI SOLEIMAN.

Abou Soleiman Daoud est mentionné dans la liste supplémentaire du Musée britannique. On nous dit seulement qu'il était un chrétien de Jérusalem. Nous le considérons comme le père du suivant, dont la biographie nous est ainsi donnée par Ebn Abi Ossaïbiah.

Mohaddeb eddin Abou Saïd fils d'Abou Soleiman étudia la médecine à l'école de son père et devint un bon médecin. Il cultivait aussi l'astrologie et ce fut lui qui prédit à Saladin la prise de Jérusalem. Attaché comme médecin à Saladin et à Malek el Adel il se fixa en Égypte où il mourut en l'année 1214.

MOUAFFEQ EDDIN ABOU CHAKER BEN ABI SOLEIMAN

(OU ABOU NASR).

Mouaffeq eddin Abou Chaker (ou Abou Nasr) était le frère d'Abou Saïd qui fut son maître en médecine. Malek el Kamel le prit à son service, l'admit dans son intimité et le combla de richesses. Il mourut en 1214, laissant un fils dont nous allons parler.

RACHID EDDIN ABOU KHALIFA (V. HULEIKA).

Rachid eddin Abou Saïd Iakoub fils de Mouaffeq eddin, dit aussi Abou Khalifa, fut comme ses pères un excellent médecin. Il fut attaché à la personne de Malek Essaleh et mourut à Damas en l'année 1248. Il laissa un fils dont le nom suit. (Un autre document le fait mourir en 1271).

MOHADDEB EDDIN EBN ABI KHALIFA.

Mohaddeb eddin Abou Saïd Mohammed ebn Abi Khalifa fut le médecin de Rocn eddin Bibars, sultan de l'Égypte.

ABOUL FADH BEN ABI SOLEIMAN.

C'était le frère de Mouaffeq eddin. Il mourut en Égypte en 1246.

L'histoire de cette intéressante famille de chrétiens est un peu embrouillée. Les documents varient et tous ces noms ne se trouvent pas dans toutes les copies. Nous avons dû combiner tous les documents et les contrôler l'un par l'autre. Il y a quelques variantes de noms.

TAKI EDDIN.

Taki eddin el hachchaïchy ou le botaniste, est mentionné par Aboulfarage comme s'étant fait un renom par la préparation de la thériaque. D'autre part, Aboulfarage nous le donne comme un pauvre praticien et comme le médecin le plus sot de son temps. Nous pensons qu'il appartient à l'Égypte, en raison de son habileté dans la préparation de la thériaque et qu'il est peut-être identique avec un Taki eddin qui fut au Caire le professeur de Rachid eddin, oncle d'Ebn Abi Ossaïbiah.

ABOU BEKR BEN BEDR.

A côté des médecins de l'Égypte nous placerons ici un vétérinaire qui nous a laissé un travail remarquable d'hippologie et d'hippiatrique, récemment traduit et publié par M. Perron.

Abou Bekr était écuyer et vétérinaire du sultan Ennasser, fils de Kalaoun, qui acheva le Moristan, commencé par son père, et qui joignait au goût des constructions celui des chevaux. C'est à son intention qu'Abou Bekr composa son ouvrage auquel il donna le nom de *Nacery,* du nom du sultan, et qui porte en sous-titre celui de *Perfection des deux arts,* c'est-à-dire de l'hippologie et de l'hippiatrique. C'est d'après M. Perron le traité le plus complet sur la matière que nous aient laissé les Arabes.

La traduction ne comprend pas moins de trois volumes. Il est vrai que le premier n'est qu'une introduction, très curieuse du reste et attestant une grande érudition et une grande connaissance des chemins non battus par le vulgaire. On pourrait cependant regretter que M. Perron, pour les notes qui accompagnent les deux derniers volumes, n'ait pas pu recourir aux sources classiques, en ce qui concerne la matière médicale, au lieu de s'adresser à des écrivains de seconde main.

EBN EL BEITHAR.

Ebn el Beithâr est le plus grand botaniste de l'Orient. Parmi les médecins arabes trois ou quatre seulement pourraient lui être comparés, Errafequy, le chérif El Edrissy, Aboul Abbas Ennabaty et Rachid eddin Essoury. Tous étudièrent la nature et agrandirent son domaine, les deux premiers en Espagne et dans le Magreb, les deux autres en Orient surtout. Aboul Abbas fit un pèlerinage scientifique en même temps que religieux. Rachid eddin parcourait les montagnes de la Syrie en compagnie d'un peintre qui lui dessinait les plantes : malheureusement ses écrits ne nous sont pas parvenus. Ebn el Beithâr joint à leur mérite celui de l'érudition. Il profita de leurs travaux et de ceux de tous ses devanciers. Il nous a laissé le plus riche répertoire de l'histoire naturelle médicale chez les Arabes.

Dhya eddin Abou Mohammed Abdallah ben Ahmed surnommé *Ennabaty,* le botaniste, el *Malaky,* de Malaga, sa patrie, mais plus connu sous le nom d'Ebn el Beithâr, ou le fils du vétérinaire, naquit dans les dernières années du XII⁰ siècle de notre ère. C'est par suite d'une lecture fautive, par la confusion de *Nabaty* avec *Benany,* confusion facile en arabe, qu'on l'a fait naître dans une localité fabuleuse de Benana, aux environs de Malaga.

Outre le témoignage des historiens et son surnom, nous avons le témoignage d'Ebn el Beithâr lui-même, qui parle plus d'une fois dans ses ouvrages de Malaga comme étant sa patrie. C'est ainsi que dans le Mor'ny, à propos de l'os de sèche, il dit l'avoir recueilli sur la plage de Malaga sa patrie.

Nous ignorons l'année de sa naissance. On pourrait peut-être admettre l'année 1197 que Léon l'Africain, bien souvent à côté de la vérité, nous donne comme celle de son décès.

Fils de vétérinaire, il puisa peut-être à la maison paternelle le goût de la botanique et de l'histoire naturelle.

En tout cas il rencontra des maîtres pour seconder ses

goûts et diriger ses études. Nous en connaissons trois : Aboul Abbas Ennabaty, Abdallah ben Saleh et Ebn el Hadjadj de Séville. C'est au premier qu'il doit le plus ; c'est de lui qu'il parle le plus souvent et avec un sentiment de reconnaissance et de vénération.

Ebn el Beithâr habita probablement Séville, où nous savons que résidaient Aboul Abbas et Ebn el Hedjadj.

Il fit avec Aboul Abbas des herborisations dont il nous a conservé le souvenir. C'est ainsi qu'il nous dit avoir rencontré dans telle et telle localité, telle et telle plante, ainsi le houx frélon, le romarin, l'asperge, etc. Il nous donne aussi le nom des plantes dans la langue du pays, qu'il appelle généralement *Adjemia,* et qu'il dit quelquefois être la langue latine, ce qui veut dire la langue espagnole en voie de formation.

En l'année 1216 ou 1217, Aboul Abbas partit pour l'Orient. Quelques années après, en 1219 ou 1220, Ebn el Beithâr prit la même route. Il passa par le Magreb et dut y voyager à petites journées, vu le grand nombre d'observations qu'il y a faites. Non-seulement il relate les plantes qu'il y a récoltées, mais il nous a conservé beaucoup de noms berbères, qui furent introduits par lui dans la nomenclature et figurent même depuis dans les dictionnaires arabes. Son séjour dans le Maroc est accusé par la mention de l'Arganier. Il a dû s'arrêter quelque temps à Bougie, où il se trouvait en l'année 1220, ainsi qu'il le rapporte dans le Mor'ny, à propos de la clématite, (n° 1029, s. Ar. f° 235). Bougie était alors un petit foyer de lumières, dont M. Cherbonneau nous a révélé l'existence. Ebn el Beithâr parle longuement de l'Athrilal, *Ptychotis verticillata,* dont une tribu des environs, les Beni Oudjehen, faisait le commerce comme spécifique de la lèpre. Il s'arrêta à Constantine, et c'est dans les environs, autour du monument dit le *Souma,* qu'il récolta pour la première fois la pyrèthre. A Tunis, il récolta le *Tafraït,* Cynara acaulis. Nous le trouvons ensuite à Tripoli où il observe pour la première fois l'*Ouchchar,* Asclepias procera. Nous le voyons encore herboriser à Barca.

Ici nous le perdons de vue et nous serions tenté de croire

qu'il s'embarqua et fut jeté sur les côtes de l'Asie mineure. Telles sont les raisons qui nous font croire à cette aventure. Nous lisons dans le Mor'ny qu'en l'année 1224 il récolta aux environs d'Adalia, à Kala Hissarsily, un Teucrium qu'il rapporta à Alexandrie. D'autre part, si nous recherchons dans ses écrits la mention des localités qu'il visita dans cette direction, nous nous arrêtons à Antioche. Nous ne pouvons donc admettre que sa présence à Adalia fut la conséquence d'un voyage qu'il aurait poussé de la Syrie vers l'Asie mineure. Quoi qu'il en soit, il est positif qu'il toucha les côtes de l'Asie mineure et nous croyons que dans ce fait il faut voir ce que l'on nous a raconté de lui, qu'il voyagea dans le pays de *Roum*. C'est à tort qu'on a vu là le pays des Grecs, nous croyons qu'il faut y voir le pays des Seldjoucides. S'il avait pénétré dans ces contrées, il nous en aurait évidemment cité quelque localité, ainsi qu'il se plaît à le faire, et nous avons vu que nous ne pouvons le suivre au-delà d'Antioche.

A l'arrivée d'Ebn el Beithâr en Egypte, régnait Malek el Adel, qui l'accueillit, le prit à son service et le nomma inspecteur des herboristes du Caire, et suivant une autre version chef des médecins d'Égypte, dignité dont nous connaissons plusieurs titulaires. Ebn el Beithâr suivit Malek el Kamel, et il se trouvait à Damas quand ce prince y mourut en 1237.

Malek el Kamel laissa deux fils, Malek el Adel et Malek Essaleh Nedjem eddin. Le premier eut l'Égypte et le second la Syrie, mais au bout de deux ans Malek Essaleh supplanta son frère et réunit les deux états. Ebn el Beithâr le suivit et revint en Égypte.

C'est alors qu'il se mit à composer ses ouvrages, qui attestent qu'il avait déjà fait de nombreuses excursions sous le règne de Malek el Kamel. Le Traité des simples et le Mor'ny furent composés sous le règne de Malek Essaleh et sur son invitation. Ils lui furent dédiés.

Nous avons déjà vu ce qu'il fallait penser des voyages qu'aurait faits Ebn el Beithar dans la Grèce. On a dit pareillement à tort qu'il avait voyagé jusque dans l'Inde. A propos de ces voyages, Aboulféda s'est avisé de les comparer à ceux des anciens philosophes et notamment de Balinas. D'Herbelot, Casiri, Rossi, Sontheimer, etc., ont vu, dans ce Balinas, Pline le naturaliste. Nous avons démontré, dans le *Journal Asiatique* de 1869, que Balinas n'était autre qu'Apollonius de Tyane.

Nous avons du reste un moyen de constater les courses d'Ebn el Beithâr par la mention qu'il fait constamment des localités où il a récolté des plantes nouvelles ou mal connues. Nous allons les passer en revue.

Sans parler de l'Égypte et des environs de Damas, où il résidait le plus souvent, nous lui voyons récolter le *Solanum cordatum* dans le Hedjaz, la Passerine à Gaza, le *Coïx lacryma job* à Jérusalem où l'on en faisait des chapelets, la pierre judaïque à Beyrouth, le *Daphnoïdes* de Dioscorides dans le Liban, l'*Hippophaë* à Antioche, l'Alkekenge à Edesse, la Matricaire à Mossoul, la Chausse-trappe dans le Diarbékir, etc. Telles sont à peu près les limites extrêmes de ses excursions.

Dans ses voyages, Ebn el Beithâr se mettait en relations avec les savants du pays qui pouvaient lui donner des renseignements sur les plantes. C'est ainsi qu'il nous parle de ses rapports avec Nefis eddin, Tadj eddin el Bulgary, Saad eddin, Cherf eddin et Abdellatif.

Il est un homme que nous sommes étonné de ne pas rencontrer parmi les connaissances d'Ebn el Beithâr, c'est Rachid eddin ebn Essoury, cet autre amateur passionné de la botanique, qui faisait peindre les plantes et qui dut parfois se trouver à Damas en même temps qu'Ebn el Beithâr.

Un de ses amis et son disciple fut Ebn Abi Ossaïbiah, qui nous a conservé sa biographie à laquelle on peut reprocher un peu trop de brièveté. Du reste il en fait le plus grand éloge. « La première fois que je le vis, dit-il, ce fut à Damas, et je pus apprécier ses qualités et sa profonde connaissance des plantes. J'explorai avec lui les environs de Damas, et j'y reconnus beaucoup de plantes nouvelles. Nous avions avec nous les écrits de Dioscorides, de Galien, d'Errafequy et d'autres du même genre. Il me citait d'abord les noms grecs, tels qu'ils se trouvent dans Dioscorides, puis ce qu'il dit des plantes, de leurs caractères extérieurs et de leurs propriétés. Il en faisait autant de Galien et des écrivains postérieurs, signalant leurs contradictions et leurs erreurs. Je pus ainsi constater et admirer sa profonde connaissance des plantes et comme il possédait le sens des écrits de Dioscorides et de Galien. »

Ebn el Beithâr était à Damas quand la mort le surprit en 1248. Ce que nous avons dit jusqu'à présent prouve combien est erronée l'assertion de Léon l'Africain qui le fait arriver en Égypte du temps de Saladin et s'en retourner mourir en Espagne. On ne s'explique pas comment M. Renan, dans son Averroès, a pu s'en rapporter à une autorité d'un aussi mauvais aloi que Léon l'Africain. Nous relevons ce lapsus parce qu'il vient d'un écrivain qui fait autorité.

Le plus important ouvrage d'Ebn el Beithâr, celui qui lui a fait une réputation justement méritée, est le *Djami el Moufridat,* Collection des simples, où il traite sous forme alphabétique des aliments et des médicaments simples tirés des trois règnes. C'est le plus sérieux, le plus complet et de beaucoup le plus étendu que les Arabes nous aient laissé sur la matière médicale. A ce titre, il mérite une attention particulière. D'autre part, nous l'avons traduit en français, et nous sommes dans les meilleures conditions pour en parler pertinemment.

C'est une compilation, mais une compilation méthodique et critique, où non-seulement il met à contribution les anciens et les modernes, mais où il apporte aussi son contingent personnel, et prend souvent la parole pour contrôler les documents produits et les compléter. Pour donner une idée de ce grand travail, nous dirons que les Grecs y comptent pour environ la moitié et que la meilleure partie de leur apport appartient à Dioscorides et à Galien, dont les Traités des simples sont intégralement donnés.

On a beaucoup exagéré le nombre des médicaments traités et des médicaments nouveaux. Il faut dire préalablement qu'il est question des aliments aussi bien que des médicaments, ce que l'on a oublié. Hottinger est allé jusqu'à dire qu'il y en avait plus de 2,000 inconnus à Dioscorides, et cette hyperbole s'est répétée. Nous allons dire la vérité en chiffres ronds.

Sur 2330 paragraphes, il y en a plus du tiers pour les synonymies. Sur environ 1400 numéros restants, on peut estimer au quart le chiffre des nouveautés. En évaluant à un millier environ les médicaments et les aliments empruntés aux Grecs, il resterait donc environ trois cents médicaments ou aliments nouveaux dans Ebn el Beithâr. C'est ce qui résulte d'un dépouillement que nous avons fait de notre Index. En défalquant de ce chiffre les aliments et les médicaments des deux autres règnes, il ne resterait plus guère que deux cents plantes nouvelles. On voit que nous sommes bien loin des chiffres fabuleux que l'on a mis en avant, faute d'avoir fait les éliminations nécessaires. Ce n'en est pas moins un progrès.

Telle est la marche suivie par l'auteur. Il y a deux séries de citations. La première a trait à la description, la seconde aux propriétés et à l'emploi. En première ligne viennent les Grecs, Dioscorides en tète, puis les Orientaux. S'il y a lieu, l'auteur débute par une discussion de synonymie. La longue dissertation sur les végétaux qui portent le nom de Lotus est un bon morceau de critique. Il relève aussi les opinions erronées et c'est ainsi qu'il nie l'identité du succin et des larmes du peuplier.

Beaucoup de paragraphes appartiennent en propre à Ebn el Beithâr. Nous citerons ceux de l'Athrilal *Ptychotis verticillata,* de l'Amliles, *Rhamnus alaternus,* de l'Aakoutsar, *Bunium bulbocastanum* du Boull, *Œgle marmelos,* de l'Arganier, etc.

On sait combien de commentateurs, depuis la Renaissance jusqu'à nos jours, se sont escrimés sur Dioscorides et les Arabes. Une traduction d'Ebn el Beithâr eût épargné bien des dissertations laborieuses et stériles pour mettre les Grecs d'accord avec les Arabes, en même temps qu'elle eût relevé ces derniers de reproches immérités, qui doivent retomber en partie sur les traductions latines.

Ebn el Beithâr relève aussi les acceptions diverses des

termes techniques suivant les pays: ainsi à propos du Rihan, du Dardar, etc.

Il donne une soixantaine de noms berbères introduits par lui ou déjà connus des botanistes espagnols, soit par le fait de l'invasion, soit par l'observation directe dans le Magreb.

Une série curieuse de synonymies est celle empruntée à la langue des chrétiens espagnols qu'il appelle barbare ou étrangère, *adjemya*, et qu'il dit être la langue latine. Quelques-uns de ces mots se sont conservés jusqu'à nos jours, *Salbya* la sauge, *Chebouka* le sureau, *Mather chelba* le chèvrefeuille, *Yazgou* l'hièble, etc.

La langue persane est représentée par une centaine d'expressions. On sait que les Arabes doivent aux Persans leurs premières notions scientifiques et qu'ils leur empruntèrent aussi bien des expressions techniques. La Perse était la voie par laquelle bien des produits de l'extrême orient arrivaient en Arabie, qui n'en était que l'entrepôt, d'où lui vint une réputation de richesse exagérée.

A la fin des paragraphes, Ebn el Beithâr prend souvent la parole pour signaler des contradictions ou des erreurs.

On compte environ 150 auteurs mis à contribution, et c'est un des mérites de cet ouvrage de nous avoir conservé d'aussi nombreux fragments d'écrits en partie perdus. Sur ce nombre les Grecs comptent pour une vingtaine. Les autres sont non-seulement des médecins arabes, mais ainsi des médecins persans, syriaques, indiens et chaldéens, dont les écrits furent traduits.

Nous allons donner en chiffres ronds le nombre des principales citations. Razès est cité environ 400 fois, Avicenne 300, Errafequy et le Chérif 200, Ebn Bedja, Ishaq ben Amran, Ebn Massouih 160, Ebn Massa et Abou Hanifa Eddinoury 130, Massih ben Hakam et Aboul Abbas Ennabaty 100 fois. Voilà pour les Orientaux. Quant aux Grecs nous avons déjà dit que Dioscorides et Galien y étaient intégralement représentés. Parmi les autres, nous nous bornerons à citer Aristote, Rufus et Paul d'Egine, cités chacun une trentaine de fois.

Nous avons dit qu'Ebn el Beithâr s'occupait des synonymies. C'était une des difficultés et c'est un des mérites de son ouvrage. Les interprètes avaient naturellement rencontré bien des mots grecs pour lesquels les Arabes n'avaient pas d'équivalent, ou dont les équivalents n'étaient pas alors connus : nous voulons parler des termes techniques. Provisoirement bien des mots grecs furent conservés, en attendant. De là des incertitudes et des erreurs. On sait qu'un grand travail de révision de la traduction de Dioscorides se fit en Espagne. Ebn el Beithâr profita de ces travaux et y ajouta ses observations. C'est ainsi qu'il reproche à Stephan, ou Etienne fils de Basile, d'avoir pris le Gingidium de Dioscorides pour le fumeterre, qu'il signale les confusions que l'on a faites du Chamelea et du Chameleon.

En somme le Traité des simples se distingue par un cachet de supériorité sur tous les ouvrages du même genre que nous ont laissés les Arabes. Il laisse bien loin derrière lui le IIᵉ livre du Canon d'Avicenne et le Traité des simples de Sérapion. Avicenne, qui ne compte guère qu'environ 800 paragraphes, n'a guère fait que mettre en pièces les Anciens pour les faire entrer ainsi morcelés dans ses casiers. Sérapion, s'il a plus de neuf, parce qu'il vint plus tard, est absolument sans originalité et sans critique.

Le *Mala Iesa* d'Ebn Djouiny, qui n'est que le Traité des simples d'Ebn el Beithâr dépouillé de quelques longueurs et incorrections, n'a jamais fait oublier l'original. De l'aveu de tous les écrivains arabes, le Traité des simples est le plus complet et le plus parfait dans son genre. Nous n'avons pas à faire la comparaison d'Ebn el Beithâr avec Erraféquy et Aboul Abbas, que nous ne connaissons du reste que par des citations : leurs travaux très recommandables, en ce qu'ils ont enrichi le domaine de la matière médicale, n'ont pas l'érudition et l'universalité qui caractérisent l'ouvrage d'Ebn el Beithâr.

Cela étant, nous croyons à propos de donner ici la liste des principales substances introduites par les Arabes dans la matière médicale.

Anthora.	Anacarde.	Arganier.
Ambre gris.	Arec	Azédérach

Belliric.
Berberis.
Bétel.
Bézoard.
Cadhy.
Camphre.
Cassia fistula.
Citron.
Civette.
Convolvulus nil.
Croton.
Curcuma.
Emblic.
Galanga.
Girofle.
Globulaire.

Guilandina bonduc.
Jasmin.
Jujube.
Limon.
Mahaleb.
Manne
Maniguette.
Musc.
Muscade.
Myrobolans.
Noix el Kaïa.
— métel.
— vomique.
Œgle Marmelos.
Orange.
Pignon d'Inde.

Poivre.
Rhubarbe.
Salvadora persica.
Sandal.
Sang dragon.
Séné.
Siracost.
Sebeste.
Seigle ergoté.
Sucre.
Tamarin.
Thabachir.
Turbith.
Zédoaire.
Zérumbeth.

Le Traité des simples, connu trop tard en Europe, ne fut malheureusement pas traduit à temps. Alpagus le connut, mais ne s'en servit que pour enrichir son glossaire d'Avicenne. Il traduisit l'article Limon, qui n'est pas d'Ebn el Beithâr mais un emprunt à Ebn el Djami. Guillaume Postel le signala au monde savant. Hottinger exagéra le nombre des articles originaux. Saumaise en usa à peine pour ses homonymies, dont Ebn el Beithâr lui eût fourni la matière complète. Golius et Bochart y puisèrent largement. D'Herbelot en fait l'éloge dans sa Bibliothèque orientale. Galand en fit une traduction réduite. Schultens revint encore sur Ebn el Beithâr, et Casiri en fit un éloge pompeux.

Au commencement du XIXᵉ siècle, Amon en entreprit une traduction espagnole, qui ne fut pas achevée. A la même époque Sprengel, écrivant l'histoire de la botanique, exprimait le vif regret de ne pouvoir y recourir, alors que de Sacy en utilisait les richesses pour son Abdellatif. Tout récemment un autre historien de la botanique, Meyer, consacrait un long article à l'auteur du Traité des simples ; mais pour n'avoir pas fait la distinction des aliments et des médicaments, exagérait le chiffre des acquisitions faites par Ebn el Beithâr. Ce n'en était pas moins la première étude sérieuse où la valeur d'Ebn el Beithâr était appréciée.

En 1833, Dietz publiait une traduction latine sommaire des

deux premières lettres, et, en 1840, Sontheimer en publiait une traduction complète en allemand.

Nous dirons un mot de chacune de ces traductions.

La traduction de Galand passa longtemps pour un mythe. On ne s'avisait pas d'aller la chercher au.n° 11,221 du fonds latin. Galand passe par dessus les Grecs et les grands écrivains arabes, jugeant sans doute inutile de les reproduire, de sorte que l'on n'y trouve tout au plus que la moitié de l'original. Malgré les défauts de cette traduction, c'est encore la meilleure de toutes celles dont nous avons à parler. Cependant on voit que Galand n'était pas sur son terrain. Bien des mots techniques sont mal rendus et bien des synonymies font défaut. Il en est même ainsi des noms d'histoire et de géographie : l'Orient n'était pas encore suffisamment connu. On dirait aussi que Galand écrivait au courant de la plume et ne s'est pas relu.

Le travail de Dietz a plus que le défaut de n'être qu'un abrégé. Dietz ne connaissait pas assez la botanique, et ne connaissait pas du tout le Magreb, d'où l'absence fréquente de synonymies et des noms propres défigurés ou méconnus. On peut lui reprocher aussi son jugement sévère sur Ebn el Beithâr, qu'il ne connaissait pas assez et qu'il a jugé d'après le Mala iesa.

En 1840 parut la traduction complète en allemand, par Sontheimer. C'est la plus faible de toutes. Il faut avoir fait une traduction du Traité des simples, celle de Sontheimer en regard, pour croire à la prodigieuse quantité d'incorrections, de fautes, de méprises, de contradictions et d'étourderies qu'elle contient. Nous en avons compté plus de deux mille. Nous ne voulons pas en reproduire le détail, l'ayant fait en partie dans le *Journal asiatique* de 1867. Nous en dirons seulement quelques mots. A part une connaissance à peu près suffisante de l'arabe, Sontheimer n'avait pas ce qui fait un bon traducteur, en matière scientifique. Son livre est un guide infidèle, qui a déjà trompé M. de Candolle et Meyer, le premier à propos de la Mangue méconnue, et le second à propos d'un Traité d'agriculture attribué à Edrissy et à Errafequy, etc. Ce qu'on peut dire à sa décharge, c'est qu'il opérait sur un seul manuscrit: mais il devait opérer vite et probablement sans se relire. Ces défauts ont été aussi signalés par M. Dozy dans le Journal asiatique allemand.

La traduction des simples restait donc encore à faire pour répondre à un vœu si souvent exprimé, et c'est la tâche que nous avons entreprise. Préparé par les traductions de Daoud el Antaky et d'Avicenne, sans compter cinq ou six autres traductions d'ouvrages moins étendus, accompagnées toutes de notes critiques, nous avions l'avantage de posséder un bon manuscrit. Nous avons en outre consulté ceux de Paris et même de l'Escurial. De plus, nous nous sommes mis au courant de tout ce qu'avaient écrit les commentateurs, les botanistes et les voyageurs en Orient. Notre séjour en Algérie nous avait familiarisé avec les expressions berbères qui se produisent dans Ebn el Beithâr. L'impression de cette traduction a été commencée sous les auspices de l'Académie des inscriptions.

Un autre ouvrage important d'Ebn el Beithâr est le *Mor'ny,* ou le Livre suffisant. Il s'agit encore ici des simples, non plus au point de vue de l'histoire naturelle, mais au point de vue de la thérapeutique seulement. C'est par exception et comme complément que l'auteur s'écarte de cette voie et donne des renseignements descriptifs. On pourrait dire que le Mor'ny est le Traité des simples retourné.

L'un part de l'histoire naturelle, et l'autre de la thérapeutique. Il faut dire cependant que le Mor'ny, d'une rédaction postérieure à celle du Traité des simples, contient un bon nombre de documents nouveaux.

Le Mor'ny existe dans plusieurs de nos collections, notamment à Paris, n° 1008 de l'ancien fonds et n° 1029 du supplément arabe. Après avoir rappelé le défunt roi Malek el Kamel, l'auteur dédie son livre à Malek Essalek Nedjem eddin, son successeur. L'ouvrage se divise en 20 chapitres, dont nous donnerons les premiers et les derniers.

1° Des simples qui conviennent au traitement des maladies de la tête.

2° Des simples employés pour les maladies d'oreille.

3° Des simples employés pour les maladies des yeux.

17° Des simples employés pour la cosmétique.

18° Des simples employés contre les fièvres et les altérations de l'athmosphère.

19° Des simples qui sont des contre-poisons.

20° Des médicaments les plus employés en médecine.

Le Mor'ny n'est autre chose qu'un mémorial de thérapeutique. Les autorités y sont pareillement citées.

C'est ainsi que nous voyons plus fréquemment apparaître que dans le Traité des simples, Aboul Cassem Khalaf ben Abbas Ezzahraouy, vulgairement Abulcasis.

L'auteur y prend aussi la parole et nous donne parfois des renseignements sommaires sur des médicaments qu'il a particulièrement observés. Nous citerons une de ses observations sur la variole. « Dès que les boutons apparaissent chez un enfant, il faut lui faire des embrocations à la plante des pieds avec du henné : on est sûr dès lors qu'il n'en sortira pas aux yeux, ainsi que je l'ai plusieurs fois constaté. »

Le Mor'ny est aussi sobre de détails pathologiques que de détails relatifs à l'histoire naturelle. Sur ce dernier terrain cependant on trouve plusieurs faits qui ne se rencontrent pas dans le Traité des simples, et c'est dans le Mor'ny que nous avons pris les dates qui nous ont servi à reconstituer la vie d'Ebn el Beithâr.

Un autre ouvrage d'Ebn el Beithâr est l'Exposition des erreurs contenues dans le Menhadj d'Ebn ed Djezla.

Le Menhadj est un ouvrage dans le genre de celui d'Ebn el Beithâr, excepté qu'il y est aussi question des médicaments et aliments composés. Nous en avons parlé en son lieu.

Ebn el Beithâr composa des commentaires sur les simples contenus dans Dioscorides.

Son biographe cite aussi un livre des propriétés rares et extraordinaires.

On ne trouve mentionnés que ces cinq ouvrages dans la notice de Makkary, empruntée tant à Ebn Essaïd qu'à Ebn Abi Ossaïbiah.

On lit dans Ebn Abi Ossaïbiah que le Traité des simples est un livre excellent, *Kitab Adjel,* qui n'est inférieur à aucun autre. Dietz a vu malencontreusement dans ces mots *Kitab*

Adjel, le titre d'un autre livre qu'il appelle le *Livre des Causes.* Il s'est encore mépris en désignant ainsi le Mor'ny : *De usu medicamentorum simplicium.*

Hadji Khalfa, sous le n° 2779, cite aussi d'Ebn el Beithâr un *Tedkirat* ou Mémorial de thérapeutique.

On lui attribue un Traité des poids et mesures, qui existerait à Leyde et à Madrid.

Dietz assure qu'il existe aussi à Madrid un Traité de mé decine vétérinaire (1).

Le catalogue de Paris, n° 1027, ancien fonds, donne comme d'Ebn el Beithâr une pratique des officines. Or, cette pratique des officines n'est autre chose que le Menhadj Eddokkan de Cohen el Atthar.

Il existe, au n° 1056 du supplément, un volume contenant plusieurs ouvrages. Le premier, qui porte le titre de *Tohfat el Arib,* présent à l'homme intelligent, nous est donné comme d'Ebn el Beithâr. Cet opuscule de 80 feuilles serait en quelque sorte le complément du Mor'ny, en ce sens qu'il est aussi un mémorial de thérapeutique, mais où les maladies sont traitées par des médicaments composés. Ce qui nous rend cette attribution suspecte, ce sont d'abord les proportions exiguës de l'ouvrage, puis une notice d'un caractère étrange, placée en tête. On y lit que Ebn el Beithâr composa environ cinquante ouvrages et qu'il mourut à l'âge de 114 ou 130 ans.

Les catalogues des Bibliothèques de l'Orient donnés par Fluëgel, dans son édition de Hadji Khalfa, citent encore de notre auteur un ouvrage intitulé *Moualdjat ebn el Beithâr,* les traitements d'Ebn el Beithâr. Il est cité deux fois.

TIFACHY.

Aboul Abbas Ahmed ben Yousef ben Mohammed Ettifachy, el Quissy (2), est l'auteur d'un Traité des pierres pré-

(1) Il est probable que Dietz aura vu, dans un ouvrage de vétérinaire, le nom de notre auteur.

(2) Il porte aussi le surnom d'El Abtindjy.

cieuses intitulé *Kitab el Azhar fi marfet el Ahadjar*, c'est-à-dire Livre de fleurs sur la connaissance des pierres.

Nous ne connaissons ni la date de sa naissance ni celle de sa mort. Ce qui ressort de ses écrits, c'est qu'il habita l'Égypte, et vivait encore vers le milieu du troisième siècle de l'ère chrétienne (1). Au chapitre de la Topaze, *Zeberdjed,* il nous apprend qu'il écrivait en l'année 646 de l'hégire, qui correspond à l'année 1248 de notre ère.

Dans la préface de son livre il nous dit qu'il a pour but d'exposer l'état natif des pierres, leur gisement, leur appréciation en tant que bonnes, mauvaises, naturelles ou sophistiquées, leurs propriétés et leur valeur. Il indique aussi leur emploi dans la médecine.

A côté des faits d'expérience et de pratique, on trouve dans le livre de Tifachy quelques idées théoriques touchant à l'alchimie, à savoir les états divers que subissent les métaux, passant à l'état d'or dans la série de leurs évolutions avant de revêtir leur état définitif. Ces idées qui reviennent assez souvent sont empruntées au mystérieux Balinous, que l'on retrouve autre part sous la forme Balinas et particulièrement dans Kazouiny, et dont nous avons démontré l'identité avec Apollonius de Tyane.

Plusieurs autres auteurs sont encore mis à contribution, ainsi Aristote pour son livre des Pierres, Ebn Eddjezzar pour un livre touchant le même sujet, El Kendy, Mésué, etc. Nous n'avons rencontré qu'une seule fois le nom de Théophraste, et encore est-il un peu mutilé. C'est à propos du crystal, mais nous avons en vain cherché le passage en question dans l'original grec.

Tifachy traite de vingt-cinq pierres précieuses, et il remplit assez bien le programme qu'il s'est tracé dans sa préface.

A propos du corail, il nous dit qu'on le trouve à *Merz el Khares,* qui répond à La Calle de nos jours, et que la livre du Magreb se vend de cinq à sept dinars, le dinar valant dix drachmes.

(1) Il dit avoir vu, sur le marché du Caire, des Rubis colorés artificiellement.

Il est cité trois fois dans Ebn el Beithâr. La première fois c'est à propos du gainier, et ce passage serait tiré d'un autre ouvrage de Tifachy sur l'excellence des bois. Les deux autres citations ont trait à la turquoise et au bézoard. Cette dernière se retrouve dans Sérapion, mais le nom de l'auteur y a été singulièrement défiguré sous la forme *Hahamed ebn Ririfus,* où nous reconnaissons Ahmed ben Yousef.

En 1784, Ravius a publié un travail sur Tifachy, travail assez étendu et diffus, où il donne par extraits le sommaire des sept premiers chapitres. Nous relèverons en passant une erreur de Ravius, qui a vu Pline dans Balinous.

En 1818, une édition complète de Tifachy a été donnée par Raineri.

Nous citerons encore le mémoire de M. Clément Mullet sur les pierres chez les Orientaux, mémoire où nécessairement il est fréquemment question de Tifachy.

Nous signalerons aussi une méprise de Rossi, qui dans son dictionnaire biographique, a donné deux articles écourtés sur Tifachy, sans se douter qu'il s'agissait du même auteur.

V. — ESPAGNE ET MAGREB.

L'Espagne musulmane semblait avoir jeté toute sa sève au XII° siècle, et ne pouvait que décroître.

D'autre part l'invasion Almohade fut bientôt refoulée sur l'autre rive du détroit, les musulmans furent de plus en plus pressés par les chrétiens et ne surent pas rester unis contre l'ennemi commun. Cordoue et Séville tombèrent au pouvoir des chrétiens, et les Arabes furent bientôt réduits au petit royaume de Grenade.

Tant que dura la domination des Almohades, nous voyons encore un certain nombre de médecins qui s'étaient formés dans le siècle précédent, attachés à la personne des souverains, la plupart les suivant à Maroc, et y terminant leurs jours, quelquefois après y avoir enseigné la médecine. Le Maroc benéficia ainsi des infortunes de l'Espagne. Il en fut de même du Magreb moyen, notre moderne Algérie. Quelques médecins allèrent se réfugier à Bougie, qui fut pendant le treizième siècle un petit centre de lumières.

Un seul nom domine la foule des quelques médecins andalous, c'est celui d'Aboul Abbas Ennabaty, le plus grand botaniste observateur des Arabes, et qui aurait égalé son disciple, Ebn el Beithâr, s'il en avait eu l'érudition.

A côté de lui, nous citerons Abdallah ben Saleh, un autre botaniste, qui fut aussi le maître d'Ebn el Beithâr, et qui fit des études sur les deux rives du détroit.

Le plus éminent des médecins de cette époque fut Aboul Hedjadj ben Mouratir.

Ajoutons que les derniers représentants de la famille

d'Avenzoar, dont nous avons parlé au siècle précédent, soutenaient encore dignement au XIIIe siècle la vieille réputation de la famille.

En somme, si l'Espagne musulmane avait perdu ces grands hommes du siècle précédent, il lui restait encore bon nombre de savants de second ordre. Alphonse les attirait à sa cour. Avec eux il cultivait l'astronomie et rédigeait les tables alphonsines, qui lui assurent un impérissable souvenir.

ABOUL HEDJADJ BEN MOURATIR.

Aboul Hedjadj Yousef ben Mouratir nous est donné comme médecin éminent, d'un jugement sûr et bon praticien. Il était aussi versé dans la jurisprudence et les traditions et composait des poésies. Il servit d'abord le Khalife Abou Iousef Iakoub el Mansour auprès duquel il était en crédit et dans l'intimité, puis Ennacer qu'il accompagna à Tunis, puis Mostancer sous le règne duquel il mourut à Maroc, dans un âge avancé.

ABOU ABDALLAH BEN IÉZID.

Abou Abdallah ben Iézid, neveu du précédent, était médecin et poète.

ABOU ISHAQ IBRAHIM EDDANY.

Originaire de Bougie, il se rendit à Algésiras où il fut chargé de l'hôpital de cette ville, fonction dans laquelle ses fils lui succédèrent. L'aîné, Abou Abdallah Mohammed, fut tué à la bataille d'El Oqab (Las Navas) en 1212, en compagnie d'Ennacer. Ibrahim Eddany était un médecin passionné pour sa profession. Il mourut à Maroc sous le règne de Mostancer.

ABOU IAHYA BEN ASSAM.

Il était de Séville, bon médecin, entendu dans la connaissance des médicaments simples et composés. C'était le pharmacien en chef du Khalife el Mansour, auprès duquel il fut remplacé par son fils. Il mourut à Maroc sous Mostancer.

ABOUL OLA BEN ABI DJAFAR BEN HASSAN.

Né à Grenade, il comptait parmi les notables et les bons médecins de la cité. Il fut aussi le médecin et l'intime de Mostancer. Outre la médecine, il s'occupait aussi avec distinction de littérature.

ABOU MOHAMMED ECHCHADOUNY.

Né à Séville, il étudia la médecine à l'école d'Abou Merouan Abd el Malek ben Zohr, le grand Avenzoar, et s'acquit plus tard une réputation de médecin savant et de bon praticien. En même temps, il cultivait la philosophie et l'astronomie. Mostancer le prit à son service et il mourut à Séville sous son règne.

ABD EL KERIM BEN MASLEMA EL BADJY.

Abd el Kerim, originaire de Beja, portait aussi le surnom d'El Hafidh, ce qui indique la connaissance des traditions. Il compta parmi les grands personnages de son temps. Il avait appris la médecine à l'école de Masdoum, et il devint un bon médecin, en même temps qu'un des personnages importants de son temps. C'était aussi un littérateur et un poète. Il fut attaché au Khalife Mostancer, sous le règne duquel il mourut à Maroc.

ABOU BEKR BEN EL QUADHY.

Abou Bekr ben el Qadhy Abil Hossein Ezzahry naquit à Séville. Dans sa jeunesse, il fut passionné pour les échecs, au point qu'on l'appelait l'homme aux échecs. Cette réputation lui devint à charge et, pour la faire oublier, il quitta les échecs et se mit à l'étude de la médecine à l'école d'Averroès. Formé par un tel maître, il prit rang parmi les bons médecins de Séville. C'était un esprit distingué, d'un caractère généreux, et qui donnait gratuitement ses soins aux malades. Il cultivait aussi les sciences et la littérature. Ali ben Abd el Moumen, prince de Séville, le prit à son service. Il mourut sous le règne de Mostancer, à l'âge de 85 ans.

ABOU ABD ALLAH ENNEDROUMY.

Abou Abdallah Mohammed ben Sahnoun reçut le surnom de Nedroumy, de la ville de Nedroma, qui dépendait alors du royaume de Tlemcen, d'où sa famille était originaire. Il reçut encore celui d'El Koumy, du nom de la tribu de laquelle il descendait lui-même, naquit à Cordoue vers 580 (1184), puis il se rendit à Séville où il apprit la médecine à l'école d'Averroès et d'Aboul Hedjadj ben Mouratir. Après avoir servi les Khalifes Ennacer et Mostancer, il passa au service d'Aboul Nedja Salem ben Houd, puis de son frère Abdallah. C'était un homme intelligent et pratiquant les bonnes œuvres. Il laissa un abrégé d'un ouvrage de Gazzaly.

ABOU DJAFAR AHMED BEN SABEK.

Natif de Cordoue, élève d'Averroès, intelligent et bon praticien, il fut attaché à la personne du Khalife Ennacer.

(1) Ceci est dit formellement dans la notice que lui a consacrée Makkary. Ancien fonds, n° 704, p. 277.

ABOU ISHAQ BEN TEMLOUS

Né aux environs de Valence et médecin distingué il servit le Khalife Ennacer.

ABOUL ABBAS BEN ROUMYA ENNABATY.

Aboul Abbas Ahmed ben Mohammed ben Moufarredj, dit *Ebn Erroumya* ou le fils de la Chrétienne, est plus connu sous le surnom d'Ennabaty, qui lui fut donné en raison de ses connaissances en botanique. A propos de ce surnom, nous ferons observer que Fluëgel, dans son édition de Hadji Khalfa, écrit aussi ce nom *El Bounany*, par suite d'une position vicieuse des points diacritiques dans l'arabe, tandis qu'au n° 10,131 le texte, pour éviter une erreur, dit qu'il faut écrire ce nom par un *Noun* et un *ba* (un *n* et un *b*). Nous faisons cette observation, parce que la même erreur s'est reproduite à propos d'Ebn el Beithâr, qui fut aussi surnommé *Ennabaty,* le botaniste, que l'on a lu *Benany*, mot dans lequel on a voulu chercher une fabuleuse localité de Benana, qui aurait été la patrie d'Ebn Beithâr, né à Malaga, ainsi qu'il le rappelle dans plus d'un endroit de ses livres.

Aboul Abbas naquit à Séville en 561 (1165) suivant les uns, et 567 (1171) suivant d'autres. Parmi les diverses branches de la médecine, il cultiva spécialement et avec ferveur l'étude des plantes. Rompant avec les habitudes de ses devanciers, qui s'étaient généralement traînés à la suite de Dioscorides et de Galien, il voulut faire des plantes une étude personnelle et directe. Ce qui nous est resté de ses écrits atteste qu'il fit des excursions botaniques en Espagne, et nous connaissons le nom de plusieurs localités où il récolta des plantes. Il eut aussi la bonne fortune de transmettre ses goûts et sa science à l'éminent botaniste Ebn Beithâr, qui dut partager ses herborisations, et qui le cite souvent comme son maître et son professeur, quelquefois en compagnie d'autres médecins, Abdallah ben Saleh et Ebn el Hedjadj de Séville.

Mais cette passion ne trouvait pas un aliment suffisant dans les limites alors étroites de l'Espagne musulmane. En l'année 613 ou 614 (1217) il se mit en route pour l'Orient (1). Il dut s'arrêter dans le Magreb, attendu que ses écrits mentionnent un certain nombre d'expressions berbères et le nom de plusieurs localités où il observa. C'est ainsi qu'après avoir observé le *Bunium bulbocastanum* à Ronda et à Carmouna, il le retrouva sur le littoral marocain et à Caïrouan, qu'il revit la Camomille à Raqqada, à Touzer et à Barca et qu'il recueillit la Pinne marine sur le rivage de Tunis.

A son arrivée dans Alexandrie, le sultan Malck el Adel, ayant entendu parler de lui et de ses rares connaissances, l'invita à venir le trouver au Caire, le reçut avec distinction, et voulut le retenir en Égypte. Aboul Abbas refusa, prétextant qu'il n'était venu que pour accomplir le pèlerinage, avec l'intention de retourner chez les siens. Tout ce qu'il accorda au sultan ce fut de recueillir les éléments de la thériaque et de la préparer.

On peut voir dans le traité des venins et des poisons de Maimonides, qui venait de mourir quand Aboul Abbas aborda en Égypte, que la préparation de la thériaque y était en quelque sorte une affaire d'état. On peut voir encore la même chose par le Ms. 891 de l'Escurial et enfin par le livre de Prosper Alpin. Cependant Aboul Abbas parcourait les campagnes de l'Égypte et en observait les végétaux. Il parcourut ensuite le Hedjaz, la Syrie et même l'Irak.

Il retourna ensuite dans sa patrie, à Séville. Il est probable que le récit de ce voyage engagea son élève Ebn Beithâr à partir aussi pour l'Orient, car il n'est pas probable que le maître et l'élève partirent ensemble ; on nous l'aurait signalé, et d'ailleurs Ebn Beithâr était encore trop jeune et ne dut partir que plus tard.

Aboul Abbas était encore compté parmi les vivants par Ebn Abi Ossaïbiah à *l*'époque où il écrivit son histoire des

---

(1) Vingt ans auparavant, il avait traversé le détroit pour s'aboucher à Ceuta avec Abdallah ben Saleh. (Makkary.)

médecins ; mais Makkary et Hadji Khalfa nous donnent comme date de sa mort, l'année 637 (1239).

Aboul Abbas était un homme de bien, rempli de vertus et de piété, tout à l'étude des plantes et de la nature. Il apprit aussi les traditions sous divers maîtres, tant en Occident qu'en Orient ; d'où le surnom d'*El Hafidh,* le traditionnaire, accolé à son nom dans les citations que fait de lui son élève Ebn Beithâr. Dans son histoire de la botanique, Meyer, opérant d'après les citations d'Ebn Beithâr, s'est demandé s'il y avait deux Aboul Abbas, l'un surnommé El Hafidh et l'autre Ennabaty. Ce que nous venons de dire suffirait déjà pour lever la difficulté, mais on en peut trouver la solution dans Ebn Beithâr lui-même.

S'il cite plus fréquemment l'ouvrage capital d'Aboul Abbas, la *Rihla,* relation de son voyage en Orient, sous le couvert d'Aboul Abbas Ennabaty, on n'en lit pas moins ce qui suit à l'article *Keff Maryem,* Rose de Jéricho : D'après la Rihla d'Aboul Abbas el Hafedh.

Aboul Abbas fut, parmi les Arabes, le botaniste par excellence. Avant lui on vivait généralement sur la tradition. Il est le premier qui ait consacré son existence à l'étude directe des plantes, en y voyant autre chose que des médicaments simples. Ebn Djoldjol avait bien dressé le catalogue des simples inconnus de Dioscorides, mais il l'avait relevé d'après les livres. Errafequy et le Chérif el Edrissy avaient bien introduit dans la thérapeutique bon nombre de médicaments nouveaux, mais ils n'avaient pas la préoccupation exclusive d'élargir le champ de la botanique.

Aboul Abbas eut aussi le mérite de former un élève éminent, Ebn Beithâr, qui observa comme son maître, et fit l'inventaire des connaissances anciennes et modernes, auxquelles il ajouta ses propres découvertes, cette fois au point de vue de la thérapeutique. On serait même tenté de croire qu'Aboul Abbas ne fut pas sans influence sur les travaux d'Essoury dont nous avons parlé à propos des médecins de Syrie. En un mot Aboul Abbas fut, parmi les Arabes, non-seulement le premier, mais le plus fécond observateur sur le terrain de la botanique.

A son retour à Séville, il consigna le résultat de ses recherches dont un ouvrage intitulé *Rihla*, le voyage, dit aussi le *voyage en Orient,* et même, suivant Hadji Khalfa, *pour la connaissance des plantes.* Cet ouvrage malheureusement ne nous a pas été conservé, et nous ne le connaisssons que par les extraits que nous en a donnés Ebn Beithâr dans son Traité des simples. Cependant ces citations sont assez nombreuses, car elles dépassent une centaine, pour nous en donner une idée suffisante et nous faire regretter de ne pas le posséder intégralement. Ces citations ont un cachet descriptif plutôt que médical, et environ la moitié portent sur des plantes nouvelles ou incomplétement connues. Il y a particulièrement des renseignements curieux sur les plantes du littoral de la mer Rouge, que Forskal a rencontrées plus tard, et qui pourraient servir de complément à sa flore d'Arabie. Nous citerons à cet égard les articles Seura, Baumier, Elcaïa, Hadak (Solanum cordatum), Sadan (Neurada), Cassia tora, etc.

Il semblerait qu'Aboul Abbas aborda en Sicile, peut-être à son retour : il nous parle du papyrus comme existant dans une pièce d'eau en face du palais.

Parmi les végétaux intéressant le Magreb, nous citerons l'Akoutsar *(Bunium bulbocastanum),* l'Amliles *(Rhamnus alaternus),* l'Akcheroua *(gentianée,* peut-être la petite centaurée), l'Ardjikna *(centaurée tinctoriale)* le tamchaourt *(Meum),* etc. On s'aperçoit que tous ces noms ont une physionomie berbère.

A propos de l'Espagne, nous rappellerons les articles assez longs de la camomille et du glaucium, qu'il dit avoir été importés en Espagne.

Aboul Abbas est encore cité dans un autre ouvrage d'Ebn el Beithâr, mais beaucoup plus rarement, à savoir le Mor'ny, qui est un livre de thérapeutique plutôt que de botanique.

La Rihla n'est pas mentionnée par Ebn Abi Ossaïbiah, et c'est pour cela sans doute qu'il n'en est pas question dans Wüstenfeld. Ebn Abi Ossaïbiah ne mentionne que ces deux écrits :

Explications des noms des simples dans Dioscorides.

Traité de la composition des médicaments.

On lit dans la notice d'El Makkary qu'Aboul Abbas composa sur les plantes un livre excellent, disposé sous forme alphabétique. Nous ignorons s'il s'agit là de la Rihla, dont on ne parle pas.

Makkary mentionne deux ouvrages sur les Hadits.

ABDALLAH BEN SALEH.

A côté du nom d'Aboul Abbas nous devons placer celui de l'un de ses confrères, Abdallah ben Saleh el Ketamy. C'est Ebn el Beithâr lui-même qui le place à côté d'Aboul Abbas Ennabaty et d'Ebn el Hedjadj de Séville. Il les appelle tous les trois ses maîtres. Abdallah ben Saleh est cité une dizaine de fois par Ebn el Beithâr, et toujours pour des plantes qu'il a lui-même observées en Espagne et dans le Maroc, et pour lesquelles il nous donne les noms indigènes usités dans ces deux contrées.

C'est ainsi qu'il cite le Cirsium, l'Ononis, et sous la rubrique Klimanoun, une plante comportant deux espèces, une terrestre et une fluviatile, qui paraissent se rapporter l'une à la saponaire et l'autre à la scrophulaire. Il cite même le cas d'une femme pour laquelle il en fit un usage avantageux.

Quelques-unes de ces plantes ont été observées dans les environs de Fez. C'est là qu'il a observé l'ononis et il dit qu'on lui donne le nom d'épine de Mrila, du nom d'une tribu berbère qui habite le Maroc, et qu'on lui donne aussi celui d'épine du diable, parce qu'elle est très répandue le long des chemins.

Ajoutons qu'on lit dans Makkary qu'Aboul Abbas traversa le détroit pour aller à Ceuta s'aboucher avec Abdallah ben Saleh.

ABOUL ABBAS EL KENDARY.

Aboul Abbas Ahmed ben Abdallah ben Mohammed, de Séville, étudia la médecine sous Abd el Aziz ben Moslama el

Badjy, puis à Maroc sous Aboul Hedjadj Iousef ben Mouratir. Il devint un des bons médecins de son temps. A l'époque
où écrivait Ebn Abi Ossaïbiah, El Kendary habitait Séville
au service de Nedjad ben Houd, puis de son frère Abdallah.

EBN EL ASSAM.

Ebn el Assam était un des médecins en renom de Séville.
Il était cité surtout pour sa grande connaissance des maladies et de leur traitement, ainsi que pour les indications
qu'il savait tirer de l'état des malades et de l'inspection de
leurs urines.

ISSA BEN MOHAMMED BEN SADA ELLOUACHY EL R'ARNATHY.

Nous ne le connaissons que par un manuscrit qui nous
est tombé sous la main en Algérie. Son dernier surnom le
fait originaire ou habitant de Grenade.

Nous avons d'ailleurs un autre témoignage de sa qualité
d'Espagnol. Nous apprenons dans son ouvrage qu'il eut pour
maître Abou Becr Mohammed ben Assam Errakouthy el
Mursy, dont nous avons parlé précédemment, qui vint se
fixer à Grenade où il mourut.

L'ouvrage d'Issa ben Mohammed porte ce titre : *El qafl ou
el Miftah fi aslah eladjesam ou el arouah*, Le pène et la
clef pour la santé du corps et de l'âme. Il est divisé en sept
parties.

La première traite des organes humains, la deuxième de
la santé, la troisième des maladies, la quatrième des signes
de la santé et de la maladie, la cinquième des aliments et des
médicaments, la sixième de l'hygiène, la septième de la thérapeutique.

L'auteur procède souvent par voie de demandes et de
réponses. Les aliments sont longuement traités et classés suivant leurs propriétés.

Ce n'est là du reste qu'un ouvrage médiocre, où l'auteur
croit à l'influence des astres.

Parmi les auteurs cités, nous avons remarqué Averroès et Ebn el Khathib. Les faits que nous avons exposés plus haut prouvent qu'il ne s'agit pas du célèbre Lissan eddin ebn el Khathib, qui ne vint qu'un siècle plus tard.

Nous croyons ne pouvoir mieux placer que dans le siècle d'Aboul Abbas Ennabaty et d'Ebn el Beithâr le médecin qui suit, dont l'époque ne nous est pas connue.

MOHAMMED BEN ALI BEN FARAH, surnommé El Chafra, de la ville de Corella, fut un bon médecin et un très habile botaniste. Il recherchait les plantes les plus remarquables et les plus rares, là même où elles croissaient, les récoltait de sa main et ne reculait devant aucune difficulté de terrain. Le prince Nasser, qui régnait alors à Guadix, l'ayant choisi pour son médecin, il institua dans la résidence royale un jardin botanique parfaitement installé.

Les médecins dont nous allons parler ne nous sont connus que par les extraits de Casiri.

MOHAMMED BEN BAKER EL FAHRI, de Valence, était un médecin et un annaliste distingué. Il mourut à Pourchena en 1221.

MOHAMMED BEN ALI ABOU BEKR EL KARCHY EL BAHRY, de Séville, était un philosophe très éminent et attaché comme médecin à la personne du roi. Il mourut en 1226, à l'âge de 90 ans.

ABDALLAH BEN AHMED BEN HAFS EL ANSARY, de Dénia, fut un médecin et un historien distingué. Il mourut au Caire, en l'année 1247.

ABOU BEKR MOHAMMED BEN AHMED ERRAKOUTHY, de Murcie, cultiva avec succès la philosophie, la médecine, les mathématiques, la musique et la littérature. Lors de la prise de Murcie, en 1242, le roi des chrétiens en fit tant de cas, qu'il fonda une école où notre savant enseignait publiquement les sciences et les lettres, ayant pour auditeurs chrétiens, musulmans et juifs. Le prince voulait lui faire quitter le Christianisme, ce à quoi il répondit: Je ne connais qu'un Dieu et j'ai déjà bien de la peine à le servir; que serait-ce, si je devais en servir plusieurs? Abou Bekr mourut à Grenade.

ABOU MOHAMMED ABDALLAH BEN IBRAHIM, vulgairement appelé Ben Zobaïr, était de Grenade. Il ne pratiqua pas seulement l'art médical, mais fut aussi un philologue et un brave guerrier. Né en 1245, il mourut en 1284.

MOHAMMED BEN ABDALLAH BEN IFATHIS cultiva la médecine et les lettres avec succès. Il mourut en 1311.

MOHAMMED BEN IBRAHIM BEN AHMED EL AOUASSY, vulgairement Abou Abdallah ebn Erraquam, naquit à Murcie. C'était un homme éminent et un médecin hors ligne, en même temps qu'habile mathématicien et astronome. Il professa longtemps la médecine à Grenade. Il publia plusieurs ouvrages, qui eurent un succès durable, dont un livre du Traitement des Maladies, en 12 volumes. Il mourut en 1315.

ABD EL AZIZ BEN ABDALLAH EL ARAKY, né à Guadix, fut un médecin et un poète remarquable. Il mourut en 1315.

ABOU ABDALLAH MOHAMMED BEN ABD EL AZIZ BEN SALEM BEN KALEF, de Munecar, fut un médecin très distingué et un bon poète. La renommée de ses succès le fit choisir par le roi de Grenade pour son premier médecin. Dans le manuscrit qui contient sa notice, on trouve plusieurs pièces de vers de sa façon, composées à la louange de médecins distingués, qui tous étaient au service de la famille royale. De ce nombre étaient Fares ben Ibrahim, vulgairement dit ben Zerzour, israélite; Abou Djafar el Kazny, de Séville; Aboul Asbag ben Sada, de Valence; Abou Temam Galeb, de Segora. Il mourut à Grenade en 1317, après avoir rempli les fonctions de trésorier du roi.

Les Médecins de Bougie.

La médecine qui, au X⁰ siècle, avait brillé malheureusement d'un éclat passager à Caïrouan, refleurit un moment à Bougie, dans le courant du XIII⁰.

C'est à M. Cherbonneau que nous devons cette révélation, et c'est à lui que nous allons emprunter tous nos renseignements sur une pléiade de savants. Si nous n'avons pas d'hommes éminents à signaler, le grand nombre des noms mis en lumière accuse un certain mouvement scientifique que nous ne saurions passer sous silence, d'autant plus que, de tous les états musulmans, le Magreb est celui qui nous a fourni le plus faible contingent. Il faut bien que ces hommes aient eu quelque mérite, pour que l'on nous ait transmis sur leur compte quelques renseignements, si modestes qu'ils soient. Laissant de côté les littérateurs et les jurisconsultes qui figurent en grand nombre, nous ne voulons nous occuper que des médecins.

MOHAMMED BEN EL HASSAN BEN MIMOUN ETTEMIMY, grammairien, jurisconsulte et historien, écrivit aussi sur la médecine. Il mourut en 1274.

AHMED BEN KHALED, originaire de Malaga, jurisconsulte et médecin, mourut à Bougie, en 1261.

MOHAMMED BEN AHMED EL OMAOUI dit Ebn Eddarès, jurisconsulte et médecin, enseigna la médecine à Bougie. C'était un homme prudent, qui ne s'engageait dans le traitement des malades qu'après avoir mûrement réfléchi. Il était médecin de la cour depuis quelque temps quand El Mostancer l'appela à Tunis, où il mourut en 1271. On cite de lui deux traités en vers, l'un sur la thérapeutique, et l'autre sur la pharmaceutique.

Aboulcasem ben Zeitoun, qui cultivait le droit et la médecine, mourut en 1291.

Ces savants et d'autres, au nombre de vingt, avaient été les maîtres de R'obriny, l'auteur du livre exhumé par M. Cherbonneau.

Aboul Abbas Ahmed, médecin d'Ispahan, se fixa quelque temps à Bougie et alla terminer sa carrière au Maroc. Il en fut de même de Taky eddin, que nous croyons être le même que celui dont il est question au chapitre de l'Irak.

Ali ben Amran ben Assatir, de Miliana, s'établit à Bougie, où il mourut en 1271.

Abd el Hak ben Ibrahim ben Sebaïn, médecin de Murcie, habita Bougie, où il mourut en 1270.

Ahmed ben Aboulcassem Ettemimy, cadi de Bougie, cultivait aussi la médecine.

Ajoutons qu'à la même époque, le saint homme Abou Medin, en vénération à Tlemcen, enseignait le droit à Bougie.

Bougie dépendait alors des Hafsides de Tunis, qui la faisaient gouverner par un prince du sang. Ce qui accrut encore son importance, c'est que plusieurs fois des gouverneurs se déclarèrent indépendants et reconstituèrent un état qui s'étendait au-delà de Constantine. En 1304, une intrigue fut fatale au cadi de Bougie Aboul Abbas Errobriny. M. Cherbonneau fait mourir son auteur, également cadi de Bougie, de mort naturelle en 1314. Y a-t-il une erreur ? Quant aux souverains de Tunis, ils protégeaient alors les lettres et les sciences. Abou Zakaria, mort en 1249, laissa une bibliothèque de 30,000 volumes, d'après El Keirouany. Un de ses succeseurs, Abou Fares, mort en 1433, institua une bibliothèque ouverte au public. D'autres hafsides construisirent de pareils établissements.

LIVRE VII

—

LES SIÈCLES DE DÉCADENCE

————

I. — XIVe SIÈCLE.

1° ORIENT.

Ebn el Kotby.	vers 1311	Safady.	vers 1341
Sedid el Cazrouny.		Imad eddin Abderrahim.	vers 1383
El Aksaraï.	1377	Mohammed ben Ismaïl.	vers 1386
Abou Saïd ben Abi Serour.		Ibrahim ben Tarkhan.	
Thabaristany.		Mohammed Eddimachky.	1337
Khider ben Aly.	1397	Abou Bekr ben Iousef.	
Djemal eddin el Habechy.	1380	Auteur du Kitab el Akoual,	
Auteur des Rhumatismes.		Aboulféda.	1331
	vers 1388	Eben Doreihim.	1361
Seridja.	1386	Damiry.	1405
Chems eddin Eddimachky.	1363	Ebn el Ouardy.	1348
Eddaoualy.	1388	Djeldeky.	1342
Azz eddin ben Djema.	1416	Eben Batoutah.	
El Khathib el Costanthiny.	1312		

2° ESPAGNE.

Issa ben Mohammed.	1327	Mohammed el Karchy.	1356
Mohammed eben Serradj.	1329	Abou Amrou ebn el Hedjadj.	1358
Mohammed ben Ahmed.	1331	Aboul Cassem el Arfy.	vers 1363
Mohammed el Marakchy.	1336	Mohammed Echchegoury.	
Galeb Abou Temam.	1340	Ebn el Khatib Lissan eddin.	1374
Otsman ben Iahya.	1334	Ishaq ben Haroun.	
Mohammed el Ansary.	1348	Djemal eddin el Garnathy.	
Mohammed ebn el Loulou.	1349	Mohammed ben Khaldoun.	
Abou Zakarya.	1352		

II. — XVe SIÈCLE.

Néfis ben Aouadh.		Es Benoussy.	1490
El Amchathy.		Chems eddin Ennouadjy.	1454
Mehdy.	1412	El Ascalany.	1448
El Kermany.		El Bisthamy.	vers 1444
El Azraq.		Mohammed el Mekky.	1433
El Mardiny.		Le Chérif Essakaly.	vers 1433
Abou Bekr el Bedry.		Souyouthy.	1505

III. — XVIe, XVIIe ET XVIIIe SIÈCLES.

Taky eddin Echchirazy.
El Ascalany el Misry.   1517
Ebn el Athar.   vers 1568
Nidha ben Amran.   vers 1582
Kaliouby.   1659

Daoud el Antaky.   1599
Ben Azzouz el Marakchy.
Abderrezzaq Eddjezaïry. vers 1750
Léon l'Africain.

IV. — ÉPOQUE INCERTAINE.

Mohammed ben Abil As el Andaloussy.
Abou Abdallah el Iemeny.
Mohammed ben Abi Becr Ez-zaraï.
Nour eddin ebn Eddjezzar.
Abou Soleiman Daoud.
El Alaouy el Magreby.
Thahir ben Ibrahim.
Bedr eddin Eddjezery.
Abderrahman el Farsy.
El Aïachy.
Ahmed ben Essaïr.

El Adjelany.
Mohammed el Hamaouy.
Hassan el Akad Eddimachky.
El Hadjadj el Iameny.
Essemnany.
Noman el Israïly.
El Quissouny.
Ali ben Aïoub Eddimachky.
Et Tiflissy.
Daghmini.
Mohammed ben Ahmed Errohaouy.
Nour eddin ben Nasr eddin.

V. — LA MÉDECINE ARABE EN PERSE.

Zein el Attar.
Mansour ben Elias.
Thobb Djemaly.
Mansour ben Mohammed.
De modis coeundi.
Beha eddoula.   1507
Behouadeh.
Hussein ben Mohammed.
Aly sultan Khorassany.
Imad eddin Chirazy.
Mohammed Hamaouy.
Modhafer Chafaï.

Férichtah.
Nour eddin Chirazy.
Hakim Ezzeman.
Alaouy Khan.   1749
Mohammed Akbar.
Mohammed ben Iousef.
Iousef ben Mohammed.
Abou Saïd el Iahoudy.
Raïah el Isfahany.
Kefaïat Etthobb.
Ben Djemaly.
Merveilles de la nature.

LES SIÈCLES DE DÉCADENCE.

Avec le XIV⁰ siècle nous entrons en pleine décadence. Profondément agité pendant le XIII⁰ siècle, l'Orient le fut de nouveau pendant le XIV⁰. A l'invasion de Gengiskan vint s'ajouter celle de Tamerlan, et de nouvelles dynasties se partagèrent les états des dynasties déchues.

De pareilles époques sont nécessairement fatales à la science. Les bibliothèques sont dévastées, les institutions abolies et les savants déroutés n'enseignent plus. On ne songe alors qu'à se conserver, on ne compte plus sur l'avenir. Si quelques individualités bien douées et favorisées par les circonstances apparaissent encore, elles ne font pas école et les traditions sont rompues. On sait du reste que l'invasion de Tamerlan fut plus impitoyable que celle de Gengiskan.

Bagdad n'est plus dès lors que le simple chef-lieu d'une province. Eben Batouta parle bien encore avec admiration de la célèbre école fondée par Nidham el Moulk, mais si l'édifice est toujours debout, les professeurs et les élèves sont absents.

L'Égypte reste encore pendant quelque temps un foyer scientifique. Des conditions géographiques toutes particulières et son isolement l'obligent à cultiver la tradition, en même temps qu'elles la rendent plus apte à défendre ou à reconquérir son autonomie. Ses conquérants eux-mêmes sont forcés de compter avec elle et avec son glorieux passé. Les lettres et les sciences n'ont plus désormais d'asile assuré que l'Égypte et la Syrie, longtemps réunies sous le même sceptre. Cependant on les voit prospérer quelque temps encore à Samarcande.

Ce qui prouve combien le culte de la science a besoin de sécurité, c'est que nous le voyons toujours vivace dans le petit royaume de Grenade, qui, bien qu'incessamment amoindri, n'en conserve pas moins son indépendance et produit toujours des littérateurs et des savants. Là seulement encore les Arabes régnaient.

Pendant le cours du XIVᵉ siècle nous pouvons enregistrer une quarantaine de noms, dont la moitié appartient à l'Espagne ; mais, parmi ces noms, il n'en est aucun d'illustre à titre de médecin. On ne produit plus rien d'original, on compile, on extrait, on commente.

L'ouvrage le plus remarquable de cette époque est un traité anonyme des rhumatismes, qui existe à Paris et qui fut composé en Syrie.

On peut citer comme une œuvre recommandable, bien que ce ne soit qu'un travail de refonte, le *Ma la iesa* d'Ebn el Kotby, dit aussi *El Djouiny,* sans doute parce qu'il était originaire de Djouin, localité persane.

Il faut citer encore le *Chefa* de Khider ben Ali.

Parmi les médecins espagnols nous rencontrons un homme illustre, mais qui fut plutôt un homme politique et un historien qu'un médecin. Nous voulons parler de Lissan eddin ebn el Khathib. Il cultiva aussi la médecine et la professa. La Bibliothèque nationale possède de lui un ouvrage qui témoigne d'un bon esprit.

Les sciences accessoires à la médecine furent plus heureuses.

L'histoire des animaux de Damiry appartient à cette époque. Bien que cet ouvrage soit le fait d'un littérateur plutôt que d'un naturaliste, il n'en est pas moins précieux par le grand nombre de renseignements qu'il renferme. Ebn Doreihim écrivait alors un travail sur le même sujet. L'hippiatrique fut traitée par un prince de l'Iémen.

Quant à l'alchimie elle compta un de ses représentants les plus éminents dans la personne de Djeldeky.

Aboulféda composait alors sa géographie, et Ebn Batouta

rédigeait un voyage de Tanger à la Chine et du Niger au Volga.

Il est un homme que nous ne saurions passer sous silence, c'est Ebn el Khaldoun. Dans ses *Prolégomènes* il parle de tout, de la civilisation, des sciences, des lettres, des arts et même de la médecine. Ce qu'il y a de plus remarquable dans ce livre, c'est d'avoir osé l'entreprendre, car ce n'est rien moins qu'une histoire comparée de la civilisation, une sorte de philosophie de l'histoire. Malheureusement la vie agitée de l'auteur ne comportait pas d'assez fortes études et il lui restait trop d'idées fausses et de préjugés. Il considère la philosophie comme une science vaine et croit à la magie.

Une heureuse institution de l'époque est celle du Moristan, commencé par Kalaoun et achevé par son fils.

Le XVᵉ siècle ne produit qu'une douzaine de médecins, parmi lesquels nous ne relèverons qu'un nom connu, celui de Syouthy, et encore ce n'est pas précisément un médecin, mais un polygraphe.

Les sciences ne produisirent qu'un homme remarquable, Oloug Beg, qui, en même temps qu'il les encourageait, cultivait l'astronomie avec succès.

Le XVIᵉ siècle est encore plus stérile. Un seul nom s'impose à l'historien, celui de Daoud el Antaky, le plus éminent médecin qui ait paru en Orient depuis le XIIIᵉ siècle. On peut dire qu'avec lui l'ère de la médecine arabe est définitivement close.

Le même siècle fut celui de Léon l'Africain, et le XVIIᵉ celui de Hadji Khalfa, qui nous intéressent à des titres inégaux.

Le XVIIIᵉ siècle nous offre encore le nom d'un médecin arabe, Abd Errezzaq l'Algérien. Nous l'avons traduit à titre de curiosité et parce que c'était pour nous l'occasion de placer à côté de son livre la pratique actuelle de l'Algérie. C'est le dernier nom que nous ayons pu recueillir.

Ajoutons enfin que la tradition médicale s'était conservée par le persan.

Nous ne terminerons pas cette revue sans dire un mot de

la renaissance médicale qui se produit en Orient et particulièrement en Égypte. C'est encore, comme à l'époque des Abbassides, par la voie des traductions que cette transformation s'opère. Il y a toutefois, ce nous semble, une différence dans les procédés.

Les médecins appelés en Égypte ont dû porter aide aux traducteurs indigènes qui ne pouvaient être suffisamment préparés, car très peu de ces traductions se sont faites par des Européens. Nous avons lu un certain nombre de ces traductions, et il nous a semblé que les traducteurs égyptiens n'étaient pas assez familiarisés avec la médecine arabe. Ils auraient pu trouver chez les classiques bon nombre de termes techniques à conserver, au lieu d'abuser du néologisme. Ils auraient même pu trouver chez les Arabes des renseignements originaux sur la provenance de certains médicaments, au lieu de les prendre de seconde main chez les Européens. Au lieu de s'arrêter à Daoud el Antaky, il fallait remonter à Ebn el Beithâr. L'histoire de la matière médicale peut encore aujourd'hui puiser de bons renseignements chez les Arabes.

La médecine arabe vient encore de refleurir dans l'Inde sous l'inspiration du gouvernement anglais, et à l'adresse de ses sujets musulmans, qui semblent se multiplier (1), mais ici on est tombé dans un excès contraire. Au lieu de publier exclusivement des traductions d'ouvrages modernes, on a fait revivre les anciens. Nous avons déjà parlé des abrégés du Canon et de ses commentaires publiés en arabe à Calcutta. Nous apprenons par M. Garcin de Tassy qu'en 1871 on a publié le Canon d'Avicenne, traduit de l'arabe en indoustany, un Traité de pathologie anonyme, et ce que M. Garcin de Tassy appelle le *Trésor de Khouarizmchah,* ce qui n'est pas autre chose que la *Dakhira* de Djordjany, médecin persan du XII° siècle, dédié à un prince du Khouarezm.

Un mouvement analogue se produit actuellement en Perse.

Nous diviserons ce livre par siècles seulement, la division par contrées n'ayant plus sa raison d'être. Nous distinguerons encore l'Espagne au XIV° siècle.

(1) Le Nadab de Rajgarh et tous ses sujets se sont convertis à l'Islamisme.

I. — XIV° SIÈCLE.

1° Orient.

EBN EL KOTBY ET LE MA LA IESA.

Près d'un siècle s'était écoulé depuis la mort d'Ebn Beithâr, quand son grand Traité des simples fut l'objet d'une refonte. L'auteur de ce travail est Iousef ben Ismaïl el Khouy (ou El Djouiny) Ibn el Kebir, Ibn el Cotby, Echchafey. Il lui donna le nom, sous lequel il est bien connu, de *Ma la iesa etthabib djahlouhou*, Ce qu'il n'est pas permis à un médecin d'ignorer.

Suivant l'auteur du *Ma la iesa*, le grand ouvrage d'Ebn Beithâr a des défectuosités. Il a des longueurs, des répétitions, des confusions, des omissions, des inégalités, des inexactitudes, etc. Toutefois, il avoue que, dans ses recherches sur les ouvrages de ce genre, il n'a rien trouvé d'aussi utile et d'aussi complet.

On ne saurait nier qu'il y ait des longueurs et quelques répétitions dans l'œuvre d'Ebn Beithâr : c'était une nécessité du plan qu'il avait adopté. Voulant reproduire intégralement les auteurs cités, il était bien difficile, à moins de les mutiler, que les extraits successivement reproduits ne se répétassent pas un peu l'un l'autre. Il y a cependant beaucoup d'art dans la manière dont ces extraits sont groupés. Après la description, viennent les propriétés et les emplois. Chacun de ces emplois a des citations spéciales et exclusives, de telle sorte qu'un auteur peut être cité plusieurs fois dans le courant d'un chapitre consacré à un seul et même médicament. Ebn Beithâr s'était proposé d'écrire un répertoire complet d'histoire naturelle médicale et de thérapeutique, où l'on pût trouver tout ce qui concerne les aliments et les médicaments, et il a mis à contribution tous les auteurs ayant traité la matière. Le but de l'auteur du *Ma la iesa* est tout autre. Il a voulu, comme il nous le dit dans sa préface, faire un livre qui serait en quelque sorte l'abrégé de celui d'Ebn Beithâr, sans en avoir les superfluités et les défauts.

Le Ma la iesa, sous un volume moitié moindre, et avec tous les éléments fondus ensemble, pouvait mieux convenir aux praticiens insoucieux de la critique et préférant la science toute faite. Pour nous, le Ma la iesa n'a plus guère de valeur. En admettant même que le choix et la synthèse des matériaux y soient toujours irréprochables, rien ne nous intéresse dans cette compilation que ce qu'elle peut avoir de véritablement neuf. Il en est tout autrement pour l'ouvrage d'Ebn Beithâr. Il nous a conservé, d'un grand nombre de médecins dont les écrits ne sont pas parvenus jusqu'à nous, des extraits qui peuvent nous faire connaître la nature et la valeur de leurs écrits. D'un autre côté, bon nombre de questions ont été tranchées dans le Ma la iesa, qui peuvent être reprises plus compétemment par la critique moderne mieux renseignée. Pour l'histoire naturelle de l'Orient, Ebn Beithâr sera toujours consulté avec fruit, et tel détail qui aura paru superflu à l'auteur du Ma la iesa, peut avoir de l'intérêt pour nous.

Les omissions reprochées à Ebn Beithâr sont d'avoir négligé d'indiquer souvent le degré des simples, leurs inconvénients, leurs correctifs, leurs modes d'emploi, leurs doses, leurs succédanés. Ces reproches ne sont pas toujours mérités tant s'en faut, et puis ces indications ne rentraient pas toutes dans le plan de l'auteur.

Quant aux inégalités, c'est-à-dire à ce que certains articles sont trop longs et d'autres écourtés, il ne pouvait guère en être différemment.

Malgré toutes ses recherches, à l'époque où vivait Ebn Beithâr et malgré son séjour en Égypte, en Syrie, pays de bibliothèques, il était bien difficile de posséder tout ce qui avait été écrit sur la matière, et Ebn Beithâr ne voulait produire que des documents sûrs, ou le résultat de son expérience. Telle est l'explication de ses quelques lacunes.

On lui reproche des infidélités de reproduction. Pour le constater, nous manquons de documents. Cependant nous pouvons affirmer que ses citations du Canon et du Traité des correctifs de Razès sont fidèles et conformes à l'original.

Le *Ma la icsa* mérite quelques-uns de ces reproches. Il donne assez souvent des étymologies grecques qui sont tout autre chose, ainsi pour l'Ardjiqua, l'Amdryan, etc.

Ses déterminations ne sont pas toujours sûres et les éléments de la discussion font défaut. Il tombe aussi dans des erreurs relevées par Ebn Beithâr, ainsi à propos du succin qu'il admet comme un produit du peuplier. Il a aussi ses répétitions et ses confusions, ainsi à propos de l'holosteum, etc.

Quelques articles d'Ebn Beithâr ne se rencontrent pas chez lui, ainsi le Zerneb, le Serrent, etc.

Par contre il en a une dizaine peut-être de nouveaux, ainsi le rhinocéros, le perroquet, la gomme élémi, etc. Nous citerons encore chez lui, comme provenance, les Bulgares et les Russes : il dit notamment que le peuplier est commun chez eux.

Si nous appuyons nos reproches d'exemples à l'appui, nous ajouterons que le Ma la iesa n'en agit pas de même pour Ebn Beithâr.

En somme si ce livre était un travail avantageux pour les étudiants et les praticiens, il n'a pour nous qu'un faible mérite. Les documents y sont fondus ensemble, quelle que soit leur provenance et nous ne pouvons de la sorte y puiser que des renseignements douteux, tandis que chez Ebn Beithâr, chacun porte son étiquette et se produit avec sa valeur propre. Enfin avec Ebn Beithâr nous pouvons reconstituer les travaux des différents médecins, et faire le bilan des acquisitions que l'histoire naturelle médicale doit aux Arabes.

Ce livre cependant nous a rendu quelques services. Il nous a fourni de temps en temps quelques éléments de contrôle, autant que sa forme le permet, pour les passages et les transcriptions douteuses.

Nous lisons à la fin de la première partie, consacrée aux médicaments simples, que l'auteur se propose d'en faire une seconde consacrée aux médicaments composés, et qu'il finissait d'écrire cette première partie à la date de 711 de l'hégire. C'est à peu près là tout ce que nous savons sur l'auteur. Hadji Khalfa ne nous en apprend pas davantage. A l'article 12,623 où il parle des simples d'Ebn Beithâr, il reproduit sommairement l'appréciation qu'en a faite l'auteur du *Ma la iesa*. Au n° 11,278, il ne donne que le titre du livre et le nom de l'auteur, avec la date 711. La Bibliothèque de Paris possède un bel exemplaire du *Ma la iesa*. Ce manuscrit, coté n° 1072 est un in-4° de 304 feuillets, bien conservé, d'un beau papier, bien écrit, à 25 lignes à la page, d'une écriture unique, fine, très serrée, exigeant parfois un peu d'attention. Les caractères sont orientaux. Les noms des simples sont écrits en caractères rouges plus gros.

Les prolégomènes occupent les 15 premières pages.

D'après une note de Celsius, on a voulu voir son Aboulfadhl comme l'auteur du *Ma la iesa*. Nous n'avons rencontré nulle part *Aboulfadhl* dans la nomenclature des noms d'Ebn el Kotby. D'autre part, Sprengel place l'Aboulfadhl de Celsius au X° siècle et le qualifie de *Chirasy* ou Chierzy. Nous n'en avons non plus trouvé de trace. L'Aboulfadhl de Celsius pourrait être celui dont parle Hadji Khalfa, n° 361.

SEDID-EL CAZROUNY.

Il ne nous est connu que par un commentaire du Moudjiz el Canoun d'Ebn Ennefis, intitulé *el Mor'ny ficharh el Moudjiz,* ou le Livre qui suffit par le commentaire du Moudjiz. Parmi les commentaires du Moudjiz, celui de Sedid est un de ceux qui ont le plus de vogue. Il nous en est parvenu plusieurs exemplaires. Il en existe à Oxford, à Munich, et à Paris, sous les n°° 1004, 1005 et 1006 de l'ancien fonds, et 1034 du supplément. Les bibliothèques de l'Orient en possèdent une demi douzaine.

Il semblerait que l'auteur fut un des disciples de Cothob eddin Echchirazy, d'après ce qu'on lit dans son introduction, dont nous reproduirons le résumé.

« Pénétré, dit-il, de l'excellence de la médecine, je me

suis adonné à la lecture et attaché au service des médecins
de diverses contrées, jusqu'à ce que je compris le mérite du
Canon, qui est la quintessence d'Hippocrate et de Galien et
de leurs commentateurs. J'étudiai les commentaires du Canon de notre maître, *Moulena*, Cothob eddin Echchirazy et
d'Ebn Ennefis connu sous le nom de Moudjiz. Je me propo-
sai de compléter ce livre et je l'ai enrichi de ce que j'ai gagné aux leçons de mon maître el Abery Hiny. »

Le Mor'ny est mentionné simplement par Hadji Khalfa, nᵒ
13,399, et il ne nous apprend rien sur la personnalité de l'auteur.

De même que le Moudjiz, le Mor'ny a eu les honneurs de
l'impression. Il parut à Calcutta en 1832, sous ce titre anglais : *Ashshurh ool Moognee, commentatio absoluta, a com-
mentary to the Moodjiz ool Qanoon, Known by the name of
the sudeedee, compiled by the celebrated physician Moulana
Sudeed Cazroonee, on the theory and practice of physic and
the materia medica.*

EL AKSARAÏ.

Djemal eddin Mohammed ben Mohammed dit El Aksaraï,
du nom d'une ville de l'Asie mineure, fit aussi un commentaire du Moudjiz d'Ebn Ennefis, auquel il donna le titre de
Hall el Moudjiz, ou l'Ouverture, la Clef du Moudjiz. La Bibliothèque Bodléienne en possède deux exemplaires, sous
les nᵒˢ 606 et 635. Nous en avons trouvé six dans les bibliothèques de l'Orient.

Hadji Khalfa, nᵒ 13,399, cite Aksaraï et dit qu'il naquit en
714 de l'hégire, et mourut en 800 (1377). Ce commentaire
existe à Leyde, nᵒ 1322.

ABOU SAÏD BEN ABI SEROUR ESSAOUY EL ISRAÏLY.

Ce médecin juif ne nous est connu que par une simple
mention de Hadji Khalfa au nᵒ 11,168. Il le dit auteur d'un
livre intitulé *Ellemha Fitthebbi*, l'Éclair médical. Nous savons d'autre part qu'un des commentateurs du Moudjiz, El

Amchaty, voulut annexer ou fondre, avec son commentaire, la *Lemha*, ce qui fait penser que cet ouvrage avait quelque mérite. El Amchathy vivait au XVᵉ siècle, et c'est pour cette raison que nous avons placé l'auteur de la Lemha au XIVᵉ.

La Lemha et le commentaire d'El Amchaty existent dans les bibliothèques de l'Orient.

Ajoutons que Hadji Khalfa qualifie Abou Saïd de chef des médecins, *Cheikh el athibba*.

THABARISTANY.

Abou Iahya Issa ben Omar Etthabaristany est auteur d'un traité d'alchimie intitulé *Destour ettedjarib*, ou la Règle des expériences. Cet ouvrage existe à la Bibliothèque médicéenne de Florence. L'auteur nous est dit un philosophe et un médecin éminent du VIIIᵉ siècle de l'hégire.

KHIDER BEN ALY.

Khider ben Aly ben el Khatib, surnommé *Hadji Pacha*, vivait au XIVᵉ siècle de notre ère. Nous ignorons la date de sa naissance, mais nous savons par Hadji Khalfa, nᵒ 7587, qu'il vécut jusqu'après l'année 800 de l'hégire, 1397 de J.-C. Il paraît avoir vécu dans l'ancienne Carie, probablement au service de petits souverains, à l'un desquels il dédia un ouvrage qui nous est resté. Cet ouvrage existe en diverses collections et notamment à Paris sous les nᵒˢ 1017 de l'ancien fonds arabe, et 1060 du supplément. Il porte le titre de *Chefa el Asquam*, la Guérison des maladies. L'introduction en est remarquable, et nous la donnerons sommairement en accordant la parole à l'auteur. » J'ai préféré la veille au sommeil, je me suis livré à la vérification des problèmes de la médecine, à l'observation des faits ; j'ai fréquenté les hôpitaux, étudié les cas et les traitements, surtout à l'hôpital el Mansoury du Caire ; je me suis attaché au service des professeurs et des maîtres habiles, après avoir étudié les écrits des médecins renommés, parmi les chrétiens et les israélites ayant le bras long dans l'art de guérir ; que Dieu les place dans son paradis, qu'il les couvre d'un vêtement de grâces et d'honneur! j'ai enrichi mon livre du profit que j'ai tiré des leçons de mon maître Djemal eddin ben el Choubeky, le phénix de son siècle. »

Malgré les troubles politiques, les saines traditions se conservaient donc encore à la fin du XIVᵉ siècle.

L'ouvrage de Khider ben Aly est une encyclopédie médicale, dans le genre du Canon, dont il reproduit exactement l'ordonnance, à part le cinquième livre, les médicaments composés étant traités à la suite des simples. C'est une œuvre considérable, et nous en donnerons une idée en disant que le nº 1017 est un in-folio qui ne contient pas moins de 466 feuilles à 32 lignes à la page.

La Bibliothèque Bodléienne possède de lui un commentaire des généralités du Canon, sous le nº 525.·

Les aliments, les viandes et les condiments sont particulièrement l'objet de longs développements. Les simples sont traités sous forme alphabétique. L'auteur cite fréquemment Ebn el Beithar, au point de lui emprunter des dénominations berbères. Il cite aussi fréquemment son maître, *Oustady*.

Nous avons dit que Khider avait dédié son livre à un prince. Ce prince, qu'il qualifie de vicaire du Prophète, est Fakr eddin Issa ben Mohammed ben Aidin. C'était sans doute le fils du fondateur d'une petite souveraineté, Aidin, qui prit quelquefois parti avec les empereurs de Byzance contre la dynastie naissante des Ottomans. Nous relèverons à ce propos, une erreur de d'Herbelot. Hadji Pacha, dit-il, lui dédia son livre *Chefa el Asquam*, qui est un titre métaphorique, car il signifie la santé des malades et cependant il traite de toute autre chose. D'Herbelot renvoie ensuite à Aidmerin (Eidemir Djeldeky le célèbre alchimiste, auquel M. de Sacy a consacré une notice) qui fut son contemporain, et avec lequel il est confondu par d'Herbelot.

DJEMAL EDDIN MOHAMMED BEN ABDERRAHMAN EL HABECHY EL IAMENY.

Hadji Khalfa le cite au n° 261 comme auteur d'un livre intitulé: *Eloge de la course et du mouvement*, et il donne l'année 1380 comme celle de sa mort.

Nous avons cru devoir le rapprocher de Khider ben Aly qui parle de son maître Djemal eddin ebn Echchoubeky et qui, d'autre part, mais sous la qualification *Oustady*, mon maître, cite Aboulcassem Abderrahman el Yemeny.

Traité anonyme des Rhumatismes.

Tel est le titre que doit porter un ouvrage acéphale qui figure au n° 1209 de l'ancien fonds arabe. Les annotateurs se sont trompés à son endroit, soit en le regardant comme le Ma la iesa, qui est tout autre chose, soit en l'attribuant à Ebn Djouiny, l'auteur du Ma la iesa. Dietz a suivi ces errements dans ses *Analecta medica*, page 23. Pour comprendre la fausseté de cette attribution, il suffit de se rappeler que le *Ma la iesa* fut écrit en 1311, et que nous trouvons dans le traité des rhumatismes une observation de l'auteur rapportée à l'année 1388. Comme nous l'avons dit, l'ouvrage est acéphale ; il ne commence qu'à la cinquième feuille. Ce qui est positif, c'est que l'auteur habitait la Syrie. Ainsi nous trouvons des faits de sa pratique qui se sont passés à Sidon, à Jérusalem et à Tripoli. Nous n'avons pu jusqu'à présent le rapporter à un nom connu du XIV° siècle. Nous ne désespérons pas cependant d'y arriver, l'ouvrage ayant du mérite.

Bien que nous n'ayons pas rencontré le titre, on voit cependant par un passage du dernier livre et par l'ensemble que l'ouvrage avait porté le titre de : *Traité des Rhumatismes* : seulement, l'auteur comprenait sous ce titre les affections articulaires en général, la goutte, la sciatique, la coxalgie et les hémorrhoïdes.

Nous trouvons au début quelques pages de déontologie d'un ordre élevé. C'était là probablement le premier chapitre. L'ouvrage en contient XXV.

Le deuxième chapitre traite des devoirs du médecin quand il arrive en présence d'un malade. Il ne contient pas moins de dix pages.

Le troisième traite des causes des affections rhumatismales.

Le quatrième chapitre est consacré à l'anatomie.

Le cinquième traite de la classification des maladies en question.

Les chapitres sixième, septième et huitième, s'occupent de leur traitement.

Les chapitres suivants ont trait aux médicaments.

Le chapitre dix-huitième traite des tumeurs indurées.

Le dix-huitième, des caustiques, et le dix-neuvième, des ventouses.

Le vingtième traite de la cautérisation dans la coxalgie. Le vingt-et-unième et le vingt-deuxième, traitent des moyens prophylactiques.

Dans le vingt-troisième, il est question des médicaments sédatifs.

Le vingt-quatrième revient aux moyens curatifs des affections articulaires.

Le vingt-cinquième contient des conseils sur diverses questions. Arrivant aux substances nuisibles, l'auteur parle du vin et le proscrit. Il rapporte cependant le fait de l'Imam Erridha qui en administra à Mamoun. Il parle ensuite des habitudes.

Parmi les auteurs cités les plus récents, nous avons remarqué les noms d'Ebn el Beithâr et d'Ebn en Nefis. On rencontre aussi le nom de son maître, Noman, qui lui donne le traitement des affections articulaires comme une des choses les plus graves de la médecine.

En somme, cet ouvrage annonce un praticien zélé et sérieux, ayant une haute opinion de son art.

Le Sahib Elloboudy composa aussi un traité sur les rhumatismes, mais il y a un siècle de distance. Notre auteur nous donne un fait passé en l'année 790 de l'hégire.

SERIDJA.

Zein eddin Seridja ben Mohammed el Malathy, originaire de Malathia, vécut jusqu'en l'année 1386. Hadji Khalfa mentionne plusieurs de ses écrits. L'un d'eux est intitulé *Tahrir el Afkar ettheiba fitaqrir el Akhbar etthobbya*, Exposition de pensées rationnelles et relations de nouvelles médicales. D'Herbelot a vu là une histoire de la médecine. Cependant il cite autre part un livre qui a pour titre *Akhbar el Aïan,* ou Vies des hommes illustres.

Hadji Khalfa cite au n° 1034 un livre où l'auteur traite de la vanité de l'astrologie, ou autrement de la futilité de la croyance aux influences sidérales.

CHEMS EDDIN EDDIMACHKY.

Chems eddin Mohammed ben Ali eddimachky el Hosseiny vécut suivant Hadji Khalfa, n° 259, jusqu'en l'année 1363. Son surnom le fait originaire de Damas.

Hadji Khalfa cite de lui un livre intitulé *Adab el Hammam,* ou les Règles des bains, ce que d'Herbelot a cru devoir rendre par : De l'honnêteté qu'il faut garder dans les bains.

EDDAOUALY.

Abou Abdallah Mohammed ben Moussa Eddaoualy vécut jusqu'en l'année 1388, au dire de Hadji Khalfa, qui cite de lui un livre sur la nature de la fièvre. Il ne nous est pas autrement connu.

Il est auteur d'un ouvrage de médecine intitulé *Chamel Fitthobbi,* ou Traité général de médecine, divisé en deux parties. La 1re traite de l'hygiène et la 2e des maladies générales et spéciales. Il fut écrit en l'année 1335.

AZZ EDDIN BEN DJEMA.

Abou Abdallah Mohammed ben Abi Becr ben Abd el Aziz Azz eddin ben Djema el Kinany, né en 1358, vivait au Caire où il mourut en 1416.

C'était un polygraphe dont nous ne mentionnerons que les ouvrages relatifs à la médecine.

Sous le nº 1429 Hadji Khalfa lui attribue un ouvrage intitulé *Anouar fitthobb,* Eclaircissements sur la médecine ; au nº 3985 un corps de médecine, *Djami fitthobb,* et au nº 1273 un Traité d'hippologie.

EL KHATIB EL COSTANTIIINY.

Ahmed ben Hassen el Khathib el Costanthiny, de Constantinople, écrivait en l'année 712 de l'hégire, 1312 de notre ère, au dire de Hadji Khalfa, nº 464, et il écrivit sur la médecine un poème contenant 320 distiques. Cet ouvrage existe à l'ancien fonds arabe de Paris, nº 1093.

SAFADY.

Chihab eddin Ahmed ben Yousef Essafedy, sans doute originaire de Safed, vivait au XIVᵉ siècle de notre ère.

Nous ne le connaissons que par un ouvrage de lui qui existe au nº 1055 de l'ancien fonds, et qui le proclame, sans doute avec l'exagération habituelle en pareil cas, le médecin de son temps et le prince de son époque. Cet ouvrage qui se compose de 62 feuilles est intitulé *Ouadjiz* ou Résumé. C'est une conversation sur la médecine tenue par dix savants en présence d'un prince qui les renvoie comblés de présents et satisfait de leurs discours. Cet écrit fut composé en l'année 1341 et le Manuscrit de Paris nous est donné comme un double de l'autographe. Nous n'y avons rien remarqué de saillant.

IMAD EDDID ABDERRAHIM.

Il existe à Leyde des gloses d'Imad eddin sur le commentaire des Aphorismes par Izz eddin Ibrahim el Kichy, qui les achevait en 1383, d'après H. Khalfa, IV, 438.

MOHAMMED BEN ISMAÏL.

Nous ne le connaissons que par un commentaire de l'*Ardjouza* d'Avicenne, vulgairement le Cantique, dont il existe un exemplaire autographe à Paris, n° 1022 du supplément arabe, daté de l'an 788 de l'hégire, 1386 de notre ère. C'est un volume d'environ 300 feuilles.

L'auteur n'a pas craint de venir après Averroès, qu'il cite parfois sous la forme *Echcharih*, le commentateur.

Ses commentaires sont assez copieux et généralement intéressants, mais ce qui les dépare, c'est une citation incessante des hadits ou propos de Mahomet relatifs à la médecine, concurremment avec un bon nombre de médecins éminents. C'est ainsi que nous trouvons un hadits à propos de la question de savoir si la femme a une semence, et la réponse est affirmative. On ajoute même que la prédominance de la semence du mâle ou de la femelle dans la conception détermine le sexe. Un autre hadits nous apprend que l'esprit vient habiter le corps quarante jours après la conception. Les auteurs cités sont au nombre d'une trentaine, et ce sont les sommités de la médecine grecque et arabe. A la fin du volume, l'auteur donne sur chacun d'eux une notice sommaire où l'on trouve quelquefois des renseignements à recueillir, ainsi, à propos d'Ebn Ennefis, le dernier en date. La biographie d'Avicenne est plus longuement traitée. Nous avons observé une erreur à propos de Harets, qu'il dit avoir été l'élève de Massih ben el Hàkam. A propos de Galien, il rapporte ce conte reproduit aussi chez Ebn Abi Ossaïbiah, que sur la nouvelle des miracles de Jésus, Galien partit pour la Palestine.

Le passage relatif au vin n'est pas commenté, mais il figure dans le texte d'Avicenne, reproduit à part.

L'auteur donne aussi un traité sommaire des poids et mesures.

Le commentaire n'est donc pas d'Averroès, comme l'a cru M. Renan, p. 84.

IBRAHIM BEN AHMED BEN TARKHAN.

Il nous est connu seulement par un manuscrit du supplément arabe, n° 877, petit in-4° de 300 feuilles, qui paraît être un autographe. Il porte le titre de *Kitab essimat fi esma ennebat*, moyen de connaître le nom des plantes. L'ordonnance est alphabétique.

C'est un traité de synonymies botaniques, non par une simple juxtaposition, mais avec quelques développements. Toutefois, l'exécution est assez médiocre. L'auteur a puisé environ les trois quarts de ses matériaux chez Ebn el Beithâr, soit dans les *Simples*, soit dans *le Mor'ny*, mais il a plus d'une fois mal lu, et, d'autres fois, il a consacré les fautes qu'il a rencontrées dans ses manuscrits. Quelques erreurs doivent être aussi de son crû.

Quelques mots sont mal écrits et placés dans une lettre qui leur est étrangère. Ainsi le Dioudar, qui a pour synonymie *Sanouber hindy*, pin de l'Inde, est placé à la lettre Dhal, sans doute parce que l'auteur a puisé dans le Mor'ny. Le pouliot, en grec *Glèchôn* peut subir bien des altérations par la faute des copistes. L'auteur le transcrit *Alendjan*, et il a soin de noter les lettres qui entrent dans sa composition. Parfois, il donne à tort des étymologies grecques.

Cet ouvrage n'en a pas moins une certaine utilité parce qu'il donne tous les synonymes. On pourrait dire que c'est tout simplement, du moins en majeure partie, un Index d'Ebn el Beithâr, car l'auteur ne met rien du sien, pas même la critique.

Les quelques autres citations étant d'une date antérieure à

Ebn el Beithâr, nous pouvons placer notre auteur au XIVe siècle.

MOHAMMED BEN ABI THALEB EL ANSARY ESSOUFY EDDIMACHKY

Nous ne le connaissons que par ses œuvres. Il est auteur d'un traité de physiognomonie qui existe au supplément arabe, n° 963. Il en existe un autre à l'ancien fonds déjà signalé par d'Herbelot, qui nous apprend ailleurs que l'auteur mourut en 1337 (738 de l'hégire). Le n° 963 ne contient que 44 feuilles, mais il est bien rempli.

L'auteur donne le nom de ses devanciers qu'il a consultés et qu'il désigne dans le cours de l'ouvrage par une lettre de leur nom. Les principaux sont Aristote, Philémon, Razès, Chaféy, Ebn Araby, etc. L'auteur a soin d'avertir que la science de la physiognomonie n'a rien de contraire au Livre ni à la Sounna.

Après des généralités, il aborde l'étude des races et il en donne les caractères physiques et moraux. Il fait le recensement d'une quinzaine de nations asiatiques parmi lesquelles figurent les Chinois.

Viennent ensuite les races de femmes, en moins grand nombre.

Après l'étude des agglomérations humaines, on passe à celle de l'individu. Alors sont exposés les indices fournis par les caractères génératix, tels que la couleur de la peau, les cheveux, les fonctions naturelles, la croissance, l'état du pouls, etc.; enfin les tempéraments.

Il est ensuite question des organes en particulier, dans leurs rapports avec le tempérament.

Ici se place une étude de la femme, assez longuement étudiée, au point de vue de celui qui l'achète comme esclave ou comme concubine. C'est surtout au point de vue des relations sexuelles que les indications sont données. Nous avons ensuite une description de la femme accomplie. La femme est divisée en huit types, toujours au point de vue des rapports avec l'homme.

Nous arrivons à la physiognomonie proprement dite, c'est-à-dire à l'étude de l'extérieur du corps et des régions depuis la tête jusqu'aux pieds et à leurs rapports avec le caractère. La tête et la face, et surtout l'œil, occupent une large place.

Après l'analyse, vient la synthèse, et nous trouvons exposé l'ensemble des traits appartenant à chaque caractère en particulier. Ainsi on nous décrit l'homme intelligent, le philosophe, l'infidèle ou le traître, l'homme religieux, l'homme courageux, etc.

Il est alors question de la Chiromancie, et l'auteur finit par l'exposé des signes de la mort d'après Hippocrate.

Il écrivit aussi un traité des merveilles de la nature.

ABOU BEKR BEN YOUSEF BEN ABI BEKR BEN HASSEN BEN

MOHAMMED EL CASSEM.

Il existe de lui, au supplément arabe, n° 987, un Traité d'Aviceptologie qui ne fournit aucun renseignement sur l'auteur. Il contient 188 feuilles et porte le titre de *Kitab Eddjaouarih oua ouloum el Bezarda,* Livre des oiseaux de proie et science des fauconniers.

L'ouvrage se divise en théorie et en pratique.

La deuxième partie est le traitement de ces animaux et nous sommes tout étonnés de rencontrer les noms de certaines maladies, telles que l'asthme, l'hépatite, le rhumatisme, la cataracte, etc. On nous donne, entre autres, la recette d'un électuaire contre l'indigestion. On donne aussi l'art de les engraisser.

L'auteur cite assez fréquemment Erra'thriq, qui dit, entre autres choses, que le meilleur faucon est celui qui tourne au blanc, et que, de tous les oiseaux, le meilleur est celui qui porte le nom de *Chahin.* Cet Err'athriq est également cité dans un ouvrage du même genre qui existe au Musée britannique, n° 1367, et qui est donné par le catalogue comme identique avec le n° 898 de l'Escurial. Nous en avons déjà parlé.

Le Kitab el Akoual

OU TRAITÉ DE MÉDECINE VÉTÉRINAIRE.

Il existe au supplément arabe, n° 996, un Traité anonyme de médecine vétérinaire qui porte le titre de *Kitab el Akoual el Kafya*, Livre des discours suffisants. Des six livres qu'il contient, le quatrième est consacré aux maladies des chevaux, les autres à l'hippologie proprement dite et à quelques animaux domestiques autres que le cheval.

Nous en relaterons un passage intéressant.

« Récit de la maladie qui sévit sur les chevaux dans l'Iémen en l'année 728 (1327).

« C'était une maladie maligne et aiguë, que les contemporains voyaient pour la première fois, dont on ne trouvait aucune mention chez les anciens et que l'on ne savait comment traiter. Contrairement aux autres maladies, elle débutait sans prodromes, saisissant le cheval debout et mangeant. Les narines se fluxionnaient et jetaient quelque chose comme du mucus, la tête se penchait vers la terre sans pouvoir se relever, l'animal tombait comme mort, puis se débattait et expirait.

Venue de l'Hadramant, elle envahit l'Iémen et sévit sur les chevaux et les mulets, mais surtout sur les chevaux dont il périt un nombre incalculable. »

M. Perron a constaté par la lecture du livre, auquel il a fait plusieurs emprunts, que l'auteur était de la famille régnante, peut-être même souverain de l'Iémen.

Cette hypothèse est appuyée par ce que nous avons déjà vu au siècle précédent. Omar el Achraf, sultan rassoulide de l'Iémen, est auteur d'un Traité de médecine.

L'auteur du Kitab el Akoual vit l'épizootie de 1327. Parmi les souverains de l'Iémen qui auraient pu composer ce livre il en est deux El Moudjahed et El Afdhal. Ce dernier mourut en 778 (1376).

ABOULFÉDA.

Imad eddin Ismaïl, bien connu sous le surnom d'Aboulféda, naquit à Damas en 1273, d'une famille qui descendait d'un frère de Saladin et qui était souveraine de Hama. En 1229, à la mort du prince de Hama, ses états retournèrent à l'Égypte. Aboulféda passa sa jeunesse à guerroyer contre les Croisés et les Mongols, mais en même temps il s'occupait de science et de littérature. En 1312, Aboulféda fut définitivement investi de la principauté de Hama, reçut même plus tard le titre de sultan, et jouit d'un grand crédit à la cour d'Égypte. C'est alors qu'il s'occupa de la composition de ses deux grands ouvrages, son histoire universelle et sa géographie. M. Reinaud, à qui nous avons emprunté les éléments de cette notice, lui attribue aussi un Traité de médecine en trois volumes, qui ne nous est pas connu d'autre part. Aboulféda mourut en 1331.

EBN ED DOREIHIM.

Aboulfateh Ali ben Mohammed ebn ed Doreihim Tadj eddin el Mously, vivait au XIVᵉ siècle de notre ère ; originaire de Mossoul, il mourut à Bagdad en l'année 1361.

De tous ses ouvrages le plus intéressant pour nous est celui qui porte le titre Utilités des Animaux, *Manafi el hayouan.* Il se trouve à l'Escurial sous le n° 893. Casiri en a donné quelques échantillons qui semblent prouver que l'auteur s'est abstenu des divagations de Damiry. L'ouvrage est divisé en quatre parties : quadrupèdes, oiseaux, poissons et insectes. Nous ignorons à quel mot arabe correspond le mot insecte ; il serait possible que Casiri ait écrit insecte où il fallait reptile.

Parmi les autres ouvrages cités par Hadji Khalfa, nous signalerons un Traité sur le Nil et un autre sur les carrés magiques, ce qui accuse un esprit superstitieux.

DAMIRY.

Mohammed ben Moussa ben Issa ben Ali el Kemal Aboulbaka, vulgairement connu sous le nom de *Damiry*, naquit
au Caire en l'année 742 de l'hégire, 1341 de notre ère. Il étudia sous des maîtres nombreux et excella dans la science
des traditions, la jurisprudence, la langue, les humanités,
etc. Il composa divers écrits et commentaires, professa au
Caire et y mourut en 808 (ou 1405 de J.-C.).

Ce qui l'a rendu célèbre c'est son ouvrage qui porte le
titre de *Hayet el Haïouan*, ou Vie des animaux.

Damiry est le plus grand zoologiste qu'aient produit les
Arabes ; c'est du moins celui qui a parlé le plus longuement
des animaux. Il faut dire cependant qu'il en a parlé en littérateur autant et plus qu'en naturaliste. S'il est supérieur à
Kazouiny comme étendue de renseignements, il lui est
incontestablement inférieur comme méthode. L'ordonnance
de son livre est alphabétique, ce qui exclut les groupements
et les vues d'ensemble. Mais il y a d'autres défauts !

Damiry a bien sa méthode, et tous ses articles sont traités sur le même plan, mais cette méthode est vicieuse.

Après avoir énuméré les noms sous lesquels tel animal
est connu, ses espèces, ses mœurs, enfin son histoire plus
ou moins complète, il ajoute constamment ses propriétés,
généralement fabuleuses, sa légalité comme aliment, la
signification des songes où il intervient et les proverbes
auxquels il a donné lieu. Puis sous le moindre prétexte il se
lance dans des digressions à perte de vue. A propos d'une
monture de Mahomet et encore d'une monture fabuleuse, il
nous donne la série chronologique des événements qui ont
marqué son existence. A propos d'une citation de Djahidh,
il nous retracera tout au long l'histoire de sa maladie. A
propos de l'âne, il nous parlera de Jésus ; à propos de l'oie, il
fera une longue digression sur Abou Naouas qui l'a bien
décrite.

Ce qui met le comble à ces défectuosités, c'est qu'il est

aussi traité d'animaux ou d'êtres fabuleux, ou fantastiques, tels que la jument Boraq, qui porta le prophète dans les cieux, les nasnas, les fées, les génies, etc.

On doit ainsi naturellement s'attendre à beaucoup de crédulité et à des fables. C'est ainsi que nous trouvons rapporté que l'hyène, aussi bien que le lièvre, est mâle une année et femelle l'autre, que l'éléphant porte sept ans, etc.

Les autorités les plus sérieuses sur lesquelles s'appuie Damiry sont Aristote, Kazouiny, Ebn el Beithâr, Bakhtichou, Abou Hamid qui ne dédaigne pas le merveilleux, Avenzoar aussi crédule que Pline, etc.

A propos des songes, nous voyons fréquemment le nom d'Artémidore, et parfois celui d'Ebn Sirin.

En dépouillant Damiry de ses fables, de ses contes, de ses anecdotes, de ses renseignements biographiques, etc., on pourrait encore constituer un ensemble intéressant de faits relatifs à l'histoire des animaux.

Le fonds arabe de Paris possède plusieurs copies complètes ou abrégées de Damiry. Nous donnerons une idée de l'étendue de son œuvre en disant que de deux volumes qui en contiennent chacun une moitié, l'un le n° 870 du supplément a 332 feuilles (1) in-f° à 29 lignes à la page, l'autre en a 487 à 19 lignes.

On sait le parti que Bochart a tiré de Damiry pour son Hierozoïcon. M. Perron en a tiré parti pour le Nacery. La Vie des animaux a été remaniée et dépouillée de ses longueurs : il y a aussi la moyenne et la petite.

Hadji Khalfa juge bien l'œuvre de Damiry qu'il dit inégale. L'auteur était jurisconsulte et pas plus homme du métier que Djahidh. Son œuvre n'est autre chose qu'une œuvre de compilateur.

EBN EL OUARDY.

Zein eddin Abou Hafs Omar ben el Moudhaffer, vulgairement connu sous le nom d'Ebn el Ouardy, étudia d'abord

_____

(1) Le n° 873 complet en un volume, est un in-folio d'environ 500 feuilles à 32 lignes.

la jurisprudence à Hama, sous Cherf eddin el Barizy. Il fut ensuite substitut du Cadhy Chems eddin ebn Ennaked, à Alep, où il mourut en 1348, à l'âge de soixante ans.

Ebn el Ouardy écrivit plusieurs ouvrages sur la jurisprudence, la grammaire, l'histoire et l'interprétation des songes. Il laissa aussi des poésies et même des traités en vers.

Un seul de ces ouvrages, qui lui a fait quelque temps chez nous une certaine notoriété, présente un certain intérêt. Nous voulons parler de la Perle des merveilles, *Kharridat el Adjaïb*. C'est un traité sommaire de géographie et d'histoire naturelle, d'une médiocre valeur, produit d'un esprit crédule, et qui n'est lu, dit Hadji Khalfa, que par les gens d'école, d'un esprit borné. Il rappelle les Merveilles de la création de Kazouiny, sous des proportions plus restreintes. Les matières sont aussi traitées dans un ordre différent. Il commence par la géographie et termine par l'histoire naturelle. Ce qu'il rapporte des minéraux, des végétaux et des animaux et de leurs propriétés est très sommaire. La citation de nombreux hadits relatifs aux vertus des simples montre assez l'esprit dans lequel est conçu ce livre.

Depuis un siècle, on lui a fait de nombreux emprunts, on en a même imprimé des fragments, alors sans doute que les éditeurs n'avaient rien de mieux sous la main. Cet ouvrage se trouve assez communément dans nos bibliothèques. Nous en possédons un.

De Guignes a consacré une notice à Ebn el Ouardy et à ses ouvrages dans le IIᵉ volume des Notices et extraits.

DJELDEKY.

Azz eddin Eidemir ben Ali ben Abdallah Eidemir Eldjeldeky est, dans ces derniers temps, le plus notable représentant de la science hermétique. Nous en dirons quelques mots d'après une notice de de Sacy, dans le IVᵉ volume des Notices et extraits.

Tout ce qu'il a pu recueillir de renseignements se réduit

à peu de choses. Quelques-uns de ses ouvrages ont été composés au Caire et à Damas, de l'année 740 de l'hégire (1339) à l'année 743 (1342). Il n'est donc pas mort en l'année 740, ainsi que l'avance le catalogue de la Bibliothèque Bodléienne.

Après avoir observé que d'Herbelot fait mal à propos deux personnages différents de Djeldeky, de Sacy donne la liste de ses ouvrages, d'après Hadji Khalfa.

Trois traités intitulés *Bedr el Mounir,* lune brillante ; *Derr el Mentour,* perles répandues ; *Kechf essotour,* écartement des voiles, ne sont que des commentaires d'un ouvrage d'Ali ben Moussa el Andaloussy, intitulé *Chodhour,* qui paraît être un traité d'histoire naturelle et d'alchimie. Le Derr el Mentour fut composé en 743.

Viennent ensuite des Traités de la pierre philosophale : le *Boughiat el Khabir,* désir de l'habile ; le *Chems el Mounir,* soleil éclatant, qui ont le même objet.

Le *Nehaïat el Mathleb,* terme de la question, est un commentaire d'un Traité d'alchimie d'Aboulcasseïn El Iraquy intitulé *Moctasseb eddehebya* (existe à Vienne, 1495).

Ce sont ensuite des traités du même genre : le *Tacrib fi Asrar el Kimia,* introduction aux secrets de l'alchimie ; le *R'ayat essorour,* l'excellence des secrets ; de *Kenz el ikhtissas,* le trésor propre ; le *Misbah fi ilm el Miftah,* flambeau de la science ou la clef ; le *Borhan fi ilm el Mizân,* démonstration de la science de la balance. Ce dernier titre est celui d'un livre de Géber, le maître de la science hermétique.

Dans la préface du Misbah, Djeldeky rapporte que Géber a composé 3,000 volumes, desquels il a recueilli la matière de cinq volumes dont le Misbah est le résumé.

L'Alborhan fi Asrar ilm el Mizan, dit de Sacy, est un ouvrage très étendu, divisé en quatre parties, dans lequel l'auteur a réuni un grand nombre de matières d'histoire naturelle et de théologie. Il consiste en préfaces, traités élémentaires de divers auteurs et commentaires. On y trouve le livre de Bolinas (Apollonius de Tyane) sur les sept corps et le livre des corps de Géber. Il y a fait entrer aussi la plus grande partie des livres des Balances de Géber.

Il existe aussi dans nos bibliothèques un commentaire de Djeldeky sur des ouvrages d'alchimie de Mohammed ben Ali Ettemimy.

Une partie des ouvrages de Djeldeki nous ont été conservés.

Djeldeki n'a pas été inconnu de nos chimistes du moyen-âge et son nom figure dans la Bibliothèque hermétique de Langlet Dufresnoy.

EBEN BATOUTAH.

Nous devons un mot à cet illustre voyageur, qui n'a pas seulement enrichi la géographie, mais fourni des renseignements à l'histoire naturelle.

Né à Tanger, en 1304, il partit en 1325 pour le pèlerinage, mais son humeur l'emporta en Arabie, en Syrie, en Mésopotamie, en Perse, au Zanguebar, en Asie mineure, à Constantinople, en Russie, en Boukharie, dans l'Afganistan, l'Inde, la Chine, l'archipel indien et l'île de Ceylan.

En 1349, à peine rentré dans sa patrie, il partit pour Grenade, puis pour le Soudan et atteignit Tombouctou.

Le récit de ce voyage a été publié récemment par la Société asiastique, texte et traduction de MM. Defrémery et Sanguinetti, 4 volumes et un Index. On peut voir dans cet index combien se trouvent de renseignements sur l'histoire naturelle. Déjà en 1847, M. Dulaurier a publié, dans le *Journal asiatique*, un fragment sur l'Archipel indien, avec des notes concernant les produits naturels de ces contrées.

2° Espagne.

ISSA BEN MOHAMMED EL AMOURY, fut attaché comme médecin à la personne du roi. Il publia un excellent ouvrage de médecine en plusieurs tomes, intitulé la Clef du traitement, et mourut à Grenade en 1327.

MOHAMMED BEN IBRAHIM BEN ABDALLAH BEN ROUBIL, dit EBN ESSERRADJ, naquit à Grenade en 1256.

C'était un homme d'une grande érudition et même un poëte, en même temps qu'un médecin habile.

Il s'acquit une telle réputation par sa pratique et ses écrits que le roi Mohammed ben Mohammed le choisit pour son médecin. Non-seulement il avait du plaisir à soigner les pauvres, mais il subvenait à leurs besoins et leur abandonnait le tiers de son revenu. Il apprit la médecine à l'école d'Abou Djafar Errakouty de Murcie, médecin très renommé de son temps.

La mort du roi fut pour Ebn Esserradj l'occasion d'une grave mésaventure. Le prince était à l'article de la mort, quand le médecin fut interrogé sur l'alimentation qu'il avait prescrite. La réponse fut ironique, Ebn Esserradj se doutant que les serviteurs du prince lui avaient administré des aliments empoisonnés, avec la connivence de son successeur. Là-dessus le médecin fut jeté en prison et, au bout de trois ans, il n'en sortit qu'avec l'exil et la confiscation de ses biens. Il put cependant plus tard rentrer dans sa patrie, où il mourut en l'année 1329. Il avait publié plusieurs ouvrages relatifs à la médecine et à la botanique.

MOHAMMED BEN AHMED BEN FARADJ BEN CHOKRAL, philosophe, jurisconsulte et médecin, après avoir été libraire et pharmacien, fut chargé de la bibliothèque du roi à Grenade. Il mourut disgracié à Bône en 1331.

MOHAMMED BEN AHMED, dit EL MARAKCHY, d'Alméria, jeune homme d'une grande beauté et de grandes espérances, déjà médecin habile en même temps que passionné pour l'alchimie, mourut en 1336.

GALEB BEN ALI BEN MOHAMMED EL ASCOURY, dit aussi ABOU TÉMAM, né à Grenade, se rendit, jeune encore, au Caire où il s'adonna tout entier à l'étude de la médecine. De retour dans sa patrie, il fut nommé chef des médecins. Plus tard il fut chargé par le roi de Fez du prélèvement des impôts. Il mourut à Ceuta, en 1350, après avoir laissé plusieurs ouvrages de médecine très estimés.

OTHMAN BEN IAHYA EL CAISY naquit à Malaga d'une famille illustre, originaire de Séville. C'était, dit son biographe, un homme incomparable et de grandes connaissances. Il professa la philosophie, la jurisprudence et la médecine à Malaga et mourut en 1334.

MOHAMMED BEN IBRAHIM BEN MOHAMMED EL ANSARI, dit ELSENNA, de la secte des Soufis, s'adonna passionnément à l'alchimie et mourut en 1348.

MOHAMMED BEN ALI BEN IOUSEF ESSEKOUNY, dit EBN EL LOULOU, de Comarès, fut poète et médecin et succomba à la peste en 1349.

ABOU ZAKARYA IAHYA BEN AHMED BEN HAZIL, de Grenade et d'une illustre famille, se distinguait comme poète, orateur, philosophe, astronome, médecin et jurisconsulte.

Parmi ses écrits on cite : Du choix des médicaments, De la crise des maladies, Observations de médecine. Il mourut en 1352.

MOHAMMED BEN CASSEM EL KARCHY, de Malaga, vint habiter Grenade, puis se rendit à Fez où il exerça la médecine et devint directeur de l'hôpital de cette ville. C'était un homme éloquent et un poète. Né en 1303, il mourut à Fez en 1356.

ABOU AMROU MOHAMMED BEN ABDALLAH BEN IBRAHIM ENNEMAHIRY, vulgairement dit EBN EL HEDJADJ, naquit à Grenade. C'était un orateur, un poète, un médecin et un mathématicien distingué. Il s'acquitta avantageusement de missions auprès des souverains de Tunis et de l'Égypte. Il vivait encore en 1358.

ABOUL CASSEM MOHAMMED BEN IAHYA EL ARFY de Ceuta, dont il fut gouverneur, vint habiter Grenade. C'était un homme versé dans la littérature et la médecine, ainsi que l'attestent ses écrits. Il florissait en 1363.

Mohammed ben Ali ben Abdallah Ellakhmy dit Echchegoury, de Segora sa patrie, naquit en 1326, d'une famille opulente. Il s'adonna à l'étude de la médecine avec tant de succès que le roi de Grenade le choisit pour son médecin.

Il publia plusieurs ouvrages, parmi lesquels : un traité de médecine, intitulé *Présent fait aux postulants ;* un traité d'expériences, intitulé *Le grand souci ;* un traité très savant sur les erreurs des médecins, intitulé *le Juif dompté.*

EBN EL KHATIB

Mohammed ben Abdallah ben Saïd Lessan eddin ebn el Khatib naquit à Grenade, en 1313. Sa famille, originaire de Syrie, s'était en dernier lieu fixée à Grenade. Elle produisit plusieurs hommes distingués dans les lettres, ainsi que dans les emplois civils et militaires. Son aïeul commandait la cavalerie, et son père fut gouverneur de Grenade, où il mourut, regretté de ses concitoyens, en l'année 1340.

Ebn el Khatib gagna la faveur du roi de Grenade Ebn el Haddjadj, et devint son secrétaire intime et l'intendant de sa maison.

Sa jeunesse fut studieuse et plusieurs maîtres lui enseignèrent la philosophie, les mathématiques, la médecine et la jurisprudence. Il excella dans toutes ces sciences, mais particulièrement dans la connaissance de l'histoire.

Son crédit se maintint sous plusieurs princes de Grenade et il fut investi des plus hauts emplois, mais sur la fin de sa carrière il connut l'infortune.

Accusé de trahison par le prince Ebn el Ahmar, il fut jeté en prison où il ne tarda pas à subir la peine capitale, en l'année 1374.

Les fonctions d'Ebn el Khatib ne l'empêchèrent pas de consacrer ses veilles à l'étude et à la composition. Il écrivit une quarantaine d'ouvrages, sur toutes sortes de matières. Nous citerons les principaux, réservant pour la fin les ouvrages relatifs à la médecine.

Ouvrages historiques.

Histoire des rois de Grenade.

Des sultans et des rois de l'Espagne.

Des hommes de l'Espagne célèbres par leur science et leur piété.

Histoire de Grenade.

Histoire encyclopédique de Grenade. C'est cet ouvrage désigné par Casiri sous le titre de *Bibliotheca Arabico-hispana,* duquel il a tiré de nombreuses notices biographiques (1).

De l'utilité de l'histoire. De la monarchie.

Philosophie et belles-lettres.

Divers recueils de poésie.

Du vizirat.

De l'excellence des lois.

De l'art militaire.

De la musique, etc.

Ouvrages de médecine.

De la peste.

Questions de médecine.

De la confection de la thériaque.

Traité de médecine dit El Iousefy.

Des graines.

De l'art vétérinaire et de l'excellence des chevaux.

De la génération du fœtus.

Des moyens de conserver la santé, suivant les saisons de l'année.

Poème sur la médecine.

Poème sur les aliments.

(Casiri, II, 72).

On trouve aussi notre auteur désigné sous les noms de Lessan eddin el Corthoby, la ville de Cordoue ayant été une des stations de sa famille, avant qu'elle se fixât définitivement à Grenade.

____

(1) Cet ouvrage est divisé en onze parties. La bibliothèque de l'Escurial ne possède que les VII, VIII, IX, X et XIe parties. L'ordre est alphabétique et les Mss. commencent à la rubrique *Mohammed.*

On peut lire de longs détails sur la vie publique d'Ebn el Khatib, notamment dans l'histoire des Berbères d'Ebn Khaldoun traduite par M. de Slane, IV, 390, et dans Makkary.

Wüstenfeld n'a pas reconnu Ebn el Khatib, au n° 257.

Dans la liste bibliographique donnée par Casiri nous n'avons pas nettement distingué un ouvrage d'Ebn el Khatib qui existe à la Bibliothèque nationale, n° 1070 de l'ancien fonds. Il n'y aurait guère que le *Traité de médecine* qui pût lui correspondre : un médecin l'eût sans doute désigné plus catégoriquement, mais la liste de Casiri est empruntée à un historien.

Quoi qu'il en soit le Ms. n° 1070 mérite d'être signalé.

L'ouvrage qu'il contient porte le titre : *Amel etthobb limen Ahabb,* Traité de la médecine à ceux qui l'aiment.

Cet ouvrage ne contient pas moins de 193 feuilles. Il est dédié à un prince mérinide et fut composé en 1359.

Il se divise en deux parties.

Dans la première nous trouvons de la pathologie générale et spéciale. Chaque énoncé de maladie est suivi de sa définition, des distinctions ou diagnostic différentiel, des causes, des symptômes, du traitement, des médicaments et des aliments ; le tout sommaire et concis, mais méthodique et complet dans son cadre.

La deuxième partie contient les fièvres, la chirurgie, la cosmétique, les aphrodisiaques et ce qui a trait aux fonctions génitales et à l'enfance.

Le dernier chapitre s'occupe des questions délicates de la médecine, des choses défendues par la loi et de celles que la pudeur ne permet guère de traiter librement.

Quant au vin, l'auteur s'excuse d'en traiter par la raison que l'on peut avoir à son service des juifs ou des chrétiens. Les abortifs lui paraissent permis en certains cas où l'étroitesse des parties peut entraîner la mort chez les femmes enceintes. Quant aux aphrodisiaques, il s'excuse en ce que ce sont des moyens de rapprocher les sexes et de multiplier le genre humain.

En somme cet ouvrage accuse un bon esprit et des connaissances étendues, telles que les lui attribue l'historien cité par Casiri. Nous signalerons sa riche nomenclature des affections de l'œil.

ISHAQ BEN HAROUN CHELMOUN.

Il existe de lui à l'Escurial, n° 865, un Mémorial des propriétés des aliments. Le manuscrit date de 1425.

DJEMAL EDDIN EL R'ARNATHY.

Djemal eddin Iousef ben Ahmed de Grenade est donné par Hadji Khalfa, n° 1526, comme auteur d'un résumé de médecine intitulé *El Idjaz Fitthobb*.

Il peut être identique avec un Djemal eddin Aboul Mahassen de Grenade mentionné par Casiri sous le n° 975, et qui vivait au VIII° siècle de l'hégire. Il existe de lui à l'Escurial un traité de médecine en grande partie superstitieuse, sous le titre *Kabas el Anouar*, Foyer de lumières. Il est aussi question dans ce livre, de charmes, de sortiléges et d'alchimie.

MOHAMMED BEN KHALDOUN.

Abou Abdallah Mohammed ben Khaldoun était peut-être le frère du célèbre historien, qui avait un frère du nom de Mohammed. Voilà pourquoi nous le plaçons au XIV° siècle. Il nous est connu par un manuscrit que nous avons rencontré en Algérie, contenant un petit écrit adressé à son frère et sur sa demande.

La médecine, dit Mohammed, comprend deux parties, la conservation de la santé et le traitement des maladies. Quant à la deuxième partie, comme elle exige le concours d'un médecin, il ne s'occupera que de la première. L'ouvrage est divisé en cinq chapitres : 1º De la science de la nature, en forme d'introduction ; 2º De la conservation des organes ; 3º De l'hygiène en général ; 4º De l'hygiène des saisons ; 5º Du régime alimentaire.

II. — XVe SIÈCLE.

Borhan eddin Nefis ben Aouadh ben Hakim el Kermany,
sans doute originaire du Kerman, vivait dans la première
moitié du XVe siècle de notre ère, à Samarcande, ce qui
nous est attesté par ses écrits, et par une courte notice de
Hadji Khalfa.

Nous connaissons de lui deux ouvrages.

Le premier est un commentaire du Livre des causes de
Nedjib eddin Samarcandy. Le Livre des causes de Samarcandy, au dire de Hadji Khalfa, n° 549, gagna de la notoriété
par le commentaire de Nefis ben Aouadh. Il l'achevait en 827
à Samarcande, et le dédiait à son souverain, le savant astronome Oloug Beg (1).

Cet ouvrage existe dans plusieurs collections européennes.
Il existe à Paris, n° 1089 de l'ancien fonds arabe, annoté par
Mohammed ben Ahmed el Adriouny (d'Andrinople) connu
sous le nom d'Ebn el Athâr, qui écrivait à Constantinople en
1568. On lit parfois dans ces gloses : le commentateur a dit
dans son commentaire du Moudjiz. Nefis ben Aouadh, en effet,
est l'auteur d'un autre commentaire dont nous allons parler.

Un des commentaires les plus remarquables que l'on ait
faits du Moudjiz el Canoun d'Ebn en Nefis, dit Hadji Khalfa,

(1) M. de Sacy possédait, sous ce titre, un ouvrage où M. Dela-
grange a vu un commentaire sur Hippocrate, n° 74 du catalogue.
Mss.

n° 13,392, est celui de Nefis ben Aouadh, composé à Samarcande en l'année 1437. Cet écrit nous est aussi parvenu, mais nous croyons que Wüstenfeld a doublé le nombre des copies qui nous en restent soit à Oxford, soit à l'Escurial. Il n'en existe qu'un exemplaire à l'Escurial, n° 861. Casiri a confondu l'auteur avec le commentateur, mais ce manuscrit ne représente pas moins Nefis ben Aouadh. Quant au n° 826, il représente l'ouvrage commenté, c'est-à-dire le Moudjiz.

Les Bibliothèques de l'Orient possèdent plusieurs exemplaires de ces deux ouvrages. (H. Khalfa, ed. Fluegel, VII).

Le commentaire de Nefis ben Aouadh a été imprimé à Calcutta en 1836 sous ce titre anglais : *Shurhool Usbab wul Ulamat*, or a treatise on the symptoms, causes and treatement of Local and Constitutional disease, by hukeem Nufees bin Iwuz; edited by Mouluwee Abdool Mujeed.

Nous rappellerons ici que l'on a également imprimé le Moudjiz d'Ebn en Nefis, et son commentaire par Sedid el Cazrouny, qui porte le titre de Mor'ny.

EL AMCHATHY.

Mahmoud ben Ahmed el Amchathy ne nous est connu que par quelques mots de Hadji Khalfa, n° 13,399, où il est question du *Moudjiz el Canoun* d'Ebn Ennefis.

Il naquit en 1407, et il est qualifié de *chef des médecins*. Nous ignorons si cette qualification répond bien réellement à une fonction, ou s'il ne faut y voir qu'une formule laudative. Il fit un commentaire du Moudjiz auquel il donna le nom de *Moundjiz,* auquel, dit Hadji Khalfa, il voulait adjoindre un autre de ses écrits intitulé *Tassis essahha fi charh el lemha,* Fondement de la santé par le commentaire de la Lemha. Le Tassis essahha existe à Paris, et à la Bodléienne, n° 560.

Le commentaire du Moudjiz existe à Paris, n° 1020 du supplément arabe. Nous en avons rencontré deux exemplaires dans les Bibliothèques de l'Orient.

Quant à la *Lemha,* c'est un ouvrage d'Abou Saïd ben Serour

Essaouy el Israïly, chef des médecins en Egypte, mentionné par Hadji Khalfa, n° 11,168.

Le commentaire de la Lemha de Paris, n° 1960 du supplément arabe, ne fait pas moins de deux forts volumes in-4°. L'auteur y est nommé Modhafer eddin Mahmoud, dit el Amchathy.

MEHDY, EL AZRAQ, EL KERMANY.

Nous avons dû réunir sous un même titre les noms de ces trois auteurs, afin de faire mieux comprendre les relations qui existent entre leurs écrits.

Nous consacrerons toutefois un article à chacun d'eux en particulier.

MEHDY.

Mehdy ben Ali ben Ibrahim Essoubounry lémeny Mehdjemy, tel serait le nom complet de cet auteur d'après le catalogue de Munich, qui en possède un ouvrage, le *Kitab errahma*, ou Livre de la miséricorde, sous le n° 807. D'après Hadji Khalfa, Mehdy serait mort en l'année 815 de l'hégire, 1412 de J. C. Nous avons d'autres mentions de Mehdy et du Kitab errahma, qui fournit à El Azraq les éléments d'une compilation, mais son nom se trouve diversement écrit.

Le British Museum, n° 454, cite implicitement la compilation d'El Azraq, qu'il dit tirée du Kitab errahma de Mahdy *Ettabary*.

La compilation d'El Azraq existe aux n°s 1048 et 1049 du supplément arabe de Paris. L'un donne à Mehdy le surnom de *Safiry* et l'autre celui de *Soubounry*. L'un et l'autre lui attribuent le Kitab errahma. Un autre exemplaire d'El Azraq existe au n° 1082 de l'ancien fonds arabe, et, ici encore, nous trouvons Mehdy qualifié de *Soubounry*.

En somme, s'il y a divergence sur un surnom, il y a unanimité pour lui attribuer le Kitab errahma.

EL KERMANY OU EL KEMRANY.

Hadji Khalfa, II, 295, citant l'écrit d'El Azraq, dit qu'il est tiré du Kitab errahma d'une part, et de l'autre du *Chefa el Adjesam,* ou la guérison des corps, sans nous donner les noms des auteurs de ces deux écrits. Mais nous trouvons le dernier, l'auteur du Chefa, dans les Mss. de Paris précités.

Tel serait en entier le nom de l'auteur du Chefa : Mohammed ben Abil R'aïts el Kemrany et suivant un manuscrit, El Kermany. Hadji Khalfa, n°7583, cite aussi le Chefa el Adjesam comme étant de Mohammed ben Abil R'aïts el Kermany, et il ajoute qu'on trouve chez lui ce qu'on ne trouve pas chez ses devanciers. Nous manquons de renseignements sur l'époque où vécut El Kemrany.

EL AZRAQ.

Nous avons déjà dit qu'il était mentionné par Hadji Khalfa. Il nous donne ainsi son nom au complet : Ibrahim ben Abderrahman ben Abi Bekr el Azraq, et il le dit auteur du *Teshil el Manafi fitthobb ou el hikma,* Livre qui aide à tirer parti de la médecine et de la science. C'est encore ainsi que nous le trouvons nommé dans les n°s 1082 de l'ancien fonds, et 1048 et 1049 du supplément, qui contiennent chacun un exemplaire du *Teshil.*

Dans l'introduction, l'auteur nous annonce qu'ayant voulu composer un Traité de médecine, il avait cru devoir prendre pour base deux ouvrages excellents, le Kitab errahma et le Chefa el Adjesam, tout en les complétant. Le premier a le mérite de la concision, mais en tant qu'abrégé il a des lacunes. Le second, qui paraît s'appuyer sur la tradition, mentionne des remèdes que l'on n'a pas sous la main. El Azraq a voulu suppléer à ces lacunes et à ces défectuosités en puisant dans d'autres bons livres tels que ceux de Soueidy, de Razès, d'Ebn Djouzy, d'Aly ben el Abbas, de Mardiny, tout en se proposant de ne conseiller que des médicaments connus et faciles à trouver.

Les divisions de son ouvrage sont exactement celles du Canon, moins le cinquième livre. Le n° 1008 du supplément contient 150 feuilles in-8°. C'est en somme un ouvrage de second ordre. El Azraq parle de l'auteur du Chefa comme de son maître.

EL MARDINY.

Il existe de lui un Résumé de médecine au n° 1055 du supplément, sous le titre *Eddorr el Mandhoum*. Il cite el Azraq, l'auteur du *Chefa el Adjesam* qu'il appelle son maître.

TAKY EDDIN ABOU BEKR EL BEDRY.

Taky eddin Abou Bekr Abdallah ben Mohammed el Bedry, Eddimachky, el Misry, naquit à Damas et habita le Caire, ainsi que l'indiquent ses surnoms, et une note qui accompagne un ouvrage dont nous allons parler.

Il vivait dans le courant du XV° siècle, la note susdite déclarant que l'autographe était achevé en 869 (1464).

Nous n'avons pu jusqu'à présent recueillir d'autre renseignement sur son compte.

Taky eddin composa sur le hachich et sur le vin un ouvrage qui existe à la Bibliothèque nationale, n° 1038 du supplément arabe. Il porte ce titre : *Rahat al arouah fi el hachich ou errah*, Le repos des esprits sur le hachich et le vin, et contient 150 feuilles.

Le hachich et le vin sont moins considérés ici au point de vue de la médecine qu'au point de vue de l'histoire, de la morale et de la légalité. Il y a là toutefois quelques renseignement historiques qui méritent d'être mis en lumière, le hachich ayant une certaine importance dans la vie de l'Orient.

L'auteur débute ainsi : Louange à Dieu qui a défendu à ses serviteurs l'usage des substances enivrantes.

Il commence par le hachich, dont il recherche d'abord l'origine. On n'est pas d'accord sur la date de son apparition dans le monde musulman. Plusieurs dates sont données.

Elles portent en somme sur le XIIIe siècle de notre ère avec des oscillations d'un siècle. Quelques-uns le rattachent à l'invasion des Tatares ou Mongols.

Deux derouiches nous sont donnés comme en ayant propagé l'usage, le cheikh Kalendar et le cheikh Khider. On ne dit rien de particulier sur le premier.

Quant au cheikh Khider, c'était un saint homme qui vivait retiré dans les environs de Nisabour. Il découvrit les propriétés de cette plante et en recommanda l'usage à ses disciples. A sa mort, arrivée en 618 (1221), ses disciples en semèrent sur sa tombe.

D'autre part on dit que cette plante était depuis longtemps connue dans l'Inde, son pays natal, et que de là elle se répandit dans les diverses contrées de l'Asie. Elle aurait pénétré dans l'Irâk par Ormouz, en l'année 628 (1230).

L'auteur cite ensuite une foule d'écrivains qui ont parlé du chanvre, depuis Hippocrate jusqu'à Ebn el Beithâr, sans nous donner de son crû rien d'original. Il donne une foule de synonymies suivant les pays.

En somme cet écrit est une compilation qui a surtout un intérêt historique.

La deuxième partie, relative au vin, se produit dans les mêmes conditions.

Ce sont d'abord des synonymies et des étymologies plus ou moins rationnelles. Nous rencontrons ensuite une série de citations de médecins depuis Hippocrate et Galien, relatives au vin et à ses propriétés, puis des anecdotes, des sentences, etc. Après une digression sur les chansons et la musique, nous trouvons plusieurs hadits ou propos de Mahomet relatifs au vin. L'un d'eux adresse au vin dix reproches: il cause du trouble, il détourne du service de Dieu, il est la source de tout péché, etc.

De tous les renseignements que les écrivains arabes nous ont laissés sur le hachich, les plus complets sont encore ceux donnés par Ebn el Beithâr, qui mourut en 1248 de notre ère.

On sait qu'il voyagea ; cependant il dit n'en avoir vu nulle part qu'en Egypte, ce qui indique une introduction récente, sinon une culture récente. Il a vu les fakirs l'employer sous toutes les formes et il en a constaté les déplorables résultats, l'altération de l'intelligence, les convulsions et quelquefois la mort. Les mêmes faits, et l'impuissance en plus, ont été observés en Algérie, où l'usage du hachich, dit aussi *Kif* et *Tekrouri*, a pris de l'extension de longue date. Il existe à Constantine une sorte de confrérie de fumeurs de hachich dits *Hachchéchya*.

ESSENOUSSY.

Abou Abdallah Mohammed ben Yousef ben Amr Essenoussy naquit à Tlemcen en 1428. Intelligent et avide de science, il étudia toutes les branches des connaissances humaines, mais s'adonna surtout à la jurisprudence et à la théologie. Ses doctrines et ses mœurs étaient d'un soufi. Qu'est le Paradis avec ses houris, disait-il ; rien pour le véritable ami de Dieu qui ne lui donnerait pas un seul regard. On connaît de lui une quarantaine d'ouvrages, et il professa pendant un demi-siècle. Il connut la Bible et soutint la fameuse thèse du Paraclet. Il écrivit quelques ouvrages de médecine, ainsi un commentaire sur Avicenne et un Traité des secrets de la médecine, qui existe au musée Britannique, n° 461. Il mourut en 1490 et fut enterré à Tlemcen (Brosselard, *Revue africaine*, 1858-61).

CHEMS EDDIN MOHAMMED BEN AHMED BEN EL HOSSEIN ENNOUADJY.

Hadji Khalfa le cite au n° 7612 comme auteur d'un livre sur le traitement des règles. Il mourut en 1451.

EBN HADJR AHMED BEN ALI EL ASCALANY.

A propos des ouvrages qui portent le nom de *Chefa*, guérison, Hadji Khalfa le cite comme auteur d'un ouvrage de pathologie intitulé *Chefa el r'alal fi beyan el illal.* Il mourut en 1448.

EL BISTHAMY.

Abdérrahman ben Mohammed ben Ali ben Ahmed el Bisthamy mérite à peine l'honneur d'être cité, sa médecine étant essentiellement superstitieuse. Hadji Khalfa cite de lui, n° 350, un choix de médicaments éprouvés pour la peste (1) et n° 541 un secret des lettres, ouvrage de théurgie composé en 1444. Le n° 1087 de l'ancien fonds est un ouvrage de Bisthamy, intitulé *Eddorrat ellama,* la Perle brillante. C'est un ouvrage où les recettes et les pratiques superstitieuses et les prières sont mêlées aux médicaments. A côté des noms des grands médecins grecs, il cite le Prophète, El Bouny et Abdelcader el Djilany.

On trouve chez d'Herbelot un livre intitulé: *Adab el marid ou el aïd,* Devoirs du malade et de celui qui le visite, par Abou Chodja el Basthamy, probablement différent du premier.

MOHAMMED BEN ALI DJEMAL EDDIN ECHCHEBBEBY EL MEKKY.

C'est encore ici un de ces savants protégés par la petite souveraineté de l'Yémen, mais c'en est le dernier; les Rassoulides devaient bientôt disparaître pour faire place aux Thahérides.

Mohammed naquit en 1367 et mourut en 1433. Il dédia un livre intitulé *Kitab el imtitsal,* ou Livre de l'obéissance, au prince Malek Ennacer Ahmed ben el Achraf. Nous en ignorons le contenu. Il publia aussi une suite à la Vie des animaux de Damiry (Eben Chohba dans Wüstenfeld).

---

(1) Cet ouvrage existe au supplément arabe, n. 1052. L'auteur y donne la date de quelques grandes pestes.

LE CHÉRIF ESSAKALY.

La Bibliothèque de Leyde possède sous le n° 1372 un écrit
d'Ahmed ben Abdessalem Echcherif Essakaly, intitulé *Kitab
el athibba,* livre des médecins.

Cet ouvrage est dédié au Sultan de Tunis Aboufarez, ami
des sciences, mort en 827 de l'hégire, 1433 de notre ère.

Le Chérif adressa au sultan un autre ouvrage intitulé
Kitab hafedh essahha, Livre de la conservation de la santé.

Notre auteur serait probablement un de ces descendants du
Chérif el Edrissy, que Léon l'Africain nous dit habiter Tunis
de son temps.

SOUYOUTHY.

Aboul Fadhl Abderrahman ben Abi Becr ben Mohammed Djelal eddin *Essouyouthy,* originaire de Syouth, naquit
en 1445 et mourut en 1505 de notre ère. C'est l'écrivain le
plus fécond de ces derniers temps, au point que Casiri n'a
pas craint de dire qu'il avait plus écrit que d'autres n'ont lu.
Il embrassa toutes les branches des sciences. Pour les musulmans il est surtout recommandable comme théologien et
commentateur du Coran. Aux orientalistes, il offre de précieux documents sur l'histoire et la géographie de l'Égypte.
Comme tous les polygraphes, il s'occupa aussi de médecine.
Une semblable fécondité nous paraît accuser une grande activité intellectuelle dans le milieu où elle se produisit.

Nous nous occuperons seulement des ouvrages ayant trait
à la médecine et aux sciences naturelles.

Dans une notice donnée par M. Audiffret à la Biographie
Michaud, où il relate une soixantaine d'écrits de Souyouthy,
nous avons remarqué un traité sur la peste qui désola le
Caire en 909 de l'hégire (1), un traité sur le café et deux
traités sur les sciences.

(1) M. de Sacy possédait un autre opuscule sur la peste, extrait
d'El Ascalany, n° 78.

Fluegel a écrit une biographie de Souyouthy, citée par Wüstenfeld, où nous relèverons les titres suivants : Des noms des animaux, deux traités sur les fièvres et un traité sur les menstrues.

On en rencontre d'autres dans Hadji Khalfa, dont quelques-uns nous ont été conservés.

Au n° 7951 Hadji Khalfa cite un traité sur l'utilité des puces, et au n° 8460 un traité sur l'organisation de l'homme.

Au n° 4663 parmi les abréviateurs de Damiry, il cite Souyouthy, qui aurait publié son abrégé sous le titre de *Diouan el hayouan* ou Recueil sur les animaux. Bien que ce titre ne soit pas reproduit, nous croyons qu'il répond à celui dont nous connaissons une traduction latine, et qui fut publié en 1647 par Abraham Echellensis sous ce titre : *De proprietatibus et virtutibus medicis animalium, auctore Habdarrahmano asiutensi Egyptio,* petit in-8° de 180 pages. Cet opuscule contient 45 chapitres et 444 paragraphes. Les animaux, l'homme en tête, sont simplement nommés, et leurs propriétés médicales exposées. Ces propriétés sont généralement superstitieuses et ne comportent pas la critique. On ne s'explique pas comment l'idée de cette traduction vint à l'auteur, quand on lit dans sa préface qu'il venait de recevoir de l'Orient une centaine de manuscrits arabes, parmi lesquels il pouvait faire un meilleur choix. Il nous donne du reste la mesure de sa crédulité.

A l'article hyène, *Dahaba,* dont il n'a pas donné l'équivalent latin, il nous raconte en note que cet animal est très sensible à la musique, que c'est aux sons des instruments que les chasseurs s'en rendent maîtres, et que ce fait a probablement donné naissance à la fable d'Orphée. L'homme occupe une large place. En lisant certains paragraphes, on éprouve le même dégoût qu'éprouvait Galien à propos de Xénocrate et d'Atheuristi. On recommande jusqu'à ses excréments. En somme, ces propriétés des animaux ne font pas plus d'honneur à leur auteur qu'à leur traducteur et éditeur.

Après les animaux vient un petit traité de VII articles sur la pistache, la noix et les fruits analogues.

Un troisième traité, en V chapitres, parle de quelques

pierres précieuses. Le traducteur l'a fait suivre de quelques annotations. A propos du corail, il expose ce qu'il a vu sur les côtes barbaresques et il conclut que le corail n'est pas une plante.

Au n° 7877, parmi plusieurs écrits intitulés *Médecine du prophète,* Hadji Khalfa en cite un de Souyouthy. On sait, et nous l'avons déjà dit, que les traités ainsi nommés ne sont autre chose que des recueils des *Hadits* ou propos de Mahomet relatifs à la médecine. Celui de Souyouthy ne nous est pas parvenu, mais il y a une quinzaine d'années la *Gazette médicale de l'Algérie* a publié une traduction d'un écrit de ce genre par M. Perron, qui peut nous en donner une idée.

Sous le n° 988 le musée britannique mentionne de Souyouthy un traité sur les avantages du mariage, ou tout au moins de la cohabitation, *Fouaïd en Nikah.*

Un autre ouvrage de Souyouthy, très commun, est le *Kitab errahma fitthob ou el Hikma,* Livre de la miséricorde sur la médecine et la sagesse. Il est très répandu en Algérie et nous en avons trouvé de plusieurs dimensions. Nous en possédons un, d'une transcription toute récente, qui ne contient pas moins de 165 feuilles et 195 chapitres. L'ordonnance est celle de tous ces abrégés de médecine, celle du Canon. Seulement nous avons, à la fin, des chapitres consacrés à des préparations pharmaceutiques et industrielles. Cet ouvrage est un vrai type de la médecine populaire, telle qu'elle se pratique aujourd'hui, ainsi que l'indique, du reste, le mot *Hikma;* les pratiques superstitieuses figurant à côté de l'emploi des médicaments. Presque à chaque page, à côté des moyens thérapeutiques naturels, on nous recommande les amulettes. Parfois on nous donne ces derniers moyens après avoir parlé des autres, ou réciproquement. Ainsi le chapitre 127 traite des moyens surnaturels pour dénouer l'aiguillette, et le suivant expose le traitement par le médicament. Ainsi qu'il arrive dans ces sortes d'ouvrages, la question des aphrodisiaques occupe une assez large place. Des chapitres donnent les moyens de grandir certains organes et de rétrécir les autres. Notre exemplaire nous paraît augmenté. Nous lisons parfois le mot *Zyada*, addition. Certains mots nous semblent aussi d'origine algérienne, ainsi *Boutellis*, le cauchemar.

La *Gazette médicale de l'Algérie* a donné une traduction du Kitab errahma de Souyouthy.

XVIe, XVIIe ET XVIIIe SIÈCLES.

TAKY EDDIN ECHCHIRAZY.

Nous ne le connaissons que par une mention de Hadji
Khalfa, n° 1440. Il nous est donné comme disciple de R'aïat
eddin Mansour, et contemporain de l'empereur turc Soleiman Khan, vulgairement dit Soleiman le grand. Il composa
un ouvrage intitulé *Anis el Athibba*, ou le Compagnon
des médecins, qui nous est donné comme un excellent ouvrage, basé sur l'expérience (1).

EL ASCALANY EL MISRY.

Aboul Abbas Ahmed ben Mohammed el Ascalany el Misry,
sans doute originaire d'Ascalon et habitant l'Égypte, est cité
par d'Herbelot comme auteur d'un traité de prophylactique
intitulé *Nefaïs el anfas fissahha*. L'auteur mourut en 1517.

EBN EL ATTHAR.

Mohammed ben Ahmed el Adriouny (d'Andrinople) dit

(1) A propos de R'aïat eddin Mansour, on lit dans la Bibliothèque
Bodléienne d'Ury, n° 453 :

Speculum mundum representans, auctore scheik Ghyad eddin
Mansur, exstat arabice et latine, A. Echellense autore. Cet ouvrage
est compris dans ceux d'astronomie.

La B. de Leyde possède sous le n° 1037, un ouvrage de Ghyad eddin
Mansour ben Mohammed el Hosaini, un traité d'arithmétique intitulé : *El hefaïa fil Hissab.*

Ebn el Atthar écrivait à Constantinople, 976 de l'hégire, 1568 de notre ère, des Observations sur un commentaire de Nefis ben Iouadh sur les Causes et les signes de Samarcandy. Cet ouvrage se trouve au n° 1089 de l'ancien fonds.

NIDA BEN AMRAN.

Nida ben Issa ben Nida ben Amran écrivait en l'année 990 de l'hégire, 1582 de notre ère, un abrégé du IIe livre du Canon qui se trouve au n° 1052 de l'ancien fonds, et contient 110 feuilles.

KALIOUBY.

Chihab eddin Ahmed el 'Kaliouby, natif de Kalioub près du Caire, vivait dans le courant du XVIIe siècle de notre ère. Nous connaissons seulement la date de sa mort, 1659. On peut lire quelques renseignements sur lui soit dans Hadji Khalfa, soit dans une notice de M. Sanguinetti insérée au *Journal asiatique*, année 1865.

C'était un homme instruit, cultivant la grammaire, la jurisprudence, la médecine et les sciences occultes.

Parmi les divers ouvrages qu'il écrivit, nous ne citerons qu'un opuscule de médecine qui porte le titre de *Kitab el Massabîh*, ou le Livre des flambeaux. C'est un écrit insignifiant, auquel M. Sanguinetti a fait trop d'honneur en le publiant texte et traduction, alors qu'il avait sous la main tant d'autres ouvrages dignes d'être mis en lumière. C'est un petit résumé de médecine comme peut en faire un polygraphe de second ordre.

Outre les deux manuscrits cités par M. Sanguinetti, n°s 1069 de l'ancien fonds et 1040 du supplément, il en existe un autre au n° 1045.

DAOUD EL ANTAKY.

Daoud ben Omar el Antaky, natif d'Antioche, est surnommé *eddharir*, l'aveugle, ou par euphémisme *el 'basir*, le voyant, sans doute parce qu'il lui arriva de perdre la vue. Il habitait le Caire, et mourut à la Mekke en 1597 ou 1599 de notre ère.

On peut dire de lui que c'est le dernier représentant de la médecine arabe, et qu'il en ferme dignement les destinées : depuis trois siècles elle n'avait produit aucun médecin qui pût lui être comparé.

Il composa plusieurs ouvrages, dont le plus important et le plus répandu est le *Tedkirat* aouli el albab, ou Mémorial de l'homme intelligent, qui embrasse la majeure partie de la science. Il se compose d'une introduction, de quatre livres et d'un épilogue.

Le 1er livre traite des généralités de la médecine.

Le 2e de la préparation et de la composition.

Le 3e est un dictionnaire des médicaments simples et composés.

Le 4e traite des maladies et des sciences qui ont des relations avec la médecine, sous forme alphabétique.

L'épilogue traite des curiosités médicales.

Nous signalerons en tête du 2e livre une esquisse historique de la matière médicale, où l'auteur expose par trop brièvement la transmission de la science des Grecs aux chrétiens, puis aux Arabes. De ces derniers, il cite une vingtaine d'auteurs, ayant écrit sur la matière, dont le dernier est son compatriote, Ebn Essoury.

Le 3e livre est le plus important. Il ne contient pas moins de 1712 articles. Le Canon d'Avicenne ne contient qu'un peu moins de 800 médicaments simples. C'est après Ebn el Beithâr ce qui nous reste des Arabes de plus complet sur la matière médicale. Sans ajouter beaucoup à ses devanciers, l'auteur en donne un résumé substantiel et bien composé. C'est ici que l'on voit apparaître pour la première le café, *Boun,* aujourd'hui, dit l'auteur, bien connu sous le nom de *Qahoua.* Il est déjà question de la *maladie franque,* à propos du mercure.

Le 4e livre, ainsi que nous l'avons déjà dit, traite des maladies et des sciences qui ont des relations avec la médecine. C'est ainsi que l'on rencontre les articles astrologie, médecine vétérinaire, géographie, fauconnerie, mathématiques, astronomie, horoscopie. Il est de ces articles que l'on voit avec regret, tels que l'astrologie et l'horoscopie, mais il en est un qu'on lit avec plaisir, c'est l'article géographie. L'auteur fait comprendre l'importance de la géographie considérée au point de vue de la médecine. Il parle ensuite des habitations, de la température, des eaux, des lieux, des montagnes, etc., puis il passe en revue les sept climats. Il en donne sommairement l'étendue et les limites, la latitude, la température, la population, les maladies et les médicaments habituellement employés.

La partie médicale n'a rien de bien saillant. A propos des organes, dont les noms figurent aussi dans la nomenclature, il renvoie pour leur description à ce qu'il a écrit sur l'anatomie. Il paraît, d'après ce qu'on lit dans Hadji Khalfa, 2811, que la fin de l'ouvrage n'ayant paru qu'à la mort de l'auteur, l'original fut emporté dans l'Inde avant que l'on en ait pris une copie. Ce que nous avons de ce quatrième livre n'en représente que la moitié. Outre les noms des maladies, nous en trouvons d'autres ; ainsi nous rencontrons les articles ponctions, crise, réduction, grossesse, etc.

Le Tedkira de Daoud se rencontre généralement dans toutes les collections orientales. Le supplément arabe de Paris en a un exemplaire sous le n° 1029 bis. Nous en avons trouvé plusieurs en Algérie.

Il paraît que l'on a composé un supplément pour compléter le Tedkira, attendu que nous lisons dans la liste des Bibliothèques de l'Orient, donnée par Fluegel à la suite de Hadji Khalfa : *Dil ettedkira*, queue, suite ou complément du Tedkira de Daoud.

Un autre ouvrage de Daoud existe aussi à Paris sous le n° 1040 du supplément arabe. C'est un traité des bains, dédié à son maître, Mohammed el Becry, d'où le titre du livre, *Tohfat el Becrya*, ou Présent à Becry.

Ce livre, qui contient seulement 17 feuilles, se divise en introduction, sept chapitres et des conclusions.

L'introduction est une esquisse historique des Bains.

Le 1ᵉʳ livre traite de la construction des bains. Ils doivent être élevés et amples, contenir des pièces pour se déshabiller, un tepidarium, de nombreuses cellules en rapport avec les divers tempéraments, etc. Il y aura des peintures et des sculptures récréatives. Le foyer doit être éloigné du bain.

Le 2ᵉ livre traite de l'air et de l'eau.

Le 3ᵉ traite de l'utilité des bains.

Le 4ᵉ de leurs inconvénients.

Le 5ᵉ traite de la pratique des bains.

Le 6ᵉ des moments et conditions favorables à l'entrée et à la sortie.

Le 7ᵉ traite des bains d'eau froide.

L'épilogue est un formulaire.

Le même manuscrit contient encore un opuscule de Daoud sur le traitement des maladies de l'œil par les médicaments. C'est plutôt l'hygiène de l'œil qu'un traité complet de ses affections.

Nous avons déjà dit que Daoud, dans le Tedkira, renvoyait à son anatomie. Cette anatomie est mentionnée dans les catalogues des Bibliothèques de l'Orient donnés par Fluegel, sous le titre : *Nozhat fittechridj.*

Hadji Khalfa, nº 618, cite aussi de Daoud un traité des causes et du traitement des maladies ; sous le nº 1884, un ouvrage intitulé *Bour'iat el Mouhtadj*, le Désir de celui qui a besoin ; et sous le nº 9354 un commentaire du *Moudjiz el Canoun* d'Ebn en Nefis.

Le musée britannique mentionne, sous le nº 977, un traité d'astrologie de Daoud, *el Ahkam ennedjoumya*, mais nous supposons que ce n'est autre chose qu'un extrait du 4ᵉ livre du Tedkira.

La Bibliothèque Bodléienne mentionne, sous le nº 608, des Observations ou expériences médicales.

Nous trouvons aussi mentionné, dans les Bibliothèques de l'Orient, un écrit de Daoud sous ce titre qui présente une variante : *Fi techdid el Adhan*, que nous traduirons par : Des moyens de fortifier l'intelligence.

Hadji Khalfa cite sous le nº 13,720 un ouvrage de Daoud sous le titre *Nozhat el Mo'ubedja*, dont nous ignorons le contenu. Cet ouvrage est aussi mentionné dans les bibliothèques de l'Orient.

Le tedkira de Daoud est commun en Algérie et naturellement très estimé. Nous en avons traduit la partie des simples, en nous restreignant à la partie descriptive et n'empiétant sur la thérapeutique que dans certains cas d'un intérêt spécial. Nous avons ainsi pu apprécier la valeur de cet écrit qui, sans accuser de l'originalité, prouve un homme érudit et consciencieux.

BEN AZZOUZ EL MARAKCHY.

Abou Mohammed Abdallah ben Azzouz el Marakchy ne nous est connu que par un écrit dont nous possédons une copie et dont nous avons rencontré deux autres en Algérie. Malgré que nous ayons traduit cet ouvrage, nous n'avons trouvé aucun renseignement sur l'époque précise où vivait l'auteur. Cet ouvrage est intitulé *Daheb el Koussouf fi el-thobb*, Ce qui écarte les éclipses en médecine. C'est un résumé qui donne cependant une large place aux questions théoriques. Il présente une disposition bizarre. Après les généralités, l'histoire naturelle, l'hygiène et la pathologie, nous trouvons un traité des propriétés des animaux puis la monographie des affections oculaires très détaillée. Le cachet local persiste toujours et l'explicit ne se trouve qu'à la fin de ces derniers Traités.

Le traité des maladies de l'œil est une imitation et parfois une reproduction textuelle du Mémorial d'Issa ben Ali. Si l'on compare la liste des affections de la paupière, elle est presque identique. Une foule de passages sont dans le même cas. Il y a des transpositions. Ainsi l'anatomie de l'œil vient après la liste susdite. Il y a aussi des additions, ainsi le formulaire des ophthalmies. Nous retrouvons les mêmes ressemblances à propos des maladies de la cornée, de l'uvée, enfin à propos des affections qui échappent aux sens. Il n'y a en somme entre le Mémorial d'Issa ben Ali et le texte de Ben Azzouz que des différences de détail.

A la fin de l'hygiène, l'auteur dit que sa manière de voir est celle des médecins indiens, grecs, coptes, égyptiens et persans. Il cite les noms d'Aristote, de Platon, de Honein, de Thabary, de Ben Zakarya (Razès) de Geber, de Djeldeky, d'Ebn Ouafed, d'Ebn Ishaq, de Galien, d'Avicenne, enfin de Daoud el Antaky.

Cette dernière citation prouve que l'auteur vivait au plus tôt vers la fin du XVIe siècle de notre ère.

Ce passage nous semble prouver l'existence au Maroc d'un certain nombre de monuments de la médecine arabe. Nous avons toujours regretté de n'avoir pu visiter ce pays et particulièrement la ville de Fez, qui doit être encore plus riche que celle de Maroc.

ABDERREZZAQ EDDJEZAÏRY.

Abderrezzaq ben Mohammed ben Mohammed ben Hamadouch Eddjezaïry était originaire d'Alger, ainsi que l'indique son surnom. Le peu que nous savons sur son compte est tiré de ses œuvres.

Il vivait dans la première moitié du XVIIIe siècle de notre ère. Il paraît avoir fait plusieurs fois le pèlerinage de La Mekke. A propos du bézoar, il nous dit dans un de ses ouvrages, qu'il en trouva une formule artificielle en Egypte lorsqu'il fit le pèlerinage, en l'année 1130 (1718). Dans un autre ouvrage, il date de Rosette en 1161 (1748).

Le plus important de ses écrits porte ce titre : *Kachcferroumoûz ficharh el aquaquir ou el achchâb*, Révélation des énigmes et exposition des drogues et des plantes.

C'est un Traité d'histoire naturelle médicale sous forme alphabétique, précédé d'une introduction sur les propriétés générales et les classes de médicaments. Le nombre des articles, y compris les synonymies, se monte à près d'un millier.

L'auteur s'est surtout inspiré d'Avicenne, d'Ebn el Beithâr et particulièrement de Daoud el Antaky. Nous trouvons aussi quelques faits de sa pratique et il relate quelques médicaments nouveaux tels que le gayac, le sassafras, la salsepareille,

le quinquina, la squine. Il parle aussi de la maladie franque.
On voit naturellement apparaître un certain nombre d'expressions locales, dont quelques-unes empruntées au langage
des Kabiles. Bien que cet ouvrage soit d'un ordre inférieur,
on n'y voit pas l'autorité du Prophète invoquée, non plus
que l'emploi des moyens superstitieux, ainsi qu'il arrive
dans ces résumés.

Outre les médicaments nouveaux plusieurs autres faits
accusent des relations avec les Européens.

En somme, cet ouvrage n'a pas d'autre intérêt que celui
d'un échantillon de la médecine algérienne, à une époque
très rapprochée de nous, et il intéresse plus particulièrement
l'Algérie. C'est à ce titre d'abord que nous en avons fait la
traduction. Nous avons ensuite mis en regard du texte la
pratique actuelle des indigènes et donné les dénominations
arabes et berbères des médicaments. Enfin nous avons rapproché ces dénominations quelquefois altérées des termes en
usage chez les auteurs classiques arabes.

Nous n'avons rencontré que deux Manuscrits d'Abderrezzaq. L'un est à la Bibliothèque d'Alger; l'autre nous appartient. Il a été transcrit en 1783, sur un autographe, par
Tahar ben el Hadj eddjilany ben Issa Echcherif de Mos-
taganem.

Nous possédons un autre ouvrage de l'auteur intitulé *Tadil
el mizadj bisebeb kouanin el ilâdj,* Rectification du tempérament d'après les règles du traitement. C'est un opuscule
d'une vingtaine de feuilles, autographe, écrit à Rosette en
1748.

C'est un Traité des fonctions génitales et des moyens de
les conserver intactes. Elles s'affaiblissent de deux manières,
dit l'auteur, par des accidents morbides et par une altération du tempérament. Ces deux ordres de faits sont l'objet de
deux chapitres. Un épilogue traite de l'hygiène des organes
génitaux.

L'auteur s'est particulièrement inspiré d'El Aïachy. Parmi
les autres citations figurent en première ligne Avicenne puis
Daoud el Antaky.

A côté des nombreuses préparations destinées à combattre

l'excès de l'une des quatre humeurs dans chaque organe en particulier, nous rencontrons quelques pratiques superstitieuses pour dénouer l'aiguillette, l'impuissance étant aussi considérée comme pouvant être le fait des génies. Ici nous rencontrons des hadits. Les derniers chapitres sont consacrés aux aphrodisiaques.

Un indigène d'Alger nous a dit avoir lu un traité de la peste par Abderrezzaq.

Abderrezzaq peut être considéré comme le dernier représentant de la médecine arabe.

LÉON L'AFRICAIN.

Léon l'Africain n'intéresse pas seulement la Géographie, qu'il a dotée de la première connaissance détaillée du Soudan et du littoral de la Méditerranée, mais encore l'histoire naturelle, et même la médecine, tant par certaines observations que par ses Vies des illustres médecins et philosophes arabes, qui ont longtemps défrayé les historiens.

El Hassan ben Mohammed el Ouazzan el Fassy naquit à Grenade, sur la fin du XVe siècle de notre ère. Obligés de quitter leur pays, ses parents vinrent s'établir à Fez, d'où le surnom d'El Fassy.

A 16 ans, il fit un voyage avec son oncle, jusqu'à Tombouctou. Plus tard, il en fit un autre en Orient, et pénétra jusqu'en Tartarie. A son retour, en 1517, il fut pris par des corsaires, et conduit à Rome, où il fut offert à Léon X. Ce pape le convertit et lui donna ses noms de Jean-Léon. Il l'engagea ensuite à publier le récit de ses voyages. On dit que Léon l'Africain quitta Rome et redevint musulman à Tunis.

Son principal ouvrage est la *Description de l'Afrique*.

On s'est trompé relativement à cet ouvrage. La notice donnée par Eriès, dans la *Biographie de Michaud*, dit que Léon le traduisit de l'arabe en italien, en 1526, et que Florius, recteur à Anvers, en publia une traduction latine en 1556.

Nous possédons une édition latine, qui paraît ignorée des bibliographes et qui se termine ainsi, folio 302 : « hœc sunt 'quæ memoranda et cognitione digna, ego Joannes Leo in universa Africa tum vidi, tum observavi, quam penitus omni ex parte circumdedi et quidquid in ea memoratu dignum obtigit, ut vidi, ita diligenter continuo in scripta retuli : et quæ non vidi, à viris fide dignissimis, qui ea conspexerunt, mihi ad plenum declaranda procuravi, ac deinde occasionem nactus, has meas vigilias in unum volumen redegi. Romæ, Anno restitutæ salutis MDXXVI. V. Idus Mart. »

Nous trouvons pareillement ce passage à la fin de l'édition de 1632 par les Elzevir : on n'y avait pas vu la preuve d'une édition latine à la date de 1526. Nous n'avons vu cette dernière édition citée nulle part.

On trouve dans l'Afrique de Léon plusieurs renseignements relatifs à ses produits naturels et à ses établissements scientifiques. Nous nous contenterons seulement de reproduire ce qu'il dit de la syphilis et de son origine.

« Si quis apud Barbaros eo morbo inficiatur, qui gallicus vulgo dici solet, raro aut nunquam pristinæ redditur sanitati, solet autem hic morbus quodam dolore ac tumore primum prorepere, ac tandem in ulcera verti. Paucis ad modum toto Atlante, tota Numidia, totaque Lybia hoc notum est contagium. Quod si quisquam fuerit qui se eo infectum sentiat, mox in Numidiam aut in Nigritarum regionem proficiscitur, cujus tanta est aeris temperies, ut optimae sanitati restitutus inde in patriam redeat : quod quidem multis accidisse ipse meis vidi oculis, qui nullo adhibito neque pharmaco neque medico, præter saluberrimum jam dictum aerem, revaluerant. Hujus mali ne nomen quidem ipsis Africanis antea ea tempora notum fuit, quam Hispaniarum rex Ferdinandus judæos omnes ex Hispania profligasset, qui ubi jam in patriam rediissent, cœperunt miseri quidam Æthiopes cum illorum mulieribus habere commercium, ac sic tandem velut per manus pestis hæc per totam se sparsit regionem : ita ut sit vix familia, quæ ab hoc malo remansit libera. Id autem sibi firmissime atque indubitate persuaserunt, ex Hispania ad illos transmigrasse, quam ob rem et illi morbo ab Hispania malum hispanicum indiderunt. Tuneti vero, quem ad modum et per totam Italiam, morbus Gallicus dicitur. Idem nomen illi in Ægypto atque Syria ascribitur. » folio 33.

Les *Vies des illustres arabes*, philosophes et médecins, au nombre de XXV, ont perdu de leur importance depuis que nous possédons des documents plus riches et plus sûrs.

Un *vocabulaire arabe-hébreu-espagnol* existe à l'Escurial, sous le nom de Léon l'Africain.

Il composa quelques autres ouvrages, et lui-même en cite dans sa description de l'Afrique.

IV. — ÉPOQUE INCERTAINE.

MOHAMMED BEN ABIL AAS EL ANDALOUSSY.

Nous connaissons de lui deux ouvrages.

Le premier est un opuscule en vers, de six feuilles, sur le pouls. Il existe à la Bodléienne, n° 608, et à l'ancien fonds arabe, n° 1046.

Le deuxième est un traité sur la peste, intitulé *Rissala fi tahquiq el ouba.* Il existe au supplément arabe sous le n° 1053. C'est un opuscule de 11 feuilles, assez bien rempli, à part une légère teinte de superstition.

Il distingue le bubon, *Thaoun,* de la peste, *Ouba.* La peste est une affection générale qui peut ne pas s'accompagner de bubon. Quant au bubon il est toujours pestilentiel. L'un et l'autre sont le plus souvent mortels.

Comme causes de la peste, il indique les altérations de l'air produites par des exhalaisons, les vents du midi, les vents qui soufflent d'un cimetière, les eaux stagnantes. Elle sévit sur les gens affaiblis par les excès vénériens, de préférence sur les âges inférieurs et dans la saison d'automne.

Le pouls est généralement petit.

On a mis en doute chez les musulmans la légalité des préservatifs et du traitement. A cela il répond que l'on pourrait tout aussi bien s'abstenir de se procurer de la nourriture et s'en rapporter à Dieu.

Il faut commencer par écarter les causes génératrices, purifier l'air par des fumigations de camphre, de sandal, de bois d'aloès, etc. Il recommande la sobriété, l'emploi de la thériaque, du mithridate, du musc, etc. Les ventouses sont quelquefois utiles dans les fièvres pestilentielles. Quelques hommes pieux, dit-il, ont dit que les prières avaient aussi de l'efficacité.

Parfois il invoque Hippocrate dans le livre des Epidémies, Galien et Avicenne.

On peut espérer de retrouver son époque, son ouvrage étant dedié au Cheikh el Islam Asâd effendi.

ABOU ABDALLAH MOHAMMED BEN AHMED BEN YOUSEF BEN HIBAT ALLAH EZZOBEIDY EL YEMENY.

Il est auteur d'un ouvrage de médecine qu'un anonyme a résumé sous le titre *el Mountaquy*. C'est un ouvrage de troisième ordre et entaché de superstition. Il existe au supplément arabe, n° 1050. L'original avait pour titre : *R'any etthebib ou Omdet el adib.*

MOHAMMED BEN ABI BECR BEN AÏOUB EZZERAÏ.

Il existe de lui, au supplément arabe, n° 1061 *bis*, un Traité de la médecine du Prophète, qui ne contient pas moins de 240 pages. Il rappelle que le prophète avait trois sortes de traitements, naturel, surnaturel et mixte.

NOUR EDDIN ABOUL HASSAN ALI, SURNOMMÉ EBN EDDJEZZAR.

C'est un Egyptien, qui composa aussi un Traité de la médecine du Prophète sous le titre : *Essirr el moustafaouy fitthobb ennebaouy*. Cet écrit se trouve au supplément arabe n° 1897.

DJELAL EDDIN ABOU SOLEIMAN DAOUD

C'est l'auteur de la médecine du Prophète, traduite par

M. Perron. Nous trouvons dans ce livre le nom d'Ebn el Beithâr, ce qui place l'auteur après le XIIIe siècle.

L'ouvrage se divise en trois parties: généralités et hygiène, aliments et médicaments, thérapeutique. Les hadits se trouvent souvent appuyés par l'autorité des médecins grecs et arabes. De tous les ouvrages de ce genre que nous avons vus, c'est celui qui a le plus de développements.

C'est ici le lieu de rappeler deux traités anonymes de la médecine du Prophète analysés l'un par Reiske, dans ses *opuscula medica*, et l'autre par Gagnier dans sa Vie de Mahomet. Ce dernier livre a donné à Gagnier une haute idée de la science du Prophète.

EL ALAOUÝ EL MAGREBY.

Ibrahim ben Abi Saïd el Alaouy, dit el Magreby, ou le Magrebin, quitta probablement l'Occident pour l'Orient, d'où le surnom de Magrebin. Nous ignorons l'époque où il vécut et nous n'avons pu trouver aucun indice dans ses œuvres, dont la forme concise exclut les citations.

Il est représenté à l'ancien fonds arabe sous les n°s 1027 et 1032, qui sont des exemplaires d'un même ouvrage. Il est aussi représenté à la Bibliothèque Bodléienne sous les n°s 564 et 620. Hadji Khalfa le mentionne sous le n° 3490, mais il se borne à nous parler de son écrit.

Tel est le titre de cet ouvrage: *Tacouim el Mofridat*, Etat des simples, ou moyen de guérir toutes les maladies. Son titre rappelle les écrits d'Ebn Djezla et d'Eben Bothlan et il en a tout-à-fait la forme synoptique.

Sa préface annonce le but et l'ordonnance du livre et traite des propriétés générales des médicaments, de leurs classes et de leurs synonymies.

Viennent ensuite les tableaux synoptiques des médicaments, au nombre de 550, rangés par ordre alphabétique et embrassant les deux pages du livre.

A chaque médicament répondent 16 colonnes, indiquant le nom, la description sommaire s'il y a lieu, l'espèce, le choix, le tempérament du médicament, ses propriétés, son emploi dans les organes céphaliques, respiratoires, digestifs, dans l'économie en général, le mode d'emploi, la dose, les inconvénients, les correctifs, les succédanés, le n° d'ordre.

En somme, nous n'avons ici qu'un aide-mémoire, un ouvrage commode aussi pour l'enseignement, sans autre originalité que la forme imitée sans doute des écrits d'Ebn Djezla et d'Ebn Botlan, ce qui porte notre auteur vers l'époque des croisades. Hadji Khalfa, n° 611, lui attribue un Traité des succédanées.

THAHIR BEN IBRAHIM BEN MOHAMMED.

Il est mentionné par Hadji Khalfa, n° 1546, mais nous ne trouvons aucune date. Sur l'invitation du cadhy Aboulfadhl Mohammed ben Hamaouy, dont nous n'avons pu jusqu'à présent déterminer l'époque, il composa un opuscule intitulé *Kitab el Idhah fi Mohadjet el Ilâdj*, Indication des voies du traitement. Cet opuscule de 30 feuilles existe à l'ancien fonds, n° 1022. Après avoir traité des maladies en général, l'auteur passe aux diverses préparations pharmaceutiques.

Nous signalerons, comme d'un bon esprit, les recommandations qu'il fait au médecin, en abordant le traitement d'un malade, d'examiner toutes les conditions de cause, d'antécédents, d'habitudes, de tempérament, etc.

BEDR EDDIN EDDJEZERY.

Mohammed ben el Cassem Bedr eddin Eddjezery est cité par Hadji Khalfa, n° 1905, comme auteur d'un ouvrage intitulé : *Ce qui est nécessaire au médecin.*

ABDHERRAHMAN EL FARSY.

Obéid Allah Abderrahman ben Mohammed ben Amr ben

Moussa el Farsy est auteur d'un petit vocabulaire des synonymies des médicaments simples, que nous possédons.

EL AÏACHY.

Nous avons trouvé à Constantine, sous le nom d'Abou Abdallah Mohammed el Aïachy un petit Traité de médecine dont les hadits occupent la majeure partie.

AHMED BEN ESSAÏGH.

Chihab eddin Ahmed ebn Essaïgh nous est connu seulement par un ouvrage qui existe à l'Escurial, n° 886 du catalogue imprimé. L'auteur est dit chef des médecins d'Egypte et son livre porte le titre : *Kefaïat el Arib an Mechaourat etthebib,* Ce qui suffit à l'homme intelligent à défaut d'une consultation d'un médecin. Il est divisé en préface, trois livres et un épilogue. Le premier livre traite de l'hygiène, le deuxième de la thérapeutique, le troisième contient des conseils, et l'épilogue donne la composition de la thériaque. Casiri traduit ainsi le titre de l'ouvrage : *Proposita et consilia medica,* ce qui n'est pas une traduction, et ne reproduit pas du tout le but de l'auteur et le caractère de son écrit. Le manuscrit est daté de 1580.

EL ADJELANY.

Aboul Fadhl Mohammed el Adjelany, dont nous ignorons l'époque, est auteur d'un livre dont le titre rappelle celui du précédent. Tel est ce titre : *Tohfet el Arib and men la ihadhrou thabib,* Présent à l'homme intelligent pour servir en l'absence d'un médecin. C'est un petit opuscule dont les quatre premiers chapitres traitent des maladies suivant qu'elles sont le produit de l'une des quatre humeurs. Un cinquième est un formulaire. Nous ne connaissons cet auteur que par un manuscrit que nous avons trouvé à Constantine.

MOHAMMED EL HAMAOUY.

Djemal eddin Mohammed ben Mohammed ben Ahmed ben Ali el Hamaouy, nous est connu par le n° 569 de la Bodléienne, dont tel est le titre : *El Beyan fi asrar etthobb lellaïan*, Exposition des secrets de la médecine aux gens intelligents. Cet écrit est de la famille des précédents.

HASSAN BEN HOSSEIN EL AKAD EDDIMACHKY.

Nous le connaissons par un ouvrage qui existe au n° 1080 de l'ancien fonds arabe, dont tel est le titre : *R'anaïat ellebib and r'eibat etthabib*, Ce qui suffit à un homme intelligent en l'absence du médecin.

C'est une compilation sans portée, où l'on trouve la superstition à côté de la science, Apollonius et Philémon à côté d'Hippocrate et de Galien. Nous trouvons une citation d'Averroès, ce qui place l'auteur au plus tôt au XIIIᵉ siècle.

ELHADJADJ EL YAMENY.

El Hadjadj, que son surnom rattache à l'Yémen, est connu seulement par un ouvrage qui se trouve sous le n° 1081 de l'ancien fonds arabe. Il porte ce titre *Taglib etthabaïa*, Évolutions des éléments.

C'est un traité de médecine générale, une sorte d'introduction qui rappelle les Questions de Honein, étant aussi sous la forme de questions et de réponses.

Nous voyons d'abord de l'hygiène, puis de la médecine.

A la question : Que doit avoir en vue un médecin traitant, l'auteur répond : Dix choses, le genre de la maladie, la cause, la force de la nature, le tempérament actuel du corps, le tempérament habituel, l'âge, les habitudes, la saison, l'habitation, l'état de l'air.

Il est ensuite question de l'administration des médicaments;

puis des différentes sortes de fièvres, des humeurs, de l'urine, des indications prises de chaque organe en particulier au point de vue du traitement, des causes des maladies, de la reconnaissance des médicaments, enfin de questions de diagnostic différentiel.

En somme, cet ouvrage accuse un bon esprit, et s'il manque en apparence de méthode, cela tient à des transpositions qui sont le fait du relieur.

ESSEMNANY.

Chems eddin Mohammed Essemnany, dont nous ignorons l'époque, est auteur d'un commentaire sur un abrégé du premier livre du Canon par El Ilaquy. Cet ouvrage existe au supplément arabe, n° 1019, à la suite de l'ouvrage commenté. La copie date de l'année 759 (1357).

La Bibliothèque Bodléienne possède sous le n° 639 un commentaire d'El Ala Essemnany sur les Aphorismes d'Hippocrate.

Nous ignorons si ces deux auteurs n'en font qu'un.

NOMAN EL ISRAÏLY.

Noman ben Abi Erridha ben Salem ben Ishaq el Israïly est l'auteur d'un commentaire sur le Meya de Messihy, ou le Livre aux cent chapitres, publié sous le titre : *El Haouachy Ennomanya*, les Annotations de Noman.

Cet ouvrage existe autographe sous le n° 1024 du supplément arabe, petit in-folio de 207 feuilles.

Parmi les auteurs cités, nous signalerons Maimonides, ce qui place Noman au plus tôt au XIII° siècle. Ajoutons que l'on trouve cité un commentaire d'Archelaüs sur le Livre à Glaucon.

EL QUISSOUNY.

Sous le titre *Modjarribat*, il existe à l'ancien fonds arabe n° 1082, un opuscule de Quissouny qui ne justifie pas ce titre d'Expériences ou de remèdes éprouvés. C'est un recueil banal où se trouvent toutes sortes de recettes même pour faire de l'encre et enlever les taches. L'auteur indique une formule de sa façon qui contient plus d'une centaine de substances et au moyen de laquelle il a guéri plus de mille personnes. Les recettes superstitieuses se mêlent aux recettes médicales. On trouve aussi des conseils d'hygiène.

Nous avons trouvé une citation d'Ebn el Beithâr, ce qui porte l'auteur vers le XIVe siècle.

DJEMAL EDDIN ABDALLAH BEN ALI BEN AÏOUB EDDIMACHKY.

Nous ne le connaissons que par un écrit qui se trouve sous le n° 1084 de l'ancien fonds arabe. Hadji Khalfa en parle incidemment, à propos d'un autre auteur au n° 13,787, mais sans nous donner l'époque où il vivait.

L'ouvrage en question porte ce titre : *Doua ennefs min en- naqs*, Remède pour l'homme contre la récidive. C'est un traité des poisons.

Il se divise en trois parties :

1° Des poisons qui sont le fait des aliments, des boissons, etc., et de ceux qui proviennent du venin des animaux.

2° Des signes qui indiquent la nature des poisons.

3° Du traitement.

Les moyens de préservation sont de deux sortes : connaître les substances, en connaître les antidotes.

Plusieurs plantes aromatiques sont indiquées comme antidotes.

La constatation de la propriété toxique se fait au moyen des divers sens. Des exemples sont produits.

Vient ensuite l'indication des symptômes qui accompagnent l'ingestion d'une substance toxique.

L'auteur distingue sept espèces de scorpions.

Il cite beaucoup d'animaux sujets à la rage.

Dans les cas où l'on ignore la nature de la substance ingérée, il conseille les vomitifs et les antidotes.

Il donne ensuite les symptômes qui accompagnent l'ingestion des divers poisons et les indications.

En somme, c'est un ouvrage qui témoigne d'un bon esprit, à part quelques remèdes merveilleux, et qui accuse de l'observation.

ETTIFLISSY.

Kemal eddin Aboul Fadhl Hobéïch ben Ibrahim ben Mohammed Ettiflissy, originaire de Tiflis, a été mis indûment à côté du neveu de Honein par Wüstenfeld, pour une simple similitude de nom. Le surnom de Tiflissy suffit à lui seul pour repousser un pareil rapprochement. Nous avons encore une autre raison pour mettre au moins deux siècles d'intervalle entre ces deux Hobéïch, c'est la forme de l'ouvrage dont nous allons parler.

Hadji Khalfa cite de lui, sous le n° 3489, un traité des médicaments simples et des aliments sous forme de tableaux synoptiques, *Tacouim eladouiat el moufridat ou al ar'diat,* medjdoul. Nous croyons que cette forme de composition n'a été mise en usage qu'à partir d'Ebn Djezla et d'Ebn Bothlan dans leurs *Tacouim* bien connus.

La Bibliothèque Bodléienne possède cet ouvrage sous le n° 535.

Hadji Khalfa cite au n° 1986 un traité d'alchimie intitulé *Beïan essanaa,* Exposition de l'art. Il a oublié de nous donner la date de l'auteur. Comme nous l'avons dit, on ne peut le placer probablement qu'après le XIIe siècle.

DAGHMINI.

Cherf eddin ed Daghmini est auteur du *Petit Canon,* sur lequel il existe à Leyde, n° 1324, un commentaire par Hassan Haleby.

On a publié le petit Canon à Calcutta en 1827. D'après le titre, l'auteur porterait les noms d'Ahmed ben Daoud.

MOHAMMED BEN AHMED ERROHAOUY EL KOUFY.

Nous ne connaissons cet auteur que par deux opuscules de lui, contenus dans le n° 1093 de l'ancien fonds.

Le premier est un traité de l'utilité des médicaments simples tirés de l'Agriculture nabathéenne, le tout de la contenance de 37 feuilles, et disposé suivant l'ordre alphabétique. Tous les noms qui se rattachent à l'Agriculture nabathéenne sont produits, depuis Ebn Ouahchya le traducteur, jusqu'aux trois auteurs à savoir Sacrit, Lambouchad et Koutsamy, jusqu'aux autres dont les contributions ont grossi le recueil, tels que Adam, Noé, Douaïa, Thamiry, etc.

L'autre opuscule traite aussi des simples, mais particulièment des aliments, et d'après les auteurs classiques, et surtout Galien. Tel est l'ordre suivi : Céréales et leurs produits, graines, fruits des arbres, légumes, épices et condiments ; le tout en 50 feuilles.

Les noms de l'auteur sont tellement mal écrits que nous ne sommes sûr que du dernier surnom.

NOUR EDDIN BEN NASR EDDIN ECHCHAFEY EL MEKKY.

Nous avons rencontré de lui, à Constantine, un traité sommaire de médecine, légèrement entaché de superstition, portant le titre : *Tohfet el Iman.*

Ce qu'il y a de curieux dans ce livre, c'est une mention de la maladie franque, qu'il dit avoir passé des Francs aux Arabes en l'année 807 (1404). Nous ignorons s'il y a là une erreur de transcription d'un siècle. Parmi les médicaments employés nous remarquons la squine et le mercure.

V. — LA MÉDECINE ARABE EN PERSE.

La langue persane subit l'influence des révolutions politiques. Subalternisée par l'invasion religieuse et scientifique des Arabes, elle se releva quand la nation reconquit son autonomie. Nous avons déjà vu des médecins qui avaient écrit en persan, ainsi Abou Mansour el Héraouy et Djordjany. La chute du Khalifat de Bagdad, entraînant l'extinction d'un grand centre d'études, acheva de ruiner la prépondérance de la langue arabe. Samarcande recueillit en partie l'héritage de Bagdad.

Alors que la littérature médicale arabe s'appauvrissait de plus en plus, la Perse continuait à produire dans sa propre langue, et sa fécondité se maintint plus longtemps que celle de l'arabe. Parmi ses produits nous devons citer aussi les travaux astronomiques d'Oloug Beg.

Sous une forme différente c'était toujours le même fonds scientifique. Par le persan, la médecine arabe pénétra plus largement en Orient qu'elle ne l'avait fait dans ses jours de prospérité. De nos jours encore elle y est en honneur, soit sous sa forme native, soit sous la forme persane. Dans les encouragements qu'ils donnent aux sciences, les Anglais ont cru devoir associer ses monuments à ceux de la science européenne. Il était dans la destinée de la médecine arabe de se répandre à travers les siècles de l'Atlantique ou Gange.

On a dit de cette science qu'elle n'était qu'une pâle copie de celle des Grecs. Mais n'eût-elle rien d'original, ce qui est contraire à la vérité, ce n'en serait pas moins une destinée glorieuse d'avoir répandu la science grecque pendant une aussi longue durée et sur une si large superficie, en y déposant une influence toujours bienfaisante.

Dans l'exposé de cette nouvelle évolution de la science arabe, nous nous bornerons à passer en revue les principaux ouvrages écrits en persan qui se trouvent dans nos collections européennes. Quelques-uns ont de l'importance, et leur ensemble fournira quelques pages curieuses à l'histoire de la médecine.

Ce qui nous décide aussi à donner cette revue, c'est que la science persane a un cachet qui lui est propre. Elle comprend dans ses illustrations la reproduction de la figure humaine, ce que l'on ne trouve pas chez les Arabes, plus strictement attachés à la prescription de la loi religieuse.

ZEIN EL ATTHAR.

Ali ben Hussein el Ansari, connu sous le nom de Hadji Zein el Attar, vivait au XIVe siècle de notre ère.

Il est l'auteur d'un ouvrage assez répandu, qui porte le titre de *Ikhtiarat Bediaï,* Choix de choses remarquables, dont il existe des exemplaires à Copenhague, à Paris, à Leyde, etc.

Le Ms. de Copenhague nous dit qu'il fut composé en 1368. On en lit autant dans une note qui accompagne le n° 157 de l'ancien fonds persan de Paris. Il existe aussi au n° 150, avec une note qui nous apprend qu'il fut dédié à la reine *Bady Eddjemal,* merveille de beauté.

Le n° 157 est un in-folio de 369 feuilles. L'ouvrage commence par un ample index arabe-persan.

Au folio 48 commence la liste alphabétique des simples. Au folio 355 finit la description des simples, et nous trouvons une date quelque peu différente de celle que nous avons produite, 768, qui répond à notre année 1366.

Viennent ensuite les médicaments composés.

Il existe aussi au n° 335 du supplément, où l'on trouve la date 770. Le Ms est un in-f° de 462 feuilles.

Nous avons aussi remarqué, en parcourant cet exemplaire, diverses épaves technologiques. Ainsi du berbère, athrilal; du grec, druopteris. Parmi les citations d'auteurs, nous mentionnerons celles de Démocrite et d'Eben Zohr.

MANSOUR BEN MOHAMMED BEN ELIAS.

Mansour ben Mohammed ben Ahmed ben Yousef ben Elias est auteur d'un traité de médecine qui existe à Leyde, sous le n° 1391, et porte le titre de Kefaïa *Medjahedia*. Il est dédié au sultan de l'Inde Ala eddin Mohammed chah el Khildy, qui mourut en 716 de l'hégire, 1316 de notre ère. Voyez sur ce prince Eben Batouta, III, 183, et la Biographie Michaud.

THOBB DJEMALY.

Il existe sous ce titre, au n° 146 de l'ancien fonds, un traité de médecine qui occupe les 184 premières pages de ce volume, grand in-folio.

Cet ouvrage est divisé en trois parties, maladies organiques de la tête aux pieds, maladies externes et fièvres. Nous en ignorons l'auteur.

Une difficulté s'élève à propos du prince auquel l'ouvrage est dédié. Le catalogue de la Bibliothèque dit qu'il est dédié au Cheikh Abou Ishaq, roi des Indes. Nous croyons qu'il y a ici une erreur.

A notre avis, il ne s'agit pas d'un roi des Indes, mais d'un roi de Perse, qui vivait au milieu du XIVᵉ siècle de notre ère, et dont on retrouve l'histoire dans Eben Batoutah.

Abou Ishaq, fils de Mohammed chah Indjou, avait reçu ce nom de son père, en honneur du cheikh Abou Ishaq el Cazrouny, en grande vénération dans l'Orient. N'y aurait-il pas, dans ce mot Indjou, l'origine de l'erreur qui en fait un roi des Indes ?

V. la trad. d'Ebn Batoutah par MM. Drefrémery et Sanguinetti, II, 63.

Dans la dédicace de l'ouvrage, nous voyons les qualifications de *Djemal el Haqq, Djemal eddenia ou eddin*. Il est probable que le sultan Abou Ishaq portait parmi ses surnoms celui de Djemal eddin.

MANSOUR BEN MOHAMMED BEN AHMED.

Mansour ben Mohammed ben Ahmed est l'auteur d'un traité d'anatomie avec figures dédié à Mirza Pir Mohammed, fils de Gihanghir fils aîné de Tamerlan, qui mourut en 809 de l'hégire, 1406 de notre ère.

Ce traité a du moins le mérite de la rareté.

Il se divise en prologue, cinq chapitres et épilogue.

Le 1er chapitre traite des os. Un squelette est figuré au folio 11.

Le 2e traite des nerfs, décrits suivant l'ordre des paires cervicales et spinales. Au f° 16, est la figure du système nerveux.

Le 3e traite des muscles et donne leur énumération par régions. Au f° 17, se trouve une figure d'ensemble.

Le 4e traite des veines, et le système veineux est représenté au f° 21.

Le 5e traite des artères, qui sont également figurées.

L'épilogue commence au f° 23, et traite des organes composés et des appareils, suivant l'ordre des fonctions.

Au f° 31, recto, est une figure du corps où sont marqués les lieux des veines et des artères à saigner, avec l'indication des maladies où il convient de le faire. Au verso une figure donne les endroits à ventouser dans chaque maladie.

Enfin le f° 32e et dernier donne la figure d'une femme enceinte, dont l'utérus contient un produit adulte.

Toutes ces figures sont naturellement très mauvaises.

C'est là le seul ouvrage illustré d'anatomie que nous ayons rencontré, mais des figures, dans le genre des dernières, se trouvent dans le Thobb Dara Chekouh.

Comme un trait de caractère des Persans, qui ne repoussent pas la figure humaine comme les rigides sounnites, nous rapprocherons de cet écrit une curiosité de même étendue, qui se conserve au n° 938 de la Réserve. On pourrait lui donner le titre : *De modis coeundi, cum figuris.* Cet opuscule, parfaitement écrit, contient 30 figures, dont l'exécution léchée rappelle nos belles miniatures du moyen âge. Cependant, si les têtes sont correctes, les corps ont des articulations et même des os d'une singulière souplesse. Les figures sont accompagnées de légendes. Les 7 premières n'ont rien d'obscène.

BEHA EDDOULA FILS DE KOUAM EDDIN.

Beha Eddoulat Errazy mourut à Rey en 1507, au dire de Hadji Khalfa.

Il est auteur d'un livre intitulé Khoulassat ettedjarib, la Quintessence des expériences, qui existe à Paris, au supplément persan, n° 341, et qui ne contient pas moins de 420 feuilles in-f°.

C'est une sorte d'encyclopédie médicale, traitant des généralités de la science, de l'anatomie, de l'hygiène, de la pathologie, des poisons et de la composition des médicaments.

BEHOUADEH KHOUAS KHAN.

Il nous est connu par le n° 21 de Copenhague comme auteur d'un Traité de médecine portant le titre de *Maden echchefa*, Mine de traitement, adressé au sultan Aboul Modhaffer Iscander ben Bahloul, en l'année 1517 de notre ère.

Cet ouvrage se compose d'une introduction et de trois livres. Le premier contient des préliminaires, le deuxième l'anatomie et le troisième la pathologie.

L'auteur dit avoir consulté les médecins persans.

HUSSEIN BEN MOHAMMED.

On a de lui, au n° 154 de l'ancien fonds, un traité des poisons composé en l'année 963 (1555).

ALY SULTAN THABIB EL KHORASSANY.

Nous avons de lui, à Paris, n° 153 de l'ancien fonds, et à Leyde, n° 1392, un Traité sommaire de médecine intitulé Destour el Ilâdj, Règle du Traitement. C'est un compendium qui occupe les 228 premiers folios du Ms. de Paris.

Nous avons, jusqu'à présent, une difficulté sur l'époque où vécut l'auteur et le prince auquel son livre fut dédié. En tête du Ms. de Paris se lit une note, qui donne l'ouvrage *divisé en deux parties*, et composé par ordre d'Obéid ben Mahmoud, le 4ᵉ des Uzbeks, (qui mourut en 1539). On ajoute que l'auteur vivait à Samarcande, au service de Khodja Khan, le deuxième des Uzbecks.

D'autre part, le catalogue de Leyde nous donne le Destour el Iladj comme dédié au Sultan Abou Saïd Bahador Khan, (de la race de Gengiskhan) qui régna de l'année 716 à l'année 736 (ce qui répond à nos années 1316 et 1335).

Nous croyons avoir peut-être saisi la cause de cette divergence.

Nous admettons, jusqu'à présent, que le Ms. de Leyde est dans la vérité.

En tout cas, il y a une erreur dans la note du Ms. de Paris. On nous donne l'ouvrage comme divisé en deux parties, ce qui est une erreur. Ce n'est pas le Destour qui est divisé en deux parties, mais bien le Ms. 153. Ce Ms. se compose de 257 feuilles, et le Destour ne va que jusqu'au f° 228. Nous trouvons ensuite un autre opuscule dont l'auteur est Yousef ben Mohammed ben Yousef Etthabib, que nous connaissons d'autre part. Ce serait peut-être à lui qu'il faudrait appliquer ce que la note dit d'Aly Sultan. Nous nous occuperons de cette difficulté et nous en ferons l'objet d'une note supplémentaire.

IMAD EDDIN MAHMOUD CHIRAZY.

MOHAMMED HAMAOUY IEZDY.

MODHAFER BEN MOHAMMED HOSSEINY CHAFAY.

La Bibliothèque de Leyde, sous le n° 1401, et celle de Leipsick sous le n° 267, contiennent un manuscrit persan de Mohammed el Hamaouy dans lequel il est question du café, du thé, du bézoard et de la squine, *djoubchini.*

L'auteur nous apprend que la squine bien que répandue en Perse au commencement du IX° siècle de l'hégire, 1494 de notre ère, n'avait pas encore fait le sujet d'un livre, sinon de la part de son maître Imad eddin, et on nous dit qu'elle était employée contre la syphilis, *Atecheq.*

D'autre part, dans *l'Acrabadin Chefaï* de Modhafer, qui n'est autre que l'original de la pharmacopée persane du frère Ange, nous trouvons, au n° 999, une formule où se trouve la squine, donnée comme de son maître Imad eddin. Le n° 305 est également consacré à une formule contre la syphilis, de la même provenance.

N'ayant pas de données historiques précises sur Imad eddin, nous devons chercher à lui assigner une date en rappelant ce qu'en dit son disciple Mohammed Hamaouy.

Nous lisons donc chez Mohammed Hamaouy que la squine était connue en Perse au commencement du IX° siècle de l'hégire, et qu'Imad eddin est le premier qui en ait parlé. Le n° 32 de Copenhague contient un traité de la squine par Mahmoud ben Masoud, qui nous paraît identique avec Imad eddin. Ce même volume contient sur la squine un extrait du *Tohfat el Moumenin* de Mohammed Moumen, qui nous est donné comme appartenant au XVI° siècle de notre ère. Imad eddin l'ayant devancé dans la mention de la squine, on doit le placer au commencement du XVI° siècle.

Quant à Mohammed Hamaouy, nous ne le connaissons que par l'opuscule sur le thé, le bézoard, le café et la squine. Cet écrit, où sont mentionnées en partie pour la première fois trois substances aussi importantes que le thé, le café et la squine, nous paraît recommander suffisamment le nom de Mohammed Hamaouy, pour qu'il soit tiré de l'oubli.

Quant à Modhafer ben Mohammed Hosseiny Chafaï, nous avons de lui, dans les Bibliothèques de Paris et de Copenhague, un traité intitulé *Acrabadin Chefaï* qui est un formulaire, où les médicaments composés sont traités par ordre alphabétique. Ce formulaire n'est autre chose que l'original persan dont la traduction latine a été publiée sous le titre de *Pharmacopea persica* par le père Ange de St-Joseph. Comme nous devons parler plus tard de cette traduction, nous n'en dirons pas davantage ici sur l'Acrabadin Chefaï.

L'Acrabadin Chefaï existe aussi à Munich, n° 343.

MOHAMMED MOUMEN HOSSEINY, DIT THABIB MOUMENA.

Il nous est connu par un traité qui porte le titre de *Tohfat el Moumenin*, et qui existe à Paris, à Leyde, à Copenhague et à Munich, n°ᵉ 341 et 342. Ce dernier Ms. nous donne les renseignements suivants : Mohammed acheva ce livre, que son père Mir Muhr ezzeman Tin Kobeti Deilemi avait commencé dans le XVIᵉ siècle de notre ère, d'après les écrits des Arabes et des Indiens, mais surtout d'après l'Iktiarat Bediaï (de Zein el Attar). L'ouvrage était dédié à un prince de Delhi auquel l'auteur devait de la reconnaissance.

Le Tohfat el Moumenin, *Présent aux musulmans*, est un traité des médicaments simples et composés. On y voit avec un certain étonnement un grand nombre de termes berbères empruntés nécessairement à Ebn el Beithâr et de termes grecs. Parmi les premiers, nous citerons *l'Athrilal,* Ptycotis verticillata, *l'Amliles,* Rhammus alaterna, le *Tasemmoumt,* Oxalis acetosella. Parmi les seconds, le nymphea, l'ammi, la vigne *ounouforos;* les sauterelles, *acrides;* le colchique, *efemeron.* Nous pensons que cet ouvrage est le même que M. Schlimmer cite sous le nom de Tohfa comme actuellement consulté en Perse. Nous avons vu qu'il parle aussi de la squine. Le Tohfat el Moumenin a été imprimé à Delhy en 1849.

FÉRICHTAH.

Mohammed Cassem Férichtah, l'historien de l'Inde, qui vivait au XVII° siècle de notre ère, cultivait aussi la médecine. La Bibliothèque de Copenhague possède de lui, sous le n° 22, un traité de médecine intitulé *Destour el athibba,* Règle des médecins, ouvrage pour lequel l'auteur dit avoir surtout consulté les Indiens. Il est divisé en introduction, trois chapitres et un épilogue.

Dans l'introduction, il est question des éléments, des humeurs, etc.

Le premier livre traite des médicaments simples et des aliments. Le deuxième de médicaments composés.

Le troisième du traitement.

L'épilogue traite des condiments.

NOUR EDDIN MOHAMMED CHIRAZY.

Nour eddin Chirazy est l'auteur d'un Traité de matière médicale intitulé *Alfadh el adouya,* qui existe manuscrit au n° 3 de Copenhague.

Il en a été donné une édition à Calcutta en 1793, avec traduction par Gladwin sous ce titre :

Alfaz ool Udwiyah or materia médica, in the Arabic, Persian and hindustanee Languages, compiled by Nooreddin Moohummud Ubdoollah Hiragee, Physician to the empereur Shahjuhan, With an English translation bi Francis Gladwin.

Chah Djihan, père de Dara Chekouh et d'Aurengzeb, vivait dans la première moitié du XVII° siècle.

Il n'y a pas à douter que l'Alfadh el Adouia ne soit l'œuvre de Nour eddin Chirazy. Cependant une difficulté nous avait arrêté. Nous trouvons ce livre cité dans le Thobb Dara Chekouh que nous attribuons au même Nour eddin, et dont nous allons parler.

Nous avons passé outre en voyant Nour eddin dans le Dara Chekouh se citer lui-même : Moudjerbat Moulef, Observations de l'auteur.

NOUR EDDIN CHIRAZY ET LE THOBB DARA CHEKOUH.

Darah Chekouh, fils de Chah Djihan, était destiné par son père au trône de l'Inde, mais il fut la victime de l'ambitieux Aurengzeb, son frère, et fut mis à mort en 1659. Passionné pour les lettres et les sciences, il les encouragea et les cultiva lui-même. Langlès lui attribue le corps complet de médecine qui porte son nom, dont les proportions rappellent celles du Canon d'Avicenne, et du Khouarezm chah de Djordany, qui n'avaient jamais été égalées.

Avec l'auteur du catalogue persan nous repoussons cette attribution. L'ouvrage lui fut dédié seulement, et il est l'œuvre de Nour eddin Mohammed Abdallah Chirazy.

En raison de son importance, nous croyons devoir entrer dans quelques détails sur ce grand travail, qui ne compte pas moins de 3,422 pages grand in-folio.

Il existe à la Bibliothèque nationale, sous le n° 342 du supplément, en trois volumes d'inégale étendue.

La première feuille du 1er volume fait défaut, destinée sans doute à être illustrée. Dès la deuxième, nous trouvons le nom de Nour eddin Mohammed Abdallah Hakim Aïn el Melek Chirazy.

Dans la préface, nous trouvons la citation d'une quarantaine d'auteurs qui ont été consultés, depuis Hippocrate et Galien, jusqu'aux médecins les plus récents.

Au f° 3, nous lisons encore le nom de Nour eddin.

Après la préface viennent les généralités de la médecine.

Au milieu du volume, qui contient environ 300 feuilles, nous sommes en plein dans l'anatomie.

Nous trouvons ensuite les agents naturels, les climats, les habitations, etc., puis les signes des maladies, le pouls, l'urine, les excrétions.

Le 2e volume commence par le régime des exercices et des

aliments. Parallèlement à l'exposé des animaux, nous trouvons en marge de nombreuses figures dont le trait est souvent passable, mais dont les couleurs sont fausses. Viennent ensuite les préparations alimentaires, puis les médicaments simples et composés.

Ce volume contient 617 feuilles.

Le 3ᵉ volume ne compte pas moins de 1600 pages.

Il traite tout d'abord des bains, de la saignée et des ventouses.

De grandes figures donnent le trajet des vaisseaux, les lieux à saigner et à ventouser, ainsi qu'à cautériser.

Au folio 50, nous entrons dans la pathologie, qui traite les maladies de la tête aux pieds. Au fur et à mesure sont données de nombreuses formules, avec l'indication de leurs auteurs. Au fᵒ 132, nous trouvons la cataracte, traitée seulement par les médicaments, la chirurgie étant très peu représentée dans ce livre.

L'auteur puise aussi dans son expérience personnelle. Ainsi nous lisons: Min moudjerbat Moulef, Moudjerreb Nour eddin Mohammed.

Après les organes et les régions, nous trouvons au fᵒ 418 les affections articulaires, au 435 les fièvres, et du fᵒ 469 à 475 la variole. Ce sont ensuite le phlegmon, le charbon, le cancer et les maladies de la peau.

Au fᵒ 521, nous trouvons la syphilis, *nar franguy, abla-franq, atechek*, qui occupe une vingtaine de feuilles. Malheureusement, nous ne trouvons guère que des formules nombreuses, parmi lesquelles entre autres substances, nous voyons entrer la squine et l'arsenic. Imad eddin, dont nous avons parlé précédemment, est rappelé comme signalant cette affection inconnue des anciens.

Après quelques autres affections, nous trouvons les luxations et les fractures traitées du fᵒ 561 au fᵒ 567.

On passe ensuite aux poisons. L'opium est longuement traité.

Au fᵒ 631, nous trouvons une sorte de monographie, les maladies des enfants et la génération.

Vers 680, il est question de la préparation des simples, ce qui rappelle le Liber servitoris d'Abulcasis.

Au f° 718, on trouve la distillation et autres opérations.

Tel est ce grand ouvrage, qui est avec le Khouarezm chah ce que la médecine persane a produit de plus étendu. Sa date récente lui donne un intérêt de plus.

HAKIM EZZEMAN.

Sous le titre de Massih Hakim Ezzeman, la Bibliothèque de Copenhague possède un Traité sur la conservation de la santé, et le catalogue ajoute qu'il s'agit évidemment du célèbre médecin d'Aurengzeb. Nous n'avons jusqu'à présent pu trouver d'autres renseignements.

Nous croyons devoir rapprocher cet ouvrage, dont l'auteur serait peut-être identique, du suivant qui existe au n° 336 sous le titre *Talif cherifi* et qui contient un exposé des médicaments de l'Indostan. L'auteur est appelé Hakim Cherif Khan, et dit au service de Mohammed chah.

ALAOUY KHAN.

Mirza Mohammed Hakim, dit Alaouy khan, naquit en 1670 et passa au service d'Aurengzeb, à l'âge de trente ans, en l'année 1700. Ses talents lui valurent des honneurs et des présents extraordinaires, au point qu'on lui donna son pesant d'or et un traitement de 9,000 francs par mois. Nadir chah lui continua les faveurs d'Aurengzeb. Voulant le retenir, alors qu'Alaouy désirait faire le pèlerinage de la Mekke, Alaouy ne craignit pas de répondre : on ne gagne rien et l'on risque beaucoup à retenir un médecin malgré lui.

Ce voyage de la Mekke est celui dont Abd el Kerim a conservé le récit, dont Langlès a donné la traduction.

Avant sa mort, arrivée en 1749, Alaouy légua sa bibliothèque au public.

Parmi un grand nombre d'ouvrages qu'il aurait laissés, Langlès ne cite que le *Djema eddjouami,* sorte d'encyclopédie médicale très estimée.

MOHAMMED AKBAR BEN MOHAMMED MEKIM.

Il existe de lui à Copenhague, au n° 24, un traité de médecine en vers, intitulé *Moudjerbat Akbari*. On le dit médecin d'Aurengzeb.

MOHAMMED BEN YOUSEF EL HARAOUY.

Si nous ignorons son époque, nous savons qu'il était natif de Hérat. Il existe de lui, au n° 312 du supplément, un dictionnaire de médecine. L'auteur dit qu'il n'a rien trouvé de complet dans ce genre et il indique les sources où il a puisé : le Canon et ses commentaires, le Kamous, le Continent, le Moudjiz et ses commentaires, le Menhadj, le Djami (d'Ebn el Beithâr), etc. Il comprend dans son cadre, non-seulement la technologie mais la biographie des médecins et des savants. Ainsi nous trouvons mentionnés Euclide, Archimède, Ptolémée, Balinas, etc., à côté de Galien, etc.

Il donne la définition et la description. Nous trouvons là des termes de toute provenance, arabes, berbères, grecs et persans, ainsi athrilal, paritharoun (péritoine), etc.

Malheureusement l'ouvrage finit au f° 93, sur le mot Khafaqan, palpitation.

C'est donc à tort que le catalogue définit cet écrit un traité des substances naturelles particulièrement employées en médecine.

Il ne faut pas confondre cet auteur avec le suivant.

YOUSEF BEN MOHAMMED ETTHABIB.

Yousef est peut-être le fils du précédent.

La Bibliothèque de Leyde possède de lui trois écrits sous les n°ˢ 1397, 98 et 99.

Le premier est intitulé *Riadh el adouyat,* et se compose d'une introduction, de deux chapitres et d'une conclusion.

Le deuxième est un poème sur l'hygiène.

Le troisième est intitulé *Iladj el amradh*, Traitement des maladies.

Ce dernier existe aussi à Paris, n° 17 de l'ancien fonds.

C'est un compendium de médecine. Une date porte bien le chiffre 60, mais le n° du siècle est absent.

Un autre opuscule du même auteur se trouve aussi dans le même manuscrit.

Il en existe également un dans le n° 153, A. F. qui n'est pas mentionné dans le catalogue.

ABOU SAÏD EL HOSSEIN EL IAHOUDY.

Le n° 152 de l'ancien fonds contient de lui un abrégé de médecine où l'on trouve d'abord de la pathologie, puis les médicaments simples et composés.

Cet écrit est probablement le même qui existe à Leyde sous les n°ˢ 1386-7-8-9.

Nous ignorons l'époque où vécut l'auteur.

RAÏAH BEN MOHAMMED EL ISFAHANY.

On a de lui, au n° 345 du supplément, un traité sommaire de médecine, dont il embrasse toutes les parties, sous le ti-tre *Marat essahha*.

KEFAÏAT ETTHOBB.

Sous ce titre, qui signifie : Ce qui est suffisant en médecine, il existe au n° 145 de l'ancien fonds un compendium de médecine sous forme de tableaux synoptiques, dont nous ignorons l'auteur.

BEN DJEMALY.

Nous avons sous ce nom, qui est celui d'Abou Bekr ben Mathar ben Djemaly, un traité d'histoire naturelle médicale,

qui nous paraît exister aux n°s 140, 160 et 161 de l'ancien
fonds. Il est divisé en XVI livres, mais les manuscrits précités sont en partie incomplets. Cet ouvrage porterait aussi
le titre de *Khaouas el achia*, Propriétés des choses, et de
Ferahnameh Djemaly.

Il ne faut pas confondre ce Djemali avec le titre d'un livre
dédié au sultan Abou Ishaq, roi de Perse, dont nous avons
parlé ci-devant.

Merveilles de la Nature, illustrées.

Cet ouvrage dont le titre rappelle celui de Cazouiny, mais
dont il diffère, se trouve au n° 332 du supplément persan.

C'est un bel in-folio de 219 pages, d'une écriture large et
magistrale. On lit dans une note finale qu'il fut transcrit
pour la Bibliothèque du sultan Ahmed Khan, qui régnait à
Bagdad en 790 de l'hégire, 1388 de notre ère, par Ahmed
Merouy.

Ce sultan Ahmed n'est autre que Ahmed ben Avis, sur lequel on peut consulter d'Herbelot, page 149.

Cet ouvrage est farci d'illustrations, pour nous servir
d'une expression moderne. Il n'est presque pas de feuille, et
parfois de page où l'on n'en rencontre. Leur caractère, aussi
bien que leur nombre, lui confèrent un véritable intérêt.

Les Merveilles sont divisées en dix classes, et nous passons des merveilles des cieux aux merveilles de la terre, de
l'homme, des génies et des animaux.

Dans les merveilles célestes nous voyons d'abord figurer
des anges, ainsi Mikaïl ou Michel avec sa balance. Un ange
ailé et diadémé tient un cercle où sont fixées les rênes de
deux chevaux, et nous lisons à côté : figure du soleil.

Viennent ensuite les astres. Au f° 23, une femme jouant de
la guitare sous une treille, est accompagnée d'une femme à
droite et à gauche, avec la légende Vénus.

Plus loin ce sont les signes du Zodiaque. Une des meilleures figures est celle du Sagittaire, lançant une flèche
comme un Parthe, contre un gros serpent dressé.

Au f° 30 est un homme adorant le feu.

Nous trouvons ensuite les mers avec des sortes de cartes grossières. Au f° 51 est figurée la mer de Contantinople.

Ce sont ensuite les forteresses ou châteaux. Au f° 94 on croit lire : Château de Paris, en Europe.

Au f° 99 est représenté David debout avec sa fronde, et Goliath renversé.

Nous trouvons d'autres cartes, ainsi de la Syrie et de la Palestine, du Maouarennahr, etc.

A propos de l'Inde, au f° 127, on voit un cavalier perçant un homme monté sur un éléphant.

Au f° 137, on voit Salomon sur une estrade supportée par deux lions, et la reine de Saba, Balkis, qui lui est apportée par un génie.

Nous passons bientôt aux végétaux. A côté de la récolte du poivre, nous voyons des arbres portant des fruits à tête d'hommes et d'animaux.

Au f° 165, deux hommes regardent une statue brisée, qui est probablement une idole.

Au f° 170, deux hommes bêchent la terre.

Au f° 195, trois sauvages nus, dont une femme, sont poursuivis par quatre civilisés.

Au n° 200, est un homme enlacé par un serpent à tête humaine.

Le f° 208 représente un homme à figure de lion.

Au f° 212, le recto représente un homme qui se penche sur son épée, et le verso deux hommes emportant un cadavre.

A propos des oiseaux, au f° 226, nous voyons figurer le combat des Grues et des Pygmées.

Plus loin ce sont des quadrupèdes, puis des poissons. Le f° 241 représente l'aventure de Jonas.

Parmi les figures humaines nous avons remarqué deux types plus particulièrement accusés, le type persan et le type mongol, ayant également des coiffures caractéristiques. Le type mongol est frappant dans une figure du f° 192.

Il nous a semblé que ces figures humaines seraient, pour un ethnographe, un sujet d'étude très intéressant.

Le n° 333 contient l'histoire des animaux de Damiry, pareillement illustrée. Mais les figures ne sont pas aussi bonnes, rares et petites généralement. Nous n'en avons guère remarqué que deux, celle de la jument Boraq et celle d'un cavalier au galop.

Les Merveilles de la nature, de Kazouiny, se trouvent également illustrées dans le fonds persan.

État actuel de la Médecine en Perse.

La Perse vient de prendre part au mouvement qui entraînait déjà depuis quelque temps la Turquie, l'Egypte et l'Inde. Son isolement explique son retard. Aujourd'hui même encore l'imprimerie n'y paraît pas naturalisée, et l'on n'emploie que la lithographie. Et cependant la Perse avait contribué à la rénovation médicale dans l'Inde, où la dynastie mongole avait importé le persan. Depuis la fin du siècle dernier jusqu'à nos jours, on a imprimé dans l'Inde un certain nombre d'écrits en langue persane, concurremment avec des ouvrages arabes (1).

Nous avons déjà dit ce que nous pensions de ce retour maladroit aux traditions du passé, qui ne devrait plus avoir qu'une importance historique.

La Perse a suivi des procédés qui lui sont propres. Elle a fait appel aux hommes plutôt qu'aux livres. Si nous ne connaissons pas d'ouvrages traduits des langues européennes, ainsi qu'on l'a fait ailleurs, nous connaissons un nombre déjà considérable d'écrits originaux publiés en persan par les médecins que la Perse a chargés de l'initier à la science moderne.

Ces médecins sont les docteurs allemands Polak et Schlimmer, et le docteur Tholozan, médecin militaire français, depuis longtemps détaché en Perse, et médecin du Chah.

On doit à M. Polak des traités d'anatomie, de chirurgie d'oculistique et un manuel de médecine militaire.

____

(1) On peut voir la liste de ces imprimés dans la Bibliothèque orientale de Zenker.

A M. Tholozan, un traité de quinologie, et un traité d'auscultation.

A M. Schlimmer des traités de chimie et des maladies de la peau, et un traité de terminologie française persane. (Nous avons rendu compte de cet ouvrage dans la *Gazette hebdomadaire* du 26 mars 1875.) La 2* édition lithographiée de cet ouvrage est augmentée de nombreux articles dont quelques-uns étendus, qui nous fournissent des renseignements curieux sur l'histoire naturelle, l'hygiène, la pathologie et la médecine en Perse.

Nous avons vu, au début de cette histoire, les médecins concourir à l'harmonie des sectes et des races en Orient. C'est là un moyen d'action dont on a fait souvent un heureux usage en Algérie.

Quand l'orient musulman vient de reprendre les saines traditions des Abbassides, renverse les barrières élevées par le fanatisme et nous tend la main sur le terrain neutre de la science, il est triste de voir chez nous des hommes de parti méconnaître les enseignements de l'histoire et de la religion, relever ces barrières et repousser cette neutralité.

LIVRE VIII

—

LA SCIENCE ARABE EN OCCIDENT

OU AUTREMENT SA TRANSMISSION PAR LES TRADUCTIONS DE L'ARABE EN LATIN.

———

COUP-D'ŒIL SUR LES TRADUCTIONS EN GÉNÉRAL.

1° LES TRADUCTEURS ET LEURS TRADUCTIONS.

Gerbert.
Hermann Contract.

Constantin l'Africain.

LES TRADUCTIONS LATINES A TOLÈDE.

Jean de Séville.
Gundisalvi.
Robert de Rétine.
Hermann Dalmate.
Traduction du Coran.
Abraham le Juif (Savasorda).
Platon de Tibur.
Adhélard de Bath.
Gérard de Crémone.
Rodolphe de Bruges.
Daniel de Morlay.
Marcus de Tolède.

Guillaume de Morbeke.
Alfred dit l'Anglais.
Alfonse X et les traductions de
l'arabe.
Judas, fils de Moïse.
Aben Ragel el Alkibitius.
Raby Sag.
Samuel Lévy de Tolède.
Fernand de Tolède.

—

Etienne d'Antioche.
Philippe de Tripoli.

LES TRADUCTIONS DANS L'EUROPE CENTRALE.

Michel Scot.
Hermann l'Allemand.
Manfred.
Etienne de Messine.
Ferraguth.
Armengaud.
Arnauld de Villeneuve.
Grumer de Plaisance.
Jean de Montroyal.
Simon de Gênes.
Ferranus.

Jean de Brescia.
Raymond de Moncade.
Patavinus.
Jambolinus de Crémone.
Drogon.
Accurse.
Franchinus.
Guillaume de Tripoli.
Alphonse Bonhomme.

—

Ange de Saint-Joseph.

LES TRADUCTIONS DE L'ARABE EN GREC

2° LES TRADUCTIONS.

SAVANTS GRECS.

Hermès.
Hippocrate.
Galien.
Platon.
Aristote.
Euclides.
Autolycus.
Archimède.

Apollonius de Perge.
Théodose.
Menelaüs.
Hypsiclès.
Ptolémée.
Dorothée.
Alexandre d'Aphrosidias.

SAVANTS ARABES.

Sérapion l'Ancien.
Mésué l'Ancien.
Honein.
Alkindy.
Sarakhsy.
Costa ben Luca.
Tsabet ben Corra.
Gege (Iahya?)
Razès.
Ishaq ben Soleiman.
Ebn Eddjezzar.
Abulcasis Ezzahraouy.
Ali ben el Abbas.
Arib ben Saïd.
Avicenne.
Eben Djezla.
Eben Botlan.
Canamusali.
Jesu Hali.
Eben Guefith.
Avenzoar
Maimonides.
Mésué le Jeune.
Sérapion le Jeune.
Ali ben Rodhouan.
Averroès.
Alfaraby.
Al Gazzaly.

Avicebron.
Eben Tofaïl.
Eben Badja.
Macha Allah.
Les fils de Moussa ben Chaker.
El Khouarezmy.
Send ben Aly.
Ennaïrizy.
Alfergany.
Albumasar.
Albatany.
Ahmed ben Iousef.
Abou Ostman Saïd.
Liber Abubecri.
Abou Kamel.
Ali ben Ahmed.
Liber augmenti.
Traité d'algèbre.
Alhacen (Ebn el Heitsam).
Ebn Essoffar.
Arzachel.
Geber ben Aflah.
Albitroudjy.

Astrologie.
Alfodhol.
Abd el Aziz.
Ali ben Radjel.

3° COUP-D'ŒIL SUR LES TRADUCTIONS LATINES.

COUP-D'ŒIL SUR LES TRADUCTIONS
EN GÉNÉRAL.

Tout comme la science grecque, dont elle était une émanation, la science arabe eut le rare privilége de traductions collectives destinées à remplir les vides d'une littérature étrangère.

Bien que sous des proportions plus restreintes que celle dont elle rappelle le souvenir, cette transmission, en raison des circonstances dans lesquelles elle se produisit, n'en offre pas moins un aussi grand intérêt.

Et d'abord, il ne s'agit pas d'une sorte de résurrection, comme il en avait été de la science grecque. La science arabe était toujours vivace ; elle n'avait pas encore laissé tomber sur le sol natal ses derniers fruits, alors que des étrangers se présentèrent pour en partager la récolte. Des orages cependant assaillaient cet arbre vigoureux, mais rien ne semblait encore annoncer les tempêtes futures qui devaient le renverser. Au XII⁰ siècle, les croisades apportèrent le trouble en Orient, et cependant la culture de la science toujours soutenue devait être au XIII⁰ siècle plus féconde encore que par le passé.

L'Europe s'agitait pour échapper à la barbarie. Deux esprits différents soufflaient sur elle : d'une part le fanatisme, de l'autre le désir de savoir. Le premier se fit jour par les croisades. Le second manquait d'aliments, et il les demanda aux Arabes, à ces races précisément contre lesquelles pendant deux siècles consécutifs l'Occident arma plus d'un million de soldats. Ces deux grands faits marchaient parallèlement aux deux extrémités du monde musulman.

Une croisade d'un genre tout particulier se dirigea vers l'Espagne.

Déjà, vers la fin du X⁰ siècle, la supériorité intellectuelle des Arabes Andalous avait frappé Gerbert, et il avait recueilli quelques échantillons de leur science qui suffirent à lui faire une merveilleuse renommée.

Au siècle suivant, un homme échappé de l'Orient, Constantin l'Africain, dota la chrétienté de quelques importants ouvrages de médecine émanés soit directement des Arabes, soit par leur intermédiaire des princes de la science grecque.

Au XII⁰ siècle, un homme que la France peut se glorifier d'avoir vu naître, Raymond, archevêque de Tolède, répondit au besoin général en prenant une initiative qui devait être féconde.

Il fit traduire de l'arabe en latin le traité de l'âme d'Avicenne, par le concours de deux hommes qui possédaient à eux deux l'un l'arabe et l'autre le latin, Jean de Séville et l'archidiacre Gundisalvi, la langue vulgaire leur servant de trait d'union. Ces deux hommes se complétèrent par la suite et continuèrent à marcher, mais isolément, dans la voie des traductions.

Bien que les historiens ne l'aient pas noté, à notre connaissance du moins, il est probable que ces événements eurent un certain retentissement en Europe. C'est alors, en effet, que nous voyons accourir en Espagne, de tous les points de la chrétienté, des hommes qui venaient chercher la science qu'ils ne trouvaient pas dans leur pays. Nous trouvons bien une traduction de Platon de Tibur antérieure de quelques années à l'œuvre de Raymond, et qui répondait au besoin universel, mais cette traduction est faite d'après l'hébreu, et d'ailleurs elle s'occupait de géométrie.

Tolède fut, pour ces hommes, un rendez-vous commun et pour quelques-uns une résidence prolongée.

C'est à Tolède que, vers le milieu du XII⁰ siècle, nous voyons arriver Adhélard de Bath, Hermann le Dalmate, Robert de

Rétine. C'est à Tolède aussi que Gérard de Crémone fit un séjour de près d'un demi-siècle et opéra plus de soixante-dix traductions. C'est encore à Tolède, et à la même époque, que Pierre le Vénérable, animé d'un esprit tout à fait différent, vint faire la traduction du Coran, afin de combattre par la plume ceux qu'il ne pouvait combattre par l'épée.

Au siècle suivant, nous trouvons à Tolède Hermann l'Allemand, Michel Scot, etc.

Enfin c'est à Tolède qu'Alfonse de Castille, oubliant la couronne impériale, recrutait une légion des savants de toute communion, dont les travaux l'aidèrent à rédiger les tables Alfonsines. Après Raymond, les savants dont nous avons parlé commençaient par une étude préalable de la langue arabe. Au temps d'Alfonse, on en revint au procédé primitif: les écrits arabes passaient par la langue castillane avant de se fixer définitivement en latin.

Sur un autre théâtre, des souverains avaient puissamment encouragé les mêmes études, Frédéric II, Mainfroy, et son adversaire Charles d'Anjou.

Deux traducteurs s'étaient rencontrés en Orient; Etienne d'Antioche, qui traduisit le Maleky d'Ali ben el Abbas, et Philippe de Tripoli, qui traduisit le Secret des secrets, ouvrage attribué à Aristote. C'est là tout ce que le séjour des Latins en Orient a produit pour la science.

Nous ne saurions oublier ici, bien qu'on les ait parfois exagérés, les services rendus à la science par une race malheureuse dont le massacre signala le début des croisades. Chassés de l'Andalousie, les juifs se réfugièrent dans le Languedoc, qu'ils peuplèrent de leurs studieuses colonies. Alfonse de Castille mit leur savoir à profit pour la confection de ses Tables. Quelques-uns intervinrent dans les traductions de l'arabe en latin, et c'est à Ferraguth que nous devons la traduction latine du Continent. D'autres juifs traduisaient de l'arabe en langue vulgaire, ce que des chrétiens rendaient en latin.

Quelques traductions latines procédèrent indirectement de l'arabe, en passant à travers l'hébreu et l'espagnol.

Après le XIIIe siècle, on ne trouve plus que de rares tra-

ducteurs. Nous rencontrons encore, espacés de siècle en siè·
cle, Arnaud de Villeneuve, Alpagus et Plempius qui clôt
l'ère des traductions latines.

Il s'en faut que nous soyons renseignés sur toutes les traductions : un grand nombre nous sont parvenues anonymes.

Si l'on veut comparer les traductions de Tolède à celles de
Bagdad, il suffit de se rappeler les conditions dans lesquelles
les unes et les autres ont été faites, pour comprendre que les
premières sont nécessairement inférieures aux secondes.

A Bagdad, on avait sous la main des hommes tout prêts
pour leur rôle, encouragés d'ailleurs moralement et maté-
riellement tant par les souverains que par de riches particuliers. A Tolède, ce sont de simples savants sans fortune,
obligés d'apprendre préalablement et péniblement la langue
arabe, dépourvus des documents scientifiques pouvant éclai-
rer et féconder leurs travaux, ayant sans doute de la peine
à se procurer de bons textes originaux.

On nous cite la traduction du Coran, provoquée par Pierre le
Vénérable, comme ayant nécessité de fortes dépenses. Quelle
put en être la raison ? Nous ne pensons pas que l'on fût
obligé de séduire Hermann et Robert par l'appât du gain.
N'est-il pas plus vraisemblable qu'il fallut dépenser beaucoup pour trouver des copies devenues sans doute rares à
Tolède, occupée par les chrétiens, ou s'en procurer chez les
musulmans de Cordoue; qu'il fallut beaucoup d'efforts pour
établir un texte correct et aider dans leur opération les traducteurs inexpérimentés.

On a reproché aux traductions arabes latines leur barbarie, leurs incorrections, l'altération des noms propres et des
termes techniques, la multiplicité des termes transcrits plutôt que traduits. Ces défauts étaient inévitables.

On n'écrivait pas alors le latin comme au temps de la Renaissance, dont on n'avait pas les ressources.

On ne pouvait pas non plus épurer les textes comme nous
le faisons aujourd'hui, et il était bien difficile aux traducteurs d'entrer en pleine et complète possession de la technologie arabe.

Beaucoup d'expressions techniques, répondant à des faits

nouveaux durent être conservées. On en conserva même que les Arabes avaient simplement transcrites du grec, et que l'on ne sut pas rétablir dans leur état primitif. Il en fut encore ainsi de beaucoup de noms propres qui apparaissent, dans ces traductions, étrangement défigurés. Dans la traduction du Livre des plantes par Alfred, le nom d'Empédocle se reproduit maintes fois sous la forme *Abrucalis*, qui s'explique très bien par le mécanisme de l'écriture arabe.

Ces défectuosités, qui d'ailleurs ne sont pas aussi générales qu'on l'a dit, sont la preuve palpable de ce que les traducteurs appellent la pénurie latine, *inopia latinitatis*. S'ils n'ont pas contrôlé les documents nouveaux qu'ils avaient entre les mains, c'est que les moyens leur manquaient. Du reste, cette barbarie tient à la nature de certains sujets. Elle s'accuse dans les écrits hérissés de mots techniques, et ne se fait pas apercevoir dans les autres. Pour s'en asûrer on peut comparer, par exemple, certaines parties descriptives d'Avicenne à la chirurgie d'Abulcasis.

Que les traductions aient répondu à un besoin général, aient comblé de grandes lacunes, aient rendu des services aux savants, nous en avons la preuve dans l'emploi qu'en firent immédiatement des hommes tels que Roger Bacon, Albert le grand, Vincent de Beauvais, pour ne citer que les plus illustres.

On peut se faire une idée de la masse considérable de faits et d'idées nouvelles que les traductions livrèrent au moyen âge, en se rappelant que Gérard de Crémone en fit à lui seul plus de soixante-dix. Ces traductions sont une véritable encyclopédie des connaissances humaines dont elles embrassent toutes les branches. On avait jusqu'à ces derniers temps méconnu l'importance et l'étendue des travaux de Gérard de Crémone, quand M. Boncompagni découvrit à Rome la liste complète de ses traductions, liste que nous avons nous-même découverte plus tard à Paris.

Nous ne voulons pas insister davantage sur la grandeur des services rendus par les traductions de l'arabe : on la comprendra mieux quand nous en aurons établi l'inventaire complet, du moins dans la mesure des renseignements que nous avons pu recueillir.

On a critiqué parfois le choix fait par les traducteurs. Mais étaient-ils libres de choisir à leur guise ? Avaient-ils à leur disposition des bibliothèques riches et assorties comme nous en avons aujourd'hui ?

Telle est la marche que nous avons cru devoir adopter. Ce livre se divisera en deux parties.

Dans la première, nous ferons l'historique des traducteurs et des traductions, en suivant autant que possible l'ordre chronologique.

Dans la seconde, nous ferons l'inventaire des auteurs et des ouvrages traduits, tant ceux qui sont signés que ceux qui nous sont arrivés anonymes.

Nous agirons comme nous l'avons fait précédemment, c'est-à-dire qu'au lieu de nous borner aux traductions relatives à la médecine, nous en embrasserons la généralité.

1. — LES TRADUCTEURS
ET LEURS TRADUCTIONS.

GERBERT.

Il est un homme dont le nom se produit toujours en première ligne, quand on parle des relations scientifiques de l'Europe chrétienne avec les Arabes d'Espagne : cet homme estGerbert. Malheureusement, ce que l'on rapporte de son séjour en Espagne et de ses emprunts à la science arabe sent la routine et manque de précision. La légende s'est emparée de Gerbert et en a fait un personnage hybride moitié savant et moitié nécromancien.

Les œuvres de Gerbert ont été récemment éditées par M. Olleris. Il les a fait précéder d'une longue notice qui restitue à Gerbert sa véritable physionomie. On y trouve d'amples renseignements sur le savant, l'homme politique et le chef de la chrétienté : mais ces renseignements tendent à restreindre le rôle de Gerbert dans la question qui nous occupe.

Gerbert dut naître à Aurillac en plein milieu du dixième siècle. En effet, dès l'année 967 nous le voyons, en raison de son goût pour la science, recommandé au comte Borel, qui l'emmena dans son comté de Barcelone, où il séjourna trois ans. Tout ce que M. Olleris a pu recueillir sur cette période de son existence, c'est que, sous la direction de Hatton, évêque de Vich, il fit de grands progrès dans les sciences et particulièrement les mathématiques.

Ici deux questions se posent. Gerbert apprit-il l'arabe, et qu'apporta-t-il de son séjour en Espagne?

A la première question, M. Olleris répond négativement et il en donne les raisons. En premier lieu, Gerbert avoue indirectement son ignorance de l'arabe, attendu qu'il demande à un certain Lupitus de Barcelone, l'envoi d'une traduction d'un traité d'astronomie, dont l'original était sans doute écrit en arabe. En second lieu on ne retrouve aucun souvenir, aucun vestige de l'arabe dans les écrits de Gerbert, même dans certains écrits où l'on serait le plus en droit de s'y attendre. Nous croyons, avec M. Olleris, que Gerbert ne connut pas l'arabe.

Il est plus difficile de répondre nettement à la seconde question.

Gerbert séjourna trois années dans le comté de Barcelone. Il est évident que, passionné comme il l'était pour la science, il ne put demeurer étranger au mouvement scientifique développé déjà dans l'Espagne musulmane, qui se trouvait alors en trêve avec les états chrétiens. Jetons un coup d'œil sur l'Espagne.

Le dixième siècle compte parmi les plus brillants de l'Espagne arabe, tant pour la culture des arts que pour les institutions scientifiques. Si, par ses savants, il fut inférieur aux onzième et douzième siècles, c'est à ses institutions, à ses bibliothèques et à ses écoles que ceux-ci durent de le surpasser. Il sema : ils récoltèrent.

Une certaine ferveur scientifique régnait alors autour de Moslema. Originaire de Madrid, il florissait à Cordoue, précisément à l'époque où Gerbert habitait Barcelone. Moslema cultivait l'alchimie, les mathématiques et l'astronomie. Dans ces deux dernières sciences, il forma de nombreux élèves dont les plus éminents furent Ebn Essofar et Ebn Essamedj. Paris et l'Escurial possèdent un traité d'alchimie de Moslema, dont nous croyons que Wüstenfeld a fait à tort deux ouvrages distincts. Son traité de la génération et celui de l'astrolabe existent encore à l'Escurial. Moslema vécut jusqu'en l'année 1007.

Nous avons déjà dit que Gerbert, de retour en France,

avait sollicité de Lupitus l'envoi d'une traduction d'un traité
d'astronomie. Nous ne savons si l'envoi se fit, mais il est probable que le traité sortait de l'école de Moslema. Quoiqu'il en
soit, nous devons relever comme important ce fait d'une traduction, qui ne pouvait évidemment être faite que sur l'a-
rabe.

Les travaux astronomiques de l'école de Moslema durent
être connus à Barcelone. Les sciences cultivées dans cette
école étaient précisément celles dont se préoccupait Gerbert,
et nous ne saurions admettre qu'il y resta indifférent ou
étranger.

Il dut aussi avoir connaissance d'un événement qui venait
de se passer en Espagne. Quelques années avant l'arrivée
de Gerbert à Barcelone, l'empereur de Coustinople avait envoyé au souverain de Cordoue le texte grec de Dioscorides,
enrichi de figures, et ce texte servit à une commission de
savants pour corriger la traduction d'Etienne et établir d'une
manière plus exacte, la synonymie des simples. C'était alors
l'époque d'Ebn Djoldjol, le plus savant médecin naturaliste
de son temps, qui écrivit une interprétation des noms de simples mentionnés par Dioscorides, et un supplément contenant les médicaments connus des Arabes et inconnus à
Dioscorides. Ebn Djoldjol écrivit aussi une histoire des médecins et des philosophes qui avaient déjà paru en Espagne.

Rappelons enfin l'envoi de Jean de Gorze par Othon, vers
956.

Cet ensemble de faits prouve chez les Arabes d'Espagne
un développement scientifique suffisamment avancé pour
attirer l'attention des états voisins. Nous savons d'ailleurs
que le roi Sanche se rendit à Cordoue pour se faire traiter
d'une hydropisie. Il n'y avait donc pas, comme le dit M. Olleris, un abîme creusé entre les musulmans et les chrétiens.
M. Jourdain apprécie autrement les rapports internationaux,
. et il cite entre autres ce fait qu'au Xe siècle on fut obligé de
faire une version arabe des Canons ecclésiastiques pour l'u-
sage des catholiques des provinces musulmanes (1). Nos étu-

(1) Un évêque de Séville, Jean, traduisit la Bible en arabe. Antonio, B. Esp.

des philologiques sur Ebn el Beithar nous ont conduit à constater qu'un grand nombre de noms de simples, une centaine au moins, empruntés à l'espagnol, circulaient parmi les Arabes, et étaient relatés par leurs écrivains à titre de synonymes, ce qui prouve des relations entre les deux races, peut-être même l'existence de pharmaciens chrétiens au milieu des musulmans. Quant à Gerbert en particulier, à ses relations avec les Arabes, à ses emprunts, si nous en sommes réduits à des probabilités, il n'en est pas moins sûr que les sciences étaient alors cultivées en Espagne par les Arabes, et que leur accès était facile aux étrangers.

Il est encore un livre que réclama Gerbert, à savoir un traité de la multiplication et de la division des nombres, composé en Espagne par un certain Joseph, que les uns considèrent comme un arabe et les autres comme un chrétien de la Marche d'Espagne. Quelle que soit l'origine de l'auteur il est permis de voir dans son livre une émanation de l'école arabe. Mais ce n'est pas de l'Espagne, que Gerbert le réclama, c'est d'Aurillac. Le livre avait donc passé les Pyrénées.

Les avis sont partagés sur l'origine du système de numération employé par Gerbert. On a voulu le rattacher à Boëce à l'exclusion des Arabes. M. Olleris prétend même que les noms des chiffres ont été ajoutés sur les tableaux où ils figurent : or la moitié de ces noms sont incontestablement arabes. Si Gerbert avait connu ces noms, dit M. Olleris, il n'en aurait pas fait un mystère.

Pour nous résumer, si nous manquons de renseignements sur le séjour de Gerbert à Barcelone, si rien ne prouve qu'il ait fréquenté les écoles des Arabes et appris leur langue, si nous croyons devoir mettre au rang des fables les récits fantastiques de Vincent de Beauvais, nous sommes au moins sûrs qu'il réclama deux livres d'origine espagnole, un traité d'arithmétique et un traité d'astronomie. Ceci prouve, d'une part que Gerbert eut connaissance de l'état des sciences en Espagne, et de l'autre qu'il mit à profit son séjour à Barcelone, commençant ainsi la série des savants qui exploitèrent la science arabe. Mais ne pourrait-on pas aller plus loin ? Nous savons que Moslema cultivait aussi l'alchimie, cette science

dont Gerbert fut considéré comme un adepte. Ne pourrait-on
pas admettre que c'est par les écrits de Moslema que Gerbert
en prit connaissance? Arrivé plus tard aux siéges de Rheims,
de Ravenne, enfin proclamé pape, il dut effacer la trace de
souvenirs compromettants. Les récits de Vincent de Beauvais
seraient ces souvenirs altérés et grandis par l'imagination.

Nous ignorons quel fut ce traité d'astronomie que reçut
Gerbert, mais on peut admettre que des copies en furent prises, et que c'est peut-être là que Hermann le Contract puisa
ses connaissances de l'astronomie arabe, qui peuvent lui venir encore par l'ambassade de Jean de Gorze.

Un traité de l'astrolabe est attribué à Gerbert, et M. Cousin le revendique pour lui. Nous nous bornerons à dire que
ce traité porte aussi le nom de Gileberti. Un traité de l'astrolabe attribué à Ptolémée (B. Mazarine 1256) commence
exactement comme celui attribué par Cousin à Gerbert.

HERMANN CONTRACT.

Hermann fut appelé *Contract* d'une infirmité qui rappelle
précisément celle du père d'Ebn el Mocaffa (le contracté).

Il naquit en 1013 et mourut en 1054. Passionné pour l'é-
tude, il entra chez les Bénédictins pour s'y livrer plus facilement, et habita les monastères de St-Gall et de Reichenau,
cultivant la poésie, la musique, la géométrie et l'astronomie.
On lui attribue les hymnes *Salve regina* et *Alma redempto-
ris mater.*

Il nous est arrivé sous son nom un traité de l'astrolabe,
qui a soulevé bien des controverses, et le dernier mot n'est
pas encore dit. Que ce traité soit une traduction ou une
compilation, la technologie en est arabe. On s'est demandé
si Hermann Contract pouvait avoir connu l'arabe, condamné
qu'il était à l'isolement par son infirmité, et ne pouvant
aller l'apprendre en Espagne comme tant d'autres le firent
plus tard. Il semble qu'il en était alors de l'arabe comme de
la montagne de Mahomet, qu'il fallait aller l'apprendre sur
place.

A propos de Gerbert, qui obtint d'Espagne la traduction d'un ouvrage d'astronomie, nous avons rappelé l'ambassade de Jean de Gorze, qui mit en contact l'Allemagne et l'Espagne musulmane. On pourrait rappeler encore qu'à la même époque le Livre des Anouas était traduit en latin.

On peut très bien admettre que la traduction latine d'un traité d'astronomie arabe soit parvenue à Hermann par une voie quelconque, mais il est plus difficile de croire qu'il pût obtenir des matériaux suffisants pour apprendre seul la langue arabe.

Jourdain, qui s'est occupé de cette question, fait observer d'abord que les premiers historiens qui se sont occupés de Hermann, et qui plus rapprochés de son temps devaient être mieux informés, ne disent pas que Hermann sût l'arabe.

Quant aux traductions d'Aristote qui lui furent aussi attribuées, Jourdain démontre facilement qu'elles sont l'œuvre d'un autre Hermann, dit l'Allemand, dont nous aurons à parler.

Jourdain conclut que les écrivains tels que Trithème, qui ont accordé au Contract la connaissance de l'arabe, l'ont confondu avec des homonymes, le Dalmate ou l'Allemand.

Abordant la question du Traité de la composition et de l'usage de l'astrolabe, qui nous est donné sous le nom de Hermann, Jourdain se demande si ce traité est du Contract, et s'il l'a traduit de l'arabe. Il n'ose nier le premier point, et rejette le second. Il n'admet pas que le malingre Hermann pût apprendre l'arabe sur place, mais il admet que des traités dérivés de l'arabe pussent alors être en circulation. Les faits que nous avons rappelés sont de nature à corroborer l'opinion de Jourdain.

Pour notre part nous croyons que la composition du traité de l'astrolabe par Hermann Contract est dans la limite des choses possibles, et nous avons exposé les faits qui autorisent notre manière de voir.

Nous croyons ensuite que ce traité n'est pas une traduction pure et simple, mais une compilation (1).

(1) Nous ne prenons pas en considération l'interprétation mise en tête du n° 16,201.

A l'appui de notre opinion nous citerons d'abord le début: Hermanus Christi pauperum peripsima (*le rebut*) et philosophiæ tironum asello immo limace tardior assecla, B. suo Ingeni? in domino salutem. Cum a pluribus sæpe amicis rogarer ut mensuram astrolabii, quæ apud nostrates confusa ac passim mutilata vulgo invenitur, lucidius pleniusque scribere temptarem, idque hactenus tum propter inscientiam tum etiam propter pedisse cam heu! mihi familiarem desidiam subterfugerem, tandem a tua potissimum instantia propulsus, etc.

Vers le milieu, il donne les synonymies des étoiles en arabe et en latin, ce qui semblerait devoir être placé à part.

Le traité se termine par la description des sept climats et l'énumération des villes ou contrées qu'ils contiennent.

A propos des climats nous lisons: de quorum mutationibus Ptolemeus et Eratosthenes satis lucide tractant. Marcianus quoque.

La description des climats prouve qu'elle est empruntée à des sources autres que les sources arabes.

C'est ainsi qu'on lit du 1ᵉʳ: Ambulat per Asiam, ex parte Euri usque ad insulam Taprobane.

Dans le 2ᵉ nous trouvons la Tripolitaine, dans le 3ᵉ la Cyrénaïque, dans le 4ᵉ Leptis magna, dans le 5ᵉ la Tingitane, enfin, dans le 7ᵉ, la mer Égée et la Thessalie.

Evidemment ce ne sont pas là des équivalents mis simplement par un traducteur de l'arabe pour rendre les termes du texte.

Que le traité de l'astrolabe procède plus ou moins de l'arabe, les preuves en sont multiples. Il suffit de dire que la plupart des termes techniques et que la généralité des noms des étoiles sont donnés en arabe.

En somme, nous croyons que, jusqu'à nouvel ordre, et jusqu'à ce que des documents péremptoires le fassent attribuer à l'un de ses homonymes, on peut continuer à considérer le traité de l'astrolabe comme étant du Contract. Nous croyons que les éléments arabes qu'il renferme ont pu lui arriver de l'Espagne. Nous croyons enfin que son traité est une compilation et non une traduction.

Les Mss. qui contiennent le traité d'Hermann en contiennent un autre qui porte le nom de Gerbert ou Gilebert. Consin l'attribue à Gerbert, que nous croyons plutôt un importateur qu'un traducteur. Serait-ce dans ce traité que Hermann aurait puisé ses documents arabes ? C'est là une question à laquelle nous ne sommes pas actuellement en état de répondre.

CONSTANTIN L'AFRICAIN.

Nous avons laissé Constantin au monastère du Mont-Cassin, nous bornant alors à indiquer sommairement ses travaux et son influence sur le mouvement scientifique en Occident. Il nous a semblé qu'il était plus à propos d'en poursuivre ici le développement, afin de présenter en un seul faisceau tous les emprunts faits par le moyen âge à l'école arabe.

Nous avons vu Constantin quitter l'Afrique après une carrière de quarante années consacrées à l'étude. Que ce soit le choix, le hasard ou la nécessité qui l'ait conduit à Salerne, on l'ignore. Cependant on peut supposer que la renommée de la célèbre école avait passé la mer. Il paraît même que la médecine arabe était déjà connue des médecins de Salerne, ce qui ne doit pas étonner quand on se rappelle l'avènement de Gerbert au pontificat et la proximité des états musulmans de Sicile. Constantin arrivait donc sur un sol bien préparé pour recevoir la semence qu'il allait y jeter. D'autre part, une certaine culture intellectuelle s'était établie au monastère du Mont-Cassin, comme l'attestent les biographies données par Pierre Diacre.

Les ouvrages de Constantin sont de deux sortes : des traductions, et des ouvrages plus ou moins originaux. Avant de parler de chacun d'eux en particulier, nous croyons devoir donner la liste de ses écrits, laissée par son biographe.

Dans ce Monastère, dit Pierre Diacre, il traduisit de plusieurs langues un grand nombre d'ouvrages parmi lesquels se distingue le *Pantegni*, qu'il divisa en douze livres, où il expose tout ce que doit savoir un médecin.

La *Pratique,* où il traite de.la conservation de la santé et du traitement des maladies, en XII livres.

Le livre des XII degrés.

Le régime des fièvres, traduit de l'arabe.

Le livre de l'urine.

Des organes internes.

Du coït.

Le Viatique, en VII parties (le dénombrement en est mal ponctué, ce qui entraîne de la confusion).

Les Aphorismes.

Le Tegni, le Megategni et le Microtegni.

L'Antidotaire.

Des opinions d'Hippocrate et de Platon.

Des médicaments simples.

Du corps et des organes de la femme.

Du pouls.

Des pronostics.

Observations.

Remarques sur les plantes.

Chirurgie.

Traité d'oculistique.

Cette liste est incorrecte en plus d'un endroit.

Le Pantegni et la Pratique sont à tort dédoublés, attendu qu'ils constituent ensemble un même ouvrage.

Sous le titre Aphorismes, on ne se douterait pas qu'il s'agit du commentaire de Galien.

Il se pourrait que certains numéros ne fussent que des parties du Pantegni.

Le mot tegni, qui précède le megategni et le microtegni, est de trop, à moins qu'on ne lise : Les deux tegni.

On nous dit que Constantin traduisit de nombreux écrits de diverses langues, et on nous signale seulement le traité des fièvres comme traduit de l'arabe.

La notice de Pierre Diacre n'en est pas moins le seul document qui nous soit resté comme biographie de Constantin, mais nous trouvons d'autres renseignements ailleurs, à savoir dans les intéressantes préfaces qui accompagnent un certain nombre de ses écrits. Elles sont adressées à quelques-uns de

ses amis, ainsi Didier, abbé du Mont-Cassin, Alfanus, archevêque de Salerne, Atto et Jean, ses élèves.

On ne s'est pas assez occupé de ces préfaces dans ces derniers temps, où l'on a fait beaucoup de bruit autour du nom
de Constantin, et l'on a fait des oublis plus graves encore.

Nous avons remarqué déjà que Pierre Diacre n'a signalé
que le livre des fièvres parmi les nombreuses traductions qu'il
dit avoir été exécutées par Constantin. Il nous apprend ailleurs que Jean, son disciple, mourut à Naples, où il laissa
les écrits de son maître. Jean donna-t-il à ces écrits la forme
et les titres sous lesquels ils nous sont parvenus ? Nous l'i-
gnorons.

Quoi qu'il en soit, ses traductions ont un caractère qui les
distingue de celles de ses successeurs. Dans ses préfaces, il ne
semble préoccupé que d'une chose, signaler une lacune que
son écrit vient de combler. Il lui semble inutile de déclarer
explicitement si l'écrit est original ou simplement traduit;
c'est assez pour lui qu'il réponde à un besoin général ou particulier. Une fois seulement, il nous donne le nom de l'auteur
qu'il a traduit. Ailleurs, dans la plus importante de ses traductions, non-seulement il tait le nom de l'original, mais il
met en avant des noms de médecins grecs, comme s'il voulait donner le change. Malgré les reticences de ces préfaces,
il n'est pas cependant de ces traductions dont quelques manuscrits n'accusent formellement qu'elles proviennent de
l'arabe.

L'attention se porta sur ces faits quand on put comparer
la traduction du Maleky d'Ali ben el Abbas par Étienne d'Antioche, avec le Pantegni. L'identité fut reconnue et Constantin passa pour un plagiaire.

On a de nouveau, dans ces derniers temps, agité ces questions, mais d'une façon incomplète. On s'est, d'une part, borné à deux traductions de Constantin, le Pantegni et le Viatique, et de l'autre on a négligé d'étudier les préfaces qui
accompagnent diverses autres traductions. Avant de formuler l'opinion que nous croyons devoir nous faire sur les
procédés de Constantin, nous croyons devoir examiner en

particulier chacune de ses œuvres et recueillir le plus de
r enseignements possibles.

I. *Le Pantegni.*

Ce qui nous est donné de Constantin, sous le titre de Pantegni, n'est autre chose que la traduction du Maleky d'Ali
ben el Abbas, avec quelques additions et modifications.

Constantin a remanié l'importante préface du Maleky et il
y a ajouté la mention des seize livres de Galien, déjà signalés par Daremberg, et sur lesquels nous nous sommes am-
plement étendus.

C'est au Viatique ainsi qu'au Pantegni que Constantin doit
son renom de plagiaire ; c'est à propos de ces deux ouvrages que l'on a fait récemment quelque bruit autour de son
nom.

Telle est la dédicace du Pantegni : « A son Seigneur abbé
du Mont-Cassin, très révérend père et même la perle brillante de tout l'ordre ecclésiastique, Constantin l'Africain, son
moine, bien qu'indigne. »

On lit ensuite, entre autres choses, dans cette dédicace :

« Comprenant l'utilité de l'art et parcourant les ouvrages
latins, je me suis retourné vers nos anciens et nos modernes.
J'ai parcouru Hippocrate, le maître de l'art, ainsi que Galien,
et parmi les nouveaux, Alexandre, Paul et Oribase. »

Certes, on ne voit guère comment une pareille dédicace et
les souvenirs qui y sont évoqués, peuvent servir d'introduction au Pantegni, lequel n'est en définitive que le Maleky
d'Ali ben el Abbas (1).

Pour expliquer cette incohérence, à quelle hypothèse recourir ?

Nous nous contenterons maintenant d'en rappeler une
émise par Daremberg. Constantin n'aurait-il pas cru pouvoir
faire passer plus avantageusement sa traduction en la donnant sous le couvert des grands médecins de la Grèce, au
lieu d'avancer son origine arabe et sa qualité de traduction ?

(1) Pour qui la collation des deux écrits serait par trop longue et
fastidieuse, lire les deux préfaces mises en regard l'une de l'autre
par Daremberg, Arc hives des missions, IX.

A cette hypothèse, nous en ajouterons une autre. Constantin n'aurait-il pas plutôt obéi à un mot d'ordre donné par l'abbé Didier? Cette science et ces noms arabes n'auraient-ils point paru mal sonnants dans l'enceinte du monastère? Constantin doit évidemment à son passé de musulman tout son savoir de médecin. Pierre Diacre ne semble-t-il pas atténuer ce fait en nous énumérant la liste fabuleuse des langues sues par Constantin?

On pourrait même se demander si la lettre à l'abbé Didier ne vise pas aussi bien un ensemble de travaux qu'un travail particulier. L'élève de Constantin, Jean, qui recueillit à Naples tous les écrits de son maître, ne les aurait-il pas remaniés?

Quoi qu'il en soit, il n'en est pas moins vrai que plusieurs manuscrits de Constantin nous donnent le Pantegni, comme une simple traduction, *translatum*. Nous citerons particulièrement les nᵒˢ de la Bibliothèque nationale de Paris 6885, 6886, 7042, 11,223.

D'autre part, on peut supposer aussi que Constantin a bien pu conserver les habitudes des Arabes, chez lesquels on voit constamment des écrivains s'assimiler de longs passages de leurs devanciers, sans en indiquer la paternité, et comme s'ils étaient de droit tombés dans le domaine public, par cela seulement qu'ils étaient admis comme faisant autorité.

Un auteur allemand, Thierfelder, suivant en cela certains errements du moyen âge, et même de certains éditeurs, a voulu revendiquer le Pantegni pour Ishaq ben Soleiman, opinion que nous ne prendrons pas la peine de réfuter.

Le Pantegni parut aussi avec le titre de *Theorica et Practica.*

II. *Le Viatique.*

Il en est du Viatique ainsi que du Pantegni. Constantin a passé sous silence le nom de l'auteur arabe Ebn Eddjezzar, tout comme il avait tu celui d'Ali ben el Abbas.

Il y a plus. Il se met lui-même en garde contre les faussaires, qui pourraient lui voler son œuvre. On lit entre autres choses dans la préface du Viatique:

« Comme dit Tullius dans la Rhétorique, on peut rechercher une chose pour elle-même ou pour d'autres motifs. Quelques-uns pensent que la médecine doit être recherchée pour elle-même, et s'attachent à la théorie. D'autres la recherchent pour les dignités auxquelles elle conduit.

« Moi donc, Constantin, moine du Mont-Cassin, travaillant pour le bien de tous, j'ai déjà publié le Pantegni, où les uns trouveront la théorie, et les autres la théorie et la pratique. Pour les commençants, j'ai composé un ouvrage plus facile ; lac vero suggentibus formiculam (lisez : miculam), non crustam subministravimus. Que si d'aucuns portent sur mon ouvrage leur dent canine, je les enverrai sommeiller au milieu de leurs niaiseries. J'ai cru devoir signer cet écrit, parce que *des hommes jaloux du travail d'autrui, quand un ouvrage étranger leur tombe entre les mains, se l'approprient frauduleusement et y mettent leur nom.* Je l'ai appelé Viatique, parce que son petit volume fait qu'il n'est ni embarrassant ni gênant pour un voyageur. »

Nous avons souligné quelques lignes de cette introduction.

Nous verrons plus tard des fraudes pareilles signalées par le biographe de Gérard de Crémone.

Mais d'où Constantin pouvait-il redouter ces fraudes ? Nous ne voyons que les professeurs de Salerne. Constantin lui-même les rendait possibles en dissimulant la source où il puisait. Pour les prévenir, mieux valait encore que les dénoncer, l'aveu explicite de la provenance arabe.

Telle est peut-être la marche suivie par Constantin. C'est ainsi que l'on pourrait expliquer peut-être comment certains des ouvrages sont donnés franchement pour ce qu'ils sont, c'est-à-dire pour des traductions, alors que les premiers avaient paru comme pouvant être des écrits originaux.

Certains manuscrits du Viatique le donnent formellement comme une traduction de l'arabe. Ainsi on lit dans les n⁰ˢ 6889 et 6890 de la Bibliothèque nationale : *Liber Viatici quem Constantinus ex sarraceno in latinum transtulit.* D'autres, ainsi le n⁰ 14,390, portent simplement *transtulit.*

Dans ses études sur le Viatique, Daremberg a produit quelques assertions que nous devons relever. Il a rencontré des expressions grecques dans le Viatique, et il a cru pouvoir les attribuer à la persistance des études grecques en Occident.

S'il avait su comment se sont faites les traductions du grec en arabe, il ne se serait pas lancé dans des voies aventureuses.

La langue arabe ne pouvait évidemment fournir d'équivalents à toutes les expressions techniques des livres grecs. Il fallut donc se borner à en transcrire simplement un certain nombre en attendant mieux. Quelques-unes de ces expressions furent bientôt remplacées. D'autres restèrent alors même que des équivalents étaient connus : il suffisait que le sens de ces mots exotiques fût bien déterminé. Certains traducteurs avouent leur impuissance, et certaines traductions ont subi plusieurs révisions à nous connues ; ainsi la traduction de Dioscorides. Ces faits se produisirent non-seulement sur le terrain de la botanique et de la matière médicale, mais encore sur celui de la pathologie.

Le mot *Ilaous* (écrit à tort *eilaous,* car l'elif arabe ne sert ici que de support à la voyelle), le mot *ilaous,* mis en avant par Daremberg, n'accuse aucunement la connaissance du grec chez Constantin. Il signifie simplement que les traducteurs du grec, n'ayant pas trouvé dans l'arabe d'équivalent, ont conservé ce mot. Il est employé partout, notamment dans le Continent de Razès et dans le Canon d'Avicenne, sans jamais avoir été remplacé.

Daremberg a discuté la question de savoir si la traduction du Viatique par Constantin avait pu se faire d'après le grec, car nous verrons que l'on traduisit en grec le Viatique. Il a communiqué ses doutes à M. Renan, qui lui a naturellement répondu qu'à cette époque la connaissance de l'arabe par un *chrétien* n'était pas vraisemblable, et M. Renan inclinait à voir une traduction d'après le grec. Mais Daremberg avait oublié de dire à M. Renan que ce chrétien de Constantin l'Africain avait été musulman pendant un demi-siècle.

Daremberg lui-même ignorait le passé de Constantin. Le nom de Pierre Diacre n'apparaît nulle part dans sa longue dissertation. S'il a cherché quelque chose dans les *Recherches* de Jourdain, ce n'est pas la biographie de Constantin. Cela semble étrange, mais cela est tel. Malgré ce lapsus,

Daremberg n'admet pas moins que la traduction latine se fit d'après l'arabe.

Nous avons dit que le Viatique avait été traduit en grec sous le nom d'Ephodes. Ce qu'il y a de singulier, c'est que le traducteur porte le nom de Constantin, le secrétaire de Reggio. On s'est demandé si ces deux Constantin ne faisaient pas un seul personnage. Daremberg, qui soulève cette question, ne l'a pas tranchée. Vu le passé de Constantin l'Africain, il est bien difficile d'admettre qu'il ait pu apprendre le grec et le latin pendant son séjour au Mont-Cassin. On pourrait tout au plus admettre qu'il a fait cette traduction à deux, ainsi qu'on le fit plus tard en Espagne. On peut lire dans le travail de Daremberg de longs détails sur les nombreux manuscrits des Ephodes qui se trouvent dans les bibliothèques européennes.

Le Viatique fut encore traduit en hébreu, et il en existe peut-être bien un fragment à la Bibliothèque nationale, nº 1173, fragment nº 6. Le catalogue donne ce fragment qui traite de la perte de la mémoire comme étant d'Ebn Eddjezzâr, et il ajoute que ce traité n'est pas indiqué par Ebn Abi Ossaïbiah. Mais un fragment de deux feuilles ne constitue pas un traité. C'est tout au plus un chapitre, et probablement un chapitre du Viatique. Nous vous proposons de le vérifier (1).

III. *Traité des urines,* d'Isaac (Ishaq ben Soleiman).

Voici une traduction franchement avouée par Constantin.

« N'ayant pas rencontré, dit-il, dans les livres latins aucun auteur qui ait donné des urines une connaissance certaine et authentique, je me suis adressé à l'arabe, où j'ai trouvé d'admirables renseignements, que j'ai traduits en latin. Cet ouvrage a été écrit par Isaac fils de Salomon, qui l'a divisé en X sections. »

IV. *Traité des fièvres,* d'Isaac.

Si l'auteur n'est pas désigné, la traduction n'en est pas moins explicitement déclarée. « Touché de tes larmes, ô mon fils Jean, moi Constantin, je n'ai pas refusé d'écrire d'après

(1) On a imprimé aussi le Viatique sous ce titre : De omnium morborum cognitione et curatione.

tout ce que j'ai vu et lu d'utile en médecine. J'ai transcrit cet opuscule de l'arabe. »

V. *Commentaire des Aphorismes par Galien.*

C'est encore ici une traduction d'après l'arabe. Constantin l'adresse à son élève Atton. « Tu m'as souvent prié, mon fils Atton, de traduire de l'arabe en latin quelque ouvrage de Galien. J'ai longtemps refusé, n'osant traduire les écrits de ce grand philosophe. Mais tu insistais, tu disais souffrir de voir *la langue latine privée de ce grand homme :* j'ai cédé et je me suis mis à la traduction d'un de ses ouvrages sur les Aphorismes du glorieux Hippocrate. »

Notons en passant ce renseignement historique : la langue latine alors privée des écrits de Galien.

Telles sont les traductions les plus connues de Constantin.

Si les unes sont dissimulées, les autres sont franchement avouées. Pour notre part, nous croyons que leur auteur vaut mieux que la renommée qu'on lui a faite, pour n'avoir pas suffisamment étudié l'ensemble des faits. Telle est l'interprétation que nous croyons devoir en présenter.

Et d'abord la forme sous laquelle nous sont parvenus ses écrits, peut n'être pas celle que leur a donnée Constantin lui-même. Cette forme n'est pas identique pour tous. Certains manuscrits accusent une traduction, et d'autres n'en parlent pas. Nous savons que son élève Jean réunit à Naples les écrits de son maître. Il est possible qu'ils sortirent de là sous une forme différente de la forme primitive. Nous croyons qu'une pression exercée par l'abbé Didier pourrait expliquer le silence de Constantin sur la provenance arabe de ses premiers écrits. Cette provenance avouée pouvait choquer l'abbé du Mont-Cassin.

Nous voyons Constantin se plaindre des plagiaires. Il semblerait donc qu'à l'instar de Gérard de Crémone il aurait d'abord écrit sous le voile de l'anonyme. Rien n'était plus facile que de couper court à toute méprise : les signer et avouer leur provenance arabe. Dès lors toute revendication frauduleuse devenait impossible.

Parmi les autres écrits de Constantin, il en est qui ne sont probablement que de simples traductions, ou des traductions

plus ou moins remaniées. Parmi eux il en est dont les titres
se retrouvent parmi ceux d'Ebn Eddjezzar et d'Ishaq ben Amran, tels sont: les livres de l'estomac, de l'éléphantiasis, de la
mélancolie. Les éléments nous font défaut pour établir l'i-
dentité. Nous les passerons en revue.

Livre de l'estomac.

Ce livre est dédié à l'archevêque de Salerne, Alfanus, qui
s'était plaint souvent à Constantin du mal d'estomac. Constantin s'étonne de n'avoir pas rencontré cette monographie
chez les anciens, et dit avoir tiré son livre des écrits les plus
élégants de plusieurs auteurs. Cette traduction fut imprimée.

Livre des yeux.

Ce livre est dédié à Jean. Constantin l'a composé parce
qu'il n'avait rencontré, en latin, aucun écrit sur la matière.

Outre les ouvrages mentionnés dans la liste de Pierre Diacre, on trouve encore dans l'édition de Bâle, de 1539 :

Liber aureus, de remediorum ægritudinum cognitione.

De victus ratione variorum morborum.

De melancolia.

De animæ et spiritus discrimine, et de incantationibus,
que nous croyons traduits de Costa ben Luca.

De gradibus simplicium.

On trouve encore dans l'édition de 1541 :

De humana natura vel de membris corporis humani.

De elephantia.

De animalibus.

A la fin de la 1ʳᵉ édition se trouve une lettre à l'abbé Didier,
où Constantin dit qu'après avoir parcouru les auteurs anciens et modernes, grecs et latins, il en a extrait tout ce qui
peut être utile à un médecin, les uns étant trop prolixes et
les autres trop brefs. Chacun, dit-il ne peut acheter tous les
livres. Il espère que personne ne pourra lui reprocher d'avoir
écrit après tant d'hommes éminents. Ce n'est pas nous qui
lui ferons ce reproche. Nous croyons avec Daremberg, qu'on
lui doit une grande reconnaissance pour avoir ouvert aux
Latins les trésors de l'Orient et par conséquent de la Grèce,
qu'il a mérité le titre de *Restaurateur des lettres médicales*

en Occident, et que ce serait justice de lui élever une statue aux environs de Salerne.

Les Traductions Latines à Tolède.

Deux ou trois siècles s'étaient écoulés depuis le merveilleux travail de traductions opéré à Bagdad, quand un travail analogue, issu du premier, se produisit à Tolède. Ce nouveau travail devait différer sous bien des rapports de celui dont il procédait.

Cette fois c'est la science arabe elle-même qui en fera le fonds et qui enrichira la littérature latine, dont la langue était devenue la langue savante de l'Occident.

Ce ne sont pas des souverains, pas même des Espagnols qui en eurent l'initiative, ce ne fut pas non plus l'Espagne, mais l'Europe entière qui en profita, et telle en est la raison probable.

Après la conquête musulmane, les populations chrétiennes restées avec leurs croyances au milieu des vainqueurs, en eurent bientôt appris la langue, au point qu'un évêque de Séville, Jean, crut devoir traduire la Bible en arabe. De leur côté, les Arabes avaient une certaine connaissance de la langue de ces populations. Nous en avons rencontré beaucoup de vestiges chez les Arabes Andalous, notamment dans Ebn el Beithâr, et cette langue ils lui donnaient le nom d'*Adjemya,* c'est-à-dire étrangère. Les échanges d'idées se passaient donc ainsi de traductions et c'est à peine si l'on en cite deux à propos de Gerbert, qu'il se fit envoyer de Barcelone, avant le travail dont nous allons parler. Plus tard on n'échangea guère que des coups d'épées entre les musulmans refoulés et les Espagnols de plus en plus envahisseurs.

Ce fut un Français qui provoqua les traductions latines à Tolède, où nous voyons une colonie française s'établir vers la fin du XIe siècle.

On lit dans l'Histoire littéraire de la France, tome VII :

« Bernard, moine de Cluny, qui devint archevêque de Tolède, emmena à différentes fois de France en Espagne plusieurs sujets de mérite : Maurice Bourdin, moine d'Uzerche, archidiacre de Tolède, antipape et évêque de Brague ; Géraud de Moissac, chantre de Tolède et évêque de Brague ; Pierre de Bourges, archidiacre de Tolède et évêque d'Osma ; deux autres Pierre, d'Agen, l'un évêque de Ségovie et l'autre de Palencia ; Bernard, chantre de Tolède et évêque de Compostelle ; Bernard et Jérôme du Périgord, évêques de Valence et de Zamora ; enfin Raymond, compatriote de l'archevêque Bernard de Tolède, auquel il succéda. »

Raymond, natif d'Agen, occupa le siége de Tolède, de l'année 1130 à l'année 1150. C'est à lui que revient l'honneur d'avoir provoqué les traductions de l'arabe en latin dans sa ville archiépiscopale, et cette initiative, qui fut plus ou moins tôt connue de l'Europe, peut être considérée comme le phare qui fit accourir à Tolède des savants de tous les points de l'horizon, non-seulement au XIIᵉ, mais encore au XIIIᵉ siècle, qui frappa Alphonse X et lui fit oublier la couronne impériale au milieu des savants arabes.

Mais Tolède n'avait pas les ressources de Bagdad. On n'y avait pas sous la main des hommes préparés au rôle de traducteur, également instruits dans les deux langues. On imagina un expédient, qui dans la suite trouva des imitateurs.

Raymond confia l'exécution de son idée à deux hommes, dont l'un connaissait l'arabe et la langue vulgaire, et l'autre le latin. La première traduction arabe latine née à Tolède fut le produit de leur union. Plus tard ces deux hommes se complétèrent, et chacun produisit isolément. Ceux qui vinrent après eux commencèrent par l'étude préalable de la langue arabe. Quelques-uns seulement adoptèrent le procédé primitif.

Les premiers travaux exécutés sous l'inspiration de Raymond s'adressèrent à la philosophie. De ses deux traducteurs, l'un resta sur ce terrain, et l'autre passa sur celui des mathématiques, de l'astronomie et de l'astrologie.

Les hommes que le besoin de savoir, besoin qu'ils ne pouvaient trouver à satisfaire dans leur pays, entraîna vers Tolède de tous les points de l'Europe, n'eurent d'autres préoccupations que d'étendre le domaine de la science. Il y eut cependant une exception.

Alors que saint Bernard provoquait la 2e croisade, son ami Pierre le vénérable, abbé de Cluny, en méditait une autre sur le terrain de la polémique. Afin de pouvoir le combattre en connaissance de cause, il fit traduire le Coran par deux savants que d'autres motifs avaient conduits en Espagne, Hermann et Robert de Rétines.

C'est ainsi que se rencontraient à Tolède les deux grands courants qui traversaient alors la chrétienté.

Les historiens ont l'habitude de mentionner parmi les résultats des croisades l'initiation de l'Occident à la science arabe. C'est là une erreur. La science ne doit rien aux Croisés, qui avaient d'autres préoccupations (1). Parmi cette masse innombrable de traductions, dont nous essayerons de dresser l'inventaire, on n'en compte que deux opérées en Orient: l'une faite par Philippe de Tripoli a trait à un écrit apocryphe d'Aristote, le Secret des secrets, et l'autre par Etienne d'Antioche a trait au Maleky. Et encore cette dernière traduction est un double emploi, que rendait à peu près inutile le Pantegni de Constantin.

C'est à l'Espagne que se rattachent les noms de Platon de Tibur, d'Adelard de Bath, de Jean de Séville, de Gondisalvi, d'Hermann Dalmate, d'Hermann l'Allemand, d'Alfred, de Daniel de Morlay, de Robert de Rétines, de Marcus de Tolède, de Michel Scot, etc. C'est enfin à Tolède que Gérard de Crémone opéra ses soixante-seize traductions, qui embrassaient l'encyclopédie de la science. C'est encore naturellement à l'Espagne et même à Tolède que se rattachent les travaux provoqués par Alphonse dit le savant.

Pendant deux siècles Tolède fut un atelier de traductions.

Il nous en est arrivé un assez grand nombre d'anonymes, dont quelques-unes portent le cachet de l'Espagne. Parmi celles dont l'attribution est douteuse, on compte l'une des

____

(1) On sait comment les Croisés traitaient les bibliothèques. V. Quatremère.

plus importantes, celle du célèbre traité de la perspective d'El Hazen (1).

Sans doute les travaux exécutés à Tolède n'eurent ni la sûreté ni l'ampleur de ceux de Bagdad, nous en avons déjà fait comprendre la raison. Leur importance n'en fut pas moins grande : on sait avec quelle avidité la science arabe fut longtemps recherchée. On sait de quel crédit jouirent Avicenne et Averroès, combien de lacunes les Arabes remplirent alors. Sans eux, le moyen âge eut défailli sur la route de la Renaissance (Cosmos).

Nous allons entrer dans quelques détails sur l'œuvre entreprise par l'archevêque de Tolède.

C'est donc à l'archevêque de Tolède, Raymond, nous en avons la preuve dans une dédicace qui lui est adressée, que reviendrait l'honneur d'avoir provoqué les traductions de l'arabe en latin. Dans cette œuvre il fut secondé par deux hommes, Gundisalvi, archidiacre de Ségovie, et un juif converti, connu sous la double dénomination d'*Avendaut* (Aven Daoud, ou fils de David) et de Jean de Séville ou Jean d'Espagne. Ces faits se passaient dans le commencement du XIIe siècle de notre ère, une traduction faite par ce dernier, portant la date de l'année 529 des Arabes, qui équivaut à l'année 1134.

Il serait intéressant de savoir si ces travaux furent connus des traducteurs contemporains tels que Platon de Tibur, Adhélard de Bath et Gérard de Crémone. Nous savons que le premier traduisit à Barcelone et que le second voyagea en Espagne, mais à cela se bornent nos renseignements. Quant à Gérard, nous savons positivement que ses travaux s'accomplirent à Tolède, où il se rendit pour y trouver ce qu'il cherchait en vain dans son pays; mais nous ignorons la date de son arrivée. Comme il ne mourut qu'en 1187, on peut croire qu'à son arrivée à Tolède le travail des traductions était déjà commencé et que ce fut peut-être la connaissance qu'il en eut qui détermina son départ et fixa son itinéraire.

(1) On est tenté de l'attribuer à Gérard, qui traduisit les Crépuscules.

JEAN DE SÉVILLE.

Nous commencerons par Jean de Séville, qui fut probablement le maître de Gundisalvi dans la connaissance de l'arabe.

Il ne nous est connu que par ses écrits, et son nom même soulève des discussions. C'était un juif converti, et son père devait s'appeler David, vu le nom d'Avendaut (Aben Daoud, fils de David), sous lequel il est souvent désigné. Comme chrétien il porta le nom de Jean. On l'appelle généralement Jean de Séville ou Jean d'Espagne, les Mss. donnant tantôt *Joannes hispalensis*, et tantôt *Joannes hispaniensis, hispanus, hispanensis*, etc. La première qualification est la plus commune, ce qui est déjà pour nous une raison de l'adopter ; mais nous en avons une autre. Nous le trouvons parfois ainsi qualifié : *Joannes hispalensis atque Lunensis*. Nous croyons qu'il faut chercher un nom de ville dans la première qualification tout aussi bien que dans la seconde (1). Jean serait donc probablement originaire de Séville, et il aurait pris plus tard un nouveau surnom celui de *Lunensis,* pour avoir habité Luna. Quelques-uns de ses écrits en sont datés, ainsi qu'on le voit dans les Mss. de Paris nᵒˢ 7282, 7292, 7377 *b*. Nous ignorons les dates de sa naissance et de sa mort, mais nous savons positivement qu'il écrivait dans la première moitié du XIIᵉ siècle, une de ses traductions, celle d'Alfergan, étant datée de l'année des Arabes 529, qui correspond à nos années 1134 et 1135. Déjà M. Chasles avait relevé l'erreur de Libri qui avait donné comme incertaine l'époque de Jean de Séville. Jourdain avait signalé cette date et Woepcke en a rectifié les erreurs de détails.

Jean de Séville est, après Gérard de Crémone, le traducteur qui a le plus produit, mais ses traductions sont loin d'avoir l'importance de celles de Gérard. Il en est qui portent sur

---

(1) On voit que nous tirons d'un même fait une conclusion contraire à celle de Jourdain. Ces doubles surnoms, tirés de localités, sont très communs chez les Arabes.

la philosophie, mais la grande majorité porte sur l'astronomie et l'astrologie. Il laissa aussi quelques ouvrages originaux.

Son début dans la carrière paraît avoir été une traduction
faite de concert avec Gundisalvi. On pourrait même supposer qu'alors il n'était encore que catéchumène, car elle porte
le nom d'Avendauth, tandis que les autres portent le nom de
Jean (de Séville ou d'Espagne), qu'il dut recevoir à son bap-
tême.

Nous allons donner la nomenclature de ces traductions.

1° Traité de l'âme, d'Avicenne.

Cette traduction, faite en commun avec Gundisalvi, porte
quelquefois le nom d'un seul des deux collaborateurs, cependant elle est toujours précédée d'une épître dédicatoire où
Avendauth prend la parole.

Bien que cette épître ait été publiée par Jourdain, nous ne
pouvons cependant la passer entièrement sous silence,
attendu qu'elle a une importance historique.

Généralement elle porte en tête : Prologus ejusdem (Do-
minici) ad archiepiscopum Toletanum Remundum.

Dans le n° 286 de la Bibliothèque Mazarine, nous lisons
au contraire : Incipit epistola Avendauth philosophi, etc.

Suit : « Reverendissimo toletanæ sedis archiepiscopo et hispaniarum primati, Johannes Avendeut Israelita, philosophus,
gratum debitae servitudinis obsequium.

Cum omnes constent ex anima et corpore, non omnes sic certi
sunt de anima sicut de corpore. Quippe cum illud sensu subja-
ceat, ad hanc vero non nisi intellectus attingat, unde homines
sensibus dediti aut animam nichil credunt, aut si forte ex
motu corporis eam esse conjiciunt, quid est, vel qualis est
plerique fide tenent, sed pauci ratione convincuntur...

Quapropter *jussum vestrum*, Domine, de transferendo Avicennæ philosophi libro de anima effectui mancipare curas
quatenus vestro munere et nostro labore latinis (Jourdain :
latinus) fieret certum quod hactenus extitit incognitum;
scilicet an sit anima, et quid, et qualis sit, secundum essentiam
et effectum, rationibus verissimis comprobatur. Hunc igitur
librum vobis præcipiente (Jourdain : præcipientibus), et me

singula verba vulgariter proferente, et Dominico archidiacono singula in latinum convertente, ex arabico translatum
in quo quidquid Aristoteles dixit libro suo de anima, et de
sensu et sensato, et de intellectu et intellecto, ab autore libri
scias esse collectum. »

Bien que l'auteur de cette dédicace parle en latin, il semble qu'au moment d'entreprendre cette traduction il doutait
encore de lui-même, puisque son rôle se borna à traduire
l'arabe en langue *vulgaire*, sans doute en espagnol, de même
que Dominique Gundisalvi, qui devait plus tard jouer à lui
seul le rôle de traducteur, ne connaissait pas encore assez
l'arabe.

Nous lisons dans les Mss. 56 de l'Arsenal et 286 de la B.
Mazarine : Incipit, ou completus est liber de anima, qui est
VI liber de naturalibus, ou naturalium Avicenæ.

2° De la conservation de la santé, ou extrait du livre des
Secrets des secrets, attribué à Aristote. Tel est le titre :

Epistola Aristotelis regi magno Alexandro, de conserva-
tione humani corporis, quam Johannes hispaniensis T. (Theo-
phinæ) hispaniarum reginæ transmisit.

Jean rapporte ainsi dans sa dédicace comment il en vint
à faire cettre traduction : « Cum de utilitate corporum olim
tractaremus, et a me, ac si essem medicus, vestra nobilitas
quæreret brevem libellum de observatione dietarum, vel de
continentia corporis, accidit ut, dum cogitarem vestræ jus-
sioni obedire, hujus rei exemplar ab Aristotele philosopho
editum repente mente occurreret quod extraxi de libro qui
dicitur cyr oserar (Sir el asrar) id est Secretum secretorum,
quem fecit Aristoteles Alexandro regi magistro (1). »

Nous reviendrons plus tard sur cet écrit d'Aristote, qui fut
traduit intégralement par Philippe de Tripoli.

3° Traité de Costa ben Luca sur les différences entre l'âme
et l'esprit. Tel est l'incipit :

Liber de differentia inter animam et spiritum, quem Costa
ben Lucæ cuidam amico scriptori cujusdam regis edidit,

____

(1) On voit que le nom d'Avendauth a fait place à celui de Jean.
Il en sera de même pour toutes les traductions qui vont suivre.

et Johannes hispalensis ex arabico in latinum Ramundo (var.:
Remundo, venerando) Tolletano archiepiscopo transtulit.

Remarquons encore ici le nom de Raymond, promoteur
des traductions.

Les manuscrits de cette traduction sont communs, et l'ouvrage jouit d'une certaine vogue au moyen âge.

4° Eléments d'astronomie d'Alfergan.

Le titre de l'original peut se traduire ainsi : Traité des
groupes des astres, et éléments ou principes des mouvements
célestes (1).

M. Woepcke a reconnu que cette traduction se trouvait au
fonds latin de Paris dans les nᵒˢ 6506, 7377 *b*, 7434, et 848 et
900 de l'ancien fonds St-Victor.

Tel est l'incipit du n° 6506 : Liber Alfragani in quibusdam
collectis scientiæ astrorum et radicum motus planetarum,
et est XXX differentiarum (2), interpretatus a Johanne
hyspanensi atque lunensi.

Tel est le curieux explicit du n° 848, qui se rencontre ailleurs avec quelques variantes: Perfectus est liber alphargani
in scientia astrorum et radicibus motuum cœlestium, interpretatus in Luna a Johanne yspanensi atque lunensi, et expletus est die vicesimo quarto die quinta mensis lunaris anni
arabum quingentesimi XXVIII⁴ existente XI die mensis
marcii CLXXIII, sub laude Dei et auxilio.

Woepcke pense qu'il faut restituer ainsi la fin : expletus
est die vicesimo quarto quinti mensis lunaris anni arabum
quingentesimi XXVIIII. Il conclut ainsi : C'est donc le 24
djoumada 1ᵉʳ de l'année 529 de l'hégire, ou le 11 mars 1135
de notre ère, que Jean de Séville acheva sa traduction d'Alfragan.

La traduction de Jean de Séville a été imprimée sous ce
titre : Brevis ac per utilis compilatio Alfragani, Norimbergœ,
1537.

Plusieurs Mss. de Paris, dont Woepcke a fait le recense-

(1) Le mot *djouami* de l'arabe a été compris par Jean dans le
sens de *recueil*. On lit aussi : Liber completus in scientia astrorum.

(2) Ce mot *differentia* équivaut à division, section, chapitre.

ment, contiennent une traduction d'Alfargan par Gérard de Crémone. Nous en parlerons ailleurs. Tel en est le titre : Liber de aggregationibus scientiæ stellarum et principiis cœlestium motuum, etc. On voit qu'ici le mot *Oussoul* a été rendu par *principiis* au lieu de *radicibus* de Jean de Séville.

Woepcke fait observer que le catalogue imprimé de Paris s'est trompé en dédoublant la traduction d'Alfergan sous ces deux titres : Liber de aggregationibus, et Rudimenta astronomica. En 1590, Christmann publia une traduction libre d'Alfergan accompagnée de commentaires. D'autres éditions avaient déjà paru. En 1669, Golius en publia une édition arabe latine.

5° *Quadriparti* de Ptolémée.

Nous le trouvons au n° 7306 sous cette simple indication : Quadri partitus Johannis hyspalensis.

6° Centiloquium de Ptolémée. Bien que nous n'ayons pas rencontré cette traduction accompagnée du nom de Jean, nous croyons devoir la lui attribuer pour la raison suivante :

On lit cet explicit dans le n° 7316 : Perfecta est hujus libri translatio anno Arabum 530. Nous ne voyons guère à cette date que Jean d'Espagne pour avoir exécuté cette traduction.

Il y a plus. Au n° 7307, on lit, au début d'une traduction du Centiloquium : Dixit Magister Abraamus ben Deut. Ne serait-ce pas là le nom primitif de Jean ?

7° Des figures, par Tsabet ben Cora.

Cet opuscule se trouve aux n°s 7282, 7337 et 16,204. Il s'agit de l'emploi des figures comme amulettes. Nous trouvons même la recette de la confection d'un moule. On a peine à croire que cet écrit soit réellement de Tsabet ben Cora. Quoi qu'il en soit, tel est l'incipit du n° 7282 : Liber ymaginum Thebit ben Cora, a Johanne hyspalensi atque lunensi in luna ex arabico in latinum translatus. On trouve dans le n° 16,204 un explicit identique.

8° Introduction à l'astrologie, par Albumazar.

Elle se trouve aux n°s 7315, 7316, 16,203 et 16,204.

Le n° 16,203 débute ainsi : In nomine Dei pii et misericordis. Isagoge majores Albumasaris in scientia judiciorum astrorum translatæ à Johanne hyspaniensi de arabico in latinum.

Dans les autres on lit: Liber qui est major introductorius Albumasaris astrologi in scientia judiciorum astrorum, etc., et en tête : In nomine domini nostri Jesu-Christi.

On lit à l'explicit: Translatus a Johanne hispalensi.

On sait qu'Albumasar est le nom altéré d'Abou Machar Djafar ben Mohammed ben Omar el Balkhy. Dans la liste de ses œuvres, donnée par Djemal eddin, nous trouvons citée *la grande Introduction*.

9° Introduction à l'astrologie, par Alchabitius.

Tel est le titre : Introductorius ad magisterium judiciorum astrorum Abd el Aziz qui dicitur Alchabitius.

Nous avons en vain cherché le nom de cet auteur dans nos historiens, mais sa dédicace au sultan Seyf eddoula, prince Hamdanide d'Alep, nous apprend qu'il vivait au XII° siècle. On s'étonne que Jourdain, dans la Biographie Michaud, ait avancé que cette traduction s'était faite au XII° ou au XIII° siècle. Sans doute cet article a précédé ses *Recherches*. La Biographie Didot s'est rabattue sur le XIII° siècle. Cette traduction existe dans les n°ˢ 7282, 7321, 7321 *a*, 7416 et 7432. On lit au n° 7282 : Interpretatus a Joanne yspalensi. Le n° 7321 *a*, d'une exécution magnifique, porte les armes de France. Cette traduction a été imprimée sous le titre : Liber ysagogicus Abdilazi, etc.

10° Traductions de Macha Allah.

Il est probable que toutes les traductions de Macha Allah, opérées par Jean, ne nous sont pas parvenues accompagnées de son nom.

Il en est cependant resté un certain nombre qu'il a signées. La plupart ont trait à l'astrologie.

Nous trouvons diverses traductions de ce genre dans les n°ˢ 7282, 7307, 7316, 12,204, etc. Ces traductions portent généralement cet explicit: Translatus (ou versus) à Johanne hyspalensi in luna ab arabico in latinum.

Les n°ˢ 7307 et 16,204 contiennent la traduction d'un traité sur les éclipses, avec le même explicit.

Le n° 7316 *bis* porte encore le même explicit à la suite d'un traité sur les pluies, *de imbribus*.

Ce fut donc à Luna que Jean exécuta ses traductions de Macha Allah.

On sait que cet astronome, juif de religion, vivait sous le règne d'El Mansour. On peut lire la liste de ses écrits dans Casiri, d'après le Kitab el hokama. Nous y retrouvons les ouvrages traduits par Jean.

Macha Allah composa un livre sur la construction et l'usage de l'astrolabe. Nous en avons la traduction aux n°ˢ 7194, 7195, 7298, etc. D'autre part nous trouvons sous le nom de Jean, au n° 7292, la pratique de l'astrolabe. Nous pensons que Jean n'est ici que traducteur.

M. Steinschneider, qui, dans son catalogue du British museum, a établi la bibliographie de Macha Allah, cite encore une traduction de Jean qui nous a échappé : De receptione (conjunctione) planetarum.

On trouve encore sous le nom de Jean : Tractatus pluviarum et aeris mutationes, n° 7316 *bis ;* de testimoniis planetarum, n° 7328. Nous pensons qu'il s'agit de traductions plutôt que d'écrits originaux.

Pour en finir avec Jean de Séville nous citerons deux titres que nous n'avons rencontré que dans la B. Bodléienne :

Liber Avendauth de V universalibus.

Metaphysica Avendauth.

Ajoutons enfin que d'après un passage d'Albert le Grand, cité par Jourdain, *Recherches*, 114, une traduction de la Logique d'Aristote et peut-être encore d'autres auteurs arabes, aurait été faite par Avendaut (écrit Avendar).

GUNDISALVI.

Nous ne connaissons pas mieux Gundisalvi que Jean de Séville, vu la connexité des documents qui les concernent. Antonio, dans sa Bibliothèque espagnole, n'a même pas pu lui assigner une date certaine ; bien plus, il a fait trois individus de sa personne, ainsi que l'a déjà fait remarquer Jourdain. Il nous donne d'abord la liste des traductions d'un Gundisalvi, d'après le franciscain Wallensis, à savoir la division de la philosophie, le livre de l'âme, celui du ciel et du monde. Plus loin, il attribue à Dominique, archidiacre de Ségovie, la traduction de la Philosophie d'Algazel (Gazzaly) ; enfin il attribue à Jean Gundisalvi la traduction de la Physique d'Avicenne.

Nous avons vu, dans la notice de Jean de Séville, que l'archidiacre Dominique Gundisalvi fut son collaborateur dans la traduction du Livre de l'âme d'Avicenne, qu'il rendait en latin ce que le juif Avendauth traduisait en langage vulgaire, et que cette traduction se fit à Tolède sous l'inspiration de l'archevêque Raymond.

Il en advint de Gundisalvi comme de Jean de Séville. Il se compléta par l'étude de l'arabe et traduisit à lui seul. Après la traduction du livre de l'âme, nous voyons les deux traduc· teurs marcher isolément. Gundisalvi suivait une meilleure route que Jean de Séville, attendu qu'au lieu de se diriger vers l'astrologie, il resta sur le terrain de la philosophie.

Telles sont les traductions que Jourdain lui attribue :

1° Avicenæ libri de anima.

2° Ejusdem libri physicorum quatuor.

3° Ejusdem metaphysicorum decem.

4° Liber de cœlo et mundo.

5° Algazelis philosophia.

6° Alpharabius, de scientiis.

Nous commencerons notre revue par ces traductions.

1° Livre de l'âme, d'Avicenne.

Nous n'avons pas à rappeler ce que nous en avons déjà dit dans la notice de Jean de Séville. Nous rappellerons cependant que si cette traduction porte quelquefois un seul nom, le prologue n'établit pas moins l'action commune des deux collaborateurs, et la part spéciale de chacun d'eux. Nous rappellerons aussi la fin du prologue, déjà signalée par Jourdain :

In quo (libro Avicenæ) quidquid Aristoteles dixit in libro suo de anima et de sensu et sensato et de intellectu et intellecto, ab autore libri scias esse collectum. Unde postquam,

Deo volente, hunc habueritis, in hoc illos tres plenissime vos habere non dubitatis.

Ce passage prouve, selon Jourdain : 1° Qu'on n'avait point à cette époque les traités d'Aristote sur le même sujet ; 2° Qu'on regardait Avicenne comme l'abréviateur, le copiste du philosophe grec.

2° Le traité de l'âme, avec commentaire.

Gundisalvi paraît avoir publié sous son nom le Traité de l'âme avec commentaire. Dans le n° 8802 le livre de l'âme est accompagné de cette annotation : Liber iste dividitur in V partes. In quinta continetur quod adjecit Avendauth. Le n° 16,613 (1793) donne ce livre sous le nom de Gundisalvi avec cette indication : Continens X capitula, et nous lisons ensuite : Explicit commentum de Anima.

D'autre part, les prologues ne sont pas complétement identiques. Nous lisons ici : Qua propter quidquid apud philosophos de anima rationaliter dictum inveni simul in unum colligere curavi. Opus si quidem latinis incognitum, ut pote in archanis grecæ et hebraicæ linguæ reconditum, etc.

Nous trouvons enfin un Ms. de la Bodléienne sous ce titre :

Gundisalvy de anima, liber secundum philosophos de creatione mundi à Dominico Gundisalvo Toleti archidiacono translatus de arabico in latinum.

3° Métaphysique d'Avicenne.

Elle se trouve au n° 6443, et débute ainsi : Postquam auxilio Dei explevimus tractatum scientiarum logicarum, naturalium et doctrinalium, etc. Tel est l'explicit : Completus est liber quem transtulit Dominicus Gundisalvi archidiaconus Tholeti de arabico in latinum.

Dans le n° 16,097, le titre est : Liber Avicenæ de philosophia seu de scientia divina, et l'explicit se borne à dire : Completus est liber tolleti translatus.

4° Physique d'Avicenne.

Cette traduction se trouve dans le n° 6443, après la métaphysique et avant le livre de l'âme. Nous trouvons ensuite : De cœlo et mundo, liber Gundisalvi de processione mundi, les Animaux d'Avicenne, la Métaphysique d'Algazel, le Traité de ortu scientiarum donné sous le nom d'Avicenne, puis à

la fin la Logique d'Algazel et celle d'Avicenne. On serait
peut-être autorisé à conclure que toutes ces traductions sont
du fait de Gundisalvi.

5° Traité du ciel et du monde.

Comme nous venons de le dire, il se trouve dans le n° 6443,
mais sans nom de traducteur.

6° Ecrits d'Algazel (Gazzaly).

On trouve la Métaphysique aux n°⁵ 6443 et 6652. Ce dernier
Ms. donne cet incipit : Liber philosophiæ Algazelis translatus
a Magistro Dominico archidiacono segobiensi apud Toletum
de arabico in latinum. Dans le n° 14,700 nous lisons : Liber
metaphysicæ Argazelis cum naturalibus ejusdem, puis :
explicit metaphysica Argazelis, incipit ejus physica. Plus
loin nous trouvons la logique d'Algazel, qui figure également
au n° 6443.

7° et 8° Alfaraby.

Gundisalvi nous paraît avoir traduit d'Alfaraby deux ouvrages qui ont été confondus par Jourdain, et que les documents que nous allons produire nous font distinguer.

Le n° 14,700 de Paris contient le livre De divisione philosophiæ, qui débute ainsi : Felix prior ætas quæ tot sapientes protulit.

La Bodléienne contient trois Mss. sous les titres suivants :
Gundisalvi, De divisione philosophiæ ; Gundisalvi, De divisione philosophiæ in suas partes ; Alfarabii, De scientiis sive
Gundisalvi, De divisione philosophiæ. Ainsi le livre d'Alfaraby, De scientiis, et celui de Gundivalvi, De divisione philosophiæ seraient un même ouvrage.

D'un autre côté, nous trouvons sous le nom d'Alfaraby le
livre De ortu scientiarum, n° 6298, débutant ainsi : Scias nihil esse nisi substantiam et accidens et creatorem substan-
tiæ. Voilà donc un livre différent du précédent. Le n° 6443
donne le livre De ortu scientiarum sous le nom d'Avicenne,
mais par erreur, car le début est le même.

9° De l'immortalité de l'âme.

Ce traité original se trouve au n° 16,613. Jourdain en a
donné le début.

Au f° 43 on lit: Gundisalvi, De immortalitate animæ.

10° De processione mundi.

Ce titre accompagné du nom de Gundisalvi, se lit au f° 95 du n° 6443.

Antonio donne à Gundisalvi comme collaborateur dans la traduction de la Physique d'Avicenne, un certain *Salomon*, dont nous n'avons pas retrouvé le nom ailleurs.

Disons encore que Jourdain considère Gundisalvi comme traducteur du *Fons vitæ* d'Avicebron, et que Munk l'affirme positivement.

ROBERT DE RÉTINE.

Tel est le nom sous lequel il est généralement connu, mais les manuscrits donnent plus souvent *Ketenensis* ou *Retenensis* (1).

Telle est la notice que Pits nous en a laissée :

« Robert *Ketenensis*, dit aussi l'Anglais, et même le Breton, était doué d'un grand esprit, mais vagabond et curieux. Après avoir appris le latin dans son pays, avide de science, il passa la mer, traversa la France, l'Italie, la Dalmatie, la Grèce et parvint en Asie. Là avec grand'peine et même au péril de ses jours, il vécut longtemps au milieu des farouches Sarrasins et acquit une connaissance parfaite de la langue arabe. Retourné par l'Espagne avec un certain Hermann Dalmate, qui l'avait accompagné dans ses voyages, il se livra tout entier à l'astrologie. En raison de son savoir on le fit archidiacre de Pampelune, et grâce aux dépenses faites par Pierre, abbé de Cluny, il rédigea de l'arabe en latin un abrégé de l'Alcoran.

Tels sont ses écrits :

L'Alcoran, qui fut imprimé à Norimberg, en 1543 (2).

De la doctrine de Mahomet.

Pits nous donne Robert comme occupé d'astrologie quand il fut rencontré par Pierre le vénérable, mais nous verrons qu'il dit lui-même d'astronomie et de géométrie.

(1) On lit même : *Quetenensis.*

(2) Il paraît que l'édition de Norimberg ne contient qu'un abrégé. V. Zenker, 1,170.

Il mourut et fut enseveli à Pampelune en 1143.

Robert paraît avoir eu la principale part dans la traduction du Coran, attendu qu'il en a signé la dédicace à Pierre le vénérable. On lit aussi dans le n° 3393 cet explicit qui a été plusieurs fois reproduit : Explicit liber legis diabolicæ sarracenorum qui arabice dicitur Alchoran, id est collectio capitulorum seu preceptorum. Illustri gloriosissimoque viro Petro Cluniacensi abbate precipiente suus Angligena Robertus Retenensis librum istum transtulit Anno Domini MCXLIII, Anno Alexandri MCCCCIII, Anno Alhigere DXXXVII, Anno Persarum DXI.

Nous allons donner un extrait de la lettre de Robert à l'abbé de Cluny, qui précède la traduction du Coran.

« A son seigneur Pierre, par la volonté divine abbé de Cluny, Robert le plus humble de ses serviteurs. M'étant souvent aperçu combien votre esprit uniquement occupé du bien désirait ardemment rendre fertile le stérile marécage des Sarrasins, épuiser leurs puits, renverser leurs boulevards, moi comme un simple fantassin je me suis mis en grande diligence à ouvrir les voies et les avenues. Jusqu'à présent toute la latinité, soit ignorance, soit apathie, ne s'est pas occupée de connaître la cause de ses ennemis et de les combattre. Votre vigilance n'a pas voulu que cela durât... Bien des obstacles se présentaient à mon faible génie, la pénurie du langage et mon peu de science. Je n'en ai pas moins répondu à votre invitation. Si l'on me reproche, peut-être avec raison, le peu d'élégance du fonds et de la forme, qu'on sache que je n'ai pas voulu couvrir de fleurs le poison et dorer des choses viles et méprisables. Cependant ces doctrines, bien que dangereuses, n'en rendent pas moins souvent témoignage à la sainteté de notre loi. Cela n'a pas échappé à votre sagesse, qui m'a fait délaisser mes études d'astronomie et de géométrie (1). »

Le livre de la doctrine et de la vie de Mahomet fut aussi dédié à Pierre le vénérable. Nous lisons en tête : Prologus

______

(1) Nous avons dit que la traduction de l'Alcoran, avec ses accompagnements, fut imprimée en 1543 à Bâle, par Bibliander.

Roberti translatoris viri eruditi et scolastici ad dominum Petrum Abbatem.

La Bibliothèque Bodléienne contient, sous le nom de Robert l'anglais, une traduction d'un traité d'Astrologie d'El Kendy.

Il est vrai que la date est de 1272, mais ce pourrait être celle de la copie.

Jourdain suppose qu'il faut voir Robert de Rétine dans le *Robertus Castrensis* traducteur de l'alchimiste Morien. Il pense aussi que Robert aurait traduit Khaled ben Yézid.

HERMANN DALMATE.

Nous connaissons déjà Hermann Dalmate par la part qu'il a prise à la traduction du Coran. C'est à ses rapports avec Robert de Rétine et Pierre le vénérable que nous devons les pricipaux renseignements qui le concernent. Nous avons vu que Robert traversa la Dalmatie. C'est là sans doute qu'il rencontra Hermann Dalmate, qui est dit aussi le Slave. On lui donne encore le nom d'Hermann second.

Dans la notice de Robert, on lit qu'il revint de l'Orient en Espagne emmenant avec lui un certain Hermann, d'où l'on peut conclure qu'Hermann l'accompagna en Orient, où il aurait appris la langue arabe. Nous savons encore tant par Pierre le vénérable que par Robert lui-même, que nos deux savants s'occupaient en Espagne d'astronomie et de géométrie, quand Pierre vint les embaucher pour traduire le Coran. Pierre dit qu'ils étaient occupés *circa iberum*. Jourdain a vu là une localité qu'il n'a pu déterminer; mais certains manuscrits donnent *circa librum,* ce qui est tout différent.

Quoi qu'il en soit, Hermann s'associa dès lors avec ses trois collaborateurs à la traduction du Coran. Quelle que soit la part qu'il y ait prise, qu'elle ait été moindre que celle de Robert, elle n'en est pas moins établie, ainsi que nous l'avons vu.

De même que Robert, il compléta l'œuvre commune en composant un ouvrage tiré de l'arabe et connu sous le nom

de *Chronica sarracenorum.* L'esprit qui présida aux travaux
de Pierre le vénérable s'accuse dans les titres de ces écrits.
Ainsi on lit dans le Ms. n° 3390 : Chronica mendosa et ridi-
culosa Sarracenorum. Generatio Mahumeti filii dyaboli et pri-
mogeniti satani. De generatione Mahumeti et nutritura ejus,
quod transtulit Hermannus slavus sholasticus subtilis et in-
geniosus apud Legionem hispaniæ civitatem. Item doctrina
Mahumeti, quæ apud Sarracenos magnæ auctoritatis est,
ab eodem Hermanno translata, cum esset peritissimus
utriusque linguæ, latinæ scilicet atque arabicæ.

Nous lisons dans l'exposé de l'édition de Norimberg 1543 ;
Zenker, I. 170 : Mahometis abdallæ filii Theologia dialogo
explicata, Hermanno Nelligraunense interprete. Alcorani
epitome, Roberto Ketenense Anglo interprete. Nous aurions
donc là non-seulement un nouvel écrit, mais un nouveau
surnom d'Hermann.

Hermann traduisit aussi le Planisphère de Ptolémée. Jourdain a déjà revendiqué pour lui cette traduction, qui est généralement attribuée à Rodolphe de Bruges, ainsi par *l'Histoire littéraire.*

On lit dans les *Recherches* de Jourdain : « La Bibliothèque
royale possède une traduction du Planisphère, dont il est
l'auteur ; voici les motifs sur lesquels j'appuie cette assertion.
En tête du manuscrit on lit : Planispherium Ptolemœi translatus de arabico in latinum per Hermannum secundum.
Vient ensuite un prologue, dans lequel l'auteur dédie sa
version à un certain Thierry, Theodorice diligentissime pre-
ceptor. Il y parle de la communauté des travaux qui a existé
entre lui et Robert, qu'il nomme illustris socius Robertus
Retinensis. La version a été achevée à Toulouse, dans les Ka-
lendes de juin 1143. Ces détails prouvent évidemment qu'il
s'agit d'Hermann le Dalmate, et que cette version est celle
que l'on attribue à Rodolphe de Bruges. Celui-ci d'ailleurs
eut Hermann pour maître ; il se livrait comme lui à l'étude
des sciences mathématiques et les travaux des philosophes
arabes dans cette partie ne lui étaient pas étrangers. Tous
ces faits sont établis dans le prologue d'un ouvrage que nous
avons retrouvé à la Bibliothèque royale. »

Nous parlerons de cet ouvrage et de ce prologue à propos de Rodolphe. La similitude des sujets traités est sans doute la cause de la confusion.

Dans le nº 7377 *b* allégué par Jourdain, nous avons trouvé un autre titre :

Planispherium Ptolemœi Hermanni secundi translatio.

Cette traduction existe aussi au nº 7399. Dans son prologue, Herman, après avoir parlé de l'Almageste et du Tétrabiblon, abrégés l'un par Elbatani et l'autre par Albumazar, ajoute : Labor noster nunc tandem latio confert... Quæ passio maxime latinitatis inopiam huc usque fovet.

Nous avons aussi rencontré le passage : Illustris socius Rebertus Retenensis.

Traduction du Coran à Tolède.

LES TRADUCTEURS.

Nous avons vu la première des traductions de Tolède se faire par deux personnages. Nous allons en voir une exécutée par le concours de quatre. La première était inspirée par l'amour de la science : la seconde le fut par le fanatisme. Ceux qui ne pouvaient combattre l'Islamisme par l'épée, *gladio non valemus*, voulurent le combattre par la plume.

Pierre dit le vénérable, abbé de Cluny et ami de St-Bernard, fut le promoteur de cette croisade d'un nouveau genre. On peut juger de la violence de son zèle religieux par une lettre qu'il écrivait au roi de France, où l'on voit reparaître ce fanatisme qui égara les premières bandes de Croisés traversant l'Allemagne. « Que servira, dit-il, d'aller poursuivre au loin les ennemis de la foi, si nous laissons au milieu de nous les juifs plus criminels encore que les Sarrasins ? »

L'abbé de Cluny voyageant en Espagne, pour inspecter les établissements de son ordre, y rencontra Pierre de Rétine et Hermann Dalmate occupés de géométrie. Il les embaucha pour traduire le Coran, qu'il se proposait de réfuter.

Lui-même raconte ces faits dans une lettre à St Bernard :

« Je l'ai fait traduire par Pierre de Tolède, habile dans l'une
et l'autre langue. Mais comme le latin ne lui était pas aussi
familier que l'arabe, je lui ai adjoint le frère Pierre, mon
secrétaire, qui corrigeait les négligences ou les confusions
de la traduction latine... J'ai fait passer l'arabe en latin par
deux hommes habiles dans l'une et l'autre langue, Robert
de Rétine l'Anglais, maintenant archidiacre de Pampelune,
et Hermann Dalmate, homme lettré et d'un esprit subtil. Je
les ai rencontrés en Espagne s'occupant d'astrologie, et j'ai
fait de fortes dépenses pour les entraîner. »

Dans un opuscule de l'abbé de Cluny, contre la *secte dia-
bolique* des Sarrasins, on lit entre autres choses : « Avec de
grands efforts et de grandes dépenses, j'ai fait traduire d'a-
rabe en latin cette doctrine impie et la vie exécrable de son
auteur, afin que l'on voie la frivolité de cette hérésie, et
qu'un serviteur de Dieu, enflammé par l'esprit saint, la ré-
futât. Mais hélas! les saintes œuvres sont négligées, la ferveur s'attiédit. J'ai attendu, et personne n'ouvrait la bouche, personne n'a battu de l'aile. Je me suis donc proposé ce
labeur. »

Le prologue de cette traduction quadruple est signé de Robert de Rétines. Nous en donnerons un extrait dans sa notice.

Nous allons maintenant reproduire comme spécimen trois
petites sourates.

La fatha, 1re sourate :

Capitulum azohare matris libri septem verba continens.
Misericordi pio que Deo universitatis creatori judicium cujus
portrema dies expectat, voto supplici nos humiliemus ado-
rantes ipsum suæ que manus suffragium semitæ que donum
et dogma qua suos ad se benevolos nequaquam hostes et
erroneos adduxit jugiter sentiamus.

Notons, en passant, le titre de la 2e sourate : *Azoara de bove.*

2° Sourate de l'éléphant (cotée CXIV) :

Numquid te latet qualiter Deus artes hominum elephantis
errore coegit, immittens illis volucrum multi modorum co-
hortes quam plurimas, quæ per nigrarum lapidum injectum
illos velut tritici corticem evacuabant.

3° Sourate de l'unité de Dieu (cotée CXXII) :

Constanter dic illis Deum unum esse et incorporeum, qui nec genuit nec est generatus, nec habet quemquam similem sibi.

On voit qu'ici le chiffre des sourates dépasse celui qui est généralement admis, ce qui tient sans doute à des dédoublements.

On peut voir encore la faiblesse de notre traduction latine si on la compare à la traduction française de M. Kasimirsky. Du reste, on en a déjà fait ressortir les défauts.

Tel est l'explicit : Explicit liber legis diabolicæ Sarracenorum qui arabice dicitur Alchoran, id est collectio capitulorum seu preceptorum.

Un pareil explicit reproduit bien l'esprit qui avait inspiré cette traduction, mais nécessairement il la rend suspecte. Nous retrouverons ce même esprit dans d'autres compositions qui l'accompagnent et qui en sont le complément.

Cette traduction du Coran, accompagnée de la vie de Mahomet et de ses successeurs et de la doctrine musulmane, fut imprimée à Bâle, en 1543, par Bibliander. Ces accompagnements étaient aussi le produit de deux de nos traducteurs, Robert et Hermann, ainsi que nous aurons bientôt l'occasion de le dire.

De nos quatre traducteurs du Coran, Robert de Rétine et Hermann Dalmate, nous sont connus par d'autres travaux, et nous leur consacrerons à chacun une notice.

Quant aux deux autres, Pierre de Tolède et Pierre le secrétaire qui ne nous intéressent que par le Coran, nous allons en dire ici quelques mots.

Nous n'avons rien à ajouter à ce que nous avons appris sur Pierre de Tolède par l'abbé de Cluny: c'était un homme habile dans les deux langues, mais auquel le latin n'était pas aussi familier que l'arabe.

Quant à Pierre, le secrétaire de l'abbé de Cluny, il porte aussi le nom de Pierre de Poitiers. Il entra dans l'ordre de Cluny sous l'abbé Ponce, peu de mois avant son abdication, et fut reçu par l'abbé Pierre le vénérable, qu'il accompagna en Espagne en 1141.

Pierre le vénérable chargea son secrétaire Pierre de Poitiers de composer une réfutation du Coran, que St Bernard l'avait engagé à composer lui-même.

Dans une lettre à l'abbé de Cluny, Pierre de Poitiers rappelle ainsi ses collaborateurs: Sicut ego in hispania pro certo a Petro Toletano cujus in transferendo socius eram, et a Roberto Pampilionensi nunc archidiacono audivi.

Il s'agit des relations sexuelles chez les Mahométans.

V. l'Histoire littéraire, tome XII.

ABRAHAM LE JUIF, DIT SAVASORDA.

Abraham le juif, dit Savasorda, est un personnage que les biographes ont laissé dans l'ombre. On nous apprend tout au plus çà et là qu'il vivait au XIIᵉ sièle de notre ère.

Si nous ne pouvons jeter un grand jour sur sa personne, nous allons du moins essayer de le faire sur ses écrits, et cela fait, nous essaierons d'en tirer quelques conclusions relativement à leur auteur.

Et d'abord Savasorda ne fut pas seulement traducteur. Il est connu surtout par un traité d'arpentage, qu'il composa en hébreu, et qui fut traduit en latin par Platon de Tibur, en l'année 1116, sous le titre : *Liber embadum* (1). Cet ouvrage, qui a été maintes fois cité, est représenté dans plusieurs Mss. de la B. nationale. Nous en reparlerons du reste à propos de Platon de Tibur, et nous ferons seulement ici une réflexion. Il existe aux nᵒˢ 1048 et 1061 du fonds hébreu de Paris un traité de géométrie et de trigonométrie, divisé en quatre livres, et le catalogue ajoute que l'auteur de cet ouvrage est probablement R. Abraham fils de Haya. Avant même d'avoir collationné avec le Ms. hébreu, nous croyions que l'auteur du nᵒ 1048 n'était autre que Savasorda, et cela non-seulement par l'identité du sujet traité, mais parce que l'un et l'autre ouvrage est divisé en quatre livres. Une collation, que nous avons faite avec M. Zotemberg, nous a donné raison.

(1) Nous croyons que l'étymologie du mot *embadum* doit être cherchée dans l'arabe et non dans le grec, comme on l'avait fait. *Embad* signifie en arabe *une parcelle de bien.*

Une traduction de Savasorda a déjà été signalée par Libri au n° 960 du fonds Sorbonne, et il en a reproduit l'explicit : Perfectus est liber in electionibus horarum laudabilium editione hali filii hamet ebrani (Ali ben Ahmed el Omrany), translatus de arabico in latinum in civitate Barchinona Abraham Judeo qui dicitur Savasorda existente interprete. Et perfecta est ejus translatio A. D. 1134.

Nous avons rencontré cette traduction aux n°ˢ 7306, 7406, 7346 et 16,204 ; seulement l'explicit, qui ne se rencontre pas aussi complet, ne donne pas cette date. Ces mots Anno Domini sembleraient aussi indiquer une conversion au christianisme. C'est à tort, ou par erreur, que le catalogue du British museum attribue cette traduction à Platon de Tibur. Rien ne prouve, à notre connaissance, qu'elle ait été faite à deux.

En attendant que nous parlions d'Ali ben Ahmed el Omrany, disons cependant que, d'après le Kitab el hokama (Casiri, I, 410), c'était un mathématicien qui laissa, entre autres ouvrages, un commentaire sur l'Algèbre d'Abou Kamel Chodja.

Cet ouvrage d'algèbre se trouve au n° 7377 a. Bien que le nom seul d'Abou Kamel Chodja se soit présenté à nous, et que celui d'Ali ben Ahmed nous ait échappé, nous n'en croyons pas moins qu'il s'agit du commentaire, attendu que nous lisons : Monstrabitur ex eo quod dixit Abu Qamel in tertia parte libri geberi et mugabala, etc. (1) Il nous semble tout naturel d'admettre que ces deux ouvrages d'un même auteur, ont eu aussi le même traducteur, c'est-à-dire Savasorda.

Nous signalerons encore une troisième traduction sous le titre *Liber augmenti et diminutionis*, qui existe aux n°ˢ 7266, 7377 et 9335. Elle est sans nom d'auteur, et le traducteur est simplement désigné sous le nom d'Abraham. Déjà M. Chasles a émis l'opinion que cet Abraham ne pouvait être que Savasorda. C'est aussi la nôtre. Ainsi débute le traité au n° 7377 : Liber augmenti et diminutionis vocatus numeratio divina-

____

(1) On lit au f° 93 : Dixit Abucamel ssagia filius Abrahim aggregator istius libri, etc.

tionis ex eo quod sapientes indi posuerunt, quem Abraham compilavit et secundum librum qui indorum dictus est composuit.

Abraham dit Savasorda, vivait donc à Barcelone dans le courant du XIIᵉ siècle, une de ses traductions étant datée de 1137. Comme nous l'avons vu, il écrivait en hébreu et traduisait de l'arabe en latin. D'autre part, nous voyons, à la même époque, Platon de Tibur dater de Barcelone certaines de ses traductions, et traduire un écrit de Savasorda. Il semble qu'il dut exister des relations entre ces deux personnages. Il est même probable que c'est à l'école de Savasorda que Platon apprit l'arabe et l'hébreu.

PLATO TIBURTINUS, PLATON DE TIBUR OU DE TIVOLI.

Nous manquons de renseignements sur Platon de Tibur. Ce que nous savons positivement toutefois, c'est qu'il vécut au commencement du XIIᵉ siècle, une de ses traductions étant datée de l'an 1116.

L'auteur de sa notice, dans la biographie Didot, suppose que le nom sous lequel il est connu pourrait bien être un pseudonyme, vu la singularité du nom de Platon pour un Italien.

M. Boncompagni a fait de ses écrits l'objet d'un mémoire assez étendu, mais il n'a pas soulevé le voile qui couvre sa personne.

Platon de Tibur méritait mieux, et nous en trouvons la preuve dans l'intéressante préface qui accompagne sa traduction d'El Batany.

De même que Gérard de Crémone, il souffre de la pauvreté de la littérature latine en matière d'astronomie. Tout comme Gérard, il avait songé à l'Almageste, mais il a préféré s'adresser à l'abrégé qu'en a fait El Batany. Autre ressemblance avec Gérard : il paraît avoir quitté son pays, si tant est qu'il est natif de Tibur, pour aller chercher la science en Espagne, car nous trouvons de ses traductions datées de Barcelone.

Platon de Tibur est donc le premier soldat de cette croisade, où Gérard de Crémone brille au premier rang, où l'on devait voir des hommes avides de science, accourir de tous les points de l'Europe et se partager en Espagne les dépouilles scientifiques des Arabes. Entré le premier dans la lice, il a droit à l'indulgence, et il ne faut pas trop appuyer sur les reproches de barbarie que l'on a faits à ses traductions.

Les traductions de Platon de Tibur s'adressent particulièrement aux sciences mathématiques et astronomiques. L'une d'elles est faite d'après l'hébreu, et les autres d'après l'arabe. On en donne encore une douteuse d'après le grec. Nous commencerons par les six traductions d'après l'arabe.

1° La traduction d'El Batany débute ainsi: Incipit liber Maehometi filii Gebir filii cineni (1) in numeris stellarum et in locis motuum earum, continens 57 capitula.

Nous allons entrer dans de nouveaux détails sur sa préface. Il se plaint que l'on néglige les affaires sérieuses. Les Romains, heureux dans les guerres et les conquêtes, dédaignèrent la science. Bien que l'on ose comparer les Latins aux Grecs, ils leur sont de beaucoup inférieurs, ainsi qu'aux Egyptiens et aux Arabes. Les Latins n'ont en astronomie aucun écrit original ni traduit, tandis que l'on en trouve d'innombrables chez les autres nations. « C'est pour cela que moi, Platon de Tibur, j'ai voulu combler les lacunes de notre littérature en puisant dans les trésors d'une autre langue. »

Après de longues réflexions, il avait songé à l'Almageste, l'ouvrage le plus parfait, mais il a préféré celui d'El Batany, son imitateur, qui abrège les longueurs de Ptolémée, qui Ptolemei prolixitatem compendiose coarctat. Il prévient enfin que si l'on éprouve des difficultés en lisant sa traduction, il faut l'attribuer non pas au traducteur, mais à la gravité de la matière ; l'ouvrage, du reste, ne s'adressant pas à des commençants.

(1) C'est à tort que certains Mss. et les imprimés donnent *filius crueni*. On lit très bien dans le n° 7266 : *Liber Maehometi filii gebir filii cineni qui vocatur El Bateni*, ce qui répond à l'arabe Mohammed ben Djaber ben Sinan el Batany.

La traduction d'El Batany fut plusieurs fois imprimée.

Nous citerons, d'après M. Boncompagni, les éditions de
Nuremberg en 1537, de Bologne en 1645, et d'après Fabricius celle de Venise en 1552. Dans l'édition de Bologne, l'é-
diteur parle du style semi-barbare de Platon de Tibur.
M. Boncompagni cite Halley, Bailly et Delambre, qui se
plaignent que le traducteur n'entende guère mieux l'astronomie que l'arabe.

2° *Liber Capitulorum* ou *Capitula stellarum*.

C'est un opuscule d'astrologie, qui ne contient dans les
Mss. que deux ou trois feuilles. Telle est la forme sous laquelle le titre se présente le plus communément : Capitula
stellarum oblata regi Magno Saracenorum Almansor astro-
logo filio abrae (judei) a Tiburtino Platone translata. On
trouve encore : Almansoris judicia seu propositiones.

Le premier titre ne se présente pas toujours ainsi, et l'on
trouve Almansoris, ad Almansorem, ab Almansore, d'où il
résulte que cet Almansour paraît tantôt le nom du prince, et
tantôt celui de l'auteur.

Dans la première hypothèse, en admettant qu'il s'agisse
du Calife Almansour, qui protégea effectivement les études
astronomiques, on pourrait admettre pour auteur Elfazzary,
qui portait les noms de Mohammed ben Ibrahim, n'était
cette qualification *judei*. Rien ne nous dit qu'Elfazzary fût
le fils d'un juif.

En admettant *Almansor* comme le nom de l'auteur, nous
ne sommes pas moins embarrassé. M. Boncompagni le considère, sans preuve du reste, comme identique avec *Almaoun*,
sur lequel nous ne trouvons que des renseignements contradictoires.

Quoi qu'il en soit, nous allons donner un échantillon de la
prose dite barbare de Platon de Tibur. On lit d'abord :

Mi rex, petisti ut tuis satisfaciam votis. Laborem ne qua-
quam subire recusavi. Scripsi œquo animo, accipias quœso.
Fortius testimonium est *ictisal* lune ad planetam...

Algebutar fortior est...

Cum fuerit Jupiter in Ariete directus absque malo aspectu

fortunarum dabit fortitudinem et regnum in quo nulla fiet injustitia.

On voit que Platon de Tibur est obligé de conserver des expressions arabes, dont il ignore les équivalents latins.

Nous ne pouvons omettre son curieux explicit:

Perfectus est liber capitulorum Almansor cum Dei auxilio translatus de arabico in latinum a Platone Tiburtino quem Deus exaltet, in civitate Barchinonia, anno Arabum DXXX octava decima die mensis dulhigida, sole in virgine I. V, luna in ariete XV, XVI (1).

Cet opuscule a été imprimé, et M. Boncompagni en a relaté les éditions.

3° Les Sphériques de Théodose.

Pour cette traduction, nous devons nous en rapporter à M. Boncompagni, n'ayant pas trouvé le nom de Platon de Tibur accolé à la traduction des Sphériques dans les Mss. de Paris. Cette traduction a été imprimée à Venise en 1518 et à Paris, en 1558. M. Boncompagni transcrit un passage de cette dernière, en forme d'avertissement.

« Cum enim sphericam doctrinam appeterent, nec haberent ut opinor, grecum exemplar, ad arabicam versionem confugerunt, et Theodosium qui grece scripserat, non e greco et genuino fonte sed ex arabico et alieno in latinum verterunt. Imo etiam eam versionem annis ab hinc 40 Venetiis excuderunt, quam a Platone Tiburtino factam fuisse asseverat auctor de speculis ustoriis, quiquis ille sit. Atqui si quis Theodosium ex arabico versum et Venetiis excusum cum greco conferat, incredibile discrimen non modo facilitatis sed etiam brevitatis inveniet... »

M. Boncompagni cite quelques recueils où se trouvent les Sphériques, mais sans que l'on y rencontre le nom de Platon. Nous savons que Gérard de Crémone traduisit de Théodose les Sphériques et les Lieux habités.

4° Le *Tetrabiblon* de Ptolémée, ou *Liber alarba*.

Cette version se rencontre dans le n° 7320 du fonds latin de Paris sous cette forme:

______

(1) C'est par erreur qu'on lit parfois la date M D XXX.

Incipit liber 4 tractatuum Ptolemei alfaludhi (ou alkalu-
dhi) in scientia judiciorum astrorum, a Platone Tibúrtino de
arabico in latinum translatus.

Le nom de Tetrabiblon n'était pas connu de Platon. C'est
ainsi qu'on lit: Tractatus quartus libri *alarba* Ptolemei.

5° Astrologie d'Alkassem.

Le n° 7439 du fonds latin de Paris renferme cet écrit sous
le titre: Alkassem de nativitatum revolutionibus.

Il débute ainsi: Dixit Alkassem filius alkasit.

Tel est l'explicit: Expliciunt revolutiones nativitatum secundum Alkassem translate a Platone Tiburtino de arabico
in latinum.

M. Boncompagni rapproche de cet ouvrage un traité qui
se trouve à la Bibliothèque Bodléienne (Uri 1658) sous ce titre: Excerpta ex libro Aboaly translatus per Platonem Ty-
burtinum.

Pour notre part, nous n'admettons pas l'identité des deux
écrits. D'une part, nous n'avons pu, jusqu'à présent, nous
procurer de renseignements sur notre Alkassem, et de l'autre le mot Aboaly manque de précision, ayant désigné plus
d'un auteur.

6° De l'Astrolabe.

M. Boncompagni cite une traduction qui se trouve au Vatican sous ce titre: Liber Abualcasin in operibus astrolabii a
Platone Tyburtino, ad amicum suum Johannem David.

Dans une introduction à l'adresse de ce même ami Jean
David, nous trouvons l'auteur arabe qualifié de *filius asafar*.
Nous pensons qu'il s'agit du traité de l'astrolabe d'Aboul-
cassem ebn Essofar, disciple de Moslema.

7° Traité de géométrie de Savasorda.

Cette traduction est faite d'après l'hébreu. Tel est le titre,
qui se lit nettement au n° 11,246 (ancien 774 de Paris), et
moins distinctement au n° 7224, dont l'encre a rongé le
papier:

Incipit liber embadorum a Savasorda in ebraico compositus et a Platone Tiburtino in latinum sermonem translatus
anno Arabum D X mense saphar.

Ces deux Mss. ont attiré l'attention de Libri, qui a reconnu le dernier, donné comme anonyme dans le catalogue imprimé. L'auteur de la notice de Platon dans la biographie Didot, s'en est complaisamment rapporté au catalogue et a fait du n° 7224 un nouvel ouvrage sous le titre de Geometria practica.

Ce mot *Embadus* est employé dans la traduction des fils de Moussa ben Chaker par Gérard de Crémone, avec la signification de surface ou valeur superficielle d'une figure à mesurer.

Le liber Embadorum est divisé en quatre chapitres. Le premier est de la géométrie théorique. Le deuxième traite de la mesure des surfaces. Le troisième de leur partage. Le quatrième traite de la mesure des objets solides ou creux, tels que puits, tours, etc. Nous donnerons l'explicit à titre de curiosité.

Finit liber embadorum a Savasorda judeo in ebraico compositus et a Platone Tiburtino in latinum sermonem translatus anno arabum DX mense saphar die XV ejusdem mensis ora tertia sole in XX gradu et XV minuto leonis luna in XII gradu et XX minuto piscium Saturno in VIII gradu et LVII minuto tauri jove in arietis XXVI gradu et LII gradu Marte in libra XXVII. XV. Venus in libra II. XXVIIII Mercurio in leone XIIII. XLV. Capite in cancro. Ti cauda in capricornii. Voyez ci-dessus SAVASORDA.

8° M. Boncompagni relève d'après Fabricius une traduction d'un traité du pouls par un certain Eneas, traduction faite d'après le grec. (B. grecque XIII.)

ADHÉLARD DE BATH.

Bien qu'il ait peu traduit, Adhélard n'en est pas moins un des personnages les plus intéressants de notre galerie. Pits nous en a laissé une courte notice, et Jourdain en a fait l'objet d'une étude que nous utiliserons.

Il naquit à Bath, en Angleterre, sur la fin du XIe siècle.

Dès son enfance, il donna des preuves de son génie studieux. Jeune encore, il quitta son pays pour aller chercher à l'étranger un aliment à sa curiosité de science. Il parcourut la France, l'Allemagne, l'Italie, l'Espagne, l'Egypte et l'Arabie, dit son biographe, ce qui veut dire probablement les contrées où l'on parlait arabe. Observateur intelligent, il retourna dans son pays, sous le règne de Henri, fils de Guillaume (le Conquérant), ainsi qu'il nous l'apprend lui-même, riche de connaissances. (1)

La poésie, l'éloquence, les mathématiques, la philosophie, la médecine et les langues furent l'objet de ses études.

Il traduisit plusieurs ouvrages tant en anglais qu'en latin. Pits le dit de l'ordre de saint Benoit, et ne nous a pas laissé la date de sa mort.

Nous croyons devoir nous arrêter un instant sur le séjour d'Adhélard en France.

Plusieurs de ses écrits, dit Pits, furent dédiés à Richard, évêque de Bayeux. Nous croyons avoir la preuve des relations qui existèrent entre les deux amis dans la dédicace d'un élève d'Adhélard à son maître. Telle est cette dédicace: *Prologus h. O'creati in helceph ad Adelardum baiocensem magistrum suum.* Elle se trouve dans le Ms. 6626 de Paris. Jourdain, qui l'a reproduite, écrit *Baiotensem,* mais nous croyons cette lecture fautive. Jourdain a déjà fait observer que dans un de ses écrits dont nous parlerons tout à l'heure, Adhélard imagine une apparition qui lui serait survenue à Tours, aux bords de la Loire.

Dans un autre ouvrage, les *Questions naturelles,* composé sous forme de dialogue entre lui et son neveu, on lit ce qui suit:

« Nous étions convenus, lorsque je te laissai il y a sept ans dans les écoles de Laon, que je me livrerais à l'étude des doctrines arabes, et que toi tu t'instruirais des opinions philosophiques reçues en France. Le moment est venu d'examiner jusqu'à quel point nous avons rempli cet engagement mutuel. Je ne veux point toutefois prendre sur mon compte les choses nouvelles que j'émettrai ; je connais trop bien le sort réservé par le peuple aux maîtres de l'enseignement; j'embrasserai la cause des Arabes et non la mienne. »

(1) Henri Ier régna de 1100 à 1135.

La conclusion de ce passage, dit Jourdain, dont nous empruntons la traduction, est qu'Adhélard regardait les Arabes comme supérieurs aux Occidentaux.

Une autre conclusion, c'est que les voyages d'Adhélard durèrent probablement sept années.

Bien que les deux écrits dont nous venons de parler ne soient pas des traductions, nous croyons devoir en dire un mot.

Le premier porte pour titre : *De eodem et diverso.* Jourdain, qui l'a tiré de l'oubli, en a donné une intéressante analyse. Adhélard suppose qu'aux environs de Tours, deux déesses, qu'il appelle la *Philosophie* et la *Philocosmie,* lui apparurent, la première accompagnée de sept vierges qui n'étaient autres que les arts libéraux, et la seconde accompagnée de cinq suivantes, à savoir : la Fortune, la Puissance, la Dignité, la Réputation et la Volupté.

La Philocosmie prend la première la parole, et veut gagner le jeune homme. La Philosophie lui réplique victorieusement, et pour récompenser Adhélard de son adhésion, elle lui étale et lui décrit ses sept vierges, lui laissant le choix de se vouer à l'une d'elles ou à toutes ensemble.

La ferveur d'Adhélard s'en accrut. Il nous apprend qu'il passa par Salerne, où un médecin lui expliqua la vertu de l'aimant.

Nous avons déjà parlé des Questions naturelles, et nous n'en dirons plus qu'un mot, renvoyant, pour les détails, à Jourdain. Adhélard y traite de toutes les questions générales qui agitaient alors la philosophie. Telle est une de ces questions : *Utrum animatae sint stellae.* Cette question explique comment l'écrit d'Adhélard se trouve ainsi intitulé dans le Catalogue de la B. Bodléienne, Uri, 1612 : *Adelardi Bathoniensis et nepotis Dialogus, ubi docet stellas esse animatas.*

Parmi les Mss. de Paris, nous citerons les nᵒˢ 6286, 6739 et 14,700.

La principale traduction d'Adhélard est celle des Éléments d'Euclide. On la trouve au nº 7213 de Paris, avec le commentaire de Campano, sous ce titre : *Euclidis philosophi Socratici liber. Elementorum artis geometrice, translatus ab ara-*

bico in latinum per Adelardum Gothum Bathoniensem, sub commento magistri Campani (1). Le Ms. est magnifiquement exécuté et richement illustré.

La même traduction existe aux n⁰ˢ 7214 et 7215.

Tables Khouarezmiennes.

Pits a donné cette traduction sous ce titre : *Erichiafarim ex arabico* : Il faudrait tout d'abord corriger ce titre sous cette forme: *Ezzidj iafaris,* pour reconnaître l'œuvre d'A-dhélard.

Nous trouvons un titre plus correct dans la B. Bodléienne :

Ezich alkauresmi, id est Tabulæ chwaresmicæ per Ethelardum Bathoniensem ex arabico traductæ, n° 4137.

Cette traduction existe aussi à la B. Mazarine, n° 1256, sous ce titre : Liber ezichiafaris el Kauresmi per Adelardum Bathoniensem ex arabico in latinum sumptus.

Il s'agit ici des tables rédigées pour Almamoun par Abou Djafar Mohammed ben Moussa el Khouarezmy, tables accréditées chez les Arabes.

Parmi les dates énumérées, nous en citerons une: De la naissance du Messie à l'hégire : 621 ans, 6 mois et 17 jours.

La B. Bodléienne donne sous le n° 1669 le titre différent d'un livre qui nous paraît identique avec le premier : Isagoge minor Jafaris Mathematici in astronomia per Adelardum Bathoniensem ex arabico sumpta.

On trouve encore dans la Bodléienne, n° 3265 ce titre : Adelardi astrolabium. Nous ignorons si c'est une traduction.

Jourdain pense que l'on pourrait attribuer à Adhélard la traduction du livre: Liber imbrium secundum Indos, n⁰ˢ 7316 et 7329 de Paris.

O'CREATH.

Nous avons déjà dit qu'Adhélard de Bath paraît avoir formé des disciples, et nous avons parlé de son neveu l'interlocuteur des Questions naturelles, et d'O'creath.

(1) On voit que l'attribution de la traduction de l'arabe à Campano, qui a eu cours, est complétement erronée.

Ce dernier ne nous est connu que par un opuscule contenu dans le n° 6626 du fonds latin de Paris, qui porte ce titre :
Prologus h. O'creati in helceph ad Adelardum baiocensem
magistrum suum.

Le mot *helceph* nous paraît une altération de l'arabe
elhasseb, le calcul. Il s'agit aussi d'un traité du calcul d'a-
près les Arabes.

On lit au début de cet opuscule : C'est une loi qui régit les
vrais amis que si l'un d'eux commande, l'autre s'empresse
d'obéir. Aussi commandé par un ami, que dis-je, par mon
seigneur et mon maître, je m'empresse d'aborder le calcul
des Arabes (*helceph sarracenicum*) et de traiter de la multiplication des nombres, de la division, ainsi que de la multiplication des propositions que l'on ne poursuit pas autrement que par les nombres.

GÉRARD DE CRÉMONE.

Le plus infatigable et le plus fécond des traducteurs est
Gérard de Crémone, dont on peut dire qu'il traduisit à lui
seul à peu près autant que tous les autres réunis.

Ce qui étonne dans son œuvre, ce n'est pas seulement
l'étendue des matières mais leur diversité, car elle embrasse l'universalité des sciences : philosophie, mathématiques, astronomie, sciences naturelles et médicales.

Pour s'initier à ces sciences il lui fallut préalablement apprendre l'arabe et se pénétrer de sa technologie, aussi ne
faut-il pas s'étonner si l'on rencontre dans ses traductions des
expressions techniques transcrites plutôt que traduites, la
pénurie contemporaine ne lui fournissant pas d'équivalents,
et c'est à quoi n'ont pas assez songé ceux qui ont relevé ces
défectuosités.

Gérard de Crémone est assurément une des plus larges in-
telligences du moyen âge. C'est incontestablement l'homme
qui rendit le plus de services à la science par l'étendue et la
variété des matériaux qu'il mit en circulation.

Sa renommée ne fut pas en rapport avec son mérite, et

peut-être faut-il en chercher la raison dans sa modestie, qui lui fit négliger d'attacher son nom à toutes ses traductions.

C'est tout récemment que l'on a pu se rendre compte de la grandeur des travaux de Gérard. Cette découverte a son importance historique, et prouve que le moyen âge entra plus largement qu'on ne l'avait pensé jusqu'alors en communication avec les Arabes. Faite plus tôt, elle eût fourni de nouveaux documents aux auteurs des *Recherches sur les tra-ductions d'Aristote* et *d'Averroës et l'Averroïsme,* et modifié leur manière de voir.

On s'était occupé de Gérard et de ses œuvres, mais on n'en connaissait que la moindre partie. Ses compatriotes furent longtemps à le méconnaître ; quelques-uns même l'abandonnèrent à l'Espagne pour laquelle le revendiquait Antonio dans sa *Bibliothèque espagnole.*

La meilleure étude sur Gérard de Crémone fut donnée au siècle dernier, par P. Marchand, dans son *Dictionnaire histo-rique,* mais privé d'un document important, il n'arrive à lui reconnaître la paternité que d'une douzaine d'écrits. Un certain jour n'en était pas moins fait sur cette intéressante personnalité. Fabricius n'alla pas plus loin que Marchand.

Cependant la *Chronique de Pipini,* publiée par Muratori, tout en produisant des renseignements biographiques sur Gérard, faisait monter à soixante-seize le chiffre de ses traductions, mais sans nous en donner la nomenclature.

Jourdain doubla le chiffre des traductions admises par Fabricius.

Quelques années plus tard, en 1849, un Ms. de Laon produisit une liste de trente-trois traductions sous le nom de Gérard.

On savait qu'il en existait une liste complète enfouie dans la bibliothèque de Leipsick. Déjà, Marchand avait fait des vœux pour sa publication. Bandini la signala de nouveau, et, naguère encore, Daremberg en espérait la communication.

Ce que l'on avait si longtemps et vainement attendu de l'apathique Allemagne fut découvert à Rome et publié en 1851 par M. Boncompagni. Enfin, tout récemment, en 1874, nous avons nous-même découvert à Paris une liste identique à celle de Rome.

Ajoutons qu'un fragment, d'origine évidemment identique, avait été envoyé d'Oxford à M. Boncompagni, contenant les douze traductions d'ouvrages d'astronomie.

Voilà donc la bibliographie complète de Gérard exhumée, représentée par quatre monuments, dont deux complets et deux autres fragmentaires.

La liste d'Oxford présente la série des ouvrages d'astronomie dans le même ordre que les listes complètes.

Celle de Laon, tirée du Ms. 413, contient 32 écrits. Elle commence au nᵒ 33 pour finir au nᵒ 68, avec quatre lacunes et quelques interversions.

La liste de Rome, tirée du Ms. nᵒ 2392 de la Bibliothèque du Vatican, et celle de Paris contenue dans le nᵒ 14,390 de la Bibliothèque nationale, sont concordantes, à part quelques légères différences tenant à des difficultés de lecture, et à un nᵒ manquant dans la liste de Paris.

Une particularité remarquable, c'est que dans les trois derniers manuscrits, cette liste est annexée à la traduction du *Petit art* de Galien, particularité sur laquelle nous aurons à revenir tout à l'heure. Nous verrons aussi que cette liste a été rédigée de bonne heure, probablement vers la fin du XIIᵉ siècle, peu de temps après la mort de Gérard.

Avant de produire ce document nous dirons encore quelques mots des manuscrits.

M. Boncompagni dit du Ms. d'Oxford : « La maggior parte delle righe di essa nota e inintelligibile, per esser la carta del codice, in que luoghi appunto macchiata e corrosa. »

Pour nous, la liste d'Oxford est parfaitement intelligible, et il est très facile de suppléer ce qui manque. Seulement deux lignes sont en blanc, sur douze, et il faut lire *Thebit* au lieu d'*Alchabitii*.

Nous avons déjà dit que la liste de Laon présente quelques lacunes, au nombre de quatre. Elles sont relatives à Alexandre d'Aphrodisias (nᵒ 39) à El Kendy (nᵒ 41), à la Chirurgie d'Abulcasis (nᵒ 61) et au Canon d'Avicenne (nᵒ 62). On a lu abusivement à propos d'un écrit de Galien : *Contempla-*

tionibus au lieu de *complexionibus*. La liste s'arrête au n° 68, de la Géomantie. On trouve ensuite un fragment de l'éloge de Gérard : *Aviceni Avolai fecit Canonem.*

D'après M. Boncompagni, c'est de ce même n° 2392 du Vatican que l'on aurait déjà tiré précédemment l'éloge en vers de Gérard. On doit s'étonner que l'on n'ait pas jeté les yeux sur la liste qui précède.

M. Boncompagni a fait de son importante découverte l'objet d'une magnifique publication. Après avoir produit la liste et la notice qui l'accompagne en double expédition, dont une en *fac simile*, il fait l'histoire critique de Gérard de Crémone, et de ses traductions imprimées, dont il donne des spécimens. Il reproduit aussi un traité d'algèbre composé par Gérard ; il fait enfin l'histoire d'un autre Gérard, dit de Sabionetta, postérieur au premier, avec lequel on l'a confondu.

Le manuscrit dans lequel nous avons fait à Paris la même découverte que M. Boncompagni à Rome est le n° 14,390 du fonds latin. C'est un magnifique in-folio de 355 feuilles, parchemin, à deux colonnes, d'une belle exécution, supérieure à celle du Ms. de Rome.

On y rencontre d'abord les ouvrages suivants :

1° *Isagoge Johannitii ad tegni Galeni.*

2° *Tegni Galeni.*

3° *Aphorismi Johannis Damasceni.*

4° *Aphorismi Ypocratis.*

5° *Pronostica Ypocratis.*

6° *De regimine acutorum morborum.*

7° *Philaretus de pulsibus.*

8° *Theophili liber urinarum.*

9° *Isaac L. urinarum.*

10° *Isaac L. dietarum.*

11° *Viaticus à Constantino translatus.*

12° *Liber in quo haly filius Rodoan exponit librum Galeni qui dicitur ars parva.*

A Paris, comme au Vatican, le commentaire d'Ali ben Rodhouan sur le petit Art de Galien précède immédiatement la notice consacrée à Gérard de Crémone. Dans le Ms. de

Paris la notice commence au folio 223. Ces deux monuments ne présentent entre eux que des différences insignifiantes.

La notice se compose en réalité de trois parties : la notice biographique proprement dite, la nomenclature des traductions, quelques vers en l'honneur de Gérard.

Nous avons pensé qu'un certain nombre de nos lecteurs nous sauraient gré d'une traduction française.

« De même qu'une lampe luisante ne doit pas être mise à l'écart sous le boisseau, mais placée sur le chandelier, ainsi les faits éclatants des gens de bien ne doivent pas rester enfouis et gardés dans un oiseux silence, mais présentés à l'attention de la postérité. En effet, ils ouvrent à leurs successeurs les voies de la vertu, ils présentent aux regards des contemporains l'exemple de leurs devanciers, comme une règle à observer dans la vie.

« Afin donc que maître Gérard de Crémone ne reste pas enseveli dans les ténèbres de l'oubli, afin qu'il ne perde pas les honneurs de la renommée qu'il a méritée, pour empêcher que d'impudents voleurs n'attachent des noms étrangers à ses livres, car il s'est abstenu d'inscrire le sien sur aucun d'eux, nous allons à la suite de ce traité du petit Art, qu'il a tout récemment traduit, *novissime ab eo translati,* et à l'instar de Galien qui rappelle ses livres à la fin de ce même traité, donner la liste des écrits de Gérard, dont ses amis ont conservé très soigneusement la nomenclature ; et si quelqu'un est désireux de connaître leur contenu, il pourra sûrement et facilement savoir ce qu'il a traduit en matière de dialectique, de géométrie, d'astrologie, de philosophie, de physique (médecine) et d'autres sciences.

« Bien qu'il ait méprisé la gloire et la renommée, qu'il ait fui les louanges et les vaines pompes du siècle, qu'il n'ait pas voulu répandre son nom par la recherche d'objets nuageux et chimériques, cependant ses ouvrages ont porté leurs fruits à travers la postérité et rendu témoignage de ses mérites.

« Riche des biens de ce monde, il accepta d'un cœur égal leur abondance et leur privation et supporta virilement et également les caresses ou les outrages de la fortune. Combattant les désirs de la chair, il était tout entier aux choses de l'esprit. Préoccupé d'être utile dans le présent et dans l'avenir, il se rappelait ce mot de Ptolémée : Quand approche le terme de ton existence, redouble dans la pratique du bien. Elevé, dès sa plus tendre enfance, dans le giron de la philosophie, en ayant pénétré les diverses parties suivant qu'elles étaient connues des Latins, le désir de posséder l'Almageste, qu'il ne trouvait pas chez eux, le conduisit à Tolède.

« Voyant que les Arabes avaient une abondance de livres dans toutes les sciences, déplorant la pauvreté des Latins dont il avait été frappé, il apprit l'arabe afin de se consacrer aux traductions. Muni de cette double connaissance, à savoir celle de la science et celle de la langue (car ainsi que le dit Ahmed dans son Livre de la proportion et de la proportionnalité, il faut qu'un interprète connaisse non-seulement la langue de laquelle il traduit et celle dans laquelle il traduit, mais encore la science sur laquelle il opère), à l'instar d'un homme sage qui, parcourant une verte prairie, se fait une couronne non pas de toutes les fleurs, mais des plus belles, il passa en revue la littérature arabe. Il transmit à la langue latine, comme à une héritière chérie, un grand nombre d'ouvrages arabes, traitant de diverses matières et les plus beaux qu'il put, aussi nettement et aussi intelligiblement que possible, et ne cessa de traduire jusqu'à la fin de sa carrière. Il entra dans la voie ou entre toute chair l'année de sa vie 73ᵉ et de N. S. J. C. 1187. »

Vient ensuite la nomenclature des traductions que nous devons reproduire textuellement.

Nous suivrons le texte de Paris, donnant entre parenthèses les variantes du Ms. de Rome.

« Hæc sunt (vero) nomina librorum quos transtulit :
De Dialectica.

Liber analeticorum posteriorum Aristotelis tractatus duo.

Liber commentarii Temetistii (Themistii) super posteriores analeticorum, tractatus I.

Liber Alfarabii de Silogismo.

De geometria (manque à Rome).

Liber Euclidis, tractatus XV.

Liber Theodosii de speris, tractatus III.

Liber Archimenidis (Archimendis, R), tractatus I.

Liber de arcubus similibus, tractatus I.

Liber Milei, tractatus III.

Liber Thebit de figura alchata, tractatus I.

Liber trium fratrum, tractatus I.

Liber Ameti de proportione et proportionalitate, tractatus I.

Liber Judei super decimum Euclidis, tractatus I.

Liber Algorismi (Alchoarismi) de iebra et almucabila, tractatus I.

Liber de practica geometric, tractatus I.

Liber Anaritii super Euclidem, tractatus I.

(Liber ditorum Euclidis, tractatus I, R).

Liber Thidei de speculo, tractatus I.

Liber Alchindi de aspectibus, tractatus I.

Liber demonstrationum (divisionum R.), tractatus I.

De Astrologia.

Liber carastonis, tractatus I.

Liber Alfragani continens capitula XXX (XX. R.)

Liber almagesti, tractatus XIII.

Liber introductorius Tholemei ad artem spericam.

Liber Jebri, tractatus VIIII.

Liber Mesehala de Orbe, tractatus I.

Liber Theodosii de locis habitabilibus, tractatus I.

Liber Cusculei (Esculegii, R.), tractatus I.

Liber Thebit (Tembit, R) de expositione nominum almagesti, tractatus I.

Liber Thebit de motu accessionis et (recessionis, R) translationis, tractatus I.

Liber Actolici de spera mota (tractatus, I, R).

Liber tabularum Jaberi (Jahem, R) cum regulis suis.

Liber de crepusculis, tractatus I.

Note. Le Ms. de Paris offre ici une difficulté de lecture : l'encre a disparu et il ne reste plus que l'impression produite sur le parchemin par la plume.

De Philosophia.

Liber Aristotelis de expositione bonitatis pure.

Liber Aristotelis de naturali auditu, tractatus, VIII.

Liber celi et mundi, tractatus IIII.

Liber Aristotelis de causis proprietatum elementorum, tractatus IIII (I. R). Tractatum autem secundum non transtulit eo quod non in venit in arabico nisi de fine ejus parum.

Liber Aristotelis de generatione et corruptione.

Liber Aristotelis metehororum, tractatus III. Quartum non transtulit quia (eo quod, R) sane (eum, R) translatum invenit.

Tractatus unus Alexandri Afrodisii de tempore, et alius de sensu, et alius de eo quod augmentum et incrementum fiunt in forma et non in yle.

Distinctio Alfarabii super librum Aristotelis de naturali auditu.

Liber Alchindi de V essentiis.

Liber Alfarabii de scientiis.

Liber Jacobi Alchindi de sompno et visione.

De Physica.

Liber Galieni de elementis, tractatus I.

Expositiones Galieni super librum ypocratis de regimine acutarum egritudinum, tractatus IIII.

Liber de secretis Galieni, tractatus I.

Liber Galieni de complexionibus, tractatus IIII.

Liber Galieni de malitia complexionis (diverse, R), tractatus I.

Liber Galieni de simplici medicina, tractatus V.

Liber Galieni de creticis diebus, tractatus III.

Liber Galieni de crisi, tractatus III.

Liber Galieni de expositione libri ypocratis in pronosticatione, tractatus III.

Liber veritatis ypocratis (tractatus I. R), tractatus III.

Liber Isaac de elementis, tractatus III.

Liber Isaac de descriptione rerum et diffinitionibus eorum et de differentia inter descriptionem et diffinitionem, tractatus I.

Liber Abubecri Rasis qui dicitur Almansorius, tractatus I.

Liber Divisionum (almansoris, R) continens CLIIII capitula cum quibusdam confectionibus ejusdem.

Liber Albubecri (nul, R) Rasis introductorius in medicina parvus.

Pars libri Albengnesim (Albenguefiti, R) medicinarum simplicium et ciborum.

Breviarius Johannis Serapionis, tractatus VII.

Liber Azaragui (Azanigni, R), de cirurgia, tractatus III.

Liber Jacobi Alchindi de gradibus, tractatus I.

Canon Aviceni, tractatus V.

Tegni Galieni cum expositione Haly ab Rodoan.

De Alchimia.

Liber divinitatis (de, R) LXX.

Liber de aluminibus (luminibus, R) et salibus.

Liber luminis luminum.

De Geomantia.

Liber geomantie — de artibus divinatoriis, nul à R.

Liber alfodochi de arabachi (alfadhol, R.)

Liber de accidentibus alfel (alfeb, R.)

Liber anoe et est tanquam sacerdocii in *ar* in arlogium, tractatus I. »

Ici se termine la liste des traductions. C'est pour n'y avoir pas songé qu'on a vu dans les quelques lignes qui suivent une répétition, tandis qu'elles ne sont qu'une sorte de prologue à l'éloge en vers qui vient après.

« Rasis Abubecri fecit el hagui (el haugui, R) et almansorium et divisiones.

Albucasim fecit azaugui et ejus cirurgiam quam transtulit magister Gerardus.

Aviceni alboali fecit Canonem.

Girardus (Gerardus, R) nostri fons lux et gloria cleri,

Auctor (Actor, R.) consilii spes et solamen egeni,

Voto carnali fuit hostis, spirituali.

Ad plaudens, hominis splendor fuit interioris.

Facta viri vitam studio florere (florente, R) perhennant.

Viventem famam libri quos transtulit ornant.

Hunc sine consimili genuisse Cremona superbit.

Toleti (Tolecti, R) vixit Toletum reddidit astris. »

Nous donnerons aussi la traduction du préambule et de l'éloge en vers :

Razès Abou Bekr a fait le Continent (El haouy), le livre à El Mansour et les Divisions.

Abulcasis a fait le livre intitulé Alsahraoui et la Chirurgie que maître Gérard a traduite.

Avicenne Abou Ali a fait le Canon.

Gérard, la source, la lumière et la gloire de notre clergé, auteur judicieux, espoir et consolation de l'indigent, combattant les passions charnelles et aux choses spirituelles réservant ses hommages, fut la splendeur de l'homme intérieur. Ses actes attestent que toute sa vie fut consacrée à l'étude. Les livres qu'il a traduits ornent sa mémoire toujours vivante. Crémone est fière d'avoir vu naître cet homme incomparable. Tolède fut son séjour, Tolède le rendit aux cieux.

Tel est le document précieux que M. Boncompagni a eu l'honneur de tirer de l'oubli.

La chronique de Pipini, mise en lumière par Tiraboschi, n'en est qu'une reproduction sommaire, et perd désormais tout son intérêt. On y lit cependant en plus ce qui suit :

Il est enterré à Crémone, au monastère de Sainte-Lucie auquel il avait légué sa bibliothèque.

Nous croyons devoir mettre en relief les faits les plus importants que contient la notice.

Et d'abord, elle porte un cachet d'ancienneté qui en assure la valeur. Elle dut être rédigée quelque temps après la mort de Gérard, témoin ce passage : *In fine hujus tegni novissime ab eo translati.*

Nous devons revenir encore sur l'opinion qui fait naître Gérard non pas à Crémone, en Italie, mais à Carmone en Espagne.

On sait que l'auteur de la Bibliothèque espagnole, Antonio, a soutenu cette thèse avec de très mauvaises raisons déjà réfutées par Marchand. Un journal italien l'a soutenue en s'appuyant sur une lecture vicieuse de l'avant-dernier vers. Au lieu de :

Hunc sine *consimili* genuisse Cremona superbit,

On lisait : hunc sine *consilio*, etc.

Le Ms. de Paris donne très nettement *consimili*, tout aussi bien que le Ms. du Vatican.

D'autre part, des tables astronomiques de Gérard donnent la position exacte de Crémone, ce qui prouve que cette localité avait pour lui un intérêt tout particulier.

Ainsi que Marchand l'a déjà fait observer, Gérard paraît être entré dans les ordres, comme l'attestent ces paroles : *Nostri gloria cleri.*

Des vertus de Gérard, nous en relèverons une en particulier, sa modestie. Comme le dit la notice, il négligeait de mettre son nom à ses traductions, contrairement à l'usage de ses émules, qui y attachent assez généralement une date, ce qui nous prive de renseignements sur l'époque précise et la durée de son séjour à Tolède. Voilà pourquoi beaucoup de traductions qui nous sont parvenues, et qui sont évidemment de lui, sont anonymes.

Il est encore une autre conséquence probable de cette vie retirée. On peut s'étonner de ne pas voir son nom mêlé à ceux de Jean de Séville et d'Adhélard de Bath.

Signalons encore les motifs qui déterminèrent Gérard à passer en Espagne : son désir de posséder l'Almageste et la pauvreté de la littérature latine en matière de science.

Le préambule qui précède les vers a donné lieu à des méprises. On n'en a pas compris la signification, qui est de mettre en présence les titres des anciens médecins à côté de ceux de Gérard. On a vu dans les ouvrages cités, une sorte de prolongement de la liste bibliographique, ce qui a fait porter le chiffre des traductions de Gérard à soixante-seize par Pipini. M. Boncompagni est tombé dans une erreur contraire. Il y a vu des traductions deux fois mentionnées.

M. Boncompagni s'est contenté de donner simplement la nomenclature des écrits de Gérard, réservant à peu près ses très intéressantes annotations pour les écrits qui ont été imprimés.

Nous croyons qu'il reste quelque chose de plus à faire.

Il faut d'abord passer une revue critique de cette nomenclature, où des titres d'ouvrages sont altérés ou obscurs.

Il faut chercher ensuite à retrouver ces nombreuses traductions parmi les manuscrits conservés dans nos bibliothèques.

Il convient enfin d'en dresser une sorte de statistique, non seulement pour mieux préciser la nature et l'étendue des travaux de Gérard, mais pour montrer la grandeur des services qu'il rendit à la science et l'influence que ces traductions purent exercer sur le mouvement scientifique au moyen âge. Une vingtaine seulement de traductions de Gérard étaient connues de Jourdain ; nous en connaissons aujourd'hui plus de soixante-dix. On peut dire que Gérard à lui seul fournit au moyen âge une véritable encyclopédie.

Nous rappellerons que notre liste est sectionnée par catégories de matières. Quelques-uns des titres de sections manquent dans l'exemplaire de Rome.

I. *Liber Analyticorum posteriorum.*

Il existe à Paris, n° 14,700. Jourdain s'est assuré que cette traduction était de provenance arabe et en a donné un spécimen, p. 404. Nous avons une preuve de sa provenance qui a échappé sans doute à Jourdain, c'est le titre de Liber *Demonstrationis*, qui répond à l'arabe *Borhan*, nom que les Arabes ont donné à ce livre. » *Continet enim artem demonstrandi*, lit-on aussi dans un passage de J. de Sarrisberi cité par Jourdain, page 250.

II. *Commentaire de Themistius sur les derniers Analytiques.*

Le commentaire existe au n° 16,097, ancien 954 de Sorbonne. Comme l'a fait observer Jourdain, la présence répétée du mot *akil*, pour désigner l'intellect, accuse sa provenance arabe. Jourdain en a donné un spécimen, p. 405.

III. *Liber Alfarabii de silogismo.*

Nous avons trouvé deux traductions d'Alfarabi, l'une qui porte le titre de *Scientiis*, attribuée à Gérard, et que nous retrouverons au n° 42 ; l'autre, anonyme, avec le titre de *Ortu scientiarum*.

Le premier opuscule s'occupant tout particulièrement de dialectique, il nous a semblé qu'il y aurait peut-être une interversion dans les titres. Nous y reviendrons au n° 42.

Dans la liste bibliographique d'Alfaraby, donnée par Ebn Abi Ossaïbiah, on rencontre plusieurs ouvrages de dialectique, soit originaux, soit des commentaires d'Aristote.

IV. *Liber Euclidis tractatus XV.*

Ce titre ne peut s'appliquer qu'aux *Eléments*. On sait qu'ils furent aussi traduits par Adhélard de Bath, et les exemplaires en sont communs. Nous n'en avons jusqu'à présent rencontré aucun sous le nom de Gérard. Peut-être pourrait-on lui attribuer le n° 7292, qui est anonyme, ainsi que le n° 7216.

V. *Theodosii de speris.*

Le traité existe aux n°ˢ 7399 et 9335. Nous citerons de ce dernier une preuve de sa provenance arabe. L'axe de la sphère, en arabe *mikhouar*, est ainsi défini : « *Meguar vero speræ est quelibet recta linea per centrum transiens et ab utraque parte ad spere superficiem perveniens.* »

VI. *Archimenidis tractatus I.*

Nous pensons qu'il s'agit du traité d'Archimède *De mensura* ou *De quadratura circuli*, représenté aux n°ˢ 7244, 9335 et 11,246, dont la provenance arabe est suffisamment prouvée par le titre et les débuts : *Liber Ersemidis* (var. *Arsamithis*). *In nomine Dei misericordis et miseratoris.*

VII. *De arcubus similibus.*

Cet écrit existe aux n°ˢ 9335 et 11,247 sous le nom d'Abou Djafar Ahmed ben Yousef, dont nous trouverons un nouvel ouvrage au n° XI. L'identité de l'auteur n'est pas encore catégoriquement établie pour nous. On pourrait y voir un Ahmed ben Yousef mentionné dans le Kitab el hokama, qui fut astronome, et dont on peut lire la notice dans Casiri, I, 372. Tel est le début de cet opuscule : *Omnes namque Geometre diffiniunt eos esse similes arcus qui angulos recipiunt equales.*

VIII. *Liber Milei de figuris spericis.*

Il s'agit ici dès *Sphériques* de Menelaüs, dont le nom a fini par se transformer en *Milaous*, dégradation dont l'écriture arabe rend parfaitement raison. Les sphériques de Menelaüs existent sous la forme *Milaus* aux n°ˢ 9335 de la Bibliothèque nationale, et 96 de l'Arsenal. Leur provenance arabe est donc hors de doute.

IX. *Liber Thebit de figura alcatha.*

Nous en connaissons trois exemplaires à Paris, n° 7337 de la Bibliothèque nationale, 1256 de la Mazarine et 96 de l'Arsenal. Le Ms. de la Mazarine a seul conservé l'expression *cata*, rendue ailleurs par le latin *sectore*.

L'original existe aux bibliothèques d'Oxford et de l'Escurial. L'ancien catalogue d'Oxford nº 6567 emploie l'expression *cata*, et le nouveau de Nicoll, II, 279, *secante*.

Casiri s'est mépris dans l'indication de cet opuscule. Il donne correctement le titre arabe : *fi chekl el moulekkeb bil qatha* (de la figure appelée sécante) et il traduit par : De sectionibus conicis ubi de figura cui nomen secans, I. 399.

Dans la liste bibliographique de Tsabet, I, 387, il commet une faute d'un autre genre. Dans un théorème de mathématiques il voit un instrument: *De instrumenti figura quod secans nuncupatur.* M. Sédillot, dans ses Prolégomènes d'Oloug beg, a reproduit de confiance le texte et la traduction de Casiri, XXIV.

Le peu que nous avons lu dans les Mss. de Paris ne nous a laissé aucun doute sur la nature de cet opuscule et la valeur du mot *chekl*, constamment employé dans les ouvrages de mathématiques, avec le sens de figure. On lit dans le Ms. de la Mazarine : *Liber de figura que dicitur cata, nam ea docet producere duas proportiones ex una.* Et plus loin : *intellexi quod dixisti super figura quod nominavimus cata, et quod interrogasti super apodixi ejus.* On voit qu'il ne s'agit pas d'un instrument, qui, du reste, se dit *alat*. Il est dit aussi que cette figure est très importante pour la connaissance de la sphère et qu'elle fut étudiée par Ptolémée. Çà et là se voient des figures dont quelques-unes sont des arcs de cercle.

X. *Liber trium fratrum.*

Les trois frères sont les célèbres fils de Moussa ben Chaker à savoir : Mohammed, Ahmed et Hassan. Leurs noms du reste sont énoncés dans les Mss. 9335 de la Bibliothèque nationale, et 1256 de la Mazarine.

Il s'agit dans cet opuscule de la mesure des surfaces, ce qui est exprimé par le mot *Embadus*, qui rappelle le *Liber Embadorum* de Savasorda.

XI. *Liber Ameti de proportione et proportionalitate.*

Nous avons déjà vu le nom d'Ahmed au nº VII, et nous

avons parlé des doutes qui s'attachent à sa personnalité. Nous dirons encore que le n° 1256 de la Mazarine au lieu de *filius Josephi* donne *filius Moysis*. Aurions-nous affaire à l'un des fils de Moussa ben Chaker?

Quoi qu'il en soit, cet opuscule traite des matières qui font l'objet du V° livre des Eléments d'Euclide. Il est précédé d'un prologue, où nous lisons ce qui suit : « *Jam respondeo tibi ut scias quod quesivisti de causa geometrie et proportionis et ejus essentie et proportionalitatis et casuum eorum et quod voluit Euclides de multiplicibus in libro suo qui vocatur Elementorum.* »

Pour comprendre les expressions employées dans la traduction latine, nous allons transcrire un passage de la traduction française des Eléments par Henrion, I. 259, 4° proportion du V° livre :

« Proportion est une similitude de raison.

Commentaire. Tout ainsi que la comparaison de deux quantités entre elles est dite raison, ainsi la comparaison et ressemblance de deux ou plusieurs raisons entre elles est dite proportion. Et c'est ce que les Grecs appellent analogie et quelques latins proportionnalité. »

Ce traité se trouve encore dans les n°ˢ 7377 *b* et 9335 de la Bibliothèque nationale.

XII. *Liber Judei super X Euclidis.*

Nous n'avons pas retrouvé cette traduction. Quant à l'auteur de l'original, nous lisons dans le Fihrist, à l'article Euclide, que Send ben Ali, juif converti, commenta le X° livre d'Euclide.

XIII. *Liber Alchoarismi de iebra et almucabila.*

Le manuscrit de Paris donne *Algorismi*. D'autre part, cet ouvrage existe aux n°ˢ 7377 et 9335, où il est mentionné sous la forme *Alchoarismi*.

L'auteur est le célèbre Mohammed ben Moussa el Khouarezmi, qu'il ne faut pas confondre avec son homonyme le fils de Moussa ben Chaker, et qui fut bibliothécaire d'El Mamoun. On voit que l'algèbre fut naturalisée de bonne heure chez les Arabes. Ce traité est mentionné par le Kitab el hokama dans l'index bibliographique de Mohammed ben Moussa.

Rosen en a donné une édition contenant le texte et une traduction anglaise.

Un traité du même auteur sur le calcul des Indiens a été traduit sous le titre : *Algoritmi de numero Indorum.*

M. Boncompagni en a publié une partie.

XIV. *De practica geometrie.*

Nous pensons qu'il faut voir cet ouvrage dans une traduction qui existe aux n°s 7266, 7377 et 9335 de la Bibliothèque nationale avec ce titre : Liber in quo terrarum corporum que continentur mensurationes, ab Abhabucri qui dicebatur heus, translatus à Mc Girardo Cremonensi in Toleto.

Dans ces mots : Abhabucri qui dicebatur heus, nous sommes assez embarrassé pour reconnaître l'auteur arabe. Nous ne voyons guère que Razès, qui porte aussi le nom d'Abou Becr, nom sous lequel il fut souvent désigné au moyen âge, qui pourrait avoir subi ces transformations. D'autre part, nous savons que Razès a écrit sur la géométrie.

Quoi qu'il en soit, cet ouvrage a été cité par M. Chasles comme prouvant, contrairement à l'opinion de Libri, que l'algèbre avait été connue en Europe avant Fibonacci. Dans cet ouvrage est cité un traité d'algèbre auquel on renvoie sous cette forme : *Fac secundum quod tibi precessit in alia-bra.* M. Chasles suppose que Gérard en aurait déjà fait la traduction. Quant à son auteur, nous avons des présomptions pour le rapporter à Abou Otsman Saïd de Damas. Du reste, ce traité d'algèbre existe au n° 9335 après le traité de Géométrie.

XV. *Liber Anaritii super Euclidem.*

Nous n'avons pas rencontré cette traduction, mais nous savons par le Fihrist qu'Ennaïrizy fit un commentaire d'Euclide, dont il existe un exemplaire à Leyde, n° 965.

XVI. *Liber Datorum.*

Ce sont les *Données* d'Euclide. Elles existent au n° 8680.

XVII. *Liber Tidei de speculis.*

Le Ms. n° 9335 contient sous le nom de Tideus fils de Théodore un traité des miroirs. Nous supposons une altération de nom dont nous n'avons pu pénétrer le mystère (1).

(1) Faut-il lire *Dioclès,* dont il existe un livre sous ce titre à l'Es-

XVIII. *Liber Alchindi de aspectibus.*

Il existe, au nº 9335, un traité d'El Kendy qui porte ce titre : *Liber Jacob Alchindi de causis diversitatum aspectus et dandis demonstrationibus geometris super eas.*

La Bodléienne en possède aussi un exemplaire.

XIX. *Liber divisionum* (Var.: *Demonstrationum.*)

Nous pensons qu'il s'agit d'un traité des divisions attribué à Euclide (V. Fabricius). Nous lisons d'autre part dans la vie de Tsabet, donnée par le Kitab el hokama, qu'il revisa ce traité. V. Casiri, I. 340.

XX. *Liber Carastonis.*

Cet ouvrage existe aux nᵒˢ 7377 et 10,260 sous le titre : *Liber Carastonis editus a Thebit filio Chore,* et au nº 8680 sous celui de *Liber Thebit de ponderibus, qui dicitur Liber Carastonis.*

Il traite de la théorie de la balance romaine.

Le mot *Caraston* est une erreur. Il faut *Farasthon,* qui veut dire balance, en persan.

Dans la liste d'Ebn Abi Ossaïbiah on trouve cité parmi les écrits de Tsabet le livre dit *Faresthoun.* Dans la liste du Kitab el hokama, le mot technique ne se trouve pas, mais un ouvrage est intitulé : De la manière d'équilibrer les poids, et de leurs variétés.

XXI. *Liber alfagrani continens XXX capitula.*

C'est par erreur que le manuscrit du Vatican ne porte que XX chapitres.

M. Voepcke a inséré dans le *Journal asiatique* de 1862, sur cet écrit d'Alfargan, un travail que nous mettrons à profit.

Il en existe un grand nombre d'exemplaires à la Bibliothèque nationale, avec deux titres différents. Le catalogue y a vu là deux ouvrages, tandis qu'il ne faut y avoir que deux traductions d'un même ouvrage.

L'une de ces traductions est de Gérard de Crémone, et porte le titre : *De agregationibus stellarum.* Elle est représentée dans les nᵒˢ 7195, 7267, 7280, 7281, 7298, 7316 ; et 972 et 1820 du fonds de Sorbonne, sans indication d'auteur. Le nº 7400 donne le nom du traducteur, Gérard de Crémone.

curial, Casiri, I, 382. Ou bien encore faudrait-il voir là une altération du nom d'Euclide ?

L'autre traduction est de Jean de Séville et porte le titre de : *Rudimenta astronomie*. Elle est représentée dans les n°s 6506, 7377, 7434, et 848 et 900 du fonds St-Victor.

Le texte arabe, récemment acquis par la Bibliothèque nationale porte ce titre : Livre des collections d'étoiles, et principes ou éléments des mouvements célestes.

Le mot *oussoul*, qui signifie principe, éléments, aphorismes, a été rendu abusivement dans la traduction de Jean de Séville par le mot *radix :* in radicibus motuum celestium. Gérard a traduit par : *principiis*.

Il est encore une distinction à remarquer entre les deux traductions. Gérard a rendu le mot *fasl* par chapitre, et Jean de Séville par *differentia*.

On sait que Golius a donné une édition d'Alfargan.

XXII. *Liber Almagesti.*

Nous savons déjà que cet ouvrage de Ptolémée a décidé de la vocation de Gérard de Crémone. Il existe à Florence un manuscrit contenant une traduction attribuée à Gérard. L'explicit reproduit par MM. Jourdain et Boncompagni atteste qu'elle fut achevée en l'année 1175.

XXIII. *Liber introductorius Ptolomei ad artem spericam.*

Nous manquons de renseignements sur cette traduction, et nous ignorons s'il s'agit des Éléments ou des Hypothèses.

XXIV. *Liber Jeberi, tractatus VIIII.*

Il s'agit ici de Géber ou Djaber ben Aflah, astronome espagnol qui vivait dans la première moitié du XIIe siècle de notre ère et fut ainsi contemporain de Gérard. Maimonide corrigea son Traité de la sphère et fut le condisciple de son fils.

La traduction existe au n° 96 de l'Arsenal, sous le nom de Gérard. Elle fut du reste imprimée de bonne heure, avec le nom de Gérard : Geberi f. Affla Hispalensis de astronomia L. IX sive commentarii in Ptolemei Almagestum. Norimb. 1583. (Delalande).

XXV. *Liber Messehala de Orbe.*

Nous ne connaissons qu'un opuscule du n° 7328 intitulé : De ratione circuli celestis, que l'on pourrait rapprocher de ce titre.

XXVI. *Liber Theodosii de locis habitabilibus.*

Le n° 9335 le contient sous ce titre: De locis in quibus morantur homines.

XXVII. *Liber Esculegii.* (Hypsiclès).

Il s'agit probablement du livre des *Ascensions,* attendu que la liste a donné précédemment les Éléments d'Euclide au complet, dont on sait qu'Hypsiclès a composé les deux derniers livres. Les Ascensions se trouvent dans le n° 9335.

Le n° 7216 contient les Éléments traduits de l'arabe et les deux derniers livres sont rapportés à Hypsiclès, *Afsicolaus.*

XXVIII. *Liber Thebit de expositione nominum Almagesti.*

Nous pensons qu'il s'agit de l'ouvrage assez répandu sous le titre : *De iis que indigent expositione antequam legatur Almagestus.* Dans cet énoncé le catalogue de la Bibliothèque Mazarine a vu la traduction de l'Almageste d'après une antique copie ! n° 1256.

Tsabet ben Corra a fait trois ouvrages d'introduction à l'Almageste.

XXIX. *Liber Thebit de motu accessionis et translationis.* (Var. : *Recessionis*).

Le n° 9335 et un Ms. de la Bodléienne donnent *in motu accessionis et recessionis.* Le n° 1256 de la Mazarine porte : Patris asceni thebit filii chore de accessione et recessione stellarum fixarum. On voit là la série des noms de Tsabet, Aboul Hassen, etc. Nous trouvons dans le Kitab el hokama un ouvrage de Tsabet dont le titre peut se traduire ainsi : Du ralentissement du mouvement dans la sphère des signes et de son accélération. Casiri a traduit: *De signorum motu tardiore, velociore et medio in orbibus excentricis,* I, 387.

XXX. *Liber Autolici de spera mota.*

Il s'agit du livre d'Autolycus, De la sphère en mouvement. Il existe au n° 9335. Sa provenance de l'arabe est accusée par le mot *meguar,* transcription de l'arabe *mikhouar,* axe.

XXXI. *Liber tabularum Jaberi cum regulis suis.*

Ce numéro soulève quelques difficultés, celle de la lecture d'abord.

M. Boncompagni a cru devoir lire *Jahen ;* mais on comprend que de *Jahen* à *Jaberi* il n'y a pas loin, et que la première forme peut tenir soit à l'inattention du copiste, soit à la vétusté de la copie.

Le Ms. de Paris présente ici une particularité dont nous avons déjà parlé. Trois ou quatre numéros sont à peu près frustes. Mais si l'encre a disparu, l'empreinte est suffisamment restée pour permettre la lecture *Jaberi*.

La liste d'Oxford est pareillement fruste à cet endroit, où l'on n'a pu lire que : Lib. tabular... cum regulis suis.

La liste de Laon ne commence pas encore.

Jaber est évidemment Géber ben Aflah, qui nous est déjà connu comme astronome. Cependant une difficulté se présente.

D'une part, nous ne lui connaissons pas d'écrit sur les Tables astronomiques, et, de l'autre, ces tables nous sont données sous un autre nom, celui bien connu d'Arzachel, et comme ayant été traduites par Gérard de Crémone.

Ainsi nous lisons ce titre au n° 1826 du Vatican : Incipiunt Canones Azarchelis super tabulas astronomie translati a Gerardo Cremonensi. Nous lisons de même au n° 3453 de la Barberine : Incipiunt canones Azarchelis in tabulas toletanas à Magistro Gerardo Cremonensi ordinati. On en lit autant dans un Ms. d'Oxford, n° 2517. L'incipit est le même aux n°⁵ 1826 et 3453.

Les Tables existent aussi à Paris, mais sans titre, et mal annoncées par les catalogues, ainsi aux n°⁵ 7198, 7281 et 7336 de la Bibliothèque nationale.

On les trouve encore au n° 99 de l'Arsenal.

Le nom de Gérard ne figure pas dans les Mss. de Paris.

On lit dans la notice d'Azarchel donnée par le Kitab el hokama que ses tables servirent à d'autres astronomes, notamment à Eben Djemad. On peut admettre aussi qu'elles furent de la part de Djeber ben Aflah l'objet d'un travail, qui serait l'original de la traduction de Gérard.

Il existe encore à la Bibliothèque d'Oxford un ouvrage sous ce titre : *Liber omnium sperarum celi et compositionis tabularum translatus à Magistro Gerardo Cremonensi, de arabico in latinum.*

M. Boncompagni le considère comme un autre ouvrage.

XXXII. *Liber de Crepusculis.*

C'est le Traité des Crépuscules d'Alhacen, nom sous lequel est vulgairement connu Hassan ebn el Heitam.

Les manuscrits en sont communs, et il a été imprimé à la suite de la Perspective du même auteur.

Le titre en a été singulièrement déformé, et c'est ainsi qu'on le trouve : *Liber Abhomadi malfegeyr, id est in crepusculis matutino et in soffe id est in crepusculo vespertino.*

Dans Abhomadi nous devons trouver une altération des nom d'*El Hassan*, qui s'appelait aussi *Abou Ali Mohammed.*

Dans *malfegeyr* il faut lire évidemment *in alfejeyr*, nom de l'aurore en arabe, *fedjer;* et dans *soffe* il faut voir une altération de *chefeq*, le crépuscule du soir.

XXXIII. *Liber Aristotelis de expositione bonitatis pure.*

Il en existe un certain nombre d'exemplaires à la Bibliothèque nationale, ainsi aux nᵒˢ 6318, 6325, 6506, 8802, 6296, 6791, 14717. Aucun ne porte le nom de Gérard.

Le titre est généralement *De causis*, et on trouve à l'explicit : *Sermo de bonitate pura.*

Il en existe aussi avec commentaires.

Les nᵒˢ 6318 et 8802 sont accompagnés d'un commentaire d'Alfaraby. Tel est l'explicit du 6318 : *Expliciunt Canones Aristotelis de puro eterno sive de intelligentia, sive de esse, sive de essentia pure bonitatis, sive de causis expositis ab Alpharabio.*

Le commentaire du nᵒ 6506 semblerait être d'Averroès, se trouvant accompagné d'autres commentaires du même.

L'authenticité de ce livre n'était pas mise en doute au moyen âge. M. Jourdain a donné un extrait curieux d'Albert y relatif, p. 445.

XXXIV. *Liber Aristotelis de naturali auditu.*

Nous n'avons trouvé nulle part cet écrit accompagné du nom de Gérard. M. Jourdain a donné un échantillon d'une traduction arabe latine, p. 405.

XXXV. *Liber celi et mundi.*

Nous en dirons autant que du précédent. V. Jourdain, p. 407.

XXXVI. *Liber de causis proprietatum elementorum.*

Cette traduction se trouve aux n°ˢ 478, 6325, 14,717 et 14,700. Son origine arabe a déjà été prouvée par Jourdain. Nous ajouterons aux noms propres qu'il a donnés celui de *Serendib,* Ceylan. On sait que cet ouvrage est considéré comme apocryphe.

XXXVII. *Liber Aristotelis de generatione et corruptione.*

M. Jourdain en a donné un extrait, de provenance arabe, tiré du n° 6506.

XXXVIII. *Liber Metchororum,* etc.

Le titre annonce que Gérard n'en traduisit que trois livres, ayant trouvé une bonne traduction du quatrième.

Nous trouvons à l'explicit du n° 625 : *Completus est liber metheororum cujus tres libros transtulit M. Girardus de arabico in latinum. Quartum transtulit Henricus de greco in latinum.*

XXXIX. *Tractatus Alexandri Affrodisii,* etc.

M. Jourdain, après avoir cité les traductions *De sensu* et *De tempore,* qui se trouvent la 1ʳᵉ, n° 171 St-Victor, et la 2ᵉ n° 1786 de Sorbonne, qu'il considère comme de Gérard, ajoute qu'il faudrait ajouter le traité *De intellectu.* Le traité *De augmento* lui a échappé.

Il existe cependant au n° 6325, et tel est son incipit :

Tractatus Alexandri quod augmentum et incrementum fiunt in forma et non in yle.

C'est là précisément le titre donné dans notre liste, ce qui nous semble prouver que cette traduction est incontestablement celle de Gérard.

La même traduction existe au n° 6443, intitulée simplement *De augmento.*

XL. *Distinctio Alpharabii super librum Aristotelis de naturali auditu.*

Nous n'avons pas rencontré ce commentaire d'Alfaraby sur la Physique d'Aristote. Cet écrit est mentionné par Ebn Abi Ossaïbiah.

XLI. *Liber Alchindi de quinque essentiis.*

Cette traduction existe aux n°ˢ 9335 et 14,700. Nous pensons qu'il s'agit d'un ouvrage d'El Kendy, mentionné dans la liste du Kitab el hokama et qui porte ce titre : Que la sphère (des astres) est d'une nature particulière qui constitue un cinquième élément.

XLII. *Liber Alpharabii de scientiis.*

Nous avons déjà dit au n° III que nous n'avions pas trouvé d'écrit d'Elfaraby sous le titre de *Silogismo,* que nous en avions trouvé d'autre part deux ayant trait aux sciences, l'un sous le titre *De scientiis* et l'autre sous celui *De ortu scientiarum.* Nous avions émis l'hypothèse d'une transposition de titres, le traité *De scientiis* s'occupant de dialectique.

Quoi qu'il en soit, le traité De scientiis existe au n° 9335 et se présente sous cette forme :

Liber Alfarabii de scientiis translatus a magistro Girardo Cremonensi in Toleto de arabico in latinum.

Il se divise en cinq chapitres :

1° Science du langage.

2° Science de la dialectique.

3° Sciences doctrinales, telles que l'arithmétique, la géométrie, la perspective, l'astronomie, la musique, la statique, etc.

4° Science naturelle et divine.

5° Science civile et législative.

Le traité *De Ortu scientiarum,* qui existe au n° 6298, débute ainsi : *Scias nihil esse nisi substantiam et accidens et creatorem substantie et accidentis benedictum in sæcula.*

Ce dernier ne porte pas de nom de traducteur.

Dans la liste des écrits d'Alfaraby donnée par Ebn Abi Ossaïbiah nous trouvons un assez grand nombre de titres relatifs au syllogisme et à la dialectique, mais nous n'avons rien trouvé qui réponde nettement à celui *De ortu scientiarum* (1).

XLIII. *Liber Jacobi Alchindi de sompno et visione.*

Il existe aux n°ˢ 6443 et 16,613. Dans ce dernier on trouve cet *incipit : Liber de sompno et visione quem edidit Jacobus alchindus, magister vero Gerardus Cremonensis ex arabico in latinum.*

Les ouvrages qui suivent, sous la rubrique *De physica,*

____

(1) Le n° 6443 contient sous ce titre le même ouvrage attribué à Avicenne.

sont des ouvrages de médecine. On sait que le mot *physica* s'est employé dans ce sens.

XLIIII. *Liber Galieni de elementis.*

Les nᵒˢ 11,860 et 14,389 sont des recueils d'ouvrages de Galien traduits les uns du grec et les autres de l'arabe. Ils contiennent l'un et l'autre le livre des Éléments.

Le nᵒ 11860 contient le traité de l'artde guérir, *De ingenio sanitatis*, qui ne paraît pas dans notre liste, attribué à Gérard de Crémone. *Explicit liber de ingenio sanitatis, qui continet particulas XIIII, translatus a magistro Girardo Cremonensi in Toleto de arabico in latinum.*

XLV. *Expositio Galieni super librum Ypocratis de regimine acutarum egritudinum.*

Le commentaire de Galien sur le régime des maladies aiguës d'Hippocrate existe dans plusieurs Mss. de la Bibliothèque nationale. Nous citerons seulement le nᵒ 14,390, qui le donne comme de Gérard, *a magistro Gerardo ex arabico translatus.*

XLVI. *Liber de secretis Galieni.*

Il s'agit sans doute d'un traité intitulé *Liber secretorum ad Monteum*, rangé parmi les apocryphes. On trouve en effet dans cet opuscule, qui n'est autre chose qu'un recueil de recettes, des médicaments qui n'ont été connus que par les Arabes. Il est donné comme ayant été traduit par Honein.

XLVII. *Liber Galieni de complexionibus.*

C'est le livre ordinairement appelé *De temperamentis*. Il existe aux nᵒˢ 11,860 et 14,389, avec d'autres ouvrages de Galien, de traduction arabe, mais nous n'y avons pas rencontré le nom de Gérard.

XLVIII. *Liber Galieni de malitia complexionis diverse.*

Nous trouvons ce titre dans les Mss. précités. C'est le traité De Inæquali temperie.

XLIX. *Liber Galieni de simplici medicina.*

On le rencontre aux mêmes nᵒˢ et au nᵒ 6865. Sa provenance saute aux yeux par la quantité d'expressions arabes qui sont restées transcrites. Le titre à lui seul accuse l'origine.

L. *Liber Galieni de creticis diebus.*

LI. *Liber Galieni de crisi.*

Ces deux écrits se trouvent aux mêmes n^{os} que ci-dessus. Le n° 14,389 dit le premier traduit à Tolède, et le second par Gérard de Crémone.

LII. *Liber Galieni de expositione libri Ypocratis in pronosticatione.*

Les n°s 15,457 et 7030 en présentent une double traduction.

LIII. *Liber veritatis Ypocratis.*

Nous ne connaissons pas d'ouvrage d'Hippocrate portant ce nom. S'agirait-il de l'un de ces deux traités apocryphes qui se trouvent au n° 6893, et qui ont été imprimés dans la collection dite *Articella*, l'un sous le titre : *Liber secretorum Hippocratis* et l'autre sous celui de *Capsula eburnea* ?

LIV. *Liber Isaac de elementis.*

Il s'agit d'Ishaq ben Soleiman el Israïly, médecin du Xe siècle. Ce traité a été imprimé avec les œuvres d'Isaac, mais on n'y rencontre pas le nom de Gérard.

LV. *Liber Isaac de descriptione rerum et diffinitionibus earum et de differentia inter descriptionem et diffinitionem.*

Nous en dirons autant de cet écrit que du précédent. Dans les imprimés il porte simplement le titre : *De diffinitionibus.*

LVI. *Liber Abubecri Rasis qui dicitur Almansorius.*

Il en existe plusieurs Mss. à la Bibliothèque nationale, ainsi n°s 6893, 10,234, 15,458. On y lit en tête: *Incipit liber Abubecri Rasis filius Zacarie translatus a magistro Gerardo Cremonensi in Toleto, qui ab eo Almansorius vocatus est eo quod regis Mansoris Ysaac filii precepto editus est.* On en lit autant aux n°s 58 et 159 de l'Arsenal. Dans les œuvres imprimées de Razès on lit généralement : *Liber ad Almansorem,* au lieu de *Liber Almansorius.*

LVII. *Liber divisionum continens CLIV capitula cum quibusdam confectionibus ejusdem.*

LVIII. *Liber Rasis introductorius in medicina parvus.*

Ces deux n^{os} ont été imprimés avec le nom de Gérard, que nous n'avons pas rencontré dans les Mss. de la Bibliothèque nationale.

LIX. *Liber Abenguefiti medicinarum simplicium et ciborum.*

Cet ouvrage a été imprimé en 1531 à Strasbourg, avec le Tacouim d'Ebou Botlan, sous ce titre : Liber Albenguefit philosophi de virtutibus medicinarum et ciborum, translatus a Magistro Gerardo Cremonensi de arabico in latinum.

LX. *Breviarius Johannis Serapionis.*

Tel est l'explicit du n° 6893 : Hunc librum transtulit Magister Gerardus Cremonensis in Toleto de arabico in latinum.

On l'a imprimé sous ce nom et sous celui de Practica.

LXI. *Liber Azaragui de cirurgia.*

Azaragui est une altération d'Azzahraouy, surnom d'Abulcasis tiré du lieu de sa naissance Zahra.

Tel est l'explicit du n° 7127 : Hunc librum transtulit Magister Girardus Cremonensis in Toleto de arabico in latinum, et est tricesima particula libri Azaragui quem composuit Albucasim.

Cet explicit a son intérêt. Il concourt à établir deux faits que la collection du Tesrif d'Abulcasis a été connue sous le surnom de l'auteur, Ezzahraouy, et que la chirurgie en est le XXX° livre.

LXII. *Canon Aviceni.*

Les Mss. et les éditions imprimées du Canon d'Avicenne sont généralement accompagnés de cette mention, qu'il a été traduit à Tolède par Gérard de Crémone.

Parmi les Mss. nous en citerons un magnifique de la Bibliothèque nationale, n° 14,023, supérieurement exécuté et accompagné de figures et de lettres ornées.

LXIII. *Liber Alkindi de gradibus* (rerum).

Il en existe un exemplaire au n° 9335 de Paris. Il fut aussi imprimé à Strasbourg, en 1531, avec les Tacouim, sans mention de traducteur.

LXIV. *Tegni Galieni cum expositione ali ab Rodoan.*

Il s'agit ici du traité de Galien, vulgairement connu sous le nom d'*Ars medicinalis*. Le mot *tegni* est la transcription du grec. Le commentateur est Ali ben Rodhouan, célèbre médecin égyptien qui vivait au XIe siècle de notre ère.

Nous connaissons déjà cet écrit, à la suite duquel se trouve l'intéressante notice sur la vie et les ouvrages de Gérard. Nous n'y reviendrons pas.

Cette traduction a été imprimée à Venise et à Lyon.

De Alchimia.

Cette série comprend trois traductions.

LV. *Liber divinitatis de LXX.*

Il s'agit ici d'un ouvrage de Géber. Nous trouvons en effet le livre des soixante-dix indiqué dans Hadji Khalfa au nᵒ 10,172.

La traduction existe au nᵒ 7,156 de la Bibliothèque nationale : Liber de septuaginta libris translatus a magistro *Renaldo* Cremonensi de lapide animali : Liber divinitatis qui est primus de septuaginta.

L'auteur nous avertit qu'il a donné un nom particulier à chacun des 70 livres. On en trouve en effet la nomenclature établie de cette manière. Ainsi :

Liber capituli qui est secundus de LXX.

Liber experimentorum qui est XXV de LXX.

Liber corone qui est XXVI de LXX.

Liber evasionis qui est XXVII de LXX.

Liber faciei qui est XXVIII de LXX.

Liber fornacis qui est XXXII de LXX.

Liber claritatis qui est XXXIII de LXX, etc.

Le Fihrist mentionne aussi le livre des 70 dans la bibliographie de Géber, et même nous y trouvons le commencement de la série donnée dans la traduction latine, ainsi :

Kitab allahout (forme syriaque du mot *allah*, Dieu.)

Kitab elbab, livre du chapitre.

Cet ouvrage n'en a pas moins échappé à Lenglet–Dufresnoy, et nous l'avons en vain cherché dans l'Histoire de la philosophie hermétique.

LXVI. *Liber de aluminibus et salibus.*

Cette traduction existe anonyme au nᵒ 6,514 de la Bibliothèque nationale. Nous ne l'avons pas trouvée mentionnée dans la liste des ouvrages de Razès, à qui la traduction latine le rapporte. Razès, dit le Fihrist, écrivit un grand nombre d'ouvrages sur l'Alchimie, et il se borne à citer la collection des douze livres, en cela imité par Ebn Abi Ossaïbiah.

LXVII. *Liber lumen luminum.*

Nous trouvons encore cet ouvrage attribué à Razès dans le même n° 6514, sous cette forme : Liber Raxis qui dicitur lumen luminum *magnum*. Il en est de même au n° 7516. Il a été imprimé, mais nous ignorons pourquoi l'on ajoute au nom de Razès l'épithète *Castrensis.*

De geomantia.

LXVIII. *Liber geomantie de artibus divinatoriis qui incipit estimaverunt Indi.* (Laon, *de artibus divinatricibus*).

Nous n'avons pas rencontré cette traduction à Paris, mais elle existe à Oxford. Pourrait-on rapprocher de ce titre un opuscule qui se trouve au n° 7458, et dont tel est l'explicit : Libellus geomantie juxta arabum semitas ex arabico in hispanum et ex hispano idiomate in latinum translatus ?

Quoi qu'il en soit, il s'agit d'autre chose que de la *Géomantie astronomique,* œuvre de Gérard de Sabionetta, qui fut d'ailleurs composée en 1294, puis traduite en français et en italien et sur laquelle on peut consulter M. Boncompagni.

LXIX. *Liber Alfadochi (Alfadhol, R.) I de arabachi.*

Nous pensons qu'il s'agit ici d'un traité d'astrologie judiciaire, qui se trouve au n° 7323 de la Bibliothèque nationale, sous le titre : *Liber judiciorum philosophi Alfadol de Merengi qui fuit saracenus de Caldea.* Dans *arabachi* nous croyons qu'on peut lire : *arafati,* de la divination.

LXX. *Liber de accidentibus alfel* (R. alfeb).

Il s'agit évidemment ici des présages, *alfâl.*

LXXI. *Liber anohe et est tanquam sacerdoti in ar in arlogium.*

Le Mss. de Rome donne simplement : *Liber anohe.*

Le titre de cet ouvrage, *Liber anoe,* ne comporte aucune difficulté, mais les mots qui le suivent sont encore une énigme pour nous.

Les Arabes appelaient *anoua* les constellations qui présidaient aux phénomènes météorologiques. Il s'agit donc ici d'un calendrier astronomique ou d'une sorte d'almanach.

Nous sommes tenté de croire que nous avons ici le *Liber anoe*, qu'a publié Libri dans son Histoire des sciences mathématiques, et après lui M. Dozy, avec le texte arabe.

Nous trouvons même, dans la préface de M. Dozy, des raisons à l'appui de notre manière de voir.

« Le texte arabe contient des choses qui ne sont pas dans le texte latin, mais, en général, ce dernier est plus étendu. On y trouve notamment l'indication des lieux à Cordoue ou dans le voisinage de cette ville, où se célébraient les fêtes des saints, indication que l'autre texte ne donne jamais, et ce qui est fort curieux, c'est que les noms des martys du temps des princes Omaiyades Abdérame II, Mohammed et Abdérame III, s'y trouvent, tandis qu'on les cherche en vain dans l'autre version.

« De tout cela on serait presque tenté de conclure qu'à parler strictement notre calendrier n'est ni celui de Rabi, ni celui d'Arib, mais l'ouvrage *d'une troisième personne* qui, après avoir abrégé les deux calendriers, les aura fondus en un seul. Les différences notables entre la version arabe et la version latine font même penser qu'il y a eu deux abrégés, ou deux rédactions d'un seul abrégé. »

Cette troisième personne, dont parle M. Dozy, ne serait-elle pas Gérard de Crémone?

En tout cas il nous semble que les difficultés énoncées par M. Dozy trouvent une explication facile en admettant Gérard comme traducteur.

Outre les traductions inscrites dans notre liste, il en est encore quelques autres attribuées à Gérard de Crémone.

1º On lui attribue généralement la traduction du Traité de perspective d'El Hassan ebn el Heitsam, vulgairement connu sous le nom d'Al Hasen, mais sans apporter de preuves à l'appui. Cette attribution n'en est pas moins vraisemblable, d'autant plus que cette traduction ne porte pas de nom, et que Gérard a traduit le Traité des crépuscules du même auteur.

2º L'ouvrage de magie, connu sous le nom de *Kiranides,* sur lequel on peut consulter le Dictionnaire historique de Marchand, est encore attribué à Gérard de Crémone.

3° M. Boncompagni, dans sa notice sur Gérard, a publié une traduction d'un traité d'algèbre qui commence ainsi :

Incipit liber qui secundum Arabes vocatur algebra et al mucabala, et apud nos liber restauracionis nominatur, et fuit translatus a Magistro Giurardo Cremonense in Toleto de arabico in latinum.

4° M. Boncompagni cite encore la traduction d'un traité d'astrologie d'Al Chabitius, qui existerait à Oxford sous le nom de Gérard de Crémone. D'autre part, il en existe plusieurs exemplaires à Paris, mais sous le nom de Jean d'Espagne. Ce ne serait pas, du reste, le seul ouvrage traduit par d'autres, que ce traducteur aurait aussi traduit. C'est ainsi que le *Secretum secretorum,* attribué à Aristote, nous est arrivé en traduction latine sous le nom de Jean d'Espagne et sous celui de Philippe de Tripoli.

5° Rappelons encore une autre traduction d'astronomie que nous avons déjà citée à propos des Tables de Géber ben Aflah, et qui paraît différente de la traduction de ces Tables. Elle existe à Oxford sous ce titre : *Liber omnium spherarum celi et compositionis tabularum translatus a Magistro Gerardo Cremonense de arabico in latinum.* L'explicit dit la traduction faite à Tolède.

Tel est donc l'ensemble des traductions de Gérard, à nous connues. Elles montent à soixante-seize.

Pour mieux faire comprendre l'importance de l'œuvre accomplie par Gérard, nous allons récapituler ces traductions par ordre de matières et par noms d'auteurs.

En suivant l'ordre établi par notre liste, on trouve qu'elles se répartissent ainsi :

Dialectique	3
Géométrie	17
Astrologie (Astronomie)	12
Philosophie	11
Physique (Médecine)	21
Alchimie	3
Géomantie	4
Total	71

Si nous faisons le recensement des auteurs traduits, nous trouverons les noms suivants :

Parmi les Grecs, Aristote largement représenté, Alexandre d'Aphrodisée, Thémistius, Archimède, Euclide, Théodose, Ménélaüs, Ptolemée, Hypsiclès, Autolycus, Hippocrate et Galien ; et parmi les Arabes, Alfaraby, Tsabet ben Corra, les fils de Moussa ben Chaker, El Khouarezmy, Send ben Aly, Ennaïrizy, Al Kendy, Alfargan, Géber ben Aflah, Macha Allah, Ebn el Heitsam, Sérapion l'Ancien, Isaac l'Israélite, Ebn el Guefith, Razès, Abulcasis, Avicenne et Aly ben Rodhouan.

Il nous semble qu'on pouvait faire un choix plus mauvais parmi les philosophes, les mathématiciens, les astronomes et les médecins de l'une et l'autre catégorie.

Gérard a bien mérité de la science et du moyen âge en lui livrant une masse aussi considérable de traités scientifiques alors introuvables ou complétement inconnus.

Pour accomplir un labeur aussi considérable, il fallait l'homme laborieux et dévoué tel que la notice nous le révèle. Sa modestie, qui lui fit dédaigner de signer toutes ses traductions, l'a laissé dans un demi-jour d'où nous nous sommes fait un plaisir de le retirer.

On sait quelle était la pauvreté scientifique du moyen âge quand apparut Gérard de Crémone. Jourdain, qui l'a signalée dans ses Recherches sur les traductions d'Aristote, ne connaissait de Gérard que vingt traductions sur soixante-seize, dont la moitié relatives à la médecine. D'Aristote, il ne connaissait que celle des Météores et nous en connaissons six autres. Il ignorait absolument celles relatives aux sciences mathématiques et astronomiques. Nul doute qu'il eût autrement apprécié Gérard s'il avait connu, comme nous le connaissons aujourd'hui, son œuvre entière, et qu'il eût autrement jugé le mouvement scientifique de l'époque. On pourrait en dire autant, relativement à la philosophie, de l'auteur d'Averroès et l'Averroïsme (v. p. 201).

Gérard, à lui seul, mit en circulation une masse plus considérable d'idées que tous ses émules réunis. Si, parmi ses traductions, il en est de proportions exiguës, il en est aussi de grandioses, notamment celle du Canon d'Avicenne, qui suffirait presque à elle seule pour occuper la vie d'un homme.

Comment s'étonner que ces traductions soient défectueuses, et qu'elles soient écrites dans un latin barbare? Gérard n'avait pas seulement la langue arabe à apprendre, mais pour ainsi dire l'encyclopédie des sciences à apprendre, car elles sont à peu près toutes, même les plus difficiles et les plus abstraites, comprises dans son œuvre. Pour l'une et l'autre tâche il n'avait pas les ressources que l'on possède aujourd'hui et qui rendent les traductions beaucoup plus faciles. C'est ce qu'ont oublié des critiques sévères, tous plus ou moins incompétents, sans en excepter l'auteur du livre de l'Interprétation, l'illustre Huet. Cette barbarie de langage que l'on reproche à Gérard était fatale. On n'écrivait pas alors comme on écrivit plus tard lors de la Renaissance. Cette barbarie, du reste, nous ne l'avons pas vue reprochée par des hommes spéciaux, tels que les Libri, les Chasles, les Boncompagni, les Woepcke.

Quant aux équivalents qui lui ont fait défaut, pouvait-il en être autrement, vu l'époque où il vécut et l'immensité de son œuvre ? Du reste, parmi les termes techniques simplement transcrits, un bon nombre répondaient à des idées nouvelles et sont restés dans l'usage.

La technologie est le côté faible des traductions de Gérard, ce qui les rend plus ou moins incorrectes et leur donne parfois une apparence de barbarie. Si l'on compare la traduction de la Chirurgie d'Abulcasis avec celle du Canon d'Avicenne, on ne rencontre pas dans la première ce qui choque dans la seconde. C'est qu'ici la technologie occupe une place importante, particulièrement dans le deuxième livre. Beaucoup d'équivalents devaient nécessairement faire défaut, ayant trait à des substances nouvelles. D'autres étaient d'une détermination difficile, car on sait qu'après tant de commentaires la synonymie des Simples de Dioscorides n'est pas encore irrévocablement établie. La technologie grecque ne parvint à Gérard que défigurée par les copistes arabes, de là tant de transcriptions vicieuses, faciles du reste à rétablir pour des arabisans, un grand nombre pêchant surtout par la position vicieuse des points diacritiques. Une traduction d'Ebn el Beithar, au lieu de Sérapion le jeune, eût épargné bien des dissertations souvent stériles aux Matthiole et aux Saumaise, en même temps qu'elle eût évité des accusations à l'école arabe, faites par des savants munis de toutes les ressources modernes.

Avant de traduire, il faut commencer par assurer son texte. Ce dut être difficile à Gérard d'assurer celui d'Avicenne, quand on songe que l'édition de Rome, qui parut en des temps beaucoup plus avantageux, est cependant criblée de fautes.

Il ne faut donc pas s'étonner de rencontrer dans les traductions de Gérard tant d'épaves de la technologie arabe, mais s'étonner qu'un homme ait pu suffire à tant de traductions diverses, n'ayant, pour établir sa technologie, que l'étude approfondie des originaux.

La notice biographique de Gérard mentionne exclusivement des traductions. Elle ne laisse pas même supposer qu'il ait composé des ouvrages originaux.

Il existe à la Bibliothèque Bodléienne un traité d'arithmétique sous ce titre : Algorismus magistri Gerardi de integris et minutiis. M. Chasles s'est demandé si cet ouvrage ne serait pas de Gérard de Crémone. On le rencontre aussi à la Biblioque nationale, notamment aux n°⁵ 7215 et 7292, mais sans nom d'auteur.

Il est encore d'autres ouvrages qui portent le nom de Gérard, que l'on a parfois attribué à Gérard de Crémone, mais qui appartiennent à des homonymes. Ces homonymes sont au nombre de trois.

Le premier qui porte aussi le nom de Gérard de Crémone, est plus connu sous le nom de Gérard de Sabionetta, parce qu'il naquit à Sabionetta, localité voisine de Crémone. Ce que nous savons de lui atteste qu'il vivait dans le courant du XIIIᵉ siècle. Tiraboschi a mis en avant l'hypothèse qu'il pourrait bien être le fils ou le neveu du premier Gérard, et cette hypothèse a été reproduite. On oubliait que notre Gérard le traducteur était entré dans les ordres, ainsi que nous l'avons vu dans la notice : *Nostri gloria cleri*. Tiraboschi propose encore de laisser au premier Gérard les traductions, et de rapporter à Gérard de Sabionetta les ouvrages originaux. Cette opinion est erronée. Le seul écrit que l'on puisse attribuer pertinemment à Gérard de Sabionetta est la *Theorica Planetarum,* qui fut plusieurs fois imprimée, et dont Régiomontan fit une réfutation.

L'auteur de l'article Gérard de Crémone, dans la nouvelle Biographie universelle, fait un triage dans les traductions, et attribue les unes au premier Gérard et les autres au second. Nous ne saurions adopter cette manière de voir. La notice que nous avons exhumée après M. Boncompagni nous paraît un document beaucoup plus sûr que tout ce que l'on peut trouver dans les écrivains italiens, qui trop souvent font preuve d'ignorance. C'est ainsi qu'ils prennent le titre d'un livre de Razès, adressé à El Mansour, pour en faire le nom d'un grand médecin arabe. Que Gérard de Sabionetta ait connu l'arabe, ait fait des traductions, nous l'ignorons, et on ne nous en a pas donné d'autres preuves qu'en puisant dans la liste des traductions, qui nous paraissent incontestablement l'œuvre du premier Gérard, pour les attribuer au second. On lit bien dans *Cremona illustrata* que, sur l'invitation de Frédéric II, Gérard de Sabionetta traduisit Avicenne de l'arabe en latin, mais cela nous paraît simplement fabuleux.

Quant aux autres ouvrages attribués à Gérard de Crémone, et qui parfois portent son nom dans les manuscrits, nous renvoyons à la dissertation de M. Littré, insérée dans le tome XXI de l'Histoire littéraire. Nous nous bornerons à dire que M. Littré considère comme de Gérard ou Géraud du Berry la *Summa medendi* et le commentaire sur le Viatique, et comme de Gérard de Solo l'*Introductorius.* Nous aurions bien quelques observations à faire, mais ce serait sortir de notre sujet.

Il existe à la Bibliothèque de la Faculté un Ms. contenant la traduction du commentaire d'Ali ben Rodhouan par Gérard de Crémone, avec la liste de ses écrits et la notice biographique. M. Franklin, dans ses *Recherches,* p. 143, donne le contenu de ce Ms. Malheureusement on n'a pu jusqu'à présent nous le présenter.

RODOLPHE DE BRUGES.

Nous avons déjà vu que la traduction du Planisphère de Ptolémée, appartient à Hermann Dalmate, et non pas à Rodolphe de Bruges auquel on l'attribue généralement (1).

Cette confusion en a naturellement entraîné une autre. Nous ne connaissons guère ces personnages que par les renseignements consignés dans leurs écrits. On a donc transporté à Rodolphe de Bruges, ceux que nous trouvons consignés dans la traduction du Planisphère. C'est ce qu'a fait l'Histoire littéraire, qui donne pour maître à Rodolphe ce Thierry ou Théodoric, auquel l'ouvrage d'Hermann est dédié.

Nous allons faire connaître un traité de l'Astrolabe, qui appartient bien réellement à Rodolphe de Bruges.

On lit encore dans l'Histoire littéraire : « Dans la Bibliothèque Cottonienne on a un Ms. qui porte ce titre : Descriptio cujusdam instrumenti cujus est usus in metiendis stellarum cursibus per Rodolphum Brugensem Hermanni secundi discipulum.

C'est apparemment la description de l'astrolabe, dont on attribue l'invention à Hermann Contract, écrivain du XIe siècle, duquel Rodolphe est dit ici le disciple, parce qu'il suivit sa méthode dans l'astronomie. »

Avant d'aller plus loin, nous relèverons ce qu'il y a d'erroné dans ce passage. Rodolphe ne peut pas être dit le disciple d'Hermann Contract, ni même de son école, puisque l'Hermann dont il s'agit ici est qualifié de *Secundus,* Hermann Contract ayant été naturellement pris comme le premier.

Nous relèverons encore une autre erreur de l'Histoire littéraire : « Hermann mit en latin le Planisphère de Ptolémée sur la *version arabe de Meslem.* » Nous savons maintenant à quoi nous en tenir sur les versions arabes, question qui n'était pas encore connue il y a bien peu de temps.

(1) Voyez Huet, de Interpretatione.

L'ouvrage de la Bibliothèque Cottonienne est sans doute le même qui existe à la Bibliothèque nationale, sous le n° 16,552, ancien 1759, et qui avait été déjà signalé par Jourdain. Il est contenu du f° 24 au f° 28.

Telle est la dédicace : « Cum celestium sphærarum diversam rationem, stellarum diversos ortus diversosque casus mundo inferiori ministrare sit manifestum, hujusque varietatis descriptio ut in plano representetur sit possibile, prout Ptolomeo ejusque sequaci Meslem qui dictus est *Abou Karechita?* visum est, proposse suo hujus instrumenti formulam dilectus dilectissimo domino suo Johanni Rodulfus Brugensis Hermanni secundi discipulus scribit. »

Disons d'abord que nous ne connaissons pas ce Jean, et que la qualification de Meslem (Moslema), est une énigme pour nous (1).

L'auteur commence par la description de l'astrolabe. A la feuille 27 on lit : Perfecta astrolabii fabrica, nunc de utilitate ejus quæ necessaria sunt subjungamus. L'ouvrage finit à la feuille 28 sans explicit, sur ces paroles : In eodem precul dubio solem esse recognosces.

Que cet ouvrage soit une traduction ou bien une compilation, c'est ce qui n'est pas expressément énoncé. La qualification que prend Rodolphe, de disciple d'Hermann le second, semblerait accuser chez lui la connaissance de l'arabe. Cette connaissance ne nous paraît pas être la conséquence forcée de la citation de Moslema, qui a effectivement composé un traité de l'astrolabe, qui existe à l'Escurial, n° 967. On pourrait, il est vrai, admettre avec l'Histoire littéraire que Rodolphe habita l'Espagne, mais Moslema put lui venir par une autre voie. Pour trancher la question de traduction il faudrait comparer l'ouvrage de Rodolphe avec le manuscrit de l'Escurial. En attendant, il faut se rappeler que Rodolphe cite simplement Moslema côte à côte avec Ptolémée, ce qui, nous l'avouons, n'exclurait pas la question de traduction, mais ce qui pourrait être plus explicite, même dans une dédicace.

(1) Moslema est dit aussi *Aboul Cassem*. En aurions-nous une altération ?

Il n'en reste pas moins hors de doute que le traité de l'astrolabe de Moslema fut connu des Latins.

DANIEL DE MORLAY.

Daniel, né en Angleterre, fit de bonnes études à Oxford, puis à Paris. Plus tard, dit Pits, il s'abandonna à des futilités. Avide de connaître les mathématiques, il conçut le projet d'aller chez les Arabes pour les étudier à la source. Ayant appris qu'on les enseignait pareillement à Tolède, il s'y rendit, travailla avec ardeur, puis revint dans son pays, où il publia de savants ouvrages. On cite: De principiis rerum, De superiore mundo, De inferiore mundo. Il florissait en 1190.

Bien qu'on ne nous parle pas de ses traductions, Daniel dut apprendre l'arabe et y puiser les éléments de ses écrits. C'est à ce titre que nous avons cru devoir le mentionner.

AURELIUS.

Nous ne le connaissons, non plus que Jourdain, que par un passage qui se lit à la fin de la traduction des Météores :

Completus est liber Metheoraurum, cujus tres libros transtulit Magister Girardus de arabico in latinum : quartum transtulit Henricus de grœco in latinum : tria vero ultima Avicennæ capitula transtulit Aurelius de arabico in latinum (Ms. 6325). Cette traduction est également signalée à l'explicit du n° 6319.

EUGENIUS SICULUS.

Eugenius, dit Ammiratus ou Ammiracus Siculus, naquit sans doute en Sicile. Nous ne le connaissons que par la traduction de l'Optique de Ptolémée.

· Jourdain croit qu'il appartient au XIIIe siècle, contrairement à l'opinion de Caussin, qui le place au XIIe. Il soupçonne même qu'il a écrit à l'instigation de Frédéric II ou de Mainfroy.

Cette traduction existe à Paris aux n°ˢ 7310 et 10,260, sous ce titre : Liber Ptolomei de opticis, sive de aspectibus, translatus ab Ammiraco Eugenio siculo de arabico in latinum.

Elle débute par un prologue, où le traducteur exposant que la différence du génie des langues étant une cause de difficulté, il a cru devoir commencer par une introduction pour faciliter au lecteur la connaissance du sujet traité. Dans cette introduction se trouvent quelques mots qui sembleraient appuyer l'opinion de Jourdain : Illa (optica) in presenti libro interpretari non recusavi.

MARCUS DE TOLÈDE.

Nous ignorons l'époque précise où il vécut. Jourdain pense, d'après les manuscrits, qu'il est postérieur au XIIIᵉ siècle. Tout ce que nous savons de lui, c'est qu'il était chanoine de Tolède. Il nous a laissé deux traductions, celle du Coran et celle du Traité des mouvements apparents de Galien.

La traduction du Coran existe au n° 3394, corrigée par des interlignes ou des notes marginales. Nous en donnerons un échantillon, que l'on pourra comparer avec celle de Robert de Rétine.

Telle est la première sourate.

Materia libri. Septem periodi.

In nomine Dei misericordis miscratoris. Gloria Deo creatori gentium (Domino creaturarum), misericordi, miseratori qui regnat in die legis (regis diei judicii). Te quidem adoramus, per te vivimus (et te invocamus). Dirige nos in viam rectam quam eis erogasti non eorum contra quos iratus es damnatorum (viam eorum quibus gratiosus es erga eos sine ira contra eos et non errantium).

Telle est la sourate de l'Eléphant.

Prophetia Elephantum. Sura CV.

In nomine Dei misericordis miseratoris, amen. Nonne vidisti qualiter egit creator (Dominus) tuus cum equitibus (comitibus) elephantum. Nonne quod cogitaverunt facere damnavit (posuit conatus eorum in perditionem).

Et misit super eos baboloniæ aves (omnigenas) quæ lapides super eos projecerunt torrentes (nigras) et in granum de pastum eos redegerunt.

On voit que la traduction de Marcus ne vaut pas mieux que celle commandée par Pierre le Vénérable.

Quant au Traité de Galien, des Mouvements sensibles, *de motibus liquidis*, comme dit la traduction de l'arabe, il a été inséré par les Juntes dans leur édition de 1586, parmi les *Spurii*, bien que l'authenticité de ce livre soit incontestable, attendu qu'il est cité par Galien lui-même. La traduction latine mentionne comme traducteur du grec Johannitius, c'est-à-dire Honein.

GUILLAUME DE MORBEKE.

Guillaume, ainsi nommé de sa patrie, localité des environs de Bruxelles, naquit vers le commencement du XIIIe siècle. Il entra dans les Frères prêcheurs, apprit le grec, et, dit l'historien de cet ordre, l'arabe aussi, ce qui le fit envoyer en Grèce par ses supérieurs. Il devint plus tard archevêque de Corinthe, attaché à la personne des papes, cardinal, et passa une partie de son existence laborieuse en Italie. En 1274, il accompagnait le pape Grégoire X au concile de Lyon, où, de concert avec des prélats grecs, il chanta du grec à la messe de St-Jean. Quétif et Echard ne le suivent plus après 1281.

Guillaume était ami de Vitellio, l'auteur de la Perspective, qui avait passé quelque temps en Italie, et lui dédia son livre. Nous avons déjà fait observer l'erreur de certains biographes, qui ont vu dans Guillaume le frère de Vitellio. Le mot *frère*, employé dans la dédicace, est tout simplement un titre d'amitié.

Guillaume consacra ses veilles à la traduction du grec en latin. Ses traductions portèrent particulièrement sur Aristote, au point que l'on a dit abusivement qu'il l'avait traduit tout entier. Il traduisit aussi Simplicius et Proclus ; enfin le livre des Aliments de Galien et les Pronostics d'Hippocrate tirés des phases de la lune, qui existent à Paris, n⁰ˢ 6865, 7337 (1).

Nous avons vu que l'on donne à Guillaume la connaissance de l'arabe. Quétif et Echard jugent par induction qu'il a traduit de l'arabe l'Elévation théologique de Proclus, qu'il achevait à Viterbe, en 1268. St-Thomas dit que cette traduction dérive de l'arabe, et il ajoute que l'on n'en avait pas encore reçu d'après le grec. Elle existe au n° 16,097 (ancien 954), où l'on pourrait, par une étude attentive, voir si elle procède réellement de l'arabe.

Roger Bacon traite aussi sévèrement Guillaume que les autres traducteurs, ses contemporains.

Entre autres ouvrages on lui attribue un traité de géomantie.

ALFRED DIT L'ANGLAIS, LE PHILOSOPHE, OU DE SARCHEL.

Le personnage d'Alfred soulève quelques difficultés.

D'une part, ses biographes nous le donnent comme appartenant au XIII° siècle, de l'autre, des faits consignés dans les écrits qui lui sont attribués sembleraient le rattacher au XII°.

Voici, en somme, ce qu'on lit dans Pits. Alfred était un homme versé dans toutes les sciences et la philosophie, et très habile dans les langues. Après de solides études dans son pays, il fréquenta les plus célèbres écoles de France et d'Italie, où il se perfectionna. Bacon le compte parmi les bons interprètes. Il se rendit ensuite à Rome, où le Pape Urbain IV le chargea d'accompagner dans une mission en Angleterre, le cardinal Ottoboni, et cela en raison de sa prudence et de son savoir.

Tels sont ses écrits.

In Boetium de consolatione philosophiæ.

____

(1) Cet opuscule est imprimé dans le recueil dit *Articella*. Lugd. 1515, f° 73.

In meteora Aristotelis.

In eumdem de Vegetabilibus.

De naturis rerum.

De musica.

De motu cordis.

De educatione accipitrum.

Il florissait en 1270.

La notice de Bâle n'ajoute rien d'important à ce récit.

Notons que le pape Urbain IV siégeait de 1261 à 1264.

Alfred est surtout connu par sa traduction de l'arabe du traité des Plantes, attribué soit à Aristote, soit à Nicolas de Damas. Cet ouvrage est dédié à l'un de ses amis, que certains Mss. désignent simplement par l'initiale R, et que d'autres désignent en toute lettre, *Rogere*, ainsi le Mss. n° 6323 de la B. nationale. Jourdain y a vu Roger de Hereford, et comme Roger de Hereford vivait un siècle auparavant, il n'a pas craint de taxer Pits d'erreur.

Nous n'avons pas rencontré dans les Mss. ce nom de Roger de Hereford, et nous ignorons si c'est par induction que Jourdain l'a adopté. Mais nous avons un renseignement qui paraît avoir échappé à Jourdain. Il est consigné dans le Ms. n° 16,097, ancien 954, qui contient un commentaire de Pierre d'Auvergne sur ce même livre des Végétaux traduit par Alfred. C'est l'habitude, dit Pierre d'Auvergne, chez les anciens traducteurs, de commencer par un prologue. C'est ainsi qu'Alfred, *Alvaredus*, s'est comporté à propos de ce livre, qu'il a traduit de l'arabe en latin, et auquel il a fait quelques additions motivées par le génie différent des deux langues. Il le dédie à l'un de ses plus chers amis, Roger, enfant de l'Irlande, *puer de hebardia*? Quelle que soit la valeur de ce mot que nous avons rendu par Irlande, qu'il soit altéré, nous avons de la peine à croire que l'on puisse y voir Roger de *Hereford*, à moins qu'on ne veuille admettre une altération.

Pour notre part, nous croyons qu'il est difficile, d'après ce seul document, d'admettre que l'ami d'Alfred soit bien réellement Roger de Hereford.

Il est encore une autre petite difficulté. Parmi les écrivains du XIIIe siècle qui ont mis à profit le Livre des végétaux, il faut citer Vincent de Beauvais, dont le *Speculum*, où le livre des végétaux est largement mis à contribution, fut achevé en l'année 1259. Il faudrait donc admettre que la traduction du livre des végétaux fut achevée quelque temps avant cette époque. Et l'on nous dit qu'Alfred florissait en l'année 1270.

Ne pouvant concilier tous ces faits, Meyer, dans l'édition qu'il a donnée du Traité des végétaux, ne voit pas d'autre issue que d'admettre deux Alfred (et naturellement deux Roger) qui auront été confondus par les historiens.

Sprengel, dans son Histoire de la botanique, I. 281, n'a connu Alfred que d'après Fabricius, et ne sait s'il est identique avec un autre Alfred qui vivait au Xe siècle.

Quoi qu'il en soit, et nous avouons ne pouvoir trancher la difficulté d'après les documents actuellement à notre disposition, il est incontestable que la traduction d'Alfred se fit d'après l'arabe. A défaut de témoignage formel, les noms grecs défigurés, les épaves de locutions arabes suffiraient pour établir son origine.

Il est un fait que Jourdain a relevé, c'est que le texte grec publié par Duval n'est pas le texte primitif, mais une traduction faite d'après la version arabe latine.

Jourdain pense que « la critique à laquelle Roger Bacon se livre à propos du *Belinum* prouve que l'auteur exécuta sa traduction en Espagne. » Le mot *belinum* (1), que l'on rencontre avec étonnement dans la traduction d'Alfred, correspond au *Lebakh* des Arabes, le *Persea* des Grecs, que l'on dit perdre ses propriétés toxiques par la transplantation. Jourdain avoue qu'il ne saurait se rendre compte de cette altération, c'est-à-dire du *lebakh* transformé au point que Roger Bacon a pu le rendre par *jusquiame*. Cela nous paraît cependant facile à expliquer. Il suffit d'écrire en arabe le mot *lebakh* avec l'article, et pour peu que l'on abaisse la saillie du second *lam* et que l'on déplace les points diacritiques, on pourra lire *bendj* la jusquiame, au lieu de

____

(1) L'arabe *ellebakh* se dégrade facilement de manière à être lu *belenum*.

lebakh. (1) Nous avons tenu à relever ce fait qui semble indiquer dans Roger Bacon une certaine connaissance au moins de l'écriture arabe.

Jourdain parle aussi de la connaissance qu'Albert a eue de cette traduction. Il en a signalé les défectuosités, qu'il attribue à l'impéritie des traducteurs, ce qui a fait croire qu'Albert était l'auteur de cette traduction.

Le livre des Plantes a été édité à Leipsick en 1841, par Meyer, l'auteur de l'Histoire de la botanique, qui l'a enrichi d'une traduction et de notes savantes. Il eut toutefois gagné à connaître davantage l'arabe, et à prendre connaissance des manuscrits.

Les historiens, ainsi que nous l'avons vu, attribuent à Alfred un livre sur les Plantes d'Aristote. Il semblerait que ce soit ici un ouvrage différent du précédent. Nous le trouvons, en effet, dans le n° 14,700, ancien 32 St-Victor, sous ce titre : Commentum Alvredi super librum Aristotelis de Vegetabilibus.

Il va du f° 391 au f° 394. Ce qui nous le fait considérer comme un ouvrage à part, c'est que la fin diffère du précédent.

Le livre *des Météores*, on ne nous dit pas si c'est un commentaire ou une traduction, se trouve au n° 6514 de la B. nationale sous ce titre : Liber Metheoraurum Alfredi philosophi ? (2)

---

(1) Il est une autre altération de nom propre, au sujet de laquelle Jourdain n'a pas été plus heureux. Il s'agit d'Empédocle, qui figure dans la traduction d'Alfred sous la forme d'*Abrucalis* ou Abrucatus. Eh bien, qu'on écrive le mot Empédocle en arabe, et on verra qu'il est facile de le dégrader promptement au point qu'on soit obligé de le lire Abrucalis. Il suffit de supprimer le *noun*, n, et de donner au *dal*, d, une forme qui se confonde avec celle du Ra, r, et l'on est obligé de lire *Abrucalis*. Jourdain, pour n'avoir pas songé à cela, s'est rabattu sur Proclus, qui n'a rien à voir ici.

(2) Il y a cependant une réserve à faire à propos de cet ouvrage. Jourdain admet comme nous qu'il s'agit ici d'Alfred, mais Jourdain n'a pas lu ce qui suit cet énoncé. D'abord, on pourrait, comme le remarque Jourdain, lire : *Alphidii* et ensuite prendre ce personnage comme auteur d'un traité d'alchimie qui suit, et qui a échappé à

Le livre *De motu cordis* se trouve au n° 16,613, ancien 1703. Il est compris entre les folios 68 et 90, et se termine ainsi: Explicit liber magistri Alvredi de motu cordis. Cet ouvrage, divisé en 16 chapitres, n'est que le reflet des doctrines anciennes.

ALFONSE X ET LES TRADUCTIONS DE L'ARABE.

Alphonse de Castille, dit le sage ou le savant, fut le plus passionné des princes qui encouragèrent l'étude des monuments arabes.

Frédéric II cherchait bien aussi dans les traductions des matériaux pour ses études propres, mais ses préoccupations n'étaient point exclusives, il tentait d'élargir le champ de la philosophie et de la science. Alphonse, au contraire, ne fit traduire que des ouvrages d'astronomie, pour laquelle il s'était amouraché, et beaucoup de ses traductions, restées dans la langue castillane, ne purent, au moyen du passage dans la langue latine, entrer dans la grande circulation.

Toutes les traductions commandées à grands frais par Alphonse, convergeaient à l'exécution de l'ouvrage qui nous est resté de lui sous le titre de *Tables alphonsines*.

Le mouvement un peu fébrile provoqué par Alphonse, n'en a pas moins de l'intérêt, ne fut-ce que par son originalité.

Nous ne pouvons nous arrêter longtemps sur ces traductions, et cela, pour un double motif. D'une part, en raison de leur spécialité, de leur destination et de leur immobilisation partielle dans le castillan, elles ne grossirent pas beaucoup la somme des documents arabes dont l'archevêque de Tolède avait provoqué la mise à jour; de l'autre, nous n'avons pour les étudier que des renseignements sujets à contrôle, fournis par Antonio, dans sa Bibliothèque espagnole.

Jourdain. On peut aussi admettre qu'il y a du trouble dans ce Mss., qu'il y a là un énoncé sans ouvrage, puis un ouvrage sans titre. Cet Alphidius ne nous est pas autrement connu, si tant est qu'il existe.

On dit qu'Alfonse fit venir de Tolède Aben Ragel et Alchibicius, qu'il appelait ses maîtres ; de Séville, Aben Moussa (Yehouda) et Mohammed ; de Cordoue, Joseph ben Ali, et Jacob Abencena ; plus de Gascogne et de Paris, une cinquantaine d'autres savants.

Il leur proposa d'abord la traduction du Tetrabiblon de Ptolémée, et les réunit dans le palais de la Galiana près de Tolède, présidant leurs réunions, ou se faisant remplacer par Aben Ragel et Alquibicius. De l'année 1218 à l'année 1262, ces savants se livrèrent à l'étude et à l'observation des astres, puis Alfonse les renvoya contents et enrichis, leur accordant, soit des sommes d'argent, soit des exemptions d'impôts pour eux et leurs héritiers, dont les titres se conservèrent à Tolède.

Quant aux Tables Alfonsines, il nous suffira de les avoir indiquées.

On sait que l'astronomie, telle qu'on pouvait la connaître alors, ne satisfit pas Alfonse, et qu'il se prit à dire que si Dieu l'avait consulté pour l'établissement du système céleste, il y aurait mis plus de simplicité. Nous allons maintenant passer en revue ses collaborateurs sur lesquels nous avons obtenu des renseignements.

De ces traducteurs, les uns rendaient en castillan ce que les autres faisaient passer en latin.

JUDAS FILS DE MOÏSE.

Judas fils de Moïse, dit El Cohen ou le prêtre, dit aussi le Fakih ou le docteur de Cordoue, fut le plus laborieux des traducteurs de l'arabe en castillan. Jourdain l'a dédoublé et en a fait deux personnages.

Judas traduisit d'abord le Tétrabiblon de Ptolémée de concert avec Samuel, et cette traduction fut mise en latin par Egidius de Tébaldis et Alvarès.

En même temps que le texte, on traduisit le commentaire d'Ali ben Rodhouan. Il en existe au n° 7321 de la Bibliothèque nationale une traduction française, dont nous citerons quelques lignes, tirées du prologue.

« Le ai mis en bon et plain latin par le commandement de haut et puissant prince monseigneur Alphonse, roy des Romains et de Castille. Et je supplie à Dieu le père qu'il me doint pouvoir à ouvrir la voie de droiture, vu que Messire Alphonse le haut roy des Romains ayma moult et honnoura la science et tous ceux qui en savaient, et enquist par toutes terres et par tous climats du monde toutes les sciences de toutes gens et de tous langaiges, et il les fit devant lui translater de arabic en espaignol, et lui ainsi comme maître de toutes sciences et de toutes vertus par sa propre considération a renouvelé moult de choses proufitables et a commencé à ordonner moult de livres et moult de sentences des saiges anciens et leurs paroles qui gisaient ça et la perdues. »

Antonio cite un ouvrage d'Ali ben Ragel traduit aussi par le concours de Juda et d'Egidius. C'est évidemment celui qui existe au n° 7317 de Paris sous ce titre : Liber magnus et completus quem Aly Aben Ragel composuit de judiciis astrologis, quem Ihuda filius Musa precepto dni Alfonsi romanorum et castiliæ regis illustris transtulit de arabico in yspanicum ydioma, et quem Egidius de Teboldis aulæ imperialis notarius una cum Petro de Regio ipsius aulæ pronotarius transtulit in latinum.

Nous trouvons dans Antonio un titre : Du jugement des étoiles traduit par Juda, qui est sans doute le même que le précédent ouvrage.

Antonio lui attribue aussi la traduction des Etoiles fixes d'Abou Hazen (Alhassen ?) et le livre des Armilles, qui fut traduit en latin par Guillaume Arremon et le clerc Daspazo, l'an 14 du règne d'Alfonse.

Nous trouvons encore un livre de la sphère rendu en latin par le même Daspazo.

Enfin le Livre des étoiles fixes d'Abou Hazen (probablement El Hassen ben Heitam) nous est donné comme ayant été traduit par le Rabbin Juda, qui est probablement Juda fils de Moyse.

ABEN RAGEL EL ALKIBITIUS.

Nous avons vu qu'ils eurent la plus grande part dans les travaux commencés par Alphonse, qu'ils présidaient en son absence l'assemblée, mais nous ne trouvons citée aucune traduction sous leurs noms.

RABBI SAG.

Nous trouvons sous son nom quatre traductions : Le livre des Armillaires, un livre de l'astrolabe, une table générale et un ouvrage intitulé: Libro del instrumento del leviamento, en arabigo *Atacir*.

SAMUEL LÉVI DE TOLÈDE.

Nous l'avons déjà vu aider Juda fils de Moyse dans la traduction du Tetrabiblon. Antonio lui attribue aussi celle d'un ouvrage intitulé : Libro del relogio de la candela.

FERNAND DE TOLÈDE.

Il traduisit les Tables d'Azarchel avec le concours de Renaldo et de R. Abraham. (Bernard de Burgos).

Citons encore Garcias, interprète du roi, qui traduisit un livre des Pierres ; Jean de Tolède, dont la Bodléienne possède un livre des Nativités, Jean de Messine, Jean de Crémone. Encore un mot sur Egidius. M. Boncompagni dans son mémoire sur Gérard de Crémone, p. 20, dit qu'on traduisit en espagnol l'Almageste et que Frédéric II en fit faire sur cette version une traduction latine. Nous lisons dans le n° 7266 de Paris, en caractères assez peu lisibles, qu'une traduction de l'Almageste fut faite par un juif de Tolède, Robertus ?

Parmi les ouvrages traduits, dont nous ignorons les traducteurs, Antonio cite Albateni et Avicenne, et peut-être Eben Aflah et Moslema. Antonio cite encore Raymond Martin, l'auteur du Pugio fidei, comme savant en arabe, en hébreu et en syriaque, Nipha de Séville, comme ayant traduit Alfargan, et Jean-André de Séville, musulman converti comme ayant écrit contre le Coran.

En somme, les matériaux font défaut pour faire un inventaire sérieux et complet des traductions commandées par Alfonse.

ÉTIENNE D'ANTIOCHE.

Les quelques renseignements que nous avons sur lui sont tirés de la traduction qu'il nous a laissée et qui date du commencement du XIIᵉ siècle. Il nous apprend qu'il habitait Antioche, et qu'il cultivait la philosophie.

Tel est le prologue de cette traduction : Prologus Stephani philosophiæ discipuli in libro qui dicitur Regalis dispositio. Nous lisons à la fin : Finit sermo quintus secundæ partis Libri completi artis medicinæ qui dicitur Regalis dispositio, quem sapientissimus Haly filius Abbas discipulus Abi Meher Moysi filii seiar composuit. Ipsum autem ex arabico in latinum transtulit sermonem Stephanus philosophiæ discipulus in Antiochia, Anno domini passionis 1127.

On voit que le titre du *Maleky*, le royal, d'Aly ben el Abbas, n'est pas strictement rendu.

Nous savons déjà que le Maleky avait été traduit par Constantin, qui publia sa traduction sous le titre de *Pantegni*, sans en déclarer la provenance.

Nous avons comparé les deux traductions et nous y avons trouvé des différences, des suppressions, des transpositions, des additions, etc.

Dès le début se présente une dissemblance très notable.

Constantin a mutilé le remarquable morceau d'introduction, où l'auteur, passant en revue les plus illustres de ses devanciers, signale les défauts ou les lacunes de leurs ouvrages, ce qui l'a engagé à composer un traité complet et méthodique de la science médicale.

Pour mieux faire ressortir cette mutilation et le plagiat de Constantin, sous le nom duquel se produisit le Pantegni,

Daremberg a mis en regard les deux traductions. (Archives des Missions scientifiques), sans donner toutefois ce morceau intégralement.

La revue historique d'Aly ben el Abbas fait défaut dans le Pantegni. Par contre Constantin ajoute de son crû la liste des XVI livres de Galien, arrangés pour l'enseignement par les Alexandrins.

Si l'on compare les deux traductions au point de vue de leur valeur, on est conduit à donner la préférence à celle de Constantin.

Dans les passages reproduits par Daremberg, on peut déjà signaler des fautes dans la traduction d'Etienne. Aly ben Abbas dit Hippocrate le prince, *imam*, de la science. Etienne s'est mépris sur ce mot, et rend ainsi la phrase où il se trouve : Hippocras qui *ante* hanc artem fuisse perhibetur. Constantin dit simplement mais plus justement : Hippocratem in hac arte maximum.

Un peu plus loin on s'étonne de voir l'Irak et la Perse rendus dans Etienne par *Harac* et *Feresie.*

Les termes techniques sont mieux rendus par Constantin. On remarque particulièrement de meilleurs équivalents à propos des médicaments simples, on ne doit pas s'en étonner. Constantin devait mieux posséder l'arabe qu'Etienne. Il était au Mont-Cassin dans de meilleures conditions qu'à Antioche. Enfin la médecine avait été l'occupation de sa vie.

La *Regalis dispositio* fut imprimée à Venise en 1492, et à Lyon en 1523.

PHILIPPE DE TRIPOLI.

Nous n'avons pu trouver de renseignement sur Philippe de Tripoli que dans la traduction qui nous est restée sous son nom. Cette traduction porte sur un ouvrage qui jouit au moyen âge d'une certaine vogue, expliquée par le nom d'Aristote sous lequel il est donné et qu'il ne mérite pas de porter.

Tel est l'incipit qui se trouve au n° 6586 du fonds latin : Incipit liber moralium de regimine dominorum, in alio nomine dicitur secretum secretorum, sive de instructione nobilium, editus ab Aristotele, ad Alexandrum discipulum missus, qui translatus fuit de lingua arabica in latinam.

L'original arabe se trouve au n° 944 de Paris, et tel en est le titre : *Kitab essiassa fi tedbir erriassa el marouf bisirr el Asrar,* Livre de politique sur le régime des souverains, connu sous le nom de Secret des secrets.

Cette traduction est adressée à Guy de Valence, évêque de Tripoli, et telle est la forme de cette dédicace :

Domino suo excellentissimo et in cultu religionis strenuissimo Guidoni de Valencia, civitatis Tripolis glorioso pontifici, Philippus suorum minimus clericorum se ipsum et fidele devotionis obsequium.

Philippe faisait donc partie du clergé de Tripoli.

Jourdain pense qu'il était antérieur au XIIIᵉ siècle. D'une part il est cité par St-Thomas, Roger Bacon et plusieurs autres savants de cet âge. De l'autre, Jourdain pense que l'on peut reconnaître Guy de Valence dans un document daté de 1204.

La dédicace de Philippe fait avec emphase l'éloge du prélat : Vobis soli videtur cunctarum scientiarum dona contulisse. In vos namque reperiuntur sanctorum gratiæ universæ.

C'est à Antioche que Philippe, se trouvant avec Guy de Valence, fit la rencontre de ce qu'il appelle une perle très précieuse, très rare chez les Arabes, et dont son évêque lui conseilla la traduction. Philippe raconte ensuite comment ce livre fut rencontré chez le prêtre d'un temple d'Esculape par Jean fils de Patrice, qui le traduisit d'abord en chaldéen, puis en arabe.

Cette découverte est pareillement exposée dans le texte arabe, Ms. précité, d'où Philippe l'a tirée. Seulement Iahya ben Bathrik dit avoir traduit d'abord cet ouvrage en latin, *roumy,* puis en arabe.

Dans la traduction, tout comme dans le texte, le traité du Secret des secrets est divisé en dix chapitres.

Les premiers traitent de la morale. On en rencontre ensuite qui parlent d'hygiène et de médecine. Enfin les derniers s'occupent de politique, ainsi du choix d'un secrétaire, de l'art de la guerre, etc. On comprend ainsi le titre latin.

Nous avons déjà vu que Jean de Séville traduisit la partie de cet ouvrage qui traite particulièrement de la médecine à l'adresse d'une reine d'Espagne. Le Ms. arabe n° 944 faisait également partie de la bibliothèque d'un souverain.

En somme, le Secret des secrets est justement considéré comme aprocryphe et ne mérite pas de porter le nom d'Aristote.

D'autres écrits attribués à Philippe sont considérés par Jourdain comme un dédoublement ou un extrait du Secret des secrets.

LES TRADUCTIONS DANS L'EUROPE CENTRALE.

Les études arabes, après avoir brillé d'un vif éclat sous le
souffle d'Alphonse, ne tardèrent pas à s'éteindre en Espagne.
Ce fut ensuite le règne du fanatisme, entretenu par des guerres de nationalités. La prise de Grenade fut aussi fatale aux
livres que l'avait été la prise de Bagdad.

Sans un heureux hasard, qui mit entre ses mains une riche
cargaison de livres arabes, l'Espagne aurait à peu près perdu le souvenir de cette race à laquelle sa langue, ses institutions et son caractère ont tant emprunté. Le catalogue de
ces livres rédigé par le maronite Casiri fut un événement
dans les annales de la littérature orientale.

D'autres foyers cependant s'allumèrent au-delà des Pyrénées.

Le Midi de la France était alors constellé de colonies jui-
ves, qui consacraient à l'étude les loisirs que leur laissaient
les persécutions.

L'arabe avait été pendant longtemps la langue savante
des Juifs. Une fois dans un milieu chrétien, ils revinrent à
leur langue maternelle et firent passer en hébreu les meilleurs produits de la science arabe, et particulièrement de la
médecine et de la philosophie.

Le moyen âge profita de ces travaux. Bon nombre de traductions hébraïques passèrent ensuite en latin, et l'on renouvela aussi pour ces opérations le procédé employé par l'archevêque de Tolède, la collaboration. Quand l'étude de
l'arabe s'allanguit, il était toujours facile d'avoir un juif sous

la main, et les traductions de l'hébreu succédèrent à celles l'arabe.

S'il n'entre pas dans notre sujet de faire l'histoire de ces traductions, nous devons cependant signaler leur extension et leur importance, car c'est encore là une des voies par lesquelles la science arabe pénétrait en Occident.

La médecine s'enrichit des traductions de l'hébreu. La philosophie, par les nombreuses traductions d'Averroès, entra dans une connaissance plus intime d'Aristote. On vit quelques traductions en latin opérées d'emblée par des Juifs, de même que l'on en vit aussi d'opérées en hébreu d'après le latin.

L'Allemagne et l'Italie eurent leur Alphonse dans Frédéric II, esprit supérieur, qui devait se heurter contre la théocratie et ne put donner la mesure de son génie. On lira dans Averroès et l'Averroïsme le remarquable portrait qu'en a donné M. Renan. Frédéric s'adressa particulièrement à la philosophie. En même temps qu'il faisait traduire par les chrétiens et les juifs, il entretenait une correspondance avec les savants musulmans. Michel Scot fut le plus éminent de ses traducteurs.

Manfred marcha dans la voie qu'avait ouverte son illustre père. Un traducteur de l'arabe, Hermann l'Allemand, lui était attaché. Etienne de Messine lui adressait une traduction. Manfred lui-même traduisit un livre attribué à Aristote, le livre intitulé *De Pomo*.

L'impulsion communiquée par Frédéric et Manfred entraîna sans doute l'homme qui fut fatal à la maison de Souabe, Charles d'Anjou. C'est à lui que fut adressée la traduction du Continent de Razès, faite par le juif Ferraguth.

Depuis, les traductions devinrent de plus en plus rares. Les besoins qui les avaient provoquées n'étaient plus les mêmes, et l'on puisait à d'autres sources. On vit encore quelques hommes tels que Guillaume Postel, Alpago, Plempius se passionner pour la science arabe et revenir sur des travaux antérieurs et défectueux.

Quant aux traductions qui se sont faites par les orientalistes contemporains et qui se prolongent de nos jours, nous

n'avons à nous en occuper autrement qu'à propos des originaux qu'elles concernent. Nous ne ferons exception que pour
une traduction du persan, celle qui porte le nom du Père
Ange de St-Joseph.

MICHEL SCOT.

Ainsi qu'il est arrivé pour un certain nombre de grands
esprits de cette époque, le nom de Michel Scot nous est parvenu à travers les légendes et les fables. On en a fait un
astrologue, un prophète, un magicien, un alchimiste, et on
nous a laissé peu de documents sur son existence, dont nous
ne connaissons que les principaux traits.

On le dit né en Angleterre vers l'année 1190, ce qui est
vraisemblable, un de ses écrits portant la date de 1217. Ce
qui l'est moins c'est qu'il ait vécu jusqu'en l'année 1290. Pits
va même jusqu'à dire : *Floruit anno* 1290. Jourdain pense
qu'il ne dut pas survivre longtemps à Frédéric II. Nous verrons plus tard une traduction datée de 1260, qui semblerait
pouvoir lui être attribuée.

Pits nous raconte qu'il étudia d'abord à Oxford puis à Paris, qu'il se passionna pour les mathématiques, la philosophie
et l'astrologie, qu'il fut heureux dans bien des prédictions
ce qui, du reste, est conforme à d'autres témoignages, mais
ce qu'il faut, dit-il, attribuer à sa pénétration.

Nous savons positivement que Michel Scot habita Tolède,
où il traduisit de l'arabe en latin, et peut-être de l'hébreu, et
que cette connaissance des langues orientales lui valut l'a-
mitié de Frédéric II, auquel certaines de ses traductions
sont adressées. Pits lui attribue la connaissance du grec, de
l'hébreu, de l'arabe et du chaldéen.

Deux de ses contemporains, Albert et Roger Bacon, portent sur Michel Scot un jugement sévère. Roger Bacon
l'accuse d'avoir ignoré les mots et les choses, et d'être redevable de presque tout ce qu'il a produit à un juif du nom
d'André. Que ces critiques soient exagérées, nous le pensons,
mais l'inspection des ouvrages de Michel Scot prouve qu'il

était un médiocre traducteur. Cependant l'étendue de ses travaux, la grande, bien que parfois étrange renommée qu'il a laissée témoignent qu'il fut un des grands esprits du moyen âge.

La notice bibliographique de Michel Scot, bien que les éléments en soient plus copieux que ceux de sa biographie n'en reste pas moins à faire, après l'Histoire littéraire, Jourdain, Hauréau, Renan, etc., pour ne parler que des modernes; qui ont pris de l'œuvre de Michel Scot une connaissance plus étendue et plus correcte que leurs devanciers. Nous n'avons pas la prétention de combler cette lacune, mais seulement de mettre un peu d'ordre dans les documents à notre disposition et d'en ajouter quelques nouveaux.

Nous prendrons, comme Jourdain, pour base la liste donnée par Pits, afin de faire voir le chemin que l'on a parcouru depuis, déclarant par avance qu'elle est très inexacte. La voici :

1º Super autorem sphæræ. Sicut dicit philosophia in principio.

2º In Aristotelis Metheora. Tibi, Stephane, depromo hoc opus.

3º De constutione mundi. Maxima cognitio naturæ et scientiæ.

4º De anima. Intendit per subtititatem demonstrare.

5º De cœlo et mundo.

6º De generatione et corruptione.

7º De substantia orbis.

8º De somno et vigilia.

9º De sensu et sensato.

10º De memoria et reminiscentia.

11º Contra Averroem in Metheora.

12º Imagines astronomicæ.

13º Astrologorum dogmata.

14º In ethica Aristotelis.

15º De signis planetarum.

16º De chiromantia.

17º De physiognomia.

18º Abbreviationes Avicenæ.

19° De Animalibus ad Cæsarem.

1° Super autorem sphæræ. Jourdain le donne comme un commentaire de Sacrobosco, contemporain de Michel Scot, et M. Hauréau pense qu'il s'agit plutôt d'Alpetragius.

Nous placerons ici une traduction passée sous silence par Pits, et qui porte précisément sur un ouvrage de ce même Alpetragius, forme latinisée d'Al Bitroudjy. On lit dans les Mélanges de Munk la citation d'un juif qui écrivait en 1247 et qui avance qu'Al Bitroudjy vivait trente ans auparavant. Ainsi que nous allons le voir, la traduction fut à peu de chose près contemporaine de l'auteur.

Nous l'avons rencontrée aux n°⁵ 7399 et 16,654 de la Bibliothèque nationale (ancien 1860), et 96 de l'Arsenal.

Le n° 7399 donne pour titre : *Opus Alpetragii de motu corporum cœlestium.* Jourdain en a reproduit l'introduction : Detegam tibi secretum pectoris mei, etc.

Nous nous arrêterons un instant sur quelques lignes de ce passage, où l'auteur parle de ses devanciers :

« Prosecutus sum dicta antiquorum, secundum quod posuit Tholomeus qui fuit fundamentum hujus scientiæ, et secuti sunt eum sequentes sapientes, et non diversificati sunt aliqui ab eo, prœter Abu Isac, Abrahim, Enewah, Winolus, et Zarques in motu sphæræ stellarum fixarum et Abu Mahomethi Jeber autem olfay Ispalensis, etc.

D'Abou Ishaq et d'Abraham nous ne faisons qu'un seul personnage, Abou Ishaq Ibrahim ben Helal ben Zahroun, astronome Sabien qui mourut en 384 de l'hégire, 994 de notre ère. Dans Enewah on pourrait voir *El Anoua.* Dans Winolus, on pourrait voir peut-être Ouidjan, astronome contemporain et collaborateur d'Abou Ishaq Ibrahim ben Helal.

Quant à Zarques, que certains Ms. donnent Zarquel (n° 7399) nous le connaissons. Il en est de même du suivant, qui n'est autre que Abou Mohammed Djeber ben Aflah, dont Maimonide corrigea le traité de la sphère. Du reste, nous lisons plus correctement son nom dans le n° 96 de l'Arsenal ; Abu Mahomethi Iebris aven Afla, et même dans les Mss. de la B. Nationale le nom de cet astronome, cité plusieurs fois, est écrit plus correctement.

L'explicit de cette traduction présente de l'intérêt. Chacun des Mss. 7399 et 16,654 le donne différemment. Jourdain les a reproduits tous deux. Nous allons en faire autant, et ajouter une troisième forme, celle du n° 96 de l'Arsenal.

N° 16,654 (ancien 1820). Perfectus est liber Aven Alpetrand. Translatus est à Magistro Michaele Scoto Tholeti, in anno decimo octavo die veneris Augusti, hora tertia cum abuteoleucie, anno incarnationis Jesu Christi, 1217.

N° 7399, In decimo octavo die Augusti, in die veneris, hora tertia, cum abuteolente, era MCC quinquagesima quinta.

N° 96, Translatus a Magistro Michaele Scoto Tolleti, in decimo VIII die veneris Augusti, hora tertia cum abuteolente, anno incarnationis Jesu-Christi 1000 *simo* 200 simo 27 timo. Comme l'a fait observer Jourdain, les deux premières dates concordent en ce que l'une part de l'ère chrétienne et l'autre de l'ère d'Espagne. Il y a probablement une faute de copiste dans la troisième.

Quant à ce mot *abuteolente*, nous en ignorons le sens.

Les n°ˢ 2 et 3 de Pits, ainsi que l'a déjà fait observer Jourdain, représentent, non par l'exactitude du titre, mais par le début, le Livre du ciel et du monde. La ligne du n° 2 est le début du prologue du traducteur, et celle du n° 3 celle de la traduction. Tel est le prologue de Michel Scot :

Tibi, Stephane de Pruvino, hoc opus quod ego Michael Scotus dedi latinitati ex scriptis Aristotelis specialiter commendo, et si aliquid Aristoteles in completum demisit de constitutione mundana in hoc libro, recipies ejus supplementum ex libro Alpetradji quem similiter dedi latinati, et es in eo exercitatus (n° 16,156, ancien 924). Nous lisons dans M. Renan que M. Bourquelot a retrouvé le nom d'Etienne de Provins dans plusieurs chartes de 1212 à 1221.

On lit au n° 14,385 : Incipit prologus commenti super librum celi et mundi quem commentatus est Averois phylosophus in greco (sic) et Michael Scotus transtulit in latinum.

Dans ce Ms. se trouve aussi le commentaire d'Averroès sur le Traité de l'âme traduit par Michel Scot, et on y remarque la même erreur de copiste à propos d'Averroès : *in greco*.

Traité de l'âme, n° 4 de Pits. Nous en connaissons déjà l'incipit. L'explicit donne également Michel Scot comme traducteur. La ligne donnée par Pits est le commencement du commentaire. Au n° 16,151, ancien 932, on trouve, avant le même commentaire, une traduction double.

Jourdain et M. Renan pensent que les ouvrages inscrits aux n°ˢ suivants peuvent être considérés comme traduits par Michel Scot, par la raison qu'on les rencontre généralement, après les derniers cités, dans les manuscrits. M. Hauréau reste dans le doute.

On s'accorde encore à attribuer à Michel Scot la traduction du traité d'Averroès connu sous le nom *de Substantia orbis*, *de Orbe*, *de Compositione corporis celeslis*. On le trouve au n° 16,151, sous ces deux derniers titres.

M. Renan incline aussi à croire que l'on peut accorder à Michel Scot la traduction des commentaires sur la Physique et la Métaphysique.

A propos du livre des Météores, Jourdain pense que Michel Scot n'en aurait traduit que le IV° livre, M. Renan croit, au contraire, qu'il a traduit les quatre, qui se trouvent dans un Ms. de Venise. N'aurions-nous pas cette traduction dans le n° 16,197, ancien 954, qui la dit faite à Tolède en 1260 ?

Jourdain n'a pas de renseignements sur les n°ˢ de 12 à 16.

Nous en avons trouvés quelques-uns et M. Hauréau nous en fournira d'autres.

Le Ms. 14,070 contient deux de ces écrits.

Tractatus Michaelis Scoti de notitia conjunctionis mundi terrestris cum cœlesti. Il peut répondre au n° 13.

Tractatus Michaelis Scoti de presagiis stellarum. On peut y voir le n° 15.

Quant au traité De Chiromantia, M. Hauréau nous apprend qu'il a été imprimé plusieurs fois.

Daunou aurait compté 18 éditions du Traité de la physionomie, dit aussi *De Secretis naturæ*.

Pour clore cette catégorie, nous citerons trois ouvrages mentionnés dans Lenglet-Dufresnoy, comme de Michel Scot.

Mensa philosophica.

De sole et luna.

On y trouve aussi mention du De secretis naturæ.

Nous arrivons maintenant au Livre des animaux, l'une des traductions dont on s'est le plus occupé.

Et d'abord cette traduction est double. Michel Scot n'a pas seulement traduit l'ouvrage d'Aristote, mais aussi l'abrégé qu'en a fait Avicenne.

On sait que les Arabes n'ont formé qu'un seul groupe des écrits d'Aristote sur les animaux, qu'ils font suivre l'Histoire des Parties et de la Génération, ce qui leur constitue un ensemble de XIX livres. C'est cet ensemble qu'a traduit Michel Scot.

Camus a fait de cette traduction l'objet d'un mémoire inséré dans le tome VI des Notices et extraits. Ce travail, bien que l'auteur ignorât les langues orientales, n'en est pas moins remarquable et accuse de la sagacité : on peut s'étonner qu'il n'ait pas été cité à l'article Michel Scot de la Biographie Didot.

Rappelons d'abord quelques réflexions de Camus tant sur les traductions du grec en arabe que sur celles de l'arabe en latin.

« Il s'est conservé peu de manuscrits syriaques relativement aux manuscrits arabes, ce qui fait douter que ces traductions aient été aussi fréquentes que d'autres l'assurent, et que beaucoup de traductions arabes aient été faites d'après le syriaque. »

Arrivant à notre époque il dit : « Si l'on n'y manquait pas absolument de manuscrits grecs, au moins fallait-il qu'ils y aient été moins connus, ou enfin que l'on trouvât plus facilement des hommes versés dans l'hébreu que dans le grec. Il paraît même que l'on donnait quelque préférence aux traductions faites d'après les traductions orientales. »

Camus incline à croire que la traduction des Animaux d'Aristote a été faite d'après l'hébreu. Il y a bien, dit-il, des vestiges arabes, mais ils n'excluent pas le passage par l'hébreu.

Camus cite à l'appui de son opinion un passage du 1er livre où il est question de l'anatomie du membre inférieur. On y lit au sujet de la rotule : *Os qui dicitur ebraice lum genu.*

Les mots *ebraice* et *lum* sont diversement écrits, mais l'ensemble des Mss. ne permet pas de doute sur le premier ; il signifie évidemment *en hébreu.* Quand au second, on lit d'autres variantes qui peuvent en modifier le sens : Lune, lumen, peut être *limen.* Nous n'admettrons pas avec Jourdain que cette dernière lecture soit la bonne et qu'il faille entendre *la limite du genou.* Jourdain ne s'est pas assuré que le mot *hebraice* doit être maintenu, ce que nous considérons comme incontestable. Quand à l'autre mot, nous nous abstenons.

Nous croyons avoir observé une trace plus positive du contact de l'hébreu : ce sont les formes *Hakahab,* la cheville du pied, *Haakib,* le talon, où nous croyons voir le déterminatif hébreu remplaçant l'article arabe *al.*

Nous avons aussi rencontré deux ou trois fois: Qui dicitur *arabice,* ainsi à propos des limaces *halzum* (halazoun). Il se pourrait que le traducteur hébreu ait conservé ce mot.

On rencontre de même et fréquemment *qui dicitur grece,* ce qui s'explique facilement. Les traducteurs du grec en arabe ne pouvaient évidemment trouver des équivalents à tous les noms d'animaux mentionnés par Aristote. On fit dans cette traduction ce qui s'est fait dans toutes les autres.

En somme, nous sommes tenté d'admettre, comme le dit Camus quelque part, que la traduction d'Aristote s'est faite en présence de l'hébreu. Il y a plus. Nous croyons que la traduction d'Aristote s'est faite après celle de l'abrégé d'Avicenne, dont nous allons parler. Il n'est pas vraisemblable que Michel Scot ait entrepris la traduction d'Avicenne après avoir fait celle d'Aristote, tandis que le contraire peut très bien s'admettre. L'arabe était évidemment plus connu de Michel Scot que l'hébreu, ce sont les manuscrits arabes qu'il dut chercher d'abord. Il se pourrait ainsi que, sa traduction d'Avicenne terminée, il ait rencontré un texte hébreu d'Aristote, et qu'il en ait entrepris la traduction en se faisant aider de ce juif André auquel Roger Bacon le dit si redevable. Ce faisant, il ne pouvait naturellement s'abstraire de ses précédentes opérations sur le texte arabe.

Camus a consulté pour son mémoire les six manuscrits de Paris qui courent de 6788 à 6792.

Il en existe un autre au n° 17,843, qui porte un titre que nous retrouvons au n° 1276 de la Mazarine : Liber Aristotelis de animalibus secundum extractionem magistri Michaelis Scoti.

La Bibliothèque de Laon possède sous le n° 441 cette traduction portant ce titre : Aristotelis liber de animalium partibus et generatione ex arabico ab eodem Scoto. (Le Ms. renferme aussi l'abbreviatio d'Avicenne, dont nous allons parler.)

La traduction des Animaux d'Avicenne existe à là Bibliothèque nationale sous les n°ˢ 2474 et 6443 ; à l'Arsenal, n° 56 et à Laon, comme nous l'avons déjà dit, au n° 441.

Elle est dédiée à Frédéric, et nous devons reproduire cette dédicace. « Frederice, romanorum imperator, domine mundi, suscipe devote hunc laborem Michaelis Scoti, ut sit gratia capiti tuo et torques collo tuo. »

Cette traduction porte le titre d'Abbreviatio Avicennæ super librum Animalium Aristotelis.

Nous citerons l'explicit de deux de ces manuscrits.

Tel est celui du n° 2474 : Completus est liber Avicenæ de Animalibus, ad exemplar magnifici imperatoris domini Frederici apud montem pessulanum.

Consummata est scriptura consummatumque opus istud VI idus maii anno Domini incarnationis MCCXL IVI us (sic) ? Cette date est en surcharge.

On lit à la fin du n° 56 de l'Arsenal : Completus est liber Avicenæ scriptus per magistrum Henricum coloniensem ad exemplar magnifici imperatoris domini Frederici apud Messiam civitatem Apuliæ, et dominus imperator eidem magistro hunc librum premissum commodavit, anno Domini 1222.

Cette date nous semble venir à l'appui de l'hypothèse que nous avons émise, à savoir l'antériorité de la traduction d'Avicenne sur celle d'Aristote.

Michel Scot est l'auteur d'un livre intitulé *Questiones Nicolai peripatetici*, dont parlent sévèrement Roger Bacon et Albert, qui ne croit pas qu'il soit une production de Nicolas.

M. Hauréau l'a découvert récemment et en a publié un fragment.

Albert n'en est pas moins très redevable à la traduction
de Michel Scot. Jourdain a prouvé qu'il se l'était assimilée
tout entière, avec ses additions au texte et ses défectuosités.

Jourdain ne croit pas au contact de l'hébreu. Nous avons
déjà dit qu'il en était autrement de Camus. Il faudrait pour
trancher la question prendre les noms défigurés, les transcrire en arabe et en hébreu, et voir laquelle des deux écritures incline le plus vers les altérations de Michel Scot. Nous
l'avons essayé pour quelques mots. Nous en citerons un :
Aristote dit que le crocodile s'apprivisoise avec le prêtre qui
le nourrit. On lit dans Michel Scot : Habet pacem *lehhium*
et domesticatur cum illo. Nous pensons que lehhium peut
dériver de l'hébreu *likohen*, et nous ne voyons pas comment
il dériverait de l'arabe. Michel Scot, en somme, est un des
traducteurs auxquels le moyen âge est le plus redevable.
Il fit connaître plus largement Aristote et introduisit Averroès. On lit dans M. Renan : « Le premier introducteur d'A-
verroès chez les Latins paraît avoir été Michel Scot. »

HERMANN L'ALLEMAND.

Nous ne trouvons de renseignements sur lui que dans
ses traductions et dans les auteurs qui les ont utilisées.

Son nom et son surnom accusent sa patrie. Ses traductions
sont datées du milieu du XIIIe siècle et furent exécutées à
Tolède. Il nous apprend lui-même qu'il fut encouragé par
Jean, évêque de Burgos et chancelier de Castille, et ailleurs,
que la traduction des Ethiques d'Aristote faite d'après le
grec par Robert Grosse-tête avait rendu inutile celle qu'il
avait lui-même exécutée d'après l'arabe.

Nous savons enfin qu'il fut attaché à Manfred. On lit dans
Roger Bacon : Hermannus Alemannus et translator Manfredi
nuper à D. rege carolo devicti.

Nous possédons trois de ses traductions : des Ethiques
de la Rhétorique et de la Poétique d'Aristote.

M. Renan met aussi en avant la Politique, mais il ne revient pas ensuite sur cette traduction.

Le prologue de la Poétique semblerait, d'après Jourdain, témoigner que Hermann a traduit l'Organon tout entier : Suscipiant igitur, si placet, et hujus editionis poetrie translationem viri studiosi, et gaudeant se cum hac acceptos logici negotii complementum. »

Nous possédons enfin de lui une introduction à la Rhétorique d'Aristote d'après la glose d'Alfaraby, signalée pour la première fois par Jourdain.

Le livre des Ethiques est la première de ses traductions. Mais il y a plus. Hermann en a fait une double traduction, abrégée et complète. Le n° 16,581, ancien 1771, contient un sommaire, ce qui, du reste, est annoncé par cet énoncé : Incipit summa quorumdam Alexandrinorum quam excerpserunt ex libro Aristotelis nominato Nichomachia, quam plures hominum Ethicam nominaverunt. Et transtulit eam ex arabico in latinum Hermannus Alemannus.

M. Renan, qui a relevé quelques erreurs de ses devanciers au sujet de traductions de Hermann et des manuscrits qui les contiennent tant à Paris qu'à Florence, voit dans la traduction complète (représentée par les n°ˢ 1773 et 1780) le commentaire moyen d'Averroès. Cette traduction serait aussi reproduite dans le second Ms. de la Laurentienne. Elle est imprimée dans les œuvres d'Averroès, et porte dans les Mss. la date 1240, sur laquelle M. Renan conserve des doutes. En effet, la Poétique portant la date 1256, on ne s'explique pas, dit M. Renan, un aussi long séjour de Hermann à Tolède, pour ne produire que deux ou ou trois traductions. (1)

____

(1) Les doutes exprimés par M. Renan sont légitimes. Nous avons tout récemment acquis une traduction des Ethiques, dont le texte traduit du grec par Léonard Arétin est accompagné du commentaire d'Averroès (traduit par Hermann). On lit à la fin : Et ego quidem explevi determinationem istorum tractatuum quarto die Jovis mensis qui dicitur ducadatim anno arabum D. L XXII. Et grates Deo multe de hoc. — Dixit translator. Et ego complevi ejus translationem ex arabico in latinum tertio die jovis mensis Junii, anno ab incarnatione Domini M. C C. LX apud urbem Toletanam in capella sancte Trinitatis, etc.

Jourdain a reproduit, p. 439, d'après Bandini, la date 1240, qu'il faut restituer 1260, comme la donne notre édition imprimée.

Jourdain a reproduit les prologues intéressants de la Rhéthorique et de la Poétique.

Qu'on ne s'étonne pas, dit Hermann dans le premier, de la rudesse de ma traduction. Alfaraby, Avicenne et Averroès ont été rebutés par les obscurités du texte et n'ont pas poussé leurs commentaires jusqu'à la fin. Mieux vaut prendre ma traduction telle quelle que de s'en passer. Les Arabes ont négligé ces écrits, et c'est à peine si j'ai pu trouver parmi eux un collaborateur.

Après avoir laborieusement achevé la Rhétorique, dit Hermann dans le prologue de la Poésie, j'essayai la Poésie. Mais j'éprouvai tant de difficultés par la différence qui existe dans la métrique grecque et arabe, par l'obscurité des mots et par d'autres causes, que je ne crus pas pouvoir publier ma traduction. Je m'adressai donc à Averroès, et j'en tirai ce que j'y trouvai d'intelligible. C'est ainsi que je fis comme je pus ma traduction latine.

Cette traduction est datée de Tolède, *ville noble*, l'année 1256. Elle se trouve à Paris, dans les n°s 16,673 (1779) et 16,709 (1782).

On trouve dans le n° 16,097 (954) le travail de Hermann signalé par Jourdain sous le nom de Didascalion, introduction à la Rhétorique d'Aristote. Jourdain en a publié quelques lignes indiquant le but de l'auteur. Nous en publierons quelques autres qui nous paraissent avoir aussi quelque intérêt.

« Quoniam omnis novitas et inusitata editio suspicate difficultatis honorem indigent lectoribus ac pavorem, visum est mihi, Hermanno Alamanno, transferre inde glosæ Alpharabii in quantum introducitur in librum Rhetorice Aristotelis, quem nuper transtuli ex arabico eloquio in latinum et ea quæ doctrinalia sunt prelibare. »

Nous avons vu Hermann avouer qu'il cherchait des aides.

Roger Bacon enchérit là-dessus : » Hermannus confessus est de magis adjutorem fuisse translationum quam translatorem, quia sarracenicos tenuit secum in hispania qui fuerunt in suis translationibus principales. »

Jourdain et M. Renan ont signalé comme une preuve de la collaboration de musulmans lettrés les exemples

nombreux de *nunnation* que l'on rencontre dans les traductions de Hermann l'Allemand. C'est ainsi que l'on trouve
Abou Bekr Ebn Essaïgh, l'Avenpace des scolastiques,
sous cette forme dans les Ethiques : Dixit Abugekrin filius
Aurificis.

MANFRED.

On sait que Manfred, fidèle aux traditions paternelles,
cultivait les lettres et les sciences. Peut-être ignorait-on
qu'il fut un traducteur. C'est un heureux hasard qui nous a
fait découvrir son nom dans le prologue d'une traduction
donnée sous le voile de l'anonyme. Elle existe au n° 14,700,
et porte sur un écrit attribué à Aristote et intitulé *De Pomo*.
Telle est l'origine de ce titre : On rapporte qu'Aristote, à
ses derniers moments, s'entretint avec ses disciples, tenant
une pomme à la main.

Le prologue est assez intéressant pour que nous en don-
nions quelques extraits.

« Cum homo sit creaturarum dignissima..., nihil in eo sit
nobilius estimatum quam se suum que creatorem cognos-
cere..., eum doctrinarum humanarum splendoribus expedit
illustrari, quibus sublimitatem summi et universi cognoscat
opificis, eum speculetur attentione continua vitia comprimat
aud vires corporis scientiarum transcendendo subsidio op-
tatione virtutum fiat suo principio similis... Qua propter
nos, Manfredus, divi Augusti imperatoris Frederici filius
dei gratia princeps tharentinus, honoris ? montis saneti
Angeli dominus, et illustris regis Conradi secundi ? Regno
Siciliæ bajulus generalis, humanæ fragilitatis casibus ob
concordium elementorum discordiam quibus consistimus
sicut et ceteri subjacentes, cum nostrum corpus gravis in-
firmitatis adeo molestia maceraret ut nulli de certo posse
corporaliter vivere crederemur... Sed theologica philosophica que documenta imperiali aula divi Augusti imperatoris
venerabilium doctorum nos turba docuerat de natura mundi, de fluxu corporum et animarum creatione, eternitate ac

perfectione ipsorum, de infirmitate materiarum firmitate que formarum quæ naufragium vel defectum suæ materiæ non sequuntur... Inter quæ nobis occurrit liber Aristotelis qui de Pomo dicitur, ab eo editus in exitu vitæ suæ, in quo probat sapientes de hospitii lutei exitu non dolere sed gaudentes ad perfectionis premium currere... Quem librum cum non inveniretur inter Christianos in hebrayco legimus translatatum de arabico in hebreum de hebrea lingua transtulimus in latinum. »

Il ne nous semble pas que la paternité de cette traduction puisse être contestée, malgré ce que nous considérons comme une nouveauté. Elle nous est donnée comme procédant de l'hébreu, ce qui pourrait s'expliquer par l'absence d'un original arabe, la connaissance de l'hébreu nous paraissant surprenante. Manfred dut évidemment arriver à parler l'arabe, qui devait incessamment résonner à ses oreilles. Les Musulmans lui étaient chers, et c'est sur eux qu'il comptait le plus dans sa position d'excommunié et d'adversaire d'un concurrent envoyé par le Pape. Un corps de dix mille Sarrasins l'accompagnait à la bataille où il succomba.

Nous trouvons sur Manfred un curieux passage dans Aboulféda, qui nous l'a conservé d'après l'historien Djemal eddin, dont il fut le disciple.

Djemal eddin fut envoyé en 1262 par le sultan Bibars, en ambassade à Manfred. Il nous le dit ami des sciences et possédant Euclide. Ce fut même à Manfred que Djemal eddin adressa un traité de logique, qu'il intitula pour cette raison l'Impérial.

ÉTIENNE DE MESSINE.

Étienne de Messine est connu par la traduction d'un traité d'astrologie, qui porte le nom d'Hermès.

Il existe aux n°s 7316 et 7357, sous le titre Tractatus de judiciis C propositionum.

Bien que le manuscrit ne dise pas que la traduction s'est

faite sur l'arabe, cela n'est pas douteux. L'original se trouve à l'Escurial sous le n° 934, et Casiri dit qu'il contient cent aphorismes d'astrologie du Mercure babilonien, *Othared el Babely*. Casiri ajoute qu'il s'agit évidemment d'Hermès Trismégiste, dont, au dire de Vossius, Etienne de Messine a traduit le *Centiloquium* en latin.

Cette traduction est dédiée à Manfred :

Suo Manfredo inclito regi Siciliæ Stephanus de Messana hos flores de secretis astrologiæ divi hermetis transtulit.

Une édition, imprimée en 1492, à Venise, donne : Domino Manfredo, etc.

FERRAGUTH.

Nous n'avons pu recueillir de renseignements sur Ferraguth ou Ferragius que dans un prologue de ses traductions.

On lui en connaît deux : Celle du *Haouy* ou Continent de Razès, et celle du *Takouim el Abdan* d'Eben Djezla, donnée sous le titre Tacuini ægritudinum. C'est dans la première que nous allons recueillir de curieux renseignements sur l'auteur et son œuvre.

Il s'est produit, à l'égard de Ferraguth, d'étranges méprises. Pour avoir lu simplement dans la dédicace le nom du roi très chrétien Charles, on en a fait un médecin de Charlemagne. On a fait plus, on lui a adjoint comme collègue un des médecins qu'il a traduits. Pénétrons plus avant, lisons le prologue de la traduction du Continent de Razès, qui, soit dit en passant, mourut vers le milieu du X siècle, et nous serons étonnés qu'une aussi étrange opinion ait pu s'accréditer même chez des historiens ordinairement sérieux (1).

Le prologue débute par une esquisse historique de la médecine, dont il attribue la découverte à Apollon, Apollo græcus artis medicæ repertor primus et auctor. Il énumère ensuite les principaux médecins grecs et arabes, et s'arrête sur Razès. Il parle du Continent. Ce livre, dit-il, resta longtemps inconnu des Latins, jusqu'à ce que le roi très chrétien

(1) Huet, De Interpretatione ; Freind, Histoire de la médecine.

Charles, roi de Jérusalem et de Sicile, frappé de sa renommée et plein de l'idée que ce livre pourrait lui être utile ainsi qu'à tous les chrétiens, voulut allier à ses soucis guerriers le culte des études libérales en le faisant traduire.

Il envoya demander ce livre au roi de Tunis par une ambassade solennelle, accompagnée d'un homme sûr, habile dans l'arabe et le latin (sans doute le futur traducteur) et il fit « allumer le flambeau de la traduction. » Il la fit revoir par des professeurs, ses médecins, et d'autres médecins de Naples et de Salerne, leur donnant le temps nécessaire pour cette opération. Tous, d'une commune voix, s'accordèrent à louer l'auteur et le traducteur.

Ce dernier ajoute : Si la traduction ne paraît pas exacte parfois, cependant le fond de cet ouvrage n'en a pas moins le mérite de la nouveauté, vera tamen et integra compilationis hujus sententia virginitatis gratiam non amisit.

Cette fidélité de traduction, dont parle Ferraguth, ne se rencontre effectivement pas dans son œuvre. Ce n'est pas tant le fonds qui est mauvais que la transcription des mots techniques et des noms propres. Il est à croire que le traducteur opérait sur un seul manuscrit, qu'il ne put contrôler, car les noms des auteurs cités, dont le plan adopté par Razès rend la répétition incessante, sont étrangement et diversement transformés, au point qu'il est souvent impossible de les reconnaître, si l'on ne recourt au texte arabe. Ayant déjà traité de cette question, tant à propos des traductions du grec que de Razès, nous n'y reviendrons pas. Nous dirons seulement que ces transcriptions malheureuses accusent chez le traducteur soit un travail hâtif, soit l'absence de moyens de contrôle et l'ignorance de l'histoire de la médecine chez les Grecs et chez les Arabes.

Ce fut donc à Charles d'Anjou, frère de Louis IX, roi de Naples et de Sicile, que Ferraguth dédia sa traduction. Nous pouvons ainsi placer le nom de ce prince à côté de ceux d'Alphonse X et de Frédéric II.

Il est évident que cette traduction ne put se faire avant la VIIIe croisade, c'est-à-dire avant l'année 1270. On sait que cette croisade, qui répugnait au roi de France, fut décidée par l'ambition et l'avidité du roi de Naples, qui, d'ailleurs, réclamait un ancien tribut tombé en désuétude.

Cette traduction est représentée à la Bibliothèque nationale, sous le n° 6912, par cinq magnifiques volumes in-folio, magistralement écrits et richement illustrés. On lit à la fin du Ve : Explicit translatio libri el hauy in medicina compilati par Mahumed bizaccaria el Razy, facta de mandato excellentissimi regis Karoli, gloriæ gentis christianæ, coronæ filiorum baptismatis et luminis peritorum, per manus magistri Ferragii Judei filii magistri Salem de Agregento, devoti interpretis ejus... die lune XIIIe februarii VII indictionum, apud Neapolim.

C'est donc en 1279 que Ferragius le juif, fils de maître Salem, d'Agrigente, acheva la traduction du Continent, dans la ville de Naples. Charles d'Anjou était encore, à cette époque, dans la plénitude de sa fortune.

Telle est cette traduction, la plus importante de toutes pour l'histoire de la médecine, et malheureusement celle où les noms propres sont le plus altérés, à ce point que le même se reproduit souvent sous dix formes différentes. Il faut aller aux Simples de Sérapion pour trouver un pareil désordre. Le Continent a eu quatre éditions.

La seconde traduction est celle du Taqouïm el Abdan, d'Abou Ali Iahya ben Djezla, dont le nom se trouve défiguré sous la forme Buhu Aliha byn Gezla, ou Buhu hylyha.

Dans l'édition imprimée, on trouve une sorte d'entrée en matière donnée comme de l'auteur, bien que la moindre réflexion fasse comprendre son caractère équivoque. Ebn Djezla y est donné comme le médecin du roi Charles, ou plutôt l'ouvrage comme lui étant destiné et une note marginale porte : Caroli magni decretum. Nous voyons aussi dans cet avant-propos que la traduction est faite sur l'invitation du même prince par le juif Ferragus, per magistrum Ferragum Judeum fidelem ejus. L'absence de noms propres rend cette traduction moins rebutante que celle du Continent.

Nous pensons que l'on pourrait attribuer à Ferragus la traduction du *Tacouïm essahha* d'Eben Botlan, imprimée aussi à Strasbourg, sous le titre Tacuini sanitatis Elluchasem

Elimithar (Aboulhassen el Mokhtar). On trouve ce nom plus
complet et moins défiguré dans le Ms. de Paris, n° 6977.

ARMENGAUD.

Armengaud, dit aussi Ermengard, en latin *Armengandus*
était un médecin de Montpellier, qui fut attaché à Philippe-
le-Bel, et vécut sur la fin du XIII° siècle. Ce fut probablement
à Montpellier, auprès des Juifs, qu'il put apprendre l'arabe,
car ses traductions nous sont données comme procédant de
cette langue. Nous en connaissons trois, celle du Colliget,
des Cantica ou Ardjouza d'Avicenne, et les commentaires
d'Averroès sur ce dernier ouvrage.

M. Renan dit qu'il n'a aucun renseignement sur la traduction du Colliget. Il fait remarquer, ce que nous avons observé
aussi, que le Ms. de l'Arsenal porte : translatus de arabico,
et il conclut des mots arabes conservés dans le texte que
cette traduction fut faite de l'arabe et non de l'hébreu.

Cette traduction se trouve dans certaines éditions avec le
Cantique d'Avicenne et les Commentaires d'Averroès sous
l'attribution collective *à Armengaud*, ce qui nous semble
attester une commune origine.

Nous reviendrons ici sur un lapsus de l'article Averroès.
Il faut lire : L'absence du G intercalaire atteste qu'elle n'a
pas été faite en Espagne. Du reste, les termes techniques
sont étrangement défigurés, mais il faut avouer que beaucoup d'altérations doivent être mises sur le compte des copistes. Bien des noms sont donnés en arabe, avec l'article *al*.
Parfois on trouve la lettre H en tête du mot, ce qui semblerait annoncer une provenance de l'hébreu, ou plutôt une
influence de l'hébreu. Il est probable que le traducteur se fit
aider à Montpellier par des Juifs.

Quant aux traductions du Cantique et de son commentaire,
par Averroès, leur attribution à Armengaud ne comporte
aucune difficulté.

Ajoutons qu'on lit *Armengando Blasii* et non *Blasio,*

comme on le trouve maintes fois chez les modernes, ce qui nous donne le nom de son père. (Huet écrit aussi Blasii).

Enfin Armengand traduisit *De sanitate* de Maimonide (B. Bodl. n° 974).

ARNAULD DE VILLENEUVE.

Il naquit vers le milieu du XIIIe siècle, dans une de ces nombreuses localités du nom de Villeneuve, sur laquelle on n'a pu, jusqu'à présent, s'accorder. (1) Après avoir long-temps séjourné à Paris, il habita Montpellier, où il apprit la médecine, dans laquelle il se fit une réputation européenne. Il visita ensuite l'Italie et l'Espagne, où il apprit l'arabe. En 1285, il était appelé par le roi d'Aragon. En 1308 il était à Avignon chez le Pape Clément V.

La hardiesse de ses opinions lui suscita des poursuites. Il dut quitter Paris et alla trouver un asile en Sicile chez le roi Frédéric II d'Aragon. Appelé par le Pape en 1309 ou se-lon d'autres en 1313, il mourut en route.

Arnauld écrivit beaucoup, mais des ouvrages peu éten-dus. On connaît son goût pour l'alchimie et l'astrologie.

Nous nous occuperons seulement ici de ses traductions de l'arabe.

De rigore, jecticatione et spasmo, de Galien.

De viribus cordis, d'Avicenne. Cet ouvrage, ainsi que le précédent, sont datés de Barcelone.

De ligaturis physicis, de Costa ben Luca.

Cet ouvrage a été attribué à Galien, et les Juntes l'ont inséré dans leur V[e] volume. Nous croyons qu'il faut le res-tituer à Costa ben Luca, et même nous croyons le voir dans le dernier n° de la liste d'Ebn Abi Ossaïbiah. On pourrait bien traduire, d'après le Ms. de Paris : Livre des *Définitions*, suivant l'avis des philosophes. Mais nous croyons qu'il faut lire *Djadoul*, au lieu de *Houdoud*, noms qui se ressemblent dans l'écriture arabe, et traduire : *Des Amulettes*. Dans cet opuscule adressé à un de ses amis, Costa expose les réactions

(1) Le qualificatif *Catalaunus* se lit cependant dans les Mss.

réciproques du physique et du moral, qui semblent autoriser le port des amulettes, et mentionne les opinions favorables à cette opinion de plusieurs philosophes et médecins.

GRUMER DE PLAISANCE ET ABRAHAM.

Ils concoururent, à Marseille, à une traduction de l'arabe en latin d'un traité des Plantes attribué à Galien par les Arabes, et dont les Juntes ont inséré la traduction parmi les Spurii. Il contient 46 médicaments, dont quelques-uns des règnes animal et minéral. Honein l'a traduit du grec, et sa traduction est précédée d'un curieux prologue. Il dit qu'un mauvais commentateur l'avait déjà précédé quand il se proposa de commenter ce *noble livre*, et que des traductions en avaient été faites avant lui, du grec en arabe, à l'adresse d'Abou Djafar Mohammed ben Moussa.

On lit dans les Juntes que Jacques de Forli et Gentilis l'admettent parmi les œuvres de Galien. Il n'en est pas moins vrai que c'est là un opuscule indigne de ce grand nom. D'ailleurs, il y a des interpolations. Ainsi, nous trouvons dans le nombre de ces 46 médicaments l'Anacarde et le Bel (Œgle marmelos). Dans son commentaire, Honein s'attache particulièrement à déterminer la substance indiquée, et donne des synonymes.

Nous ignorons si cet Abraham est le collaborateur de Simon de Gênes.

JEAN DE MONTROYAL ET MAITRE J. MAYN.

Ce sont encore ici deux collaborateurs. Ils ne nous sont connus que par la traduction d'un ouvrage d'Averroès sur l'emploi des médicaments laxatifs, Canones de medicinis laxativis.

Bien que le curieux explicit qui termine cet opuscule, contenu dans le n° 6949, ait été déjà donné, nous le reproduisons ici : Expliciunt articuli generales proficientes in medicinis laxativis magni Abolys id est Averroys, translat

ex hebreo in latinum per magistrum Johannem de Planis de
Monte regali, Albiensis diocesis, apud Tholosam, anno Domini 1304 ; interprete magistro Mayno tunc temporis judeo,
et postea dicto Johanne, converso in Christianum, in expul-
sione Judeorum a regno francie.

SIMON DE GÊNES ET ABRAHAM DE TORTOSE.

Nous avons encore ici la collaboration d'un juif et d'un
chrétien, comme au temps de l'archevêque de Tolède.

Simon de Gênes, chanoine de Rouen, médecin et chape-
lain du pape Nicolas IV, qui fut élu en 1288, avait voyagé
dans la Sicile et la Grèce, étudiant les végétaux.

Le fruit de ses recherches est consigné dans le n° 6823
de la B. nationale, sous le titre : *Simonis januensis syno-
nyma* (1).

Laissant de côté ses autres écrits, nous nous occuperons
seulement ici de ses traductions.

La première est celle du traité des médicaments simples
de Sérapion le jeune. Tel en est le titre : Liber Serapionis
aggregatus in medicinis simplicibus secundum translationem Symonis Januensis interprete Abrahamo judeo tortuosiensi de arabico in latinum.

Cette traduction nous est donnée comme faite d'après l'a-
rabe, mais, comme nous l'avons déjà dit, elle accuse un contact
avec l'hébreu. Nous pouvons dire aussi que le traducteur Abraham avait de l'arabe une médiocre connaissance, attendu que
sa traduction est mauvaise. Les termes techniques y sont particulièrement très maltraités. Il faut une grande habitude de
la matière pour reconnaître les expressions originales, et encore n'y parvient-on pas toujours. Pour avoir une idée de ces
déformations il suffit de jeter un coup d'œil sur la table alphabétique des synonymes, qui se trouve en tête des éditions
imprimées. Nous en avons parlé ailleurs. Nous avons signalé
aussi une traduction hébraïque de Sérapion, que nous avons

(1) Aux n°s 6958 et 6959 : Glossarium medicinæ, autore Simone
Januensi Nicolai IV medico.

découverte au n° 1187 du fonds hébreu de Paris, traduction
acéphale et tronquée, qui va du n° 60 au n° 364.

La deuxième traduction, faite par les mêmes collaborateurs, est celle connue sous le nom de *Liber Servitoris*, livre
qui n'est autre que le XXVIII° de la grande collection d'A-
bulcasis portant le nom de *Tesrif*.

Tel est le titre : Liber Servitoris Liber XXVIII. Libri
Servitoris Bulchasim Ben abcrazcrin, translatus a Simeone
Januensi, interprete judeo tortuosiensi.

Le nom d'Abulcasis est mieux rendu dans le Ms. 10,236.

On ne nous dit pas ici que cette traduction a été faite d'a-
près l'arabe. Nous avons des raisons de croire qu'elle provient de l'hébreu. C'est ainsi que nous trouvons des transcriptions de ce genre : *Heben Gizar,* Ebn Eddjezzâr. Nous signalerons aussi le titre liber *Servitoris,* et nous renverrons
à ce que nous avons dit sur ce mot, à propos d'Abulcasis.
Ajoutons encore que, dans le prologue on lit, au lieu de liber
Servitoris, quem nominavi librum *Servitorem,* ce qui répond
au *Chemous* des Hébreux.

Cette traduction ne paraît pas aussi mauvaise que la précédente, parce qu'elle n'est pas hérissée de termes techniques.

Nous ne connaissons pas autrement que par ces deux traductions le juif Abraham. Un juif du même nom fit en collaboration, de l'arabe en latin, à Marseille, la traduction du
Traité des plantes attribué à Galien. Nous en reparlerons.

FERRANUS LE JUIF, OU FERRARIUS.

Le n° 7131 de la Bibliothèque nationale contient de lui une
traduction sous ce titre : Cyrurgia Johannis Mesue quam
Magister Ferranus judeus transtulit in Neapoli de arabico in
latinum.

Cette traduction, que nous n'avons rencontrée nulle autre
part, est une énigme pour nous. La liste des écrits de Jean
fils de Mésué ne mentionne pas de chirurgie. Cet ouvrage
est divisé en cinq parties dont la première traite de l'anatomie et la deuxième des médicaments.

Signalons en passant à propos des fractures le mot réduction rendu par *Algebra*. On en rencontre du reste d'autres
exemples dans les écrits de l'époque.

Nous ignorons l'époque où vivait Ferranus. On peut croire
cependant qu'il fut contemporain de la maison de Souabe et
de Charles d'Anjou.

JEAN DE BRESCIA ET PROFATIUS.

Nous les connaissons par une traduction du traité de l'astrolabe d'Azarchel, qui existe au n° 7195 sous ce titre : Liber
tabulæ quæ nominatur saphca patris Isaac (Abou Ishaq) Arzachelis, translatus de arabico in latinum Anno D. N. J. C.
1263, profatio gentis hebreorum vulgarisante, et Johanne
brisciensi in latinum reducente.

Voilà encore un exemple de traductions à deux.

Quant à Profatius, nous le connaissons par Pits, qui lui
consacre seulement deux lignes. C'était un juif, né en Angleterre, qui florissait vers l'année 1260, et qui laissa un traité
sur le mouvement de la VIIIe sphère.

Un n° de la Bodléienne, 1026, porte ceci : Tractatus de no-
vo quadrante M. Profacii judei Marsiliensis sapienti Aaroni
in monte pessulano dedicatus, anno 1293.

RAYMOND DE MONCADE.

Il en est question dans la Bibliothèque espagnole du père
Antonio, qui le place au XIIIe siècle. Il traduisit un fragment
du Coran, qui se trouve au n° 3671.

Cette traduction est dédiée à Frédéric duc d'Urbin, qui la
lui avait demandée, est-il dit dans le prologue, et sous la
recommandation du cardinal de Melfi.

Ce qui est étrange, c'est que la sourate du pèlerinage est
annoncée, *Surathil Hagi Machumeti traductio,* et que nous
trouvons la sourate qui la précède, celle des prophètes.

Tel est un spécimen de cette traduction :

In nomine Dei clementis et misericordis.

Propinquum est hominibus judicium eorum. Ipsi enim in iram ceciderunt. Nihil pervenit ad eos recordationis Dei eorum, etc.

Nous rencontrons ensuite: Et quod dedimus Moysi et Aaron, etc.

Moncade est qualifié de guerrier et de docteur ès-arts.

PATAVINUS ET LE TEISSIR D'AVENZOAR.

Le nom de ce traducteur n'a pas toujours été donné sous cette forme. On a écrit *Patavicius* et *Paravicini*. Selon toute probabilité, ce nom n'est qu'un surnom du traducteur, né sans doute à Padoue, qui fut un centre d'études arabes.

Comme tant d'autres de ses émules il ne nous est connu que par ses écrits. Il fut aidé dans son œuvre par un juif du nom de Jacob, nom qui fut porté par bien des juifs du moyen âge, écrivains ou traducteurs de l'arabe. Malgré que la mention n'en soit pas faite, il ressort de l'inspection de cette traduction qu'elle fut faite d'après l'hébreu. Jacob traduisait en langue vulgaire, sans doute en italien, et Patavinus rendait en latin, collaboration dont nous avons à signaler tant d'exemples.

Tel est du reste l'explicit de l'édition donnée par les Juntes, à Venise, en 1554.

Completus est Liber Theyscir el mudanar (1), editus in arabico a discreto viro Abymeron..., translatus venetiis ab hebraico in latinum a Magistro Patavino physico, ipso sibi vulgarisante Magistro Jacob hebreo in medicina et aliis scientiis plurimum erudito, currente Anno D. J. C. 1281, 21 Augusti, Ducante Joanne Dandolo, sui ducatus anno secundo, Anno Arabum 679.

Nous avons une légère erreur dans le chiffre de l'année. Il faut évidemment écrire 1280, année qui concorde tant avec le dogat de Dandolo, qu'avec l'année arabe. Du reste la date 1280 se produit ailleurs.

(1) Le titre donne: Liber Theizir dahalmodana va haltadabir cujus est interpretatio rectificatio medicationis et regiminis, editus in arabico a perfecto viro Abimeron Abyn Zoahar.

Dans l'article Avenzoar nous avons déjà fait remarquer des inexactitudes dans cette traduction. Il ne faut pas s'en étonner, puisqu'elle n'est que de deuxième main.

On a imprimé à la suite du Teissir un traité des fièvres qui nous semble tout bonnement faire partie du Teissir lui-même. Il se peut qu'on l'ait regardé comme indépendant, le n° 1028 du fonds arabe de Paris contient le Teissir, qui se termine par les fièvres. Nous en dirons autant de l'opuscule intitulé *De curatione lapidis,* que les Juntes ont cru devoir imprimer parmi les *Spurii* de Galien.

Quant à l'Antidotarium, il se trouve dans le texte arabe du n° 1028, après les fièvres. C'est, du reste, un usage assez répandu parmi les traités de pathologie arabe de se terminer par un formulaire.

Il est encore une traduction du Teissir, dont nous parlerons ici.

Elle est de Campanus, à qui l'on attribue à tort d'autres traductions notamment celle d'Euclide. Le n° 6948 en contient un exemplaire.

Dans son prologue le traducteur expose comment il quitta les ténèbres du judaïsme pour les splendeurs sereines du catholicisme, comment il se livra à l'étude des littératures hébraïque et latine, et comment il s'est décidé à traduire le *Taysir,* d'après la recommandation d'un archevêque dont nous n'avons pu restituer le nom (Bruchancuûs). Nous lisons à la fin : Explicit liber taysir medicinarum sapientis Habenzoar, translatus ex lingua hebraica in latinam, ad honorem catholice fidei et ad vite augmentum honorabilis patris et archiepiscopis brachancuûs (suit un mot obscur) Johannes humilis servus christi de campana, qui per Dei gratiam in utraque lingua peritus exstitit.

JAMBOLINUS DE CRÉMONE.

Il ne nous est connu que par une traduction donnée sous son nom au n° 9328. Tel en est l'explicit :

Explicit liber de ferculis et condimentis, translatus in venetiis a Magistro Jambolino (ou Jambobino) cremonensi ex arabico in latinum, extractus ex libro Gege filii Algazael, intitulato de cibis et medicinis simplicibus et de potibus.

Nous n'avons pu jusqu'à présent reconstituer le nom de l'auteur arabe. Dans Gege on pourrait bien voir Iahya, si toutefois ce nom n'est pas autrement altéré que par l'intercalation du g qui, dans toutes les traductions faites sous l'influence espagnole, s'interpose entre deux voyelles. Quant à Gazael nous l'ignorons complétement. Ce travail est cependant curieux, d'autant plus que c'est le seul de ce genre que nous connaissions. Il y a bien le livre des Correctifs de Razès, mais il traite la question des aliments en général et ne donne que rarement des renseignements sommaires sur les préparations alimentaires. On trouve encore dans le Mala iesa, le Menhadj eddokkan, etc, quelques détails mais seulement sur certains aliments et condiments.

Il est à regretter que le traducteur n'ait pas transcrit bien correctement le nom des préparations. Quelques-uns de ces noms sont très difficiles à restituer.

Nous donnerons quelques-unes de ces recettes.

Maginoma? Incide carnes in frusta, et incide melongias et accipe de adipe caudæ arietis, et pone in ollam de super modicum aceticum muri et coque et misce cum eis modicum de croco dissoluto cum brodio ejus, deinde obtura orificium ollæ cum pasta et permitte coqui, et propina.

Rotamia (Hachis) sic fit: fac farinam de rizo et super illam in olla projice tunc de lacte quantum sufficit de carnibus gallinæ minutissime incisis, et modico olei amydalarum vel nucis et coque et propina.

Sihene (sihna) Melius ex eo est qui magis redolet, et fit sic. Incide pingues pisces in partes minutas, et omitte eas sic tribus diebus sine sale et aliis rebus, deinde pone eas in catino et sallias eos, et cum pistillo misceantur singulis diebus et contundantur et quousque spinæ a carne perfecte separatæ sint, deinde fortiter exprimendo permitte humiditatem aggregari in fundo catini, quam in vase mundo repone et usu reserva. Generat autem malas humores et scabiem et sitim, et ejus nocumentum removet lac lactuce.

M. de Sacy, dans Abdellatif, s'était occupé de la sihna,

mais n'en avait pas recueilli une description aussi complète.

On voit que l'auteur a soin de relater les inconvénients et
les correctifs des diverses préparations. C'est ainsi qu'à propos de la chair salée et séchée, *nemchesuth,* il dit qu'elle ne
convient qu'aux individus robustes, qu'elle nourrit peu,
qu'elle engendre la colique et qu'on la corrige par l'huile de
Sésame.

Sirona? (boulettes) sic fit : Accipe carnes et incide eas mi-
mitissime et pasta eas cum farina et fac inde magaleones et
frige eos, et propina.

Parmi les autres préparations nous citerons les *cataïf,*
nouilles, la *keskasia* (Khechkhechya) préparation de pavot ;
les noix confites, le riz au lait, la *rommanya,* préparation de
grenades, la *sumachia,* préparation de sumac, la bière *foca,*
la *berberisia,* préparation de berberis.

Une note finale annonce que ce livre contient 83 chapitres, dont 78 consacrés aux préparations alimentaires, trois
aux condiments, et deux à des doubles emplois.

Nous ne désespérons pas de découvrir l'auteur de cet écrit.

DROGON.

Nous ne le connaissons que par les deux traductions qui
suivent :

La première se trouve au n° 7316 *bis,* sous ce titre :

Epistola Messehallœ (Macha allah) in pluviis et ventis, a
Magistro Drogone translata de arabico in latinum.

La même se trouve au n° 10,251.

Telle est la seconde : Epistola Alkíndi de aeribus et pluviis
a Magistro Drogone de arabico.

Elle se trouve au n° 7439.

ACCURSE.

Il ne nous est connu que par une traduction de Galien,
qui se trouve au n° 6865 sous ce titre : Liber Galieni de vir-

tutibus ciborum, qui est translatus de arabico in latinum per Magistrum Accursium pistoriensem.

FRANCHINUS.

Nous ne le connaissons que par une traduction qui existe au n° 6892, sous ce titre :

Liber Galeni qui intitulatur experimentatio medicinalis, quem transtulit Johannitius de greco in arabicum et Magister Franchinus de arabico in latinum.

Cette traduction a été donnée par les Juntes, édition de 1586, des œuvres de Galien, parmi les *Spurii*, sans nom de traducteur.

On trouve dans ce traité diverses recettes pour les maladies. Plusieurs substances accusent des interpolations arabes, ainsi le camphre, le berberis, etc.

GUILLAUME DE TRIPOLI.

C'est plutôt un compilateur qu'un traducteur. Nous en dirons cependant un mot, parce qu'il fut un des rares chrétiens qui utilisèrent leur séjour en Orient pour apprendre l'arabe.

Né probablement à Tripoli de parents chrétiens, lit-on dans Quétif et Echard, il entra dans l'ordre des Prêcheurs à St-Jean d'Acre, parcourut la Palestine et convertit une foule de Sarrasins et de Turcs. Désigné pour accompagner Marco Polo, il fut arrêté en Arménie par les invasions. Il est l'auteur d'un écrit intitulé *de Statu Sarracenorum* où il traite de la fondation et des développements de l'Islamisme.

Cet ouvrage se trouve dans le n° 7470, magnifique petit volume, parfaitement illustré, qu'en raison de son contenu on pourrait appeler le Manuel des croisés (1).

Nous y trouvons en effet cinq livres de Végèce, un traité de

____

(1) Il porte sur un plat, dans une couronne de lauriers : H IIII patris patriæ virtutum restitutoris.

l'art militaire, un traité sur le voyage en terre sainte, *de passagio*, l'histoire des croisades, où la fable se mêle à l'histoire, enfin vers le dernier tiers du volume, l'opuscule de Guillaume de Tripoli.

Tel est son énoncé : Incipit tractatus fratris Guillelmi Tripolitani ordinis prœdicatorum de machumeto seductore sarracenorum, quis et qualis vitæ et gentis fuerit, et quando et qualiter tantam potestatem habuerit, et de secta ejus et alchorano, et quando secta sua debet finiri et fides christi prævalere.

La date de cet écrit est fixée par ce paragraphe: Quo modo soldanus qui regnabat anno domini 1273 in qua fuit scriptus hic tractatus interfecit 14 reges de genero soldani saladini, etc.

Guillaume connaissait peu l'Orient. D'après ses sectateurs, dit-il, Mahomet fut enterré à la *Mekke*, sa ville natale.

Cet écrit est dédié à Thibaud, qui se trouvait alors à St-Jean d'Acre, quand il apprit qu'on venait de l'élire pape en 1271, et qui prit le nom de Grégoire X. Ce fut ce pape qui détermina Alphonse de Castille à renoncer à l'empire en faveur de Rodolphe de Habsbourg, dont il voulait faire le chef d'une croisade future.

Nous savons en effet que l'auteur des Tables alphonsines n'était pas l'homme qui convenait à Grégoire X.

ALPHONSE BONHOMME.

Né en Espagne, à Tolède, ou à Concha, il vivait dans la première moitié du XIVe siècle.

Entré dans l'ordre des Prêcheurs, il se trouvait à Paris en 1339, date que porte aussi l'un de ses écrits. Il était, disent Quétif et Echard, historiens de l'ordre, habile dans l'arabe et l'hébreu. Il avait étudié ces langues, disent les mêmes historiens, par la raison que l'Espagne étant alors pleine de juifs et de mahométans, il était désireux de les ramener à la foi chrétienne. Ses traductions sont en effet une œuvre de polémique religieuse. Nous en possédons trois, bien que l'on n'en cite généralement qu'une. La plus connue est la lettre de Samuel.

1° Qu'était-ce que Samuel ? Disons d'abord que le catalogue du British Museum l'a confondu avec un autre Samuel qui était également un juif sorti du Magreb, qui abandonna sa religion mais pour se faire musulman, et écrivit aussi contre ses anciens coreligionnaires. Nous en avons parlé à la page 12. Cette confusion n'a pas empêché de consacrer un article à notre Samuel. Voyez page 2436 et 2441.

Samuel était un juif originaire de Fez, qui vint en Espagne et se convertit au christianisme vers l'époque de la prise de Tolède par les chrétiens, c'est-à-dire vers la fin du XIe siècle. Il n'était encore que catéchumène, quand il écrivit au rabbin Isaac, chef de la synagogue de Sedjelmesse, une lettre contre le judaïsme. Il écrivait, dit-il lui-même, mille ans après la prise de Jérusalem. Nous nous en tiendrons à cette date sommaire sans chercher à relever les dates contradictoires que l'on trouve tant dans les imprimés que dans les manuscrits. Cette lettre, dit Alphonse Bonhomme fut à dessein tenue secrète par les juifs, et ce ne fut que deux à trois siècles après qu'elle lui tomba entre les mains.

La traduction d'Alphonse porte différents titres. Le plus simple est Epistola R. Samuelis ad R. Isaac. Dans d'autres on mentionne l'origine de Samuel, l'origine du rabbin Isaac et sa qualité de chef de la synagogue de Sedjelmesse, enfin le but de la lettre, qui est surtout de leur démontrer que c'est en vain qu'ils attendent encore le Messie.

Cette lettre a été imprimée. Quétif et Echard en ont mentionné cinq éditions sous différents titres.

Alphonse Bonhomme a dédié sa traduction à Hugues, chef des Prêcheurs. Dans cette dédicace, il dit qu'il n'a pas voulu tirer ses citations de la Bible dans la version de Saint-Jérôme, mais qu'il s'est borné à traduire en latin l'arabe de Samuel, afin que les juifs ne puissent pas dire qu'il a altéré ces citations à son avantage. Il semblerait qu'Alphonse ait été déjà précédé dans la traduction de l'épître de Samuel, ou qu'il en fit alors une seconde édition, attendu que nous lisons dans cette dédicace : *Nova translatio.*

2° Controverse de Samuel et d'Abou Taleb.

Une fois converti, dit Antonio dans sa Bibliothèque espagnole, Samuel eut occasion de retourner au Maroc, et là il eut une controverse avec un personnage important du nom d'Abou Taleb. Le récit de cette discussion nous a été conservé. Il existe à la Bibliothèque Bodléienne, au n° 8175, tome II, 1ʳᵉ partie, sous ce titre : Disputatio Abucalis sarraceni et Samuélis judæi, quæ fides prœcellit, an Christianorum, an Sarracenorum, vel judeorum, translata per Alphonsum de arabico in latinum.

Quétif et Echard ne doutent pas que cet Alphonse ne soit Alphonse Bonhomme, n'en connaissant pas d'autre du même nom qui pût revendiquer cette traduction. Ils ajoutent alors qu'Alphonse Bonhomme fut nommé évêque de Maroc, en 1343, par Clément VI.

3° Lettre d'un sarrasin à un chrétien, et réponse du chrétien au sarrasin.

Tel est le titre latin : Sarraceni Christianum ad suam sectam invitantis, et Christiani eidem sinceram fidem persuadentis epistolæ.

Nous n'avons pas trouvé le nom d'Alphonse formellement attaché à cette traduction, mais nous la trouvons groupée avec une des deux précédentes, au n° 3649, sous le nom d'Alphonse. Nous pensons que ce nom, qui suit la lettre de Samuel, donnée en second lieu, doit s'appliquer aussi à l'écrit qui la précède dans un titre collectif.

Il nous est impossible de déchiffrer le nom du musulman avec lequel fut engagée cette controverse ; sous le nom d'Elchesini filius al ahabet, à peine peut-on tirer le nom d'El Cassem. Nous ne sommes pas plus heureux avec le nom du prince sous lequel elle eut lieu : Abdallah Hebeniemu emir al Mouminin.

Un fait curieux à relever c'est que les deux adversaires étaient liés d'amitié, tous deux hommes savants et respectés, et même le chrétien nous est donné comme attaché au service de l'émir El Moumenin.

Le sarrazin commença, et le chrétien lui répondit.

L'émir eut connaissance de ces lettres. Il fit comparaître

devant lui leurs auteurs, et leur en ordonna la lecture.

Cette lecture terminée, le prince dit au musulman : Tu as eu tort d'engager cette controverse avec lui. Tu sais que c'est un homme savant et habile ; et nous n'avons rien à lui répondre.

Ces deux lettres portent le cachet de la courtoisie. Elles rappellent la correspondance de Saint Augustin avec le philosophe Maxime de Madaure. Il y a loin de là au fanatisme de Jean de Gorze.

Traduction du Persan.

ANGE DE SAINT-JOSEPH.

Joseph Labrosse, né à Toulouse en 1636 et mort en 1697, entra dans les Carmes déchaussés et y prit le nom sous lequel il est généralement connu de frère Ange de St-Joseph.

En 1662 il quitta Toulouse, désigné pour les missions de l'Orient, et s'arrêta quelque temps à Rome où il suivit le cours d'arabe du père Célestin, frère de Golius.

Sur la fin de 1664 il arrivait à Ispahan. Le père Balthasar lui enseigna le persan. Il se décida à joindre à cette étude celle de la médecine par les succès qu'obtenait le père Mathieu, qui en faisait un moyen de propagande religieuse.

En 1678 il quittait Bassora, dont les Turcs venaient de s'emparer, et rentrait en Europe. L'année suivante il était à Rome, et en 1680 à Paris, où il publiait la Pharmacopée persane, traduction latine du persan. Nommé inspecteur des missions en Hollande, il publiait à Amsterdam, en 1684, le *Gazophylacium*, dictionnaire italien, latin, français et persan, ayant acheté des caractères arabes des héritiers des Elzevir. Il séjourna aussi quelque temps en Angleterre et en Irlande.

La *Pharmacopea persica* est la traduction latine de l'Acrabadin Chefaï de Modhaffer ben Mahommed Hosseiny Chefaï, qui existe à Paris, ancien fonds persan, n° 155.

Hyde refuse au père Ange la paternité de cette traduction, dont il regarde le père Mathieu comme l'auteur.

Le fait est que le père Ange n'accuse pas bien carrément son rôle de traducteur. On en jugera par un extrait de sa préface, du reste longue et embarrassée :

« Cependant je fréquentais le père Mathieu à Chiraz, et j'enviais ses succès, le voyant baptiser, sous prétexte de médecine, non-seulement des enfants, mais des adultes. Je commençai donc à joindre l'étude de la médecine à celle du persan. Je traduisis dans cette langue les Aphorismes d'Hippocrate. »

Après avoir signalé les avantages que l'on retire de la médecine comme moyen de propagande, il ajoute :

« Recevez donc, ô zélés missionnaires, ce faible produit d'un long travail. J'ai lu beaucoup de livres arabes et persans, surtout le cours de médecine intitulé Zechira Chouarezmchahi (de Djordjany) ; j'ai visité les collections des savants d'Ispahan, et cent fois les officines des droguistes, des pharmaciens et des chimistes (j'aurais fait dix traductions ordinaires dans le temps que j'ai mis à celle-ci). Je vous offre toute la pharmacopée, de façon que s'il se présente à quelqu'un le nom ordinaire ou étranger d'un médicament soit en latin, soit en persan, avec ce livre il peut se présenter dans les officines, qui sont remplies de médicaments simples et composés. Pour qu'il ne reste rien à désirer sous le rapport de la nomenclature, je conseillerai à tous les voyageurs en Perse de ne pas négliger d'acheter l'original persan, *exemplar persicum*, qui se vend chez les libraires sous le titre de *Mourekkebat crabadin*, c'est-à-dire composition pharmaceutique. L'auteur est Moudhafer eben Mohammed el Hosseiny. »

On voit que ni le titre de l'ouvrage, ni le nom de l'auteur ne sont ni corrects ni complets.

Le père Ange dit ensuite que, pressé par le temps, il n'a pu donner que quelques notes à la fin de la pharmacopée ; qu'il avait composé trois ouvrages sous le titre de médecine orientale, dont deux périrent en mer.

Cette préface n'a pas les allures franches. C'est entre parenthèses que le père Ange parle de cette traduction. C'est encore incidemment et aussi brièvement que possible qu'il parle de l'auteur. Le doute reste donc permis.

Quoi qu'il en soit, nous avons collationné la pharmacopée persane avec le Carabadin Chefaï, et nous n'avons rencontré que de légères différences, quelques interversions, des préparations qui manquaient dans l'original ou dans la traduction.

Les préparations sont classées par ordre alphabétique.

Nous signalerons quelques préparations contre la syphilis, dont deux manquent dans le Ms. de Paris. Elles contiennent, entre autres substances, du mercure et du gaïac, et l'on y remarque avec étonnement l'absence de la squine. Elle se présente au n° 999 dans une formule aphrodisiaque, virilem potentiam fovet. Une autre formule du même genre se retrouve au n° 954. On voit que le traducteur a cru devoir sacrifier aux exigences locales.

A propos du *Mal de Naples,* on lit dans le Gazophylacium :

« Les auteurs arabes modernes l'appellent mal français, *Abla franqui.* Quant à moi je l'appelle le mal persan ou le mal turc, car à peine trouverait-on là une personne entre mille qui n'en ait quelque symptôme. »

La formule de la squine est donnée comme provenant du maître de l'auteur, Imad eddin.

En somme, la traduction est bonne, malgré quelques défectuosités. Ainsi au n° 270, *ad tumorem uteri* devrait être rendu par descente de l'uterus, et ailleurs *gonorrhea,* seraat anzal, par éjaculation prématurée, etc.

Nous dirons un mot du Gazophylacium. A partir de la lettre G, des notes sont insérées çà et là. Au mot Médecine, l'auteur dit que la médecine persane est purement galénique, et il cite parmi les livres en circulation le Khouaresm Chahi, l'Abrégé de Jousefi, les Propriétés de Mansour. A l'article Mathématiques, il dit qu'elles sont beaucoup cultivées, et il cite entre « un nombre infini de livres, » ceux d'Euclide, d'Apollonius de Perge, de Héron, d'Aboul Ouéfa, d'El Kouhy, d'El Faraby, de Ptolémée, d'El Hassen, d'Ebn el

Chathir, de Nassir eddin Ettoussy, d'Oloug beg, de Cothob eddin Chirazy. Il cite une pluie d'aérolithes, abondantes et volumineuses, à Chiras en 1667. Il parle du café comme réfrigérant, et cependant il le conseille aux phlegmatiques. Il dit aussi qu'il convient aux personnes qui professent la chasteté.

Les Traductions de l'Arabe en Grec.

Il est encore une classe de traductions de l'arabe, qui pour être les moins nombreuses, n'en sont pas les moins intéressantes. Nous voulons parler de celles en grec.

Bien qu'elles ne rentrent pas dans notre cadre, nous devons cependant en parler sommairement, comme d'un témoignage de l'extension que prit le mouvement scientifique émané de Bagdad, d'autant que la plus grande partie ont trait à la médecine. C'est assurément un des faits les plus curieux des annales scientifiques de voir le grec reprendre a son tour ce que l'arabe lui avait emprunté.

La plupart de nos grandes bibliothèques contiennent de ces traductions.

La plus répandue est celle du Viatique d'Ebn Eddjezzar, connue en grec sous le nom d'*Ephodes*. C'est une histoire très compliquée que celle de cette traduction.

Elle est donnée comme l'œuvre de Constantin dit Asyncreton, de Reggio ou de Memphis.

On a considéré ce mot *Asyncreton* comme une altération *d'a secretis*, le secrétaire.

Dans ce Constantin on voit généralement Constantin l'Africain, ce que n'admet pas Daremberg, qui ne lui accorde pas la connaissance du grec.

Il est une autre difficulté. Cette traduction a-t-elle été faite d'après l'arabe ou d'après le latin? Ce qui semblerait militer en faveur de cette dernière hypothèse, c'est que l'auteur des Ephodes n'est pas identiquement donné dans les divers manuscrits, ainsi qu'il en est pour le Viatique.

La plupart des manuscrits donnent comme auteur Ebn

Eddjezzar, soit formellement, soit en dédoublant son nom ;
mais il en est qui nomment Isaac l'Israélite, ainsi le n° 2241
de Paris et des Manuscrits de l'Escurial.

Nous ne sommes pas en mesure de résoudre ces difficultés.

En somme l'histoire du Viatique et des Ephodes reste encore à faire.

On traduisit deux écrits d'Avicenne, un traité des urines
et un traité du pouls.

De Razès on traduisit le traité de la variole.

De Jean fils de Mésué, dont le nom se transforma en
Jean Damascène, on traduisit le traité des médicaments purgatifs.

D'Ahmed ben Sirin (Mohammed), on traduisit l'Oneirocri-
tique ou interprétation des songes.

La traduction du commentaire d'Albumazar sur le Tetrabiblon de Ptolémée existe à Paris.

Siméon Seth officier de la cour byzantine composait
sur la fin du XIe siècle un traité sur les propriétés des
aliments d'après les Grecs, les Persans, les Arabes et les Indiens.

En même temps il traduisait le célèbre roman de Calila et
Dimna.

II. — LES TRADUCTIONS.

Nous avons autre chose à faire ici qu'un simple inventaire, un tableau récapitulatif, qui permettra d'embrasser plus facilement et d'un simple coup d'œil l'ensemble des traductions.

Il en est d'abord qui sont anonymes, et desquelles nous n'avons pu parler jusqu'alors. Nous avons pu en rattacher quelques-unes à leurs auteurs.

Il en est de même quelques-unes dont nous ne connaissons ni l'auteur arabe ni le traducteur, et qui n'en sont pas moins authentiquement d'origine arabe. Dans cette catégorie, quelques-unes ont une véritable importance historique.

Enfin, embrassant ici, comme pour les traductions du grec, la généralité des traductions de l'arabe, nous allons rencontrer quelques noms qui ne nous sont pas encore connus, et sur lesquels nous devons donner quelques renseignements.

En somme, cette seconde partie soulève bien des questions nouvelles, dans l'étude desquelles nous avons dû entrer.

Nous dirons tout d'abord que nous avons laissé de côté les Alchimistes, et nous avons plus d'une raison pour cela.

Outre que cette étude ne présente qu'un faible intérêt parmi les noms arabes qui se présentent, la plupart se refusent à une rectification, tels que ceux d'Artefius, de Rochaïdibi, etc. Les quelques recherches que nous avons faites dans cette direction nous ont amené à croire que nos peines ne seraient pas indemnisées. Enfin, la plupart de ces traductions nous sont arrivées anonymes.

Nous nous sommes borné, pour les écrits hermétiques, à mentionner ceux des auteurs qui se recommandaient d'autre part. Pour les autres, on pourra consulter les Recueils spéciaux tels que le Theatrum chymicum, la Bibliotheca chimica, et l'Histoire de la philosophie hermétique.

1° Savants Grecs.

HERMÈS.

Des écrits qui nous sont parvenus sous son nom, les uns procèdent du grec et d'autres de l'arabe. Nous n'avons pas cru devoir nous livrer à la recherche de cette double origine. Nous citerons seulement une traduction sur laquelle nous avons des renseignements positifs.

Centiloquium hermetis, par Étienne de Messine.

HIPPOCRATE.

Aphorismes, avec le commentaire de Galien, par Constantin.

Pronostics, avec le commentaire de Galien, par Gérard de Crémone.

Régime des maladies aiguës, avec le commentaire de Galien, idem.

Livre de la vérité, idem.

GALIEN.

De l'art médical (Microtegni), par Constantin.

De l'art de guérir (Megategni), idem.

De interioribus membris (De locis affectis), idem.

Commentaire sur les Aphorismes, idem.

Des opinions d'Hippocrate et de Platon, idem.

Des éléments, par Gérard de Crémone.

Des tempéraments, idem.

Du mauvais tempérament, idem.

Des crises, idem.

Des jours critiques, idem.

Commentaire sur le régime des maladies aiguës, idem.

Commentaire sur les Pronostics, idem.

De ingenio sanitatis (De sanitate tuenda), idem.

Commentaire d'Aly sur le petit art (De l'art médical), idem.

Des secrets, idem.

Des simples, idem.

De motibus liquidis (manifestis), par Marcus de Tolède.

Experimentatio medicinalis, par Franchinus.

De virtutibus ciborum, par Accursius.

De rigore et spasmo, par Arnauld de Villeneuve.

De plantis, par maître Abraham.

Des sectes, Anonyme.

Des medicaments selon les genres (*Catagenarum*), idem, n° 6865.

Des médicaments selon les lieux, (*Miamir*), idem, (1)

De juvamentis membrorum (De usu partium) idem.

De voce et anhelitu, idem.

PLATON.

La B. de Montpellier possède, sous le n° 277, un manuscrit où se trouve ainsi annoncée cette traduction.

Liber institutionum activarum Platonis, in quo humaym filius Isaac (Honein ben Ishaq) sic loquitur.

Nous pensons qu'il s'agit plutôt de la Politique que des Lois.

ARISTOTE.

Secret des secrets (en partie), par Jean de Séville.

Secret des secrets (en totalité), par Philippe de Tripoli.

Du ciel et du monde, par Gundisalvi.

IIes Analytiques, par Gérard de Crémone.

(1) Nous n'avons pas rencontré d'exemplaire de cette traduction, mais il est hors de doute qu'elle exista, le mot *Miamir* se rencontre incessamment dans Guy de Chauliac.

IIes Analytiques commentés par Thémistius, Gérard de Crémone.

De la bonté pure, idem.

Physique, idem.

Du ciel et du monde, idem.

De la génération et de la corruption, idem.

Des causes, idem.

Des météores, idem.

Du sens, (n° 14, 385), idem.

Des météores, par Aurélius.

Les Ethiques, par Hermann l'Allemand.

La Rhétorique, idem.

La Rhétorique avec glose d'Alfaraby, idem.

Poétique, idem.

Organon ? idem.

Politique ? (Renan), idem.

Les Animaux, par Michel Scot.

Les Météores, idem.

Le Ciel et le monde, idem.

Du sens ? idem.

De la mémoire ? idem.

Du sommeil ? idem.

De la génération ? idem.

(Pour les commentaires, voir Averroès).

De la Pomme, par Manfred.

Physique, Anonyme, (Gérard?)

Métaphysique, idem.

Propriétés des éléments, idem.

Propriétés des éléments, glose d'Alfaraby, idem.

Livre des Pierres, idem.

Livres des Plantes, par Alfred.

Arrêtons-nous un instant sur Aristote.

La découverte que nous avons faite, après M. Boncompagni, de la liste bibliographique de Gérard de Crémone, nous paraît avoir une importance historique.

Parmi les traductions d'Aristote faites par Gérard, Jourdain n'en connaît qu'une seule, celle des Météores.

On lit dans Averroès et l'Averroïsme : « Le premier essai (celui de Jean de Séville et de Gundisalvi) porta principalement sur Avicenne. Gérard de Crémone et Alfred Morlay y ajoutaient, quelques années plus tard, différents traités d'Alkindi et d'Alfarabi. »

On ignorait donc, avant l'exhibition de notre liste, que Gérard de Crémone, outre les Météores, avait traduit sept ouvrages d'Aristote, parmi lesquels la Physique.

Le moyen âge fit donc connaissance plutôt qu'on ne le croyait, avec les écrits du Stagyrite.

EUCLIDES.

Les Éléments (XV livres), par Gérard de Crémone.

Les Éléments, commentaire par Ennaïrizy, idem.

Les Éléments (X livres), commentaire par le juif (Send ben Aly), idem.

Les Données, idem.

Les Divisions, idem.

Les Éléments, par Adélard de Bath.

Les Éléments, X livres commentés par Otsman, Anonyme (Savasorda ?)

De l'arpentage, idem.

Des poids ? idem.

Des miroirs ? idem.

On sait que la traduction des Éléments fut à tort attribuée à Campano, qui n'en est que le commentateur.

Nous ne reviendrons pas sur ce que nous avons dit, en parlant de Gérard de Crémone, sur les deux commentaires qui suivent.

Le commentaire d'Abou Otsman Saïd de Damas se trouve aux n°⁵ 7266, 7377 et 9335. Le nom du commentateur est facilement reconnaissable. Un Ms. complète l'autre.

Ce qui nous fait penser que le Traité *De mensuratione agrorum* provient de l'arabe, c'est qu'il se trouve enclavé, au n° 7266, entre deux écrits qui en dérivent.

Nous conservons des doutes sur les deux suivants.

On pourrait aussi considérer, par les raisons exposées ci-dessus, comme traduit de l'arabe le traité *De Aspectibus Euclides* qui se trouve au n° 9335.

On trouve dans la liste de Gérard un traité intitulé Liber *Tidei de speculo*. Nous avons inutilement cherché ce Tideus. Aurions-nous là une altération d'Euclide?

AUTOLYCUS.

De la sphère en mouvement, par Gérard de Crémone. Ce traité se trouve au n° 9335, et la technologie est arabe.

ARCHIMÈDE.

La liste de Gérard annonce un traité d'Archimède, mais sans en donner le titre. On trouve aux n°ˢ 7244, 9335 et 11,246, un traité sous ce titre : Liber *ersemidis* ou *arsamithis* in quadratura (ou mensura) circuli. Bien que la traduction ne nous ait rien offert qui accusât nettement la provenance arabe, elle se trouve cependant au milieu de traductions qui ont cette provenance.

APOLLONIUS DE PERGE.

Nous croyons pouvoir lui rapporter un fragment qui se trouve au n° 9335 f° 85 : Ista quæ sequuntur sunt in principio Apolonii de piramidibus. On sait que les livres 5, 6 et 7 de ses Sections coniques ont été traduits plus récemment, et qu'à la grande joie des savants, ils ont complété ce qui nous manquait du texte grec. (1)

THÉODOSE.

Des lieux habités, par Gérard de Crémone.
Des Sphériques, idem.
Des Sphériques, par Platon de Tivoli.

---

(1) On sait aussi que le livre *De sectione rationis* a été restitué par Halley d'après l'arabe.

MENELAUS.

Milei (Menelaï) tractatus III, par Gérard de Crémone.
On sait que la transcription *Mileus*, qui s'explique par l'arabe, a longtemps survécu. Il s'agit ici du Traité des sphériques, qui existe au n° 9335 (L. Milei De figuris spericis) et à l'Arsenal, n° 96.

HIPSYCLÈS.

La liste de Gérard en contient un traité sans titre, qui ne saurait être que le livre des Ascensions. On le rencontre au n° 9335 sous ce titre : Liber Esculei de ascencionibus.

PTOLÉMÉE.

Almageste, par Gérard de Crémone.
Introduction à la sphère, idem.
Tetrabiblon, par Platon de Tibur.
Tetrabiblon, par Jean de Séville.
Centiloquium, idem.
Planisphère, par Hermann Dalmate.
Optique, par Ammiracus Siculus.
Analemme, Anonyme.
On trouve aussi le Tetrabiblon avec le commentaire d'Ali ben Rodhouan, sans parler de la traduction qui en fut commandée par Alfonse de Castille.
On attribue encore une traduction du Planisphère à Rodolphe de Bruges.

DOROTHÉE.

De occultis, Anonyme.

ALEXANDRE D'APHRODISIAS.

Du temps, par Gérard de Crémone.
Du sens, idem.
Que la nutrition et la croissance portent sur la forme, et non sur la matière, idem.

2° Savants Arabes.

SÉRAPION L'ANCIEN.

Breviarium, par Gérard de Crémone.
Traduit ensuite sous le nom de *Practica*, par A. Alpagus.

MESUÉ L'ANCIEN.

Aphorismes, Anonyme.
Traité de Fièvres, idem.
Chirurgie? idem.

HONEIN.

Isagoge Johannitii, Anonyme?

ALKENDY.

De rerum gradibus. Imprimé avec les *Tacuini*. Anonyme.
De criticis diebus (Bodl.), Anonyme.
De sommo et visione, par Gérard de Crémone.
De causis diversitatum aspectus. Cité par Bacon. Bodléienne 6576, De causis diversitatum aspectus *Jacobi Alkit.*
De nubibus et pluviis, Anonyme.
De Judiciis (Bodl.), idem.
Liber electionum (Bodl.), idem.
De impressionibus planetarum, idem.
De futurorum scientia, idem.
De intentione antiquorum, n° 6443, par Gérard de Crémone.
De quinque essentiis, idem.

Au n° 9335, l'incipit le donne sous ce titre, et l'explicit sous celui : De quinque substantiis.

De intellectu et intellecto, n° 6443.

De unitate, n° 6443. L'incipit donne cet opuscule sous le nom d'Alexandre (d'Aphrodisias) tandis que l'explicit le donne sous celui d'Alkindy. Cette dernière attribution nous paraît préférable par la raison que nous trouvons dans la liste bibliographique d'Alkindy un livre intitulé *Etíouhid*, de l'unité de Dieu.

La traduction est donnée comme de Gérard de Crémone.

Le livre *De Judiciis*, cité plus haut, nous est donné dans la Bodléienne, comme ayant été traduit par Robert l'Anglais en l'année 1272. (1) Nous ignorons quel peut être ce personnage.

La Bodléienne donne encore un livre *De radiis*.

SARAKHSY.

Nous trouvons au n° 6443 un opuscule sous ce titre :

Liber introductorius in artem logice demonstrande, collectus a Machomat discipulo alquindi philosophi.

Nous trouvons également, dans la Bodléienne, au n° 1818, ce titre : Almaometh de arte demonstrationis.

Nous ne voyons que Sarakhsy, disciple d'Alkindy, portant il est vrai le nom d'Ahmed, qui puisse répondre à ces indications.

COSTA BEN LUCÁ.

De la différence entre l'âme et l'esprit, par Jean de Séville. Constantin est implicitement donné comme l'ayant aussi traduit.

De physicis ligaturis, ou des Amulettes, par Arnauld de Villeneuve, et probablement aussi par Constantin. Cet opuscule a été imprimé.

(1) Latine ex arabico.

Golius avait traduit, d'après la version de Costa, le *Barulcus* de Héron, mais cette traduction est restée inédite.

TSABET BEN CORRA.

Introduction à l'Almageste, De iis quæ indigent expositione antequam legatur Almagestus, par Gérard de Crémone.

L. Carastonis, de ponderibus, idem.

L. de figura sectore, idem.

L. de motu accessionis et recessionis, idem.

Liber imaginum, par Jean de Séville.

Theorica planetarum, Anonyme.

De quantitatibus stellarum, idem.

De proprietàtibus quaramdum stellarum, idem.

De motu octavæ spheræ, idem.

De proportione, idem.

La Bodléienne donne sous le n° 1648 : Gerardus Cremonensis, De compositione spheræ. Nous ignorons si cet ouvrage est identique avec celui dont il existe beaucoup de copies, qui porte ce titre et est anonyme :

De recta imaginatione spheræ.

GÉGE (IAHYA ?) BEN EL GAZAEL (DJEBRAÏL ?).

Nous avons déjà dit que nous n'avions pu rétablir ce nom altéré. Quoi qu'il en soit, nous avons de lui un traité des aliments, des condiments et des boissons (en usage parmi les Arabes) par Jambolinus de Crémone.

RAZÈS.

Le Haouy ou Continent, par Ferraguth.

Le Mansoury, Ad Almansorem, par Gérard de Crémone.

Liber Divisionum, idem.

Liber introductorius in medicina, idem.

De ægritudinibus juncturarum.

De morbis puerorum.

Aphorismi.

Antidotarium.

De præservatione ægritudinis lapidis.

De sectionibus, cauteriis ac ventosis.

De facultatibus partium animalium.

Ces derniers écrits, connus sous le nom d'Abubetri opera parva, sons attribués à Gérard par les imprimés.

De la Variole et de la Rougeole. Cet important ouvrage ne paraît avoir été traduit que tard.

Guy de Chauliac ne cite à propos de la variole que le Mansoury de Razès. On dit què le texte arabe fut traduit en syriaque, ce dont nous n'avons pas rencontré de preuves.

Ce qui est positif, c'est qu'il fut traduit en grec, et il en existe plusieurs Mss. à Paris. Du grec on le traduisit ensuite en latin, ce qui explique le titre sous lequel il parut : *De pestilentia*.

Avec l'aide de quelques orientalistes, Mead en publia une traduction latine d'après l'original, et plus tard, Channing en publia le texte avec la traduction. Citons encore la traduction française de Paulet et la nôtre.

De salibus et aluminibus, par Gérard de Crémone.

Lumen luminum, idem.

Nous trouvons au n° 6514 de Paris, deux opuscules sous ce dernier titre, l'un intitulé Liber lumen luminum magnum, et l'autre, Liber utiliorum qui dicitur lumen luminum perfecti magisterii, editus per Rasis.

Il s'agit ici d'alchimie. Nous savons déjà que Razès en traita dans une douzaine d'écrits. Nous allons en rencontrer encore sous son nom dans ce même n° 6514.

Liber Razi de explanatione verborum hermetis.

Cet écrit est précédé d'un autre qui porte le titre : Liber verborum hermetis.

Liber secretorum de voce Bubacaris magumet filii Zekeri (Zakaria) arrazi.

Nous relèverons ici une erreur de M. Hœfer. Dans son Histoire de la chimie, après avoir traité de Razès, il le dédouble un peu plus loin, faisant un nouveau personnage du nom de Bubacar. Pour éviter cette erreur, il suffisait de voir que le mot *filii*, sur lequel s'est arrêté M. Hœfer, porte sur le mot Zakariæ. Du reste, tout cela est mal écrit.

Nous avons déjà dit que les opuscules de Razès portaient généralement en traduction le titre : Opera parva *Abubetri*.

Ajoutons que dans la liste de ses écrits, on trouve un Livre des secrets et un autre du Secret des secrets.

On serait tenté d'attribuer à Razès la traduction qui suit :

Liber Abubecri qui dicebatur heus ? *De mensuratione*, par Gérard de Crémone.

Nous y reviendrons.

ISHAQ BEN SOLEIMAN EL ISRAÏLY.

Traité des urines, par Constantin.
Traité des fièvres, idem.
Traité des éléments, par Gérard de Crémone.
Traité des aliments, de Dietis, idem.
Traité des définitions et des descriptions, idem.

EBN EDDJEZZAR.

Le Viatique, par Constantin.
Nous avons déjà dit précédemment qu'il fut aussi traduit en grec.
De proprietatibus, Ms. de Montpellier.

ABULCASIS EZZAHRAOUY.

Chirurgie, par Gérard de Crémone.
Liber servitoris, Simon de Gênes et le Juif Abraham.
Liber theoricæ et practicæ, Anonyme.
Nous avons déjà vu dans la notice d'Abulcasis que son œuvre complète, le *Tesrif*, avait été traduite en latin, et que l'on dut posséder à part les chapitres consacrés aux médicaments sous le titre d'Antidotaire, ou de grand Antidotaire.

Cette dernière qualification se rencontre plus d'une fois dans Guy de Chauliac, qui a commis des méprises à l'endroit de l'auteur. Il n'est pas positivement sûr de l'identité d'Albucasis et d'Alsaravi. De ce dernier nom, écrit sans doute dans les Mss. Açarani, il fait *Acaran*.

ALI BEN EL ABBAS.

Le Maleky, traduit d'abord par Constantin qui, au lieu de donner nettement le titre du livre et le nom de l'auteur, publia la traduction de l'ouvrage remanié comme s'il était de son crû, sous le titre de *Pantegni*.

Un peu plus tard, en 1127, Etienne d'Antioche publia sa traduction sous le titre de *Regalis dispositio*.

ARIB BEN SAÏD.

Nous avons exposé précédemment les raisons qui nous ont fait voir dans le *Liber Anoe*, de la liste bibliographique de Gérard de Crémone, le célèbre calendrier de Cordoue.

AVICENNE.

Le Canon, par Gérard de Crémone.

Alpagus fit une révision de cette traduction et l'enrichit d'un nouvel index. Une notice d'Avicenne ayant été trouvée dans ses papiers après sa mort, elle fut traduite de l'arabe en latin par le concours du damasquin Fadella et de N. Massa.

Plempius donna plus tard une traduction des deux premiers livres.

On connaît l'édition du texte original donnée à Rome en 1593, le plus beau et le plus vaste monument élevé à la médecine arabe, mais dont le texte n'est pas assez correct.

Kirsten publia aussi en arabe le deuxième livre.

De viribus cordis, ou de medicinis cordialibus.

Cette traduction, faite par Arnauld de Villeneuve, fut aussi revue par Alpagus.

Cantica Avicennæ (Ardjouza), par Armengaud.

Alpagus revit encore cette traduction.

De removendis nocumentis qui accidunt in regimine sanitatis, par Alpagus.

De syrupo acetoso, par Alpagus.

Les *Cantica* d'Avicenne, avec le commentaire d'Averroès, furent traduits par Armengaud.

Entre tous les médecins arabes, Avicenne est celui qui eut le plus de crédit en Occident, et comme on le sait, qui le maintint le plus longtemps.

Daremberg a relevé les éditions d'auteurs arabes faites avant l'année 1500. Tandis que Isaac, Ali Abbas et Averroès n'ont qu'une édition, que le Continent de Razès n'en a pas davantage, le Canon d'Avicenne en a quatorze.

Autres écrits.

De anima, par Jean de Séville et Gundisalvi.

Metaphysica, par Gundisalvi.

Physica, idem.

Abbreviationes animalium, par Michel Scot.

Telle est la liste des ouvrages imprimés d'Avicenne, donnée par la Bibliothèque Bodléienne, dont nous défalquerons ceux que nous avons déjà mentionnés :

De definitionibus et quæsitis.

De divisione scientiarum.

Orationcula quædam.

De tinctura metallorum.

De conglutinatione lapidum.

Tractatus de Alchimia.

Epistola ad regem hasen de re recta.

Lapidis philosophicæ declaratio.

Aquæ rubeæ ad tingendum.

Parmi ses Mss., nous trouvons encore à citer :

Sufficientia Avicennae.

Avicennae de Anima, par Alpagus.

Le n° 6443 de la B. nationale nous fournit encore :

Avicennae de cœlo et mundo (Gundisalvi).

De ortu scientiarum (attribué à Alfaraby).

Logica Avicennae.

Nous trouvons au n° 16,097 (ancien 954) :

Liber Avicennae de philosophia prima, sive scientia divina.

Nous trouvons encore au n° 6314 un traité intitulé *De anima*, peut-être par erreur, car ce n'est autre chose que de l'alchimie, qui est probablement identique avec le traité d'alchimie de la Bodléienne.

Lenglet-Dufresnoy cite de plus : Porta Elementorum. — In epistolam Alexandri regis.

EBEN DJEZLA.

Le *Takouïm el abdan* sous le titre *Tacuini ægritudinum*, par le juif Ferragut.

EBEN BOTLAN.

Le *Takouïm essahha*, Tacuini sanitatis, fut peut-être aussi traduit par Ferraguth. Ce qui rend probable cette hypothèse, c'est que ces deux écrits se rencontrent quelquefois ensemble, ont la même disposition par tableaux synoptiques et se complètent réciproquement.

Le nom de l'auteur Aboulhassan el Mokhtar, se trouve altéré sous la forme *Elluchasem Ellimithar*. Les autres noms qui se trouvent dans certains Mss. sont pareillement altérés.

CANAMUSALI.

De passionibus oculorum, traduction anonyme.

Nous avons établi précédemment que le nom de Canamusali n'était autre chose que l'altération de Aboulcassem Omar ben Aly el Mously, dont nous avons vu l'original à l'Escurial.

Canamusali se trouve imprimé avec Abulcasis et Guy de Chauliac.

JESU HALI (ISSA BEN ALI).

Son traité des maladies des yeux, tractatus de oculis Jesu

Hali se trouve ordinairement en compagnie de celui de Canamusali.

Nous avons parlé du spécimen qu'en a publié récemment Hille sous le titre Monitorium oculariorum, qui répond au titre arabe *Tedkirat el Kahhalin*.

EBEN GUEFITH (EBEN OUAFED).

De virtutibus medicinarum et ciborum, par Gérard de Crémone.

On l'a imprimé avec les *Tacuini*.

AVENZOAR (EBEN ZOHR).

Le *Teissir*, traduit en collaboration par Patavinus, ou Paravicinus, et maître Jacob.

On le trouve encore avec le nom de Campanus, d'après l'hébreu.

Cette traduction a été imprimée sous ce titre : Abhomeron Aben zoar, Liber Theisir dahalmodana vahaltabir (*fi el moudaouat ou ettedbir*), cujus est interpretatio rectificatio medicationis et regiminis.

On a imprimé à part : Tractatus de morbis renum, et dans les collections spéciales *les Fièvres* et *les Bains*.

MAIMONIDES.

La lettre adressée au sultan d'Egypte fut traduite par Armengauld, et il en existe un exemplaire à la Bodléienne. Il semblerait qu'il en existe une autre version, les titres n'étant plus les mêmes. On lit tantôt : Tractatus Rabi Moysis quem soldano transmisit, et tantôt Tractatus de regimine sanitatis ad soldanum. Il y en eut plusieurs éditions.

Aphorismi, Anonyme.

MÉSUÉ LE JEUNE.

Nous ignorons par qui en fut faite la traduction.

SÉRAPION LE JEUNE.

La traduction des Simples est l'œuvre collective de Simon de Gênes et du juif Abraham, les mêmes qui traduisirent le Liber servitoris d'Abulcasis.

ALI BEN RODHOUAN.

Commentaire sur le petit art de Galien, Gérard de Crémone.
Commentaire sur le Centiloquium de Ptolémée, anonyme.
Commentaire sur le Tetrabiblon, traduction commandée par Alphonse de Castille.

AVERROÈS.

Colliget, par Armengaud.
Commentaire des *Cantica* d'Avicenne, idem.
Médicaments laxatifs, maître Mayn.
De Theriaca Anonyme.
De Venenis, idem.
On cite encore quelques opuscules d'Averroès, plus ou moins authentiques. Ajoutons que Br. Champier n'a fait que remanier le Colliget.
On a imprimé, avec les Simples de Sérapion, le Ve livre du Colliget sous le titre *De simplicibus*.
De substantia orbis, par Michel Scot.
Commentaire sur le Ciel et le monde, idem.
Commentaire sur l'Ame, idem.
Commentaire sur la Physique, idem ?
Commentaire sur la Métaphysique, idem ?
Commentaire sur les Parva naturalia, idem ?

Commentaire sur les Météores, idem ?

M. Renan pense que l'on peut attribuer à Michel Scot les écrits que nous avons marqués d'un point d'interrogation.

Commentaire sur la Poésie, par Hermann l'Allemand.

Commentaire sur l'Ethique, idem.

« Ainsi, dit M. Renan, presque tous les ouvrages importants d'Averroès ont été traduits d'arabe en latin, vers le milieu du XIII⁰ siècle » p. 215, Averroès.

M. Renan dit à la page 377 : « Dès le commencement du XVI⁰ siècle on se mit à faire de nouvelles traductions latines sur les traductions hébraïques. » Les anciennes versions furent conservées pour quelques traités, en particulier pour les commentaires sur la Physique, le Traité du ciel, la Métaphysique, la Morale à Nicomaque. Quelquefois, comme pour certaines parties importantes du Traité de l'âme, les deux versions furent imprimées parallèlement. »

Il nous semble que ces citations tempèrent ce qu'il y a de trop absolu dans ce qu'on lit à la page 52 :

« Quant à la barbarie du langage d'Averroès, peut-on s'en étonner quand on songe que les éditions imprimées de ses œuvres n'offrent qu'une traduction latine d'une traduction arabe d'une traduction syriaque d'un texte grec. »

Les avant-dernières citations établissent, d'après M. Renan lui-même, qu'un bon nombre de traductions d'Averroès passèrent directement de l'arabe en latin, et que ce fut par ces mêmes traductions que les savants du moyen âge connurent le philosophe arabe.

Nous avons assez parlé, à propos des traductions du grec, du passage prétendu général à travers le syriaque pour n'avoir plus à y revenir.

Ainsi, pour s'en tenir seulement à Averroès, de ces évolutions multiples à travers lesquelles Aristote aurait passé pour arriver jusqu'à nous dans les commentaires d'Averroès, on peut généralement en supprimer deux, le syriaque et l'hébreu.

Mais on ne s'en est pas tenu aux traductions d'Averroès, on a voulu appliquer cette loi, qui souffre tant d'exceptions même pour le *commentateur*, à la généralité des traductions latines de provenance arabe.

Daremberg est allé jusqu'à dire : « Le moyen âge, encore plus *maladroit* qu'ignorant, s'est pris d'enthousiasme pour une médecine de *quatrième main*. Ce sont surtout les juifs qui ont travaillé à répandre la littérature arabe en Occident. »

Nous avons déjà vu que cette maladresse n'est autre chose que le dénûment, *penuria latinitatis*. Cette pénurie de la latinité est attestée par le concours de tant d'hommes éminents à Tolède, et par l'accueil fait à leurs traductions par tous les grands esprits du XIIIᵉ siècle.

Quant à la provenance de l'hébreu et à la prépondérance des juifs dans la diffusion de la science arabe en Occident, ces assertions, en tout temps téméraires, tombent à néant quand on se rappelle seulement Constantin et les quatre-vingts traductions de Gérard de Crémone. Daremberg paraît avoir ignoré les travaux de M. Boncompagni. La découverte de la liste bibliographique de Gérard de Crémone a doublé le chiffre des traductions latines provenant directement et authentiquement de l'arabe. Les traductions ayant passé par l'hébreu ne sont plus qu'un point imperceptible dans la foule. Nous faisons abstraction des traductions d'Averroès procédant de l'hébreu, qui ne vinrent qu'après coup et furent un véritable anachronisme.

ALFARABY.

. Aristote, De causis proprietatum elementorum, Anonyme.

Aristote, Distinctio super librum naturalis auditus, Gérard de Crémone.

De syllogismo, idem.

Aristote, Glosæ super librum Rhetorice, par Hermann l'Allemand.

De ortu scientiarum, par Gundisalvi.

De divisione philosophie, idem.

De scientiis, par Gérard de Crémone.

De intellectu et intellecto, Anonyme.
Alchimie, idem.
Les œuvres d'Alfaraby furent imprimées.

AL GAZEL, OU GAZZALY.

Philosophie, comprenant la métaphysique, la physique et la logique, par Gundisalvi.

AVICEBRON (EBEN GEBIROL).

Fons vitæ, par Gundisalvi.
Munk, qui a jeté un nouveau jour sur Eben Djebirol, rapporte la traduction à Gundisalvi.

ABUBACER (EBEN TOFAÏL) ET AVENPACE (EBEN BADJA).

« Au moyen âge, dit M. Renan, on ne se faisait aucun scrupule de citer de seconde main. Ainsi je pense qu'Avenpace et Abubacer ne sont cités que d'après Averroès. »

A l'appui de cette opinion, on pourrait citer un mot de Guillaume d'Auvergne, mentionné dans les *Recherches* de Jourdain : Nec tractatum aliquem scripserunt qui ad nos pervenerit, excepto solo Avicebron.

Quant à ce qu'ajoute M. Renan, qu'Alkendi, Alfarabi, Avicebron, Kosta ben Luca et Maimonide ne semblent guère avoir été lus qu'au XIIIe siècle, nous croyons pour notre part que les traductions, non seulement de Constantin, mais aussi de Jean de Séville, de Gundisalvi et de Gérard de Crémone, durent se répandre avant la fin du XIIe siècle ; or, elles portent sur tous les noms cités par M. Renan, excepté le dernier.

L'Alcoran.

Nous ne croyons pas nécessaire de revenir sur ses traductions, ni sur celles d'Alfonse Bonhomme.

MACHA ALLAH.

Macha Allah était un juif du temps d'El Mâmoun et d'El Mansour, cultivant l'astronomie et l'astrologie. La plupart de ses écrits portent sur cette dernière catégorie. Il nous en est resté un certain nombre.

Nous ne donnerons pas le détail d'une demi-douzaine d'ouvrages d'astrologie, traduits par Jean de Séville, qui déserta la bonne voie suivie par son collaborateur Gundisalvi. Nous citerons seulement les ouvrages d'astronomie.

Traité de l'astrolabe. La traduction existe anonyme aux nos 7154, 7155, 7336.

Jean de Séville traduisit les traités In rebus eclipsis lunæ, et De imbribus.

Ce dernier traité fut aussi traduit par Drogon.

L'un et l'autre sont représentés à Paris.

Gérard de Crémone traduisit un traité *De orbe*.

LES FILS DE MOUSSA BEN CHAKER.

Nous connaissons déjà les trois fils de Moussa ben Chaker, à savoir, Mohammed, Ahmed et Hassen, qui employaient généreusement leurs richesses à recruter des livres et à encourager les traductions.

Dans la section de géométrie, la liste bibliographique de Gérard de Crémone comprend une traduction sous ce titre : *Liber trium fratrum, tractatus* I.

Ces trois frères ne sauraient être que les trois fils de Moussa ben Chaker.

Cette traduction nous a été conservée. Elle existe à la B. nationale, no 9335, et à la B. Mazarine, no 1256, sous ce titre : Verba filiorum Moysis filii sakir, id est Maumeti, Hameti, Hasen.

Tel est son début : Propterea quia vidimus quod conveniens est necessitas scientie mensure figurarum superficialium et magnitudinius corporum, etc.

ABOU DJAFAR BEN MOUSSA EL KHOUAREZMI.

Bibliothécaire d'El Mâmoun, il rédigea, sur sa demande, des tables astronomiques d'après l'ouvrage indien connu sous le nom de *Send Hend*, le corrigeant par les doctrines persanes, celles de Ptolémée et les siennes propres. Parmi ses ouvrages, on compte deux tables, *Zidj*, et un traité d'algèbre.

L'une de ces tables a été traduite par Adélard de Bath. Il en existe un exemplaire à la B. Mazarine, n° 1256, sous ce titre : Liber ezich iafaris el Kaurezmi per Adelardum Bathoniensem ex arabico in latinum sumptus. Telle est une date inscrite dans cet ouvrage : Du Christ à l'hégire: DCXXI ans, VI mois, XVII jours.

On trouve à la Bodléienne : Isagoge minor Jafaris per Adelardum, Ezich Alkuarezmi per Ethelardum.

Le Traité d'algèbre a été traduit par Gérard de Crémone, attendu qu'on lit dans la liste de ses écrits : Liber alchoarismi de iebra et almucabala.

Cette traduction nous est parvenue. Elle existe à la Bodléienne et à la B. nationale, n° 7377 et 9335, sous ce titre : Liber Maumeti filii Moysi alchoarismi de algebra et almuchabala, sans donner le nom du traducteur. Rosen a publié le texte avec traduction.

SEND BEN ALY.

C'était un juif, qui se convertit sous l'influence d'El Mâmoun. Entre autres ouvrages de mathématiques et d'astronomie il publia des commentaires sur les IX premiers livres puis sur le Xe des Éléments. Nous croyons devoir lui rapporter cette traduction de Gérard de Crémone: Liber Judei super X Euclidis. Elle existe peut-être au n° 7377.

ABOUL ABBAS FADHL BEN HATEM ENNAÏRIZY.

Mathématicien et astronome, il vivait sur la fin du IXe siècle de notre ère, et dédia un de ses écrits au Khalife

Mothaded. Il est auteur d'un commentaire sur Euclide, que nous croyons reconnaître dans la traduction de Gérard, intitulée : Liber Anaritii super Euclidem.

Jusqu'à présent, nous n'avons pas rencontré cette traduction dans les catalogues de nos collections européennes.

ALFERGANY.

Ahmed ben Mohammed ben Ketsir, dit el Fergany, du nom de Fergana, ville de la Transoniane où il naquit, vivait du temps d'El Mâmoun, c'est-à-dire dans la première moitié du IX⁰ siècle de notre ère.

Le Kitab el hokama le donne comme un des astronomes d'El Mâmoun, et se borne à dire que son introduction à la science astronomique est un ouvrage d'un petit volume et d'une grande utilité. C'est le même ouvrage qui a eu en Occident l'honneur de plusieurs éditions successives, sous des titres divers.

Nous en avons déjà suffisamment parlé à propos des traductions de Jean de Séville et de Gérard de Crémone. Nous rappellerons seulement ici que la première porte le titre *Liber in scientia astrorum et radicibus motuum celestium,* et la seconde *Liber de aggregationibus scientiæ stellarum et principiis cælestium motuum.*

La traduction de Gérard n'a pas été connue par Delambre.

La traduction de Jean de Séville a été imprimée sous ce titre: Brevis ac perutilis compilatio Alfragani, d'abord à Ferrare en 1493, ensuite à Norimberg en 1537, puis à Paris en 1546 sous le titre: Alfragani compendium.

En 1590, Christmann en publia une édition libre et remaniée d'après une version hébraïque, à Francfort, sous ce titre : Muhammedis Alfragani Arabis Elementa chronologica et astronomica. Une édition nouvelle parut à Francfort en 1618.

En 1669, Golius publia le texte et la traduction sous ce titre : Muhammedis filii Ketiri Ferganensis, qui vulgo Alfraganus dicitur, Elementa astronomica, arabice et latine. Amstelodami.

Voyez, pour plus de détails sur les Mss., le travail de Wœpke, dans le *Journal asiatique* de 1862.

ALBUMASAR.

Djafar ben Mohammed ben Omar el Balkhy, surnommé Abou Mâchar, d'où nous avons fait Albumasar, naquit à Balkh et mourut centenaire à Ouasith, en l'année 272 de l'hégire, 885 de notre ère.

Nous connaissons, par le Kitab el hokama, les titres d'une quarantaine de ses ouvrages, embrassant l'astronomie, la chronologie, l'astrologie, la météorologie, la divination par les songes, etc.

Comme le fait observer M. Reinaud, dans son Introduction à la géographie des Orientaux, Albumasar vaut mieux que la renommée qu'il a laissée chez nous, qui ne connaissons guère de lui que la partie astrologique de ses écrits. Il s'était initié aux doctrines mathématiques des Persans et des Indiens, on dit même qu'il pénétra jusqu'au Gange. Ses tables astronomiques, calculées d'après ses propres observations, ne nous sont point parvenues.

Plusieurs ouvrages d'Albumasar ont été traduits en latin. On trouve notamment les suivants à la Bibliothèque nationale :

Flores de judiciis annorum.

Liber experimentorum.

De revolutionibus annorum.

De revolutionibus nativitatum.

De occultis.

De magnis conjunctionibus.

Liber lmbrium.

Major introductorius in magisterio scientiæ astrorum, traduit de l'arabe en latin, par Jean de Séville.

Ce dernier se trouve notamment au n° 16,204. Dans le même Ms. est le Liber conjunctionum, où nous lisons à l'explicit : Cum laude Dei et ejus auxilio et Dei *maledictio sit* super Mahometum et super socios ejus.

On a imprimé Flores astrologiæ, De magnis conjunctionibus, Introductorius in astronomiam.

Albumazar a été traduit en grec. Il existe à Paris ses
traités des songes, n° 2427 et son commentaire du Tétrabiblon, n° 2504 du fonds grec.

ALBATANY.

Mohammed ben Djaber ben Sinan naquit à Batan, d'où
son surnom d'El Batany, vulgairement Albatenius. Il mourut en 317 de l'hégire (929) d'après le Kitab el hokama.

C'est un des astronomes arabes qui acquirent le plus de
célébrité chez nous. M. Sédillot dit qu'on a exagéré ses découvertes en mathématiques et en astronomie, faute d'avoir
connu ses devanciers. Il lui attribue dans l'astronomie
arabe la position de Ptolémée dans l'astronomie grecque.

Tel est le plus connu de ses ouvrages :

De motibus celestium corporum, traduit par Platon de
Tibur.

La traduction de son *Centiloquium* est anonyme.

On connaît encore une traduction espagnole, commandée
par Alphonse : Libro de los Canones de Albateni.

Nous citerons, d'après Delalande, les éditions suivantes :

Le Centiloquium avec celui d'Hermès et de Ptolémée,
1493.

Bethen arabis astronomi opuscula, même année.

De motu stellarum, avec Alfragan, 1537.

AHMED BEN IOUSEF.

Cet auteur, dont nous possédons deux ouvrages traduits
par Gérard de Crémone, soulève quelques difficultés.

L'une de ces traductions, qui existe au n° 1256 de la Mazarine, porte le nom d'*Ahmed ben Moysis*, ce qui ne pourrait
convenir qu'à l'un des fils de Moussa ben Chaker. Malheureusement, nous ne trouvons pas, dans la nomenclature des
écrits d'Ahmed ben Moussa, ce dont il est question ici. Une

seule autorité ne peut prévaloir contre plusieurs autres,
d'autant plus que les noms Ahmed ben Iousef se trouvent
dans l'une et l'autre de ces traductions. On pourrait dire, il
est vrai, qu'elles sont l'œuvre d'un même traducteur, cependant il serait étrange que les deux Mss. sur lesquels il a
opéré se soient ainsi rencontrés.

Quel peut être cet Ahmed ben Iousef? Le Kitab el hokama
(Casiri, I. 372) parle bien d'un Ahmed ben Yousef d'une époque et d'un pays inconnus, commentateur de Ptolémée et
astrologue, qui dut nécessairement s'occuper de mathématiques. Mais cet Ahmed a pour prénoms Aboul Abbas, et le
Ms. 9335 donne Abou Djafar, de sorte que l'identité ne paraît guère admissible.

Tels sont ces écrits: *De arcubus similibus* n°ˢ 9335 et 11,247.

De proportione et proportionalitate n°ˢ 7377 *b* et 1250 de
la Mazarine.

Nous nous arrêterons sur ce dernier, celui qui porte *ben
Moysis*, tant au commencement du prologue, qu'au commencement du livre.

Tel est le début de l'ouvrage. Incipiamus ergo loqui de
proportione et afferamus diffinitionem in libro Euclidis (le
V° ch.) inventam, etc.

L'auteur s'arrête d'abord sur la définition d'Euclide, qu'il
croit mal rendue par le traducteur. Il faut, dit-il, qu'un interprète connaisse, outre la langue de laquelle il traduit et
celle dans laquelle il traduit, la science dont il est question.

Ce passage est précisément celui que l'on trouve cité dans
la notice qui précède la liste des écrits de Gérard.

ABOU OSTMAN SAÏD DE DAMAS.

Abou Otsman Saïd vivait à la fin du IX° siècle et au commencement du X°. Nous le connaissons déjà comme traducteur. Parmi ses traductions compte celle des Éléments
d'Euclide. Ali ben Ahmed, dans l'article Euclide du Kitab el
hokama, est cité comme ayant vu à Bagdad en 980, la traduction du X° livre par Abou Otsman. Le livre existait donc

isolé, ce qui explique peut-être pourquoi nous en rencontrons une traduction latine, d'après la version d'Abou Otsman.

Cette traduction existe aux n°ˢ 7266, 7377 et 9335 de la Bibliothèque nationale. Les titres varient un peu dans ces différents exemplaires, ainsi nous lisons : Liber Saydi Abu Othmi, decimus liber Euclidis editione ab Othman Damasceni (pour Abu Othman).

Le n° 7266 et le n° 9335, qui ont le même titre, Liber Saydi Abu Othmi, commencent également de la même manière : Scias quod scientia figurarum superficialium et corporearum est ut noscas quid in figura cujus area queritur ex quantitate nota in qua convenerunt contineatur. Dans les Mss. cet opuscule vient après le *Liber mensurationis*.

Dans le n° 7377 A, il vient après le *Liber augmenti et diminutionis*, et tel en est le titre : Tractatus primus exponens tractatum decimi libri Euclidis editione Ab Othmen in intentione magnitudinum rationalium et surdarum, que dicte sunt in tractatu decimo libri Euclidis in elementis. Intentio in tractatu decimo libri Euclidis est inquisitio de magnitudinibus communicantibus (quantités commensurables), etc., f° 68.

Ces mots *tractatus primus* nous ont fait soupçonner que ce serait peut-être le commencement ou l'introduction d'un Compendium de mathématiques dont on trouverait la suite aux folios suivants, et qui aurait comme fonds Abou Camel Chodja commenté par Ali ben Ahmed el Omrany, dont nous reparlerons. On pourrait alors rapporter la traduction à Savasorda et non à Gérard, comme le pense M. Chasles.

Liber Ababuchri (ou ABUCHRI) *qui dicebatur heus.*

Il existe sous ce titre, aux n°ˢ 7266, 7377 A et 9335 de la B. nationale, un fragment de mathématiques anonyme, qui se retrouve aussi mentionné dans la liste bibliographique de Gérard de Crémone. (*Liber mensurationis*).

Qui devons-nous voir dans ces mots: Ababuchri ou Abuchri, qui dicebatur heus? Nous sommes habitués à rencontrer des noms altérés dans les traductions latines, que ce soit la faute des traducteurs ou des copistes. Ce qui nous paraît offrir le plus de ressemblance, c'est Abou Bekr Razès.

Nous savons que Razès, comme tant d'autres médecins éminents, cultivait aussi les mathématiques ; on en rencontre quelques traités dans la liste de ses écrits, donnée par Ebn Abi Ossaïbiah et Djemal eddin. L'un d'entre eux porte ce titre : Contre ceux qui déprécient les mathématiques. Un autre porte un titre plus général.

Ce qui fait l'intérêt de ce livre, dit M. Chasles, c'est qu'il y est fait souvent application des règles de l'algèbre, ce qui prouve l'introduction de l'algèbre en Europe dans le cours de XIIe siècle, contrairement à l'opinion de Libri.

Cet opuscule, ajoute M. Chasles, était primitivement précédé d'un traité d'algèbre, soit dans l'original, soit dans l'autographe de Gérard, attendu que l'on y renvoie souvent, et une note dit que ce traité était celui de Saïd (Abou Otsman). M. Chasles conclut que ce traité pourrait être celui que l'on rencontre dans les Mss., et qui commence par ces mots : Primum quod necessarium est aspicienti, etc.

Quant à Saïd, nous avons déjà dit où nous croyons avoir reconnu son œuvre.

Quant à ce nouveau traité, nous croyons qu'il est l'œuvre de deux mathématiciens dont l'un serait l'auteur original, et l'autre le commentateur. Nous allons en parler.

ABOU KAMEL CHODJA (BEN IBRAHIM) BEN ASLEM.

ALI BEN AHMED EL OMRANY.

Voici, en somme, ce qu'on lit dans le Kitab el hokama, reproduit par Casiri, I, 410 : Ali ben Ahmed el Omrany, de Mossoul, mathématicien décédé en l'année 344 (955 de notre ère) laissa un commentaire sur l'Algèbre d'Abou Kamel Chodja, un livre des Elections, et plusieurs autres ouvrages d'astrologie.

Le fragment qui commence par ces mots : Primum quod

necessarium est, nous semble représenter le commentaire d'Ali ben Ahmed sur l'Algèbre d'Abou Kamel, dont d'Herbelot a pris le nom pour le titre de l'ouvrage. (1)

Au f° 71 du Ms. 7377 A commence le passage susdit. Au f° 93, nous trouvons une coupure avec ces mots : Gloria sit soli creatori. Nous ne pouvons voir là un *explicit*, par la raison qu'on lit immédiatement après :

Dixit Abu Camel Ssagia filius Ibrahim aggregator istius libri, exposuimus quæ indigent expositione in eo quod est occultum ex computatione restaurationis oppositionis (eldjebr ou el mouqabela).

Au f° 97 se trouve une lacune. Au f° 101 nous lisons : Monstrabitur ex eo quod dixit Abuqamel in tertia parte libri geberi et almugabala, etc., ce qui nous semble accuser un commentaire. On lit ensuite, f° 148, Hic repetimus de numeris proportionalibus, puis: Capitulum de emendo et vendendo, etc.

Nous pensons que le traducteur latin n'est autre que Savasorda, et telles sont les raisons de notre manière de voir.

Nous trouvons au n° 7306 de la B. nationale un traité d'astrologie traduit par ce même Savasorda, et nous lisons à l'explicit, assez mal écrit, du reste : Liber electionum horarum laudabilium editione haly filii Ahmed Hambrany translatus de arabico in latinum in civitate ? Barchinona ab Abrahamo Judeo qui dicitur Savasorda. Le traité des Elections se retrouve aux n°ˢ 7346, 7440 et 16,204.

L'identité de provenance des deux ouvrages traduits, dont l'auteur est Aly ben Ahmed, porte naturellement à admettre l'unité du traducteur.

Liber augmenti et diminutionis.

Tel est le titre complet de cet ouvrage, que l'on trouve aussi dans les n°ˢ 7266, 7377 et 9335 : Liber augmenti et di-

(1) Il dit autre part que le premier livre d'Algèbre fut écrit par Kamel Shagia ben Aslam.

minutionis vocatus numeratio divinationis ex eo quod sa
pientes indi posuerunt, quem Abraham compilavit et secundum librum qui indorum dictus est composuit.

Cet écrit, dont se sont occupés Libri et M. Chasles, contient des problèmes qui peuvent se résoudre par l'arithmétique aussi bien par l'algèbre. M. Chasles fait observer que
Libri lui a accordé le titre d'algèbre, alors qu'il le refuse à
l'ouvrage de Diophante.

Quelques citations donneront une idée des problèmes
traités.

Tels sont les principaux chapitres : de censibus, de negotiatione, de donationibus, de pomis, de cambitione, etc.

Tel est un problème : Est census de quo ejus tertia dempta
et quarta fuit octo quod remansit. Quid est ejus census.

Que cet ouvrage soit une compilation, il n'en procède
pas moins de l'arabe. Le traducteur Abraham est évidemment Savasorda.

Traité anonyme d'Algèbre.

C'est ici le lieu de parler d'un Traité d'algèbre anonyme,
découvert dans le n° 4606 du Vatican, publié par M. Boncompagni dans son mémoire sur Gérard de Crémone.

Tel est l'incipit de cet opuscule :

Incipit Liber qui secundum arabes vocatur algebra et almucabala et apud nos Liber restaurationis nominatur, et
fuit translatus a magistro Gerardo Cremonensi de arabico
in latinum.

Tel est le début : Unitas est principium numeri, etc.

Cette traduction, dit M. Boncompagni, vient encore à
l'appui de la thèse soutenue par M. Chasles contre M. Libri,
sur l'époque où l'algèbre s'est introduite en Europe.

Traité d'Arithmétique.

Nous placerons ici la traduction, par O'Creath, d'un Traité
d'arithmétique anonyme.

ALHACEN (EBN EL HEITSAM).

Nous nous sommes précédemment assez étendu sur la personne et sur les écrits d'Ebn el Heitsam pour que nous ayons à y revenir ici.

Nous rappellerons seulement l'obscurité dans laquelle il est resté jusqu'à ces derniers temps, et l'ignorance où l'on était de son identité avec l'auteur de la Perspective et des Crépuscules, Alhacen.

Cette identité a été méconnue même par Wüstenfeld, qui, dans son article d'Ebn el Heitsam, n'a songé nullement à l'Alhacen du moyen âge.

On sait que son ouvrage le plus important, celui qui a popularisé son nom dans l'Occident, le traité de la Perspective, a été publié par Risner, et que l'on a fait honneur de la traduction latine tantôt à Risner, tantôt à Vitellion. Nous avons déjà démontré l'erreur de cette attribution, erreur partagée par maint savant et maint orientaliste. Il y a plus. Dans sa notice de la biographie Michaud, Jourdain donne comme traducteur Risner, et dans ses *Recherches* Gérard de Crémone.

Jusqu'à présent, le fait que Gérard avait traduit les Crépuscules faisait présumer qu'il avait aussi traduit la Perspective. Nous avons découvert un fait qui nous paraît appuyer cette manière de voir. Alpetragius, qui mourut au commencement du XIIIᵉ siècle, a composé un traité de Perspective, où il dit que celui d'Al Hacen était déjà connu des Latins : « Nam licet perspectiva Alhacen sit in usu aliquorum sapientum latinorum. » Qui pouvait avoir fait cette traduction, sinon Gérard de Crémone ?

Le nom de Gérard est formellement attaché à la traduction des *Crépuscules*. On trouve quelquefois le titre de cet écrit donné sous cette forme, altération sans doute d'Abou Ali Mohammed : Liber Abhomadi melfegeir (lisez in *elfedjer*, l'aurore) de crepusculis.

ABOUL CASSEM EBN ESSOFFAR.

Dans son travail sur Platon de Tibur, M. Boncompagni en cite une traduction qui existerait au n° 309 du Vatican, sous le titre *Liber Abu Alcasim in operibus astrolabii.* Elle est précédée d'une dédicace de Platon à son ami *Joannem David*, peut-être Aven Daoud ou Jean de Séville, où il vante le traité de l'astrolabe *Abu alcasin filis asafar.*

Nous connaissons déjà un astronome espagnol de ce nom, Aboul Cassem ebn Essoffar, un des disciples de Moslema, qui composa précisément un traité de l'astrolabe et dont le frère était réputé comme l'ouvrier le plus habile dans la fabrication de cet instrument.

Le texte d'Ebn Abi Ossaïbiah, qui fait l'éloge du traité, *Kitab fi al amel bel asterlab,* répond bien à la traduction latine du titre.

Moslema étant mort en 1007, Ebn Essoffar vivait dans la première moitié du XIe siècle.

ARZACHEL.

Abou Ishaq Ibrahim ben Yahya Ennaqqach, dit Ebn Ezzarkala d'où nous avons fait Azarchel, natif de Cordoue, observait à Tolède dans la seconde moitié du XIe siècle de notre ère. Malgré sa célébrité, il règne encore un peu d'obscurité sur sa personne. Dans ses *Matériaux,* M. Sédillot dit qu'on lui attribue à tort les *Tables tolédanes,* ou Tables de Tolède, et conteste que Géber ben Aflah lui soit postérieur. Depuis, ses opinions se sont modifiées. M. Sédillot cite encore une observation d'Azarchel à la date de 1080. C'était cinq années avant l'entrée des chrétiens dans cette ville.

Les Tables de Tolède nous paraissent bien appartenir à Azarchel. On les trouve dans plusieurs Mss. de la B. nationale, ainsi les n°^s 7281, 7336 et 7406. Le titre varie. Ainsi on lit : Cectiones tabularum toletanarum secundum Arzachel, Canones tabularum Azarchelis, Canones Azarchelis super tabulas tholetanas. Bien que le catalogue n'en dise rien, nous croyons qu'elles existent aussi au n° 7198.

Il nous semble que ces expressions *secundum Arzachel, super tabulas,* n'invalident pas l'attribution de ces tables à Arzachel, que la première a des analogues, et que la seconde implique des tableaux avec un texte explicatif.

Nous n'avons pas rencontré le nom du traducteur. M. Boncompagni cite le n° 1826 du Vatican, qui commence ainsi : Incipiunt Canones Azarchelis super tabulas astronomie translati a Gerardo Cremonensi. Au n° 3453 de la Barberine et dans un Ms. d'Oxford, on lit : Canones Azarchelis (Var. Argazelis) in tabulas toletanas a Magistro Gerardo Cremonensi ordinati.

Gérard de Crémone aurait donc traduit le travail d'Arzachel sur les tables de Tolède, que ces tables soient l'expression de ses observations propres ou bien que, antérieures à lui, il n'ait fait que les commenter.

Cette traduction ne se trouve pas mentionnée dans la liste bibliographique de Gérard, mais nous y trouvons: Liber tabularum iaberi cum regulis suis.

On pourrait se demander si Géber ben Aflah aurait aussi fait des Tables de Tolède le sujet d'un livre, ou bien si les Tables et leur explication lui appartenaient en même temps. Cette dernière manière de voir est la plus plausible.

Arzachel inventa un astrolabe qui porta son nom, et qui, transporté en Orient, fit l'admiration des astronomes. Il l'a décrit dans un ouvrage dont la traduction fut faite à Montpellier en 1263, par la collaboration de l'israélite Profatius, qui rendait en langue vulgaire ce que Jean de Brescia transportait en latin.

Cette traduction existe au n° 7195, et tel est son début: Incipit compositio tabule que Saphea (Safiha) dicitur, sive astrolabium Arzachelis.

M. Sédillot en a donné un extrait dans son mémoire sur les instruments astronomiques chez les Arabes, p. 185.

Alphonse de Castille fit traduire l'*Asafeha* de *Azarquel,* par le juif Abraham, Fernand de Tolède et Bernard de Burgos.

GÉBER OU DJABER BEN AFLAH.

Abou Mohammed Djaber ben Aflah de Séville, ne nous est guère connu que par ses écrits, et nous avons peu de renseignements sur sa personne. Aucune notice ne nous en a été conservée, pas même par Casiri, qui l'a méconnu dans la notice de Maimonide. Nous allons essayer de réunir et de contrôler les mentions diverses qui en ont été faites.

Son époque n'est accusée par aucune date personnelle. Nous croyons que MM. Munk et Sédillot l'ont trop reculée. Munk dit qu'il florissait vers la fin du XIe siècle. M. Sédillot, après avoir contesté que Géber fût postérieur à Azarchel, le place ailleurs vers l'année 1120, ce qui vaut déjà mieux; mais nous ne croyons pas devoir nous en tenir à une simple approximation.

C'est à Munk lui-même que nous emprunterons des renseignements pour rectifier son opinion.

D'après le *Guide des Egarés,* Munk nous rapporte d'une part que Maimonide connut le fils de Géber, et de l'autre qu'il fut son condisciple.

Cette communauté d'études ne dut exister que dans la période où Maimonide fut obligé de pratiquer l'islamisme, du moins extérieurement, en Andalousie, période qui, d'après Munk lui-même, est comprise entre les années 1148 et 1160. Il est probable que Maimonide et le fils de Géber avaient à peu près le même âge. Or Maimonide naquit en 1135. Si le fils de Géber naquit à la même date, comme les musulmans se marient d'habitude de bonne heure, il est à croire que Géber survécut longtemps encore à la naissance de son fils. On peut donc admettre qu'il entra dans la seconde moitié du XIIe siècle. Nous citerons encore un autre fait où il est question de Géber ben Aflah. En 1160 Maimonide quittait l'Espagne, et en 1165 il abordait en Egypte. Aboul Hedjadj Yousef le rejoignit, apportant l'astronomie de Géber ben Aflah dont ils devaient ensemble opérer la révision. N'est-il pas naturel de penser que la publication de cet ouvrage était récente, quand Aboul Hedjadj l'apporta de Ceuta? Ne pourrait-on pas admettre qu'il l'apporta à son ami à titre de nouveauté ? C'est à propos de ce fait que Casiri a méconnu Géber ben Aflah dans la notice de Maimonide, en donnant son nom sous la forme Ben Phaleg.

Géber est cité plusieurs fois par Al Bitroudjy, vulgairement Alpetragius, dont la mort est implicitement fixée par Munk aux environs de l'année 1217.

On sait que l'on a confondu notre Géber avec son devancier l'illustre alchimiste, et que d'aucuns, séduits par la ressemblance du nom, en ont fait l'inventeur de l'algèbre.

Les écrits de Géber ben Aflah soulèvent aussi des difficultés.

Il en est un sur lequel le doute ne peut exister, c'est celui-là même que corrigèrent Aboul Hedjadj et Maimonide, le traité d'astronomie. L'original existe à l'Escurial en double expédition, et les recherches de Munk l'ont convaincu que Casiri s'était trompé en le dédoublant. Les n°ˢ 905 et 925 de l'Escurial sont deux copies d'un même ouvrage. Cet ouvrage fut traduit en latin par Gérard de Crémone : il est désigné dans sa liste sous cette forme : *Liber iebri tractatus VIIII.* Cet ouvrage comprend en effet neuf livres. Il existe des exemplaires manuscrits dans nos bibliothèques, et nous signalerons le n° 96 de l'Arsenal. Il fut imprimé en 1534, et non en 1533, fait observer M. Boncompagni. Manuscrits et imprimés s'accordent à donner comme traducteur Gérard de Crémone. Le fonds de cet ouvrage est l'Almageste.

Il en existe aussi des traductions au fonds hébreu.

Un traité des triangles sphériques existe au n° 7397 sous le nom de Géber. On le retrouve au n° 7406, où il est précédé de ces mots : Geber in libro 30 figurarum.

Les triangles sont traités en quatre livres.

Nous trouvons aux Mss. 15,708 et 16,652 un traité de l'astrolabe sous les noms de Gerberti et Gileberti, que M. Cousin a cru devoir attribuer à Gerbert (Sylvestre II). Le n° 1258 de la Mazarine le donne sous le couvert de Ptolémée. Nous en avons parlé précédemment.

La Bibliothèque bodléienne, II, 7674, donne un *Liber radicum Geberi*. Nous trouvons au n° 1256 de la B. Mazarine un *Liber radicum* anonyme, qui débute ainsi : Quidam numeri habent radices et vocantur quadrati. Il commence au f° 33. Au f° 44 on lit : *Explicit tractatus de quadratis*, et immédiatement : *pars quinta de inventione radicum*. Au f° 49 on lit : *Incipiunt capitula 12 de regulis geumetrie pertinentibus et de questionibus algebre et almucabale*.

Cet opuscule, tant par la forme que par le fonds, nous paraît de provenance arabe.

Au f° 65 on lit : *Incipiunt regule algebre*.

Il est encore un ouvrage de Géber ben Aflah mentionné de la sorte dans la liste de Gérard de Crémone : *Liber tabularum iaberi cum regulis suis*. Comme nous l'avons déjà dit ailleurs, nous n'avons pas rencontré de Tables annoncées au nom de Géber ben Aflah. D'autre part nous connaissons des Tables tolétanes données avec le nom d'Azarchel, Gérard de Crémone traducteur. S'agirait-il ici de ces Tables commentées par Géber ben Aflah, ou bien s'agirait-il de Tables originales et de son crû, que les écrivains auraient oublié de mentionner? C'est que nous ne sommes pas en état de décider.

ALBITROUDJY (ALPETRAGIUS).

Nour eddin, dit *El Bitroudjy*, sans doute du lieu de sa naissance, et El *Achbily*, le Sévillan, du lieu de sa résidence, est resté longtemps dans l'ombre. Casiri nous apprend bien qu'il passa du christianisme à l'Islamisme, et qu'il composa un traité d'astronomie, où il s'écarta des doctrines de Ptolémée, pour se rapprocher de celles d'Arzachel et de Géber, mais il ne se doute pas de son identité avec Alpetragius. Jourdain s'est félicité d'avoir le premier proclamé cette identité. Munk nous a donné des rensignements plus étendus et plus positifs sur Albitroudjy. Il nous apprend qu'il fut le disciple d'Eben Tofaïl et qu'il dut vivre jusque vers l'année 1217. Munk nous apprend aussi qu'Al Bitroudjy fut plus qu'un imitateur d'Arzachel et de Géber et qu'il se fit un système à lui ; système tombé depuis dans un profond oubli, dit M. Sédillot, mais qui décèle une heureuse tendance à se dégager des fausses hypothèses de l'antiquité.

Le traité d'astronomie d'Al Bitroudjy existe à l'Escurial sous le n° 958. Nous en connaissons déjà la traduction qui fut exécutée par Michel Scot, et qui existe au n° 7359 de la Bibliothèque nationale. Jourdain en a reproduit le curieux prologue. On peut reprocher à Jourdain d'avoir appelé ce livre : *Astrologie d'Alpetragius.* C'est bien un traité d'astronomie, *Hya,* et Jourdain est le seul qui y ait vu de l'astrologie. Ce mot, au moyen âge, signifiait ce que signifie aujourd'hui le mot astronomie, et c'est ainsi qu'il figure en tête des ouvrages d'astronomie dans la liste de Gérard où l'astrologie n'a rien à voir.

Casiri nous parle de la conversion d'Al Bitroudjy du christianisme à l'Islamisme. Le traité d'astronomie fut nécessairement composé dans la première période, nous en trouvons la preuve dans le prologue. Il débute ainsi : In nomine domini nostri Jesu Chisti omnipotentis.

Nous trouvons encore dans ce prologue les vestiges d'une éducation chrétienne : Sed a pueritia quando inspexi in quadrivio ad partem motus celestis, etc.

La traduction de Michel Scot fut exécutée en 1221 date de la mort de l'auteur d'après Munk. Eben Tofaïl mourut en 1185, c'est-à-dire 36 ans avant Albitroudjy. Ce fut sans doute après sa conversion qu'Albitroudjy se fit l'élève d'Ebn Tofaïl.

Nous avons découvert un nouvel écrit qui appartient sans doute à cette seconde phase, et dont jusqu'à présent nous n'avons rencontré mention nulle part.

Il s'agit d'un traité de perspective qui existe au n° 10,264, Le prologue en est curieux. Il nous rappelle encore la première phase de l'auteur par des souvenirs, et il nous donne quelques renseignements que nous ne saurions passer sous silence, attendu qu'ils ont une valeur historique. Nous en donnerons un extrait.

Il semblerait que ce traité fît partie d'un ensemble d'écrits : « Liber *tertius* Alpetragii in quo tractat de perpectiva. Postquam manifestavi mathematice motuum item aspiravi

ad perspective dignitatem. Ideo prosecutus sum hanc scien-
tiam diligentius quam precedentes et precipue quia non so-
lum a vulgo latinorum sed a sapientibus multis ignoratur
propter sui novitatem et mirabilem profunditatem. Et propter hoc decrevi quod non imitarer unum auctorem sed ab
omnibus eligerem clectiores scientias. Nam licet perspectiva
Alhacen sit in usu aliquorum sapientum latinorum, tamen
paucioribus est perspectiva Ptolomei precognita, etc. »

Nous voyons l'Optique d'El Hacen connue des Latins ; ce
ne pouvait être que par la traduction de Gérard de Crémone.

Alpetragius ajoute qu'il a puisé aussi dans les écrits d'El
Kindy, de *Tideus* personnage énigmatique traduit par Gérard,
d'Euclide, et d'autres encore.

Astrologie.

Nous terminerons la revue des mathématiciens et astronomes par quelques astrologues.

L'astrologie fut en vogue au moyen âge, et l'on a trop
généralement reproché cette vogue aux Arabes. Il fallait
aire aussi peser cette responsabilité sur les Juifs et les Grecs
eux-mêmes, car Ptolémée fut le plus grand coupable. Ce
travers eut au moins pour résultat d'entretenir les études
astronomiques. Il est encore un fait que nous devons rappe-
er, et qui a contribué à grossir la troupe des astrologues.
Le mot *astrologie,* ainsi que nous l'avons déjà dit précédemment, n'eut pas au moyen âge, du moins à une certaine
époque, le sens que nous lui donnons aujourd'hui. Il signifiait simplement la science des astres. Dans la liste bibliographique de Gérard de Crémone, ses traductions relatives
à l'astronomie sont données sous la rubrique *De astrologia.*
C'est à tort que Jourdain a donné au traité d'astronomie
d Alpetroudjy le titre d'astrologie sans explication.

ALFADOHL DE MERENGI.

Il existe au n° 7323 un traité d'astrologie, contenant 144

réponses, dont l'auteur est dit Alfadhol de Merengi, « Sarrasin de Caldée, fils de Sedbel et d'une mère Caldéenne. » Jusqu'à présent nous n'avons pu retrouver ce nom dans les écrivains arabes. S'agirait-il d'une traduction qui est donné vers la fin de la liste de Gérard ?

Le nº 7323 est richement illustré et porte les armes de Milan.

ABD EL AZIZ DIT ALCHABITIUS.

Nous avons sous ce nom un traité d'astrologie dédié à Seif eddoula sultan d'Alep, que nous avons déjà cité comme vivant au milieu des lettres et des savants. Il en existe plusieurs exemplaires à la Bibliothèque nationale. Tel est l'explicit du nº 7282 : Perfectus est liber introductorius Abdil Aziz, id est servi gloriosi dei, qui dicitur Alkabitius, ad magisterium judiciorum astrorum. Ce livre fut plusieurs fois imprimé. L'édition de 1485 porte le titre susdit, à part le début *Liber ysagogicus*.

Une édition avait déjà paru en 1473. Le traducteur est Jean de Séville.

ALI BEN RADJEL.

Aboul Hassen Ali ben Abi Erradjel, vulgairement dit Ali ben Radjel, vivait dans le courant du XIᵉ siècle, originaire de Cordoue. Il composa un traité d'astrologie, qui fut traduit, à l'invitation d'Alfonse, par Juda fils de Moyse et Egidius de Tebaldis. On l'imprima plusieurs fois, sous divers titres. Nous trouvons une édition de Bâle indiquée par Delalande, 1551, avec cette indication : Interprete Antonio Stupa.

Nous trouvons à la même source : De cometarum significationibus, Norimberg 1563, et De revolutionibus nativitatum, 1534.

Il existe de lui, à l'Escurial, un poème astrologique.

Coup-d'œil sur les Traductions Latines.

Nous avons fait le recensement des traductions de l'arabe en latin, et nous n'en avons pas trouvé moins de *trois cents*, et encore avons-nous laissé de côté celles des alchimistes de profession.

Une masse aussi prodigieuse de documents nouveaux, répandus à travers l'Europe dans le courant du XIIᵉ et du XIIIᵉ siècles, dut combler bien des vides et provoquer une recrudescence dans les études. Il ne faut donc pas s'étonner de la ferveur scientifique du XIIIᵉ sièle où se produisirent tant d'hommes éminents, qui s'empressèrent de mettre à profit la science des Arabes. Que serait-il arrivé si Gérard de Crémone, né un siècle plus tôt, avait livré ses 80 traductions à l'illustre Abélard ?

La majorité de ces traductions reproduisent les œuvres des savants les plus éminents d'entre les Grecs et les Arabes, philosophes, mathématiciens, astronomes et médecins.

Parlons d'abord des Grecs. Sur le terrain de la philosophie, dans laquelle nous ferons entrer les travaux relatifs aux sciences physiques et naturelles, nous voyons d'abord Aristote, représenté par une trentaine de traductions. Sur celui des sciences mathématiques et astronomiques, nous rencontrons Euclide, Archimède, Apollonius de Perge, Théodose, Menelaüs, Hypsiclès et Ptolémée.

La médecine grecque est représentée par quatre ouvrages d'Hippocrate et vingt-cinq de Galien.

La Grèce en somme est représentée par une centaine de traductions portant sur l'élite de ses savants.

Nous comptons également des noms illustres chez les Arabes. Ainsi parmi les philosophes Alkendy, Costa ben Luca, Alfaraby, Avicenne, Gazzaly, Averroès et Avicebron, parmi les mathématiciens et astronomes Tsabet ben Corra, les fils de Moussa ben Chaker, El Khouarezmy, Eben el Heitsam (Alhacen), Alfargany, Albatany, Géber ben Aflah, Albitroudjy, etc., enfin parmi les médecins les Sérapion, les

Mésué, Razès, Isaac, Ebn Eddjezzâr, Abulcasis, Ali ben Abbas, Avicenne, Avenzoar, etc. Ajoutons que plusieurs comptent parmi toutes ces catégories, et que les plus éminents comptent une masse considérable de traductions.

Si nous divisons l'ensemble des traductions par catégories, nous en trouvons 90 pour les sciences philosophiques, physiques et naturelles, 70 pour les sciences mathématiques et astronomiques, 90 pour la médecine, et une quarantaine pour l'astrologie et l'alchimie, ne comptant parmi cette dernière catégorie que celles qui proviennent de Razès, d'Alfaraby et d'Avicenne.

En présence de ces faits on peut comprendre quelle agitation intellectuelle suscitèrent en Occident le travail des traductions de l'arabe en latin et leur mise à profit par les savants.

On a parlé des traductions ayant passé par l'hébreu. Nous n'en avons compté qu'*une dizaine* sur trois cents !

Pour un peu moins d'un tiers des traductions, nous ignorons les noms des traducteurs.

Les traductions dont nous venons de retracer l'histoire forment un groupe naturel et sont rattachées par un lien commun, la *pénurie latine* au moyen âge. Quant à celles qui leur ont succédé, et qui se continuent de nos jours dans toutes les langues, elles n'ont plus le même but, mais procèdent de la curiosité scientifique. Elles n'ont plus guère qu'une importance historique, tandis que les premières étaient essentiellement un instrument de progrès, une expansion de la science arabe, encore vivace, du côté de l'Occident. Les traductions contemporaines, quel que soit leur intérêt, ne rentraient pas dans le plan que nous nous sommes tracé. Maintenant, si l'on jette un regard en arrière, et que l'on parcoure la période de plusieurs siècles dont les traductions de Bagdad sont le premier terme et celles de Tolède le second, on verra que les Arabes ont joué dans les annales des progrès scientifiques un rôle plus important que celui qui leur est communément assigné.

FIN DU DEUXIÈME ET DERNIER VOLUME.

TABLE DES MATIÈRES

DU DEUXIÈME VOLUME

—